JN328310

ミリタリー選書 ㊳

各国陸軍の教範を読む

田村尚也 著

各国陸軍の教範を読む 目次

contents

イラスト作成、図版原図作成、図版キャプション／樋口隆晴
図版作成／篠宏行
写真提供／潮書房光人社、Bundesarchiv、French Army、National Archives、
イカロス出版、Wikimedia Commons
装丁、本文デザイン／村上千津子（イカロス出版制作室）

◆主要参考文献

陸軍大学校将校集会所『軍隊指揮』干城堂1936年
参謀本部『佛軍大單位部隊戰術的用法教令』干城堂1939年
偕行社編纂部『赤軍野外教令』偕行社1937年
陸軍省『作戦要務令』池田書店1970年（復刻版）
陸軍大学校研究部編『最近に於けるドイツ兵學の瞥見』干城堂1941年
本郷健訳『電撃戦』中央公論社1999年
陸戦学会『戦術入門』陸戦学会編集理事会1990年
参謀本部『欧州戦争叢書』特第十九～二十三号「世界大戦ノ戦術的観察」偕行社（全五巻）

初出

雑誌『歴史群像』（学研パブリッシング）
2008年6月号（No.89）～2010年2月号（No.99）
2010年6月号（No.101）～2012年6月号（No.113）
2012年10月号（No.115）～2014年2月号（No.123）

序章　各国教範の成立の背景

陸軍の教義と教範

一九三九年九月一日、第二次世界大戦が勃発すると、ドイツ軍は、快速の装甲師団と航空部隊による対地支援などを組み合わせた空地一体の「電撃戦」によって、まずポーランドを、次いでフランスを短期間で屈服させて、各国の用兵関係者に大きな衝撃を与えた。

しかし、ドイツ軍の「電撃戦」が実戦でその威力を実証する以前、主要各国の陸軍は一体どのような戦術に基づいて次の戦争を戦おうとしていたのであろうか。

通常、軍隊では、軍事行動の指針となる基本的な思想や原則などをまとめた「教義」すなわち「ドクトリン」を策定する（ドクトリンという言葉は、例えば「ニクソン・ドクトリン」や「吉田ドクトリン」のように外交の全般方針にも使われるが、ここでは兵語としてのドクトリンを指す）。そして、そのドクトリンに沿って各種の教範や操典などを編纂《へんさん》し発布する。したがって、当時の教範類を読めば、その軍のドクトリンが見えてくるのだ。

そのドクトリンは、さらに作戦ドクトリン、戦術ドクトリン、戦闘ドクトリンなどに細分化できるが、多くの国の軍隊で軍事作戦の基本単位となっている「師団」から「軍」レベルの運用に関する教範を読み解くことで、その軍の戦術教義がより具体的なかたちで見えてくる（一般に陸軍の部隊単位は、規模の大きい方から順に、軍集団あるいは方面軍＞軍＞軍団＞師団、となる。ただし、日本陸軍には軍団結節が無く、軍のすぐ下に師団が置かれるなど、国によって若干の差異があった）。

そこで本書では、おもな国々の陸軍で編纂された師団から軍レベルの運用に関する教範を読み解くことで、それらの軍がどのような戦術に基づいて戦おうとしていたのかを探っていこうと思う。問題は、どの国の教範を見るかだ。

世界各国の中でも、とくにドイツ（その成立以前はプロイセン）とフランスの両国は、古くから世界有数の陸軍国であっただけでなく、陸軍に関する兵学でも長く世界をリードする立場にあった（海軍に関しては別）。また、ソヴィエト連邦（その成立以前はロシア）も、独仏両国と肩を並べる陸軍国であり、一九一八年に成立した労農赤軍は独自の軍事理論を急速に深化させていった。

一方、同じ大国でも、海軍国であるイギリスや常備軍の伝統を欠くアメリカは、本格的な陸戦の用兵思想に関しては物足りない面が感じられる。

そこで本書では、ドイツ、フランス、ソ連の三か国、それに読者の関心が高いであろう日本を加えた計四か国の陸軍を対象とし、第二次大戦前の直前に編纂された師団から軍レベルを中心とする各部隊の運用に関する教範、具体的には、ドイツ国防軍の『軍隊指揮』、フランス大陸軍の『大単位部隊戦術的用法教令』、ソ連労働者・農民赤色軍（労農赤軍）の『赤軍野外教令』、大日本帝国陸軍の『作戦要務令』を読み解いていくことにしたい（以下、各軍をドイツ軍、フランス軍、ソ連軍、日本軍と記す）。

日本軍以外の教範に関しては、陸軍大学校将校集会所ないし偕行社による日本語訳を用いることにした（『軍隊指揮』は第一篇のみ）。これは（言い訳になるが）体系的な軍事教育を受ける機会の無かった筆者などが、曲がりなりにも体系的な軍事教育を受けた上で各国に留学した経験のある優秀な将校が訳したであろう訳文を超えるものを、しかも三か国語にわたって提示することはむずかしいと考えたことによる。

なお、これらの教範からの引用文に関しては、読者の理解を助けるため、カタカナをひらがなに改め、筆者の判断で必要に応じて句読点をおぎない、常用外漢字を常用漢字に直し、細字カッコ部分を補足するなどしているので、ご了承いただきたい（傍◯は原文に準じて付けた）。

教範制定の時代背景

さて、ここで各教範の具体的な内容を見る前に、それぞれの教範が制定された当時の時代背景を見てこう。

第一次世界大戦後の一九二一年、ドイツ軍は、歩兵や砲兵、騎兵、工兵など各兵種の部隊を組み合わせた諸兵種連合部隊である師団から軍レベルを中心として、指揮や戦闘の原則などをまとめた『連合兵種ノ指揮及《および》戦闘』を発布し、一九二三年にその続編を発布した。この教範は、当時の国軍統帥部長官ハンス・フォン・ゼークトの名で発布されたことから、いわゆる『ゼークト教範』として知られている。

一方、同時期のフランス軍も、これに対抗するかのように、一九二一年に同じく師団から軍レベルを中心とする戦術の原則などをまとめた『大部隊戦術的用法教令草案』を発布した。この教範は「草案」と題されてはいるが、事実上成案に準じる扱いを受けたと見てよい（なお、フランス軍のいう「大単位部隊」とは、『大単位部隊戦術的用法教令』に付いている「用語の解」で「同一指揮官の隷下に各兵種の諸隊及生活竝《ならび》に戦闘上必要なる諸部を以て建制的に編成されたる一団隊内の集合を言う」と定義されている。また一般に、「配属」は一時的な所属を意味しており、永続的

コラム

ゼークト教範

第一次世界大戦後の一九二一年、ドイツ軍は『連合兵種ノ指揮及戦闘』を発布し、一九二三年にその続編を発布した。この教範は、当時の国軍統帥部長官（陸軍大学校研究部訳『獨国連合兵種ノ指揮及戦闘』では「国防省陸軍部長」と訳している）フォン・ゼークト将軍の名で発布されたことから、いわゆる『ゼークト教範』として知られている。

このゼークト教範の目次は下記のようになっている。これと次章（第一章）掲載の『軍隊指揮』の目次を比較しただけでも、『軍隊指揮』が『ゼークト教範』を下敷きにしていることがよくわかる。

この『ゼークト教範』の冒頭にゼークトの名で添えられている序文には、以下のようなくだりがある。

各兵種、就中《なかんずく》歩砲兵の協同動作に関しては既に最小部隊の連合に於《お》ても決定的の価値を置くを要す。

つまり、諸兵種の協同、なかでも歩兵と砲兵

◆獨国連合兵種ノ指揮及戦闘

目次

の協同は、最小規模の諸兵種連合部隊（さまざまな兵種・兵科の部隊を組み合わせた部隊のこと。諸兵科連合部隊ともいう）においても決定的な価値がある、と述べられていたのだ。

この諸兵種連合部隊の重要性は、第一次大戦中の戦訓などを通じて深く理解されるようになったもので、第二次大戦前には、ドイツ軍の『軍隊指揮』はもちろん、本文にも記すようにソ連軍の『赤軍野外教令』や日本軍の『作戦要務令』にも明記されるほど一般的なものになっていた。

そして、その後の主要各国の陸軍では、諸兵種連合部隊の中でも、とくに歩兵部隊と戦車部隊を協同させるために、歩兵支援用の戦車の速度を徒歩歩兵に合わせるか、歩兵を自動車化ないし機械化して快速の戦車の速度に合わせるか、で対応が大きく二つに分かれていったといえる。

ドイツ軍の教範制定の責任者だったハンス・フォン・ゼークト上級大将。彼はワイマール体制下のドイツ陸軍の知的代表といえる人物であった

な所属を意味する「隷下」「隷属」と区別される。その場合の正規の編制を「建制」、一時的な編成を「軍隊区分」などと呼んで区別する）。

加えて、これに先立ってフランス軍は一九二〇年に新しい『歩兵操典草案』を作成しており、これを追うようにドイツ軍も一九二二年に新しい『歩兵操典』を制定している。そもそも「操典」とは、英語で「Drill regulation（操練規則）」と呼ぶことからもわかるように、本来は操練の規則などをまとめたものを指している。

つまり、独仏両軍は、第一次大戦終結の数年後から、陸軍の主力である歩兵の操練規則と師団から軍レベルの戦術教範を相次いで改定しているのだ。

さかのぼると、第一次世界大戦の開戦時には、独仏両軍とも、当然のことながら大戦前に制定された操典や教範（日本軍では両者を総称して「典範」と呼んだ）を用いており、第一次大戦中にその時々の戦訓を盛り込んだ各種の教令などを適宜発布して、それらの典範類を追補した。そして第一次大戦が終結したのち、独仏両軍は、大戦中に発布された大量の教令等を整理するとともに、大戦中の戦闘の様相を分析して戦訓を抽出し、それを反映させた操典や教範を編纂する作業に数年を要したのであろう。

一方、一九一八年に労農赤軍が創設されたソ連では、革命後の内戦（旧ロシア帝国領の周辺部を含む）やソ連・ポーランド戦争、他国による革命への干渉戦争などが一段落したのち、師団や軍団レベルを中心に戦術の原則などをまとめた『赤軍野外教令』を一九二五年に制定し、これを一九二九年に改訂している。

その後、ドイツでは一九三三年にアドルフ・ヒトラーが政権を握り、一九三五年には第一次大戦の講和条約である『ヴェルサイユ条約』の軍備制限条項の破棄を宣言して公然と軍備を増強し始めた。続いて一九三六年には、『ヴェルサイユ条約』で非武装地帯とされたドイツ西部のラインラントに進駐するとともに、コミンテルン（世界革命を目指していた国際組織である共産主義インターナショナルのこと）に対抗する日独防共協定を締結した。

こうしたキナ臭い状況の中、ドイツ軍は、『連合兵種ノ指揮及戦闘』を引き継ぐ新たな戦術教範である『軍隊指揮』を一九三三年に制定し、一九三六年に改訂した。またフランス軍は、その一九三六年に『大部隊戦術的用法教令草案』に改訂を加えた『大単位部隊戦術的用法教令』を発布。さらにソ連軍も、同年に一九二九年版『赤軍野外教令』を廃止して新たな『赤軍野外教令』（厳密には『一九三六年発布臨時労農赤軍野外教令』）の施行を命じている。これらの教範の制定が、一九三六年に集中しているのはただの偶然ではないだろう。当時、ヨーロッパでは国際的な緊張感が急速に高まり、主要各国の軍隊が次の戦争を強く意識せざるを得なくなったことの反映といえる。

加えて日本軍でも、一九三六（昭和十一）年に、国防戦略の大方針を定めた『日本帝国ノ国防方針』、整備すべき兵力量の長期目標を定めた『国防ニ要スル兵力』、詳細な作戦立案の基本となる『帝国軍ノ用兵綱領』の三部からなる「帝国国防方針」の第三次改定（改訂ではなく「改定」と記した）が行われ、翌一九三七年から極東ソ連軍への対抗を念頭に置いた「陸軍軍備充実計画」、いわゆる「一号軍備」の整備がスタートした。さらに翌年の一九三八年には、この一号軍備とともに改善されるはずの装備や編制などに対応して、軍に所属する師団を基準として戦闘の原則や練成の指針などをまとめた『作戦要務令』を制定した。

この『作戦要務令』は、一部内容が重複していた上に編纂時期の違いによる内容の食い違いが生じていた『陣中要務令』と『戦闘綱要』を統合するかたちで編纂されている。すなわち、第一部は従来の『陣中要務令』中の戦闘序列および軍隊区分、指揮および連絡、情報、警戒、行軍、宿営、通信に関する件、第二部は従来の『戦闘綱要』中の事項、第三部は『陣中要務令』中の残りの事項、第四部は『作戦要務令』中に記述すべきだが秘密保持上一般には公開できない事項、具体的には特火点（トーチカ等）を根幹とする野戦陣地の攻撃や大河の渡河、毒ガスの用法などからなっていた。

これらは段階的に編纂され、一九三八年に第一部および第二部が発布、一九四〇（昭和十五）年に第三部が印刷配布され、第四部は秘密取扱とされた。この第四部については、前述の条項を見てもわかるように対ソ戦における特殊な状況を念頭に置いたもので、必ずしも日本軍の普遍的な戦術とはいいがたい面もあるので、本書では触れないこととする（なお、『作戦要務令』の綱領、総則、各部の条項番号はそれぞれ第一から始まっているので注意）。

では、次章から、いよいよ各教範の中身を見ていくことにしよう。

第一章 用兵思想の根幹

この章では、各国軍の戦術教範から見える用兵思想の根幹を探ってみようと思う。

各国軍の戦術教範の構成

本題に入る前に、まず各国軍の戦術教範の全体の構成を見ておこう。

最初に、ドイツ軍の『軍隊指揮』と、フランス軍の『大単位部隊戦術的用法教令』の目次を比較すると、章立てや各章のタイトルが全く異なっていることがわかる。

例えば『軍隊指揮』では、「攻撃」と「防支」（独語のAbwehrの訳語で、一般的な「防御」すなわち独語のVerteidigungとは異なる語を用いているのが、これについては第五章で詳述する）を、それぞれ大項目の「章」にまとめている。

これに対して、『大単位部隊戦術的用法教令』では、戦闘ひとつとっても、総論的な「会戦」を踏まえて「軍の会戦」、「軍団の会戦」、「歩兵師団の戦闘」、それに「騎兵大単位部隊の使用に関する総則」と「自動車化大単位部隊の使用に関する総則」が、それぞれ『軍隊指揮』の章に相当する大項目の「篇」となっており、部隊の規模や兵種によって細かく区分されているのだ。

これを見ただけで、フランス軍とドイツ軍では、その用兵思想が大きく異なっていることが察せられる。

また、ソ連軍の『赤軍野外教令』の目次を見ても、フランス軍の『大単位部隊戦術的用法教令』ほどではないが、ドイツ軍の『軍隊指揮』とは大きく異なっていることがわかる。一例をあげると、『赤軍野外教令』では、『軍隊指揮』や『大単位部隊戦術的用法教令』とちがって「後方勤務」「政治作業」「夜間行動」「冬季行動」がそれぞれ独立した大項目の「章」となっており、ソ連軍ではこれらが他国軍よりも重視されていたことがわかる。なかでも「政治作業」や「冬季行動」にわざわざ一章を充てているのは、他国と大きく異なるソ連の国家体制や気象条件を反映したものと見られ、こうした要素も教範の内容に大きな影響を与えていることがわかる。

このように、目次を見て各章のタイトルや並び方を比較するだけでも、各教範の内容が大きく異なることがハッキリとわかるのだ。

ただし、ドイツ軍の『軍隊指揮』と日本軍の『作戦要務令』の目次を見比べると、全体の構成が非常に良く似ていることがわかる。具体例をあげると、『軍隊指揮』の第一

『軍隊指揮』目次

◆ドイツ陸軍『軍隊指揮』

章「戦闘序列、軍隊区分」に対応するのは『作戦要務令』の第一部第一篇「戦闘序列及《および》軍隊区分」だ（傍点筆者。以下同じ）。また、同第二章「指揮」に対応するのが、同第二編「指揮及連絡」。同第三章「捜索」に対応するのが、同第三篇「情報」で「捜索」と「諜報」からなっている。さらに、同第四章「警戒」と同第四篇「警戒」、同第五章「行軍」と同第五篇「行軍」など、各章各篇のタイトル（訳語だが）も含めて、途中までほとんど同じ構成になっているのだ。前述のフランス軍の『大単位部隊戦術的用法教令』とドイツ軍『軍隊指揮』との間の大きな差に比べると、『軍隊指揮』と日本軍の『作戦要務令』の類似性の高さがよくわかる。

各教範本文の最初の条項

次に、それぞれの教範の本文の冒頭に記されている条項の中身を比較してみよう。なぜなら、教範冒頭の第一項こそ、その教範でもっとも重要視されている事柄と考えられるからだ。

まず、フランス軍の『大単位部隊戦術的用法教令』を見ると、第一篇「指揮及指揮の系統」の第一章「指揮」第一

『大単位部隊戦術的用法教令』目次

◆フランス陸軍『仏軍大単位部隊戦術的用法教令』

軍及軍支隊
軍集団
総司令部
第四款　築城地帯、築城地区及防御地区
第五款　総予備隊
第二章　活動方法
第一款　攻勢
第二款　防勢
第三章　活動の諸要素
第一款　火力
第二款　運動

第三篇　情報及警戒

第一章　情報
第一款　総則
第二款　情報機関及其の性能
第三款　捜索
其の一　飛行隊及騎兵大単位部隊
其の二　偵察隊
第二章　警戒
第一款　総則
第二款　地上警戒
其の一　遠距離警戒
其の二　近距離警戒
其の三　直接警戒
第三款　空中警戒
其の一　空中掩蔽
其の二　直接空中警戒

第四篇　輸送、運動、宿営

第一章　移動に関する総則
第二章　運動
第一款　総則
第二款　路上行軍
其の一　触接前
其の二　構成せられたる戦線の掩護あるとき
其の三　自動車化大単位部隊の運動
第三款　路外行軍
第三章　輸送
第一款　鉄道輸送

第四款　防勢会戦に於ける通信
第五款　防勢の特別の場合
其の一　築城正面の防御
其の一　対陣正面上の防勢
其の三　広正面上の防勢
第四章　会戦に於ける航空隊及防空隊
其の一　飛行隊
其の二　防空隊
其の三　国土防空隊

第六篇　軍の会戦

第一章　軍の攻勢
第一款　準備的処置
第二款　接敵及部署
第三款　触接及攻撃準備戦闘
第四款　攻撃
第五款　会戦の完結
第二章　軍の防勢
第一款　退却意志なき防勢
其の一　抵抗陣地の防御
其の二　軍の防勢機動
第二款　退却機動
第三款　退却

第七篇　軍団の会戦

第一章　軍団の攻勢
第一款　接敵行進
第二款　触接
第三款　攻撃準備戦闘
第四款　攻撃
第五款　会戦の完結
第二章　軍団の防勢
第一款　退却意志なき防勢
其の一　防御編成及配備
其の二　会戦の指導
第二款　退却機動
第三款　退却及防勢の特別の場合

第八篇　歩兵師団の戦闘

第一章　総則
第一款　指揮

第十一篇　大単位部隊使用の特別の場合

単一章
第一款　山地に於ける作戦
第二款　水流
其の一　水流の通過
其の二　水流の防御
第三款　森林及住民地
第四款　夜間の作戦

第十二篇　各部の運営

第一章　一般原則
第二章　補給部
第一款　総則
第二款　砲兵部
第三款　工兵及作業部
其の一　工兵部
其の二　工兵廠
其の三　工事監理部
第四款　通信部
第五款　経理部
第六款　衛生部
第七款　航空部
第八款　獣医部
第九款　軍馬補充部
第十款　郵便部
第十一款　金庫部
第十二款　築城地帯の各部
第三章　輸送部
第一款　総則
第二款　狭軌鉄道部
第三款　輜重
第四章　秩序部
第一款　陸軍法務部
第二款　憲兵部
第五章　兵站部

第十三篇　大単位部隊の教育法

総則
幹部演習
部隊を以てする演習

款「指揮官及《および》其《そ》の職責」の第一で以下のように定めている。

第一　指揮官の人格は、作戦の思想並《ならび》に其《そ》の指導上に最も重大なる影響を及ぼすものなり。

判断、意志、性格及《および》責任観念は、之《これ》が根本的の（ママ）特質にして、大単位部隊の各指揮官は必ずや保有せざるべからざる体力的、智力的、精神的並に技術的の各特性の全般を支配す。

然《しか》れども、義務の観念及理知的軍規の実行は、上官より委任せられたる任務に依《よ》り定められるべき限界内に止《とど》むるを要す。

これを見ると、フランス軍では指揮官の人格が非常に重視されていたことがわかる。その一方で、各指揮官に要求される義務や軍規の実行等には限界があり、上官から委任された任務の範囲内にとどめる必要性も記されている。

ここでいう「義務」や「軍規の実行」には、極端な例を挙げると、死守命令への服従やそれに反して逃亡する将兵の処刑なども含まれているはずだ。ただし、これらは各指揮官に無制限に求められるものではなく、あくまでも上官から与えられた任務の範囲内にとどめる必要がある、と明記されているのだ。

こうした事柄が第一に掲げられている理由として、第一次世界大戦の後半に、フランス軍で、増大する兵員の犠牲や指揮官の能力に対する不信などから、各部隊で命令不服従や叛乱が頻発し、その対応に苦労したことが挙げられる。

ヴェルダン戦などで大きな戦功を挙げたフィリップ・ペタン元帥。卓越した戦術家であるとともに、歩兵の負担を減らすなど兵の待遇改善に努め、フランス軍を混乱から立て直した。とくに人格面では第一次大戦時のフランス軍でもっとも優れた将軍の一人とされる

こうした混乱を建て直したのは、大戦途中から陸軍総司令官に就任したフィリップ・ペタン元帥の優れた人格であったといわれている。フランス軍もこれを認めて、指揮官の人格の重要性を強調するとともに、要求される義務や軍規の実行には限界があることを明記したのであろう。

これに対してドイツ軍の『軍隊指揮』では、冒頭の「序」中の第一で次のように定めている。

第一　用兵は一の術にして、科学を基礎とする自由にして且《かつ》創造的なる行為なり。人格は用兵上至高の要件とす。

軍隊の教範に定められている兵術というと、どうしても

『作戦要務令』目次

◆日本陸軍『作戦要務令』

定型的で堅苦しい教条的なものをイメージしがちだが、ことドイツ軍においては（少なくとも教範上は）用兵は一種の「術《アート》」であり自由で創造的《クリエイティブ》な行為とされていたのだ。

第二次大戦中のドイツ軍の指揮官は、フランス軍やイギリス軍などの指揮官に比べると戦術的な柔軟性を高く評価されることが多い。その柔軟性の源泉の一つを、この教範の冒頭に見ることができるのだ。

また、フランス軍で重視されていた指揮官の人格に関しては、ごく簡潔に「至高の要件」と記している。その文言自体は短いが、「至高」と表現されている以上、もっとも重要視されていた要件といえる。

一方、日本軍の『作戦要務令』を見ると、冒頭の「綱領」の第一で以下のように定められている。

第一　軍の主とする所は戦闘なり。故《ゆえ》に百事皆《みな》戦闘を以《もっ》て基準とすべし。而《しこう》して戦闘一般の目的は、敵を圧倒殲滅《せんめつ》して迅速に戦捷《せんしょう》を獲得するに在《あ》り。

これを見ると、『作戦要務令』の章立て等はドイツ軍の『軍隊指揮』と良く似ているのだが、日本軍がもっとも重視していた点は、ドイツ軍とは大きく異なっていたことがわかる。ここには「自由」や「創造」への言及は無い。「迅速な戦捷の獲得」すなわち「速戦即決」を目的として、戦闘をすべての基準とすることが述べられているだけだ。

日本軍が「速戦即決」を重視していた理由としては、戦争が長期化して消耗戦になると国内の資源や生産力が貧弱な日本は不利になる、と考えていたことが挙げられる。その弱点を日本軍は強く意識していたのだ。

では、日本軍の戦術教範では、独仏両軍の戦術教範が第一に掲げている指揮官の「人格」について、どこで述べていたのだろうか。

これについては「綱領」の第十でようやく以下のように記されている。

第十　指揮官は軍隊指揮の中枢にして又《また》団結の核心なり。故《ゆえ》に常時熾烈《しれつ》なる責任観念及《および》強固なる意志を以《もっ》て其《そ》の職責を遂行すると共に、高邁《こうまい》なる徳性を備え、部下と苦楽を倶《とも》にし、率先躬行《きゅうこう》、軍隊の儀表《ぎひょう》として其の尊信《そんしん》を受け、剣電弾雨《けんでんだんう》の間に立ち勇猛沈著《ちんちゃく》、部下をして仰ぎて富嶽の重きを感じせしめざるべからず。
為《な》さざると遅疑《ちぎ》するとは指揮官のもっとも戒《いまし》むべき所とす。是此《これこ》の両者の軍隊を危殆《きたい》に陥《おちい》らしむること、其の方法を誤るよりも更に甚《はなは》だしきものあればなり。

指揮官の人格に関しては、日本軍では、創造性よりも強い責任感や意志、高い道徳性などを求めていた。その内容は、ドイツ軍の『軍隊指揮』の第一よりも、むしろフランス軍の『大単位部隊戦術的用法教令』の第一に近い。ただし、それが記述されているのは、教範の冒頭ではなく、十番目の条項なのだ。

また、何もしないことや行動を疑って遅れることは、方法を間違うよりも危険である、と強く戒めている。よく言う「兵は拙速を尊ぶ」という格言のとおりで、これも「速戦即決」という基本方針を反映したものといえる。

一方、ソ連軍の『赤軍野外教令』の第一章「綱領」中の第一は、他国軍のどの教範の第一とも大きく異なっている。

第一　労農赤軍の任務は、労働者農民の社会主義国家を防衛するに在《あ》り。従《したがっ》て赤軍は、如何《いか》なる場合に在《あ》りても「ソヴエト《（ママ）》」社会主義共和国連邦の国境及独立の不可侵権を保全せざるべからず。

苟《いやし》くも労働者農民の社会主義国家を犯すものあらば、吾人《ごじん》は其《その》何者たるを問わず、吾《わ》が強力なる蘇邦《そほう》の全武力を挙げて之《これ》を反撃し、進んで敵国領土内に侵襲《しんしゅう》すべし。

このように、他国では自明のことのように思える軍の任務が、わざわざ第一に掲げられているのだ。

その理由としては、赤衛隊から発展した革命軍である労農赤軍が、いわゆる白軍との内戦を戦ったことが挙げられ

『赤軍野外教令』目次

◆ソ連『臨時赤軍野外教令』

ソ連邦国防人民委員命令
第一章　綱領
第二章　捜索及警戒
其一　捜索
其二　警戒
其三　対空防御
其四　対化学防御
其五　対戦車防御
第三章　後方勤務
其一　後方機関
其二　補給勤務
其三　衛生勤務
其四　人員の補充
其五　俘虜の取扱
其六　獣医勤務
第四章　政治作業
第五章　戦闘指揮の原則
第六章　遭遇戦
第七章　攻撃
其一　行軍より行う攻撃
其二　対峙状態より行う攻撃
其三　築城地域に対する攻撃
其四　河川を渡河して行う攻撃
第八章　防御
第九章　夜間行動
第十章　冬季行動
第十一章　特殊の状況に於ける行動
其一　山地に於ける行動
其二　森林に於ける行動
其三　砂漠に於ける行動
其四　住民地戦闘
其五　艦隊との協同
第十二章　軍隊の移動
其一　行軍
其二　行軍間の警戒
其三　自動車輸送
第十三章　宿営竝宿営間の警戒
其一　配宿
其二　前哨

る。赤軍は社会主義国家を防衛するための軍隊であり、「白軍とはここが違う」と改めて自己規定する政治的な必要性があったのだ。

　その一方で、指揮官の人格については、教範の冒頭には言及が無く、ようやく「綱領」中の第十三で以下のように述べられている。

第十三　現代戦の複雑化と困難性の増大とは著しく人的要素の価値を昂上し、特に其体力及精神力に対する要求を増大せり。人的要素即ち兵員の状態に関する不断の関心は幹部の最大の責務なりとす。能《よ》く部下を識《し》り、部下と苦楽を共にし、部下の生活状態、其欲求及業績に注意し、任務遂行の為《ため》の犠牲的精神の涵養に努め、自ら率先躬行《きゅうこう》、部隊に範を示すことは、軍隊の戦闘的団結力を強化し、政治的抗堪《こうたん》力を昂上《こうじょう》するのみならず、戦備の完全と戦勝の獲得とを保障するものなり。（以下略）

　この条項では、日本軍の『作戦要務令』のように「高邁なる徳性」や「部下をして仰ぎて富嶽の重きを感じせしめ」ることまでは求められていないが、「部下と苦楽を共にし」「率先躬行」して模範を示すことを求めるなど、意外なことに共通点が多い。

　まとめると、フランス軍は指揮官の人格を、ドイツ軍は指揮官の創造性を、それぞれ重視していたのに対して、日本軍は速戦即決という戦闘の目的を、ソ連軍は軍の任務を、それぞれ教範の冒頭に掲げていたのである。やはり各国軍の性格の違いがよく現れているのだ。

フランス軍の用兵思想の根幹

　では、いよいよ各国軍の戦術教範から見える用兵思想の根幹に迫ってみよう。まずはフランス軍の『大単位部隊戦術的用法教令』からだ。

　これを見ると、冒頭の「緒言」に続いて、以下のような「陸軍大臣宛報告」が掲載《へんさん》されている。

一九二一年の教令草案編纂委員会は、陸軍大臣に提出したる報告に於《お》て、全員の脳裏に尚銘刻《なおめいこく》せられありし戦争の教訓に従いて大単位部隊の戦術的使用の条件を決定せんことを提義したり。

本教令編纂委員会は、爾来《じらい》戦闘及《およ》び輸送の両手段に関し実現せる進歩の絶大なるは勿論之《もちろんこれ》を知悉《ちしつ》するも、此等《これら》技術上の進歩が戦術上の領域に於《お》て先覚者の作れる根本原則を著しく変更しあらざるものと信ず。

　文頭の「一九二一年の教令草案」とは、本書の序章でも述べた『大部隊戦術的用法教令草案』を指しており、「戦争の教訓」とは第一次大戦の教訓を指している。

この報告文を読むと、フランス軍は、第一次大戦後の戦闘手段や輸送手段の技術的な進歩が、第一次大戦中の戦訓に基づいて編纂された教令の根本原則を大きく変えるものではない、と信じていたことがわかる。

続いて、この「陸軍大臣宛報告」には、以下のように述べられている。

> 随《したが》って本委員会は、上級の指揮に任じたる卓絶せる各指揮官が戦勝の直後に客観的に決定したる教義の根幹は、我が大単位部隊の戦術的用法の憲章として存在すべきものと認めたり。
>
> 故《ゆえ》に器材の発達竝《ならび》に之《これ》に伴う軍編成の進化を参酌《しんしゃく》し、新教令は、
>
> 現代の戦闘手段の可能性を的確に示し、
>
> 会戦に於《お》ける之が使用条件を示し、
>
> 最近創設の大単位部隊（自動車化及機械化）の指揮の一般規定を決定し、
>
> 一九二一年の教令を数点に亙《わた》り補足せんことを企図したり。（改行は原文ママ）

これを見てもわかるように、新たに編纂された『大単位部隊戦術的用法教令』は、第一次大戦の戦訓を基に編纂された『大部隊戦術的用法教令草案』を補足したものに過ぎないのだ。これでは、第二次大戦でのフランス軍の戦術が、第一次大戦と大差のない古臭いものにならざるを得ないだろう。要するにフランス軍は、第一次大戦の戦術で第二次大戦を戦ったのである。

そして、次項の「新意想竝《ならび》に其《そ》の結果」では、以下のように述べられている。

> 教令草案発布後十五箇《か》年を出《い》でざるに、各国軍に於《おい》て新式且《かつ》重要なる諸兵器は創製《そうせい》せられ、或《あるい》は進歩発達し、之と共に一面に於ては其の効果を減殺《げんさい》すべき対抗新手段も実現を見つつあり。
>
> 此等《これら》新緒言の使用は特に、
>
> 築城正面の編成、
>
> 自動車化部隊竝《ならび》に機械化部隊の創設と之《これ》に応ずる対戦車兵器の現出、
>
> 航空威力の増大と之に伴う防空手段の顕著なる発達、
>
> 通信手段の完成、
>
> を目的とせり。

ここにある「築城正面」とは、第二次大戦前にドイツ、ルクセンブルク、ベルギーとの国境付近にかけて建設が始

められた永久築城、すなわちマジノ線を指している（31ページのコラム参照）。つまり、改訂されたフランス軍の戦術教範の新しい意想として第一に挙げられているのはマジノ線に関するものであり、のちの第二次大戦で大きな威力を発揮することになる機械化部隊や自動車化部隊はそのあとに挙げられているのだ。

そして、第二次大戦初期の一九四〇年五月に始まったドイツ軍の西方進攻作戦「黄の場合」では、マジノ線がもっとも堅固に構築されていた独仏国境付近を主攻正面とせず、自動車化軍団三個（装甲師団五個、自動車化歩兵師団三個）を集中した強力なクライスト装甲集団が、ベルギー南部からルクセンブルク付近に広がるアルデンヌの森林地帯を迅速に通過し、防備の薄い「マジノ線延長部」を突破。その高い機動力を生かして英仏海峡方面まで突っ走り、フランス軍を主力とする連合軍を分断して主力の一個軍集団を包囲し、勝利を得た。

この結果を見る限り、フランス軍は戦術教範の新条項の優先順位を誤った、といわざるを得ないだろう。結果論になるが、フランス軍は要塞線よりも機械化部隊や自動車化部隊により大きな注意を払うべきだったのだ。

では、その機械化部隊や自動車化部隊について、当時のフランス軍は一体どのような認識を持っていたのであろうか。

次の「機械化竝《ならび》に自動車化と対戦車兵器」の項では、以下のように述べられている。

（前略）機械化若《もし》くは自動車化大単位部隊の創設に平行し、装甲兵器、特に戦車の完成は間断なく続行せられたり。其《そ》の速力は著しく増大し、其の装甲の厚さは対戦車火器の進歩に随《したが》いて絶えず増加しあり。

近《きん》数年間に特に熾《さか》んに行われ、而《しか》も尚《なお》底止（ママ）することなき火砲対装甲の古来の抗争は、今日更に激烈且新《かつあらた》なる局面を展開しあり。若干の教訓は、此の新局面より獲得せられざるべからず。故《ゆえ》に本教令は火器の現況に於て、

戦車の使用条件、

敵の装甲兵器に対する防護法、

を明示するに努めたり。

戦車の用法に関しては、現今対戦車火器が戦車の前面に現るること、恰も最近の戦役間、機関銃が歩兵の前面に現れしが如くなること、十分明確ならしめざるべからず。

ここでは、戦車の装甲の厚さと対戦車火器の装甲貫通能力のシーソー・ゲームが新たな局面を迎えており、歩兵の前に機関銃が出現したように、現在では戦車の前に対戦車

※「恰も」は「あたかも」と読む。

火器が出現することを明確に認識しなければいけない、としている。

第一次大戦では、フランス軍の歩兵部隊がドイツ軍の機関銃によって莫大な犠牲者を出している。「機関銃が歩兵の前に現れたように」という言い回しは、フランス軍人にとって前大戦でのトラウマに触れる強い表現といえよう（もっとも、どの国の軍隊の歩兵部隊も敵の機関銃で大きな損害を出したのだが）。

その対戦車火器の威力を踏まえて、この教令の編纂委員会は次のような結論に達している。

> 本委員会は、此の恐るべき危険を考察して諸外国軍に於ける対戦車火器の数量及《および》威力の著《いちじる》しき増大の結果、攻撃に於ける戦車の使用は、頗《すこぶ》る強大なる砲兵の掩護及《および》支援の下に之《これ》を行うにあらざれば実施すべからざるものと見解するに至れり。（以下略）

つまり、諸外国軍の対戦車砲の数や威力が増大したので、非常に強力な砲兵部隊の支援無しに戦車を攻撃に使ってはならない（！）というのだ。

実際、第一次大戦中の一九一七年四月に始まった「第二次エーヌ会戦（第三次シャンパーニュ会戦）」では、当初は第三線陣地以降の攻撃に投入されて初陣を飾るはずだったフランス軍の戦車部隊が、砲兵部隊による攻撃準備射撃の成果が不十分と判断されるや第一線陣地の攻撃に急遽投入され、苦労しながらも前進を続けたが、味方の歩兵部隊と分離して敵中に孤立し、ドイツ軍の砲火に長時間晒されて大損害を出している。

フランスの戦車部隊は第一次大戦の第二次エーヌ会戦で実戦に初めて投入されたが、孤立して大きな損害を受けた。写真はその際投入された、フランス初の戦車の一つであるシュナイダーCA1

また、第二次大戦でも、例えば北アフリカ戦線では、非装甲目標用の榴弾を搭載していない戦車を装備するイギリス軍の戦車部隊が、味方の砲兵部隊による十分な支援砲撃無しに、高い対戦車能力を持つ八・八センチ高射砲を配置したドイツ軍陣地を攻撃して、たびたび大きな損害を出している。

こうした戦例を見る限り、フランス軍の教令の編纂委員会が出した結論は間違っていなかったようにも思える。

　これに対して、ドイツ軍の第二次大戦初期の戦車部隊は、初速（打ち出した砲弾が砲口を離れる時の速度。これが速いほど装甲の貫通力が大きい）が高く対戦車能力が大きい三・七センチ砲を搭載するⅢ号戦車の中隊と、低初速で対戦車能力は低いが大口径で敵の対戦車砲の制圧能力が高い七・五センチ砲を搭載するⅣ号戦車の「重中隊」を組み合わせる編制を採用した（ただし、Ⅲ号戦車とⅣ号戦車の最初の本格量産型であるA型の引渡しは、いずれも『軍隊指揮』発布後の一九三七年以降）。

　これによって、たとえ味方の砲兵部隊の支援砲撃が無くても、戦車部隊が独力で敵の対戦車砲を制圧して敵陣地を攻撃できるような編制を採用したのである（実際にはⅢ号、Ⅳ号戦車の生産不足で、小型のⅠ号、Ⅱ号戦車や、チェコ製の35（t）、38（t）戦車を穴埋めに使わざるを得なかったが）。

　もっとも、ドイツ軍による西方進攻作戦では、フランス軍の対戦車砲部隊は、Ⅳ号戦車の榴弾射撃によって制圧されたというよりは、ドイツ軍戦車部隊の機動力に翻弄されて敵戦車を待ち構えて射撃する機会そのものが少なかったという感が強い。

　いずれにしても、第二次大戦中のフランス軍の対戦車砲は、第一次大戦中にドイツ軍の機関銃がフランス歩兵に対して発揮したような強烈な威力を、ドイツ戦車に対して発揮することができなかったのである。

　また、次の「航空隊及《および》防空隊」の項では、以下のように述べられている。

各飛行機の威力、速度及《および》行動半径の著しき増加に依《よ》り、飛行隊の進歩は地上軍に対する広範なる協同行動を可能ならしむ。情報の蒐《しゅう》集は至遠《しえん》の距離に迄《まで》行われ、目標の決定及射撃の修正を便《びん》にし、最新火砲の最大射程に至る迄《まで》射撃を為《な》すことを得しむ。（以下略）

　飛行機の性能の向上にともなって、遠距離の偵察や着弾観測による砲撃目標の決定および射撃諸元の修正が便利になるので、最新火砲の能力を最大限に引き出すことができる、というのだ。フランス軍は飛行機の利用による長射程火砲の威力の増大を高く評価していたのである。

　加えて、フランス軍は、第二次大戦前どころか第一次大戦の前から飛行機による砲兵観測の演習を行っており、この分野の先駆者でもあった（ちなみに第二次大戦でドイツ軍機に最初に撃墜されたフランス軍機は観測機だった）。

これに対してドイツ軍は、第二次大戦初期の「電撃戦」で「シュトゥーカ」すなわち急降下爆撃機による対地支援攻撃を多用した。フランス軍は飛行機による長射程砲兵の活用を考えたが、ドイツ軍は飛行機そのものを「空飛ぶ砲兵」として活用したのである。

そして、最後の「通信」の項では、以下のように述べている。

現代軍に於ける通信の重要性に鑑《かんが》み、本委員会は大単位部隊の協同機動の範囲内に於ける其《そ》の用法の一般規定を定むることとせり。

之《これ》に就《つい》ては、無線通信の不断の進歩を高調《こうちょう》する要あり。同通信は、適切に規律せる利用法を以《もっ》てせば、機動を一層自在にし、各兵種の協同を一層緊密且《かつ》確実ならしむべし。

これを見ると、フランス軍では、無線通信の利用による各兵種の緊密な「協同機動」が重視されていたことがわかる。

ちなみに、第二次大戦中のアメリカ軍は無線機を活用して迅速かつ柔軟な砲兵火力の集中を可能にしたが、フランス軍の教範にはそこまでの具体的な記述は無い。それでも、第一次大戦中に始められた移動弾幕射撃などによる砲兵部隊の支援射撃と、歩兵部隊の進撃の調整などに無線機を活用することも、当然考えられていたであろう（移動弾幕射撃とは、砲兵部隊による弾幕が、前進する歩兵部隊の直前を移動していくような砲撃方法のこと。無線機が普及していなかった第一次大戦中は、事前の計画に従って時刻を基準として機械的に弾幕を前進させるしかなかったため、歩兵部隊の前進が遅れると弾幕との乖離《かいり》が大きくなり、敵歩兵の反撃を受けて苦戦することになった）。

そして、これらを踏まえて、この教令の編纂委員会は以下のように結論づけている。

以上述べたる各種の新手段は尚《なお》も火器の威力を増大し、一九二一年の教令編纂委員は、当時既に之《これ》を圧倒的と形容し居《い》たるが、殊《こと》に将来此《こ》の火器の威力は戦場の支配者となり、爆撃飛行隊の進歩と最新火砲の射程延長とに依《よ》り、其の猛烈度及《および》其の縦深を益々《ますます》増大することとなるべし。

つまり、火器の威力は、第一次大戦後も各種の新しい手段によって増大しており、一九二一年の時点ですでに「圧倒的」なものになっていたが、将来はさらに威力が増大して「戦場の支配者」になる、とまで言っているのだ。

続いて、この火器の威力に対抗する防御について、以下のように述べられている。

防御編成の価値も亦《また》、事実之と併行（ママ）して発展を遂げたり。

而《しか》して火力と防護との両領域に於て同時に実現せる進歩は、其の結果として各戦闘行為に依然、其《そ》の外貌《がいぼう》の根本的特質を保存せしめ、又各大単位部隊をして会戦に於ける夫々《それぞれ》の責務を既往《きおう》に渝《かわ》ることなく維持せしむ。

　陣地の構造等を含む防御編成も発展しており、火力の増加に対応して防護も進歩しているのだから、戦闘行為の根本的な特質は変わらないし、会戦時の大単位部隊の任務も変わらない、というのだ。したがって、一九二一年教令の用兵思想の根幹を大きく変える必要など無い、というのが一九三六年時点でのフランス軍の考え方だったのである。

　これらの記述を見てもわかるように、フランス軍の用兵思想の根幹にあったのは、一言でいうと「火力」であり、加えてそれに対抗する「陣地」の防御力であった。

　日本軍では、陣地の火力や防御力を中心とする戦闘を「陣地戦」と呼び、その対語として部隊の機動力を中心とする戦闘を「運動戦」と呼んでいた。

　この区分でいうと、フランス軍が重視していたのは「陣地戦」であり、マジノ線が新しい教範の補足事項の第一に挙げられているのも、ある意味当然のことだったといえよう。

ドイツ軍の用兵思想の根幹

　では、フランス軍の長年の宿敵であったドイツ軍の用兵思想の根幹とは、一体どのようなものだったのであろうか。

　ドイツ軍の『軍隊指揮』では、本文の前の布告にこう記されている。

本教令には運動戦に於ける諸兵連合兵種の指揮、陣中勤務及《および》戦闘に関する原則を記す。

　ドイツ軍では、前述のように「陣地戦」を重視していたフランス軍とは対照的に、最初から「運動戦」を前提としていた。つまり、独仏両軍は正反対の戦い方を志向していたのだ。

　この両軍の用兵思想のちがいは、この点だけにとどまらない。ドイツ軍の『軍隊指揮』の本文では、「用兵とは自由にして創造的な行為である」とする第一項に次いで次のように定めている。

第二　戦争の方式は絶えず発達して止むことなし。新たなる交戦手段の出現は、戦争方式を絶えず変化せしむ。故《ゆえ》に適時其《その》出現を予見し、其影響を正当に評価し、且《かつ》迅速に利用せざるべからず。

　第一次大戦後の技術的な進歩は、その大戦中の戦訓を受

コラム

マジノ線の役割とは？

フランスは、第二次大戦前の一九三〇年から一九三六年初めにかけて、独仏国境付近に巨費を投じて長大な要塞線を構築した。この要塞線は、建設を推進したアンドレ・マジノ陸軍大臣の名をとって「マジノ線」と呼ばれた。

フランス軍は、このマジノ線の機能をどのように考えていたのだろうか。

実は『大単位部隊戦術的用法教令』冒頭の「緒言」に続く「陸軍大臣宛報告」には「築城正面」と題して以下のような記述がある。

敵の侵略に対し国土を防護すべく構築せられたる永久築城に依る新工事は、現今左の諸件を可能ならしむ。
堅固にして而《しか》も比較的少数兵力を以て足るべき掩蔽の下に動員を行うこと。
我が大工業地帯竝《ならび》に我が国境進出に危険なる諸点を、為《な》し得る限り広範囲に防護すること。
我が軍の機動の為、強大なる装備ある基地を確保すること。
築城正面の戦略的任務、其の編成法、其の占領法竝に其の防御方式は、本教令に依りて決定せらる。（以下略）

ここでは、マジノ線の第一の機能として（例えば秘密動員を成功させた敵軍による奇襲攻撃を受けたとしても）比較的小兵力でも十分強固な掩護の下で自軍の動員を進められること、が挙げられている。意外なことに、自国の工業地帯の防護などは二番目以降に挙げられているのだ。

そして、一九四〇年五月にドイツ軍による本格的な侵攻が始まる前に、フランス軍は主力の動員を終えていた。つまり、マジノ線によって第一に掩護されることになっていた動員作業は大過なく進んだのだ。

にもかかわらず、フランスはわずか六週間ほどであっけなく敗れ去った。言い換えると、マジノ線が期待されていた機能を発揮できたかどうかとは別の次元で、フランス軍はドイツ軍に敗れたのである。

マジノ線の主力火砲であった隠顕式75mm連装砲塔と兵士たち。地下は広く、弾薬室、指揮室、整備補給室、仮眠室、通信室、糧食庫などが備えられていた。こういった砲塔はマジノ線全体で152基、機関銃を備える小ドームは1,500基以上存在した

けて定められた戦術上の根本原則を大きく変えるものではない、としていたフランス軍とは対照的に、ドイツ軍では、新たな交戦手段の出現によって戦争の様相は絶えず変化するのだから、その新たな交戦手段の出現を予見して（！）その影響を正しく評価し、迅速に利用しなければならない、としているのだ。しかも、この条項を本文の二番目に置いているのだから、ドイツ軍がこうした考え方をいかに重視していたかがわかる。

なぜ、ドイツ軍は、第一次大戦後半に出現した戦車という新兵器を、第二次大戦のはじめから効果的に活用できたのか。その理由の一端を、この教範の冒頭の二つの条項に見ることができるのだ。

もちろん、ドイツ軍の中でも戦車に対する無理解や抵抗がまったく無かった訳ではないし、保守本流のいわゆる「プロイセン軍人」と対立することの多かったヒトラーが政権を掌握したという政治的なファクターも無視できないだろう。

それでも、ドイツ軍内にはもともと、用兵とは自由にして創造的な行為であり、新たな交戦手段を予見して迅速に利用しなければならない、と教範に定めるような進取の気風があったのだ。

では、その進取の気風を持つドイツ軍の用兵思想の根幹にあったのは、どのような考え方だったのか。本文冒頭の「序」の後半にある第十一で以下のように述べられている。

第十一　将兵の価値は軍隊の戦闘価値を決定するものなり。而して兵器竝《ならび》装具の精良と手入、保存とを以《もっ》て必要なる補足を加えざるべからず。

戦闘能力の優越は兵力の劣勢を補うことを得るものとす。戦闘能力の大なるに従い、用兵は益々猛烈且《かつ》軽快に行うことを得《う》。

卓越せる指揮と軍隊の優越せる戦闘能力とは戦勝の基礎なり。

このようにドイツ軍では、将兵の質の高さを非常に重視しており、加えて装備の質の高さも重視していた。そして戦術教範に、各部隊の戦闘能力の優越によって兵力の劣勢を補うことができる、とはっきりと記していたのだ。日本軍では、こうした考え方を「精兵主義」と呼んだ。

また、各部隊の戦闘能力の増大によって、軽快で猛烈な用兵が可能となり、用兵の幅を広げることができる、としている。逆にいうと、総兵力がいくら大きくても、各部隊の戦闘力が低いと縦横無尽の作戦を展開することができず、数を頼んだ平押しや力攻めしかできない、ということになる。

そして、勝利の基礎は兵力の大きさではなく指揮や戦闘能力の高さにある、としている。ここにもドイツ軍の「精兵主義」が見てとれる。

また、第二章「指揮」の第二十八～九では、以下のように述べられている。

第二十八　決戦の為には兵力に剰余《じょうよ》を感ずること絶対になし。故《ゆえ》に至る処《ところ》に安全を求め、或《あるい》は兵力を副任務の為に拘束せしむることは、原則に反するものとす。

劣勢なるものと雖《いえども》、行動の快速、移動性の大、行軍力の強大、夜間及地形の利用、敵の意表に出《い》づること及《および》敵を偽騙《ぎへん》することに依り、決勝点に於《おい》て優勢を占《し》むることを得《う》。

ここでは、決戦を前提として兵力の分散を戒めた上で、たとえ兵力上は劣勢であっても、機動力の大きさや作戦テンポの速さ、敵の意表を突くことなどによって、決勝点では敵に対して優位に立つことができる、としている。

第二十九　空間及時間を正当に利用し又有利なる状況を迅速に認識し、且決然之《かつけつぜんこれ》を利用せざるべからず。

敵の機先を制するときは我が行動の自由を増大す。

ここでいう「空間と時間の正当な利用」とは、第二十八を踏まえて言い換えると、機動力の大きさや作戦テンポの速さの活用、ということになる。

再軍備後のドイツ陸軍の機械化部隊、装甲部隊を育成し、第二次大戦では自ら指揮した「電撃戦の生みの親」ハインツ・グデーリアン上級大将。ドイツ軍にあった「進取の気風」が、彼のような卓越した指揮官を生み出したといえる

そして、敵の機先を制することで、敵軍をその対応で手一杯の状況に追い込み、自軍は次の行動を自由に選択できるようになる。この戦術上の選択肢の多さ、それ自体が戦いの主導権《イニシアチブ》を握った側の優位点なのだ。

逆にいうと、主導権を握るためには、機動力の大きさや作戦テンポの速さが必要であり、それを実現するためには第十一にあるような「戦闘能力の大なる」部隊が必要、ということになる。

実際、第二次大戦において、ドイツ軍は、装甲部隊や自動車化部隊を集中した装甲集団（のちに装甲軍に改編）を中核として、その高い機動力を生かして素早いテンポで縦横無尽の作戦を展開した。つまり、ドイツ軍はこの教範に定められているとおりの戦い方をしたのである。

対する敵軍は、ドイツ軍の機動力の高さや作戦テンポの速さに付いていくことができず、主導権を失って効果的な対応を取ることができなくなった。具体的には、防御陣地を固めるまえに攻撃を受け、反撃は手遅れとなり、増援部隊は移動隊形のまま攻撃されて戦闘力を失っていった。ドイツ軍は、高い機動力による作戦テンポの速さ、それ自体を大きな武器としたのである。

要するに、陣地戦を志向するフランス軍の用兵思想の根幹が「火力」だったのに対して、運動戦を志向するドイツ軍の用兵思想の根幹にあったのは、作戦テンポの速さを含む広い意味での「機動力」だったのだ。そしてドイツ軍は、高い機動力を持つ「戦闘能力の大なる」部隊、すなわち装甲集団を新編した。ドイツ軍の用兵思想を実現するには、装甲集団のような部隊が必要だったのである。

言い方を変えると、陣地戦を重視していたフランス軍がマジノ線を建設したのに対して、運動戦を重視していたドイツ軍は装甲集団を編成した。このように、第二次大戦前の独仏両軍の用兵思想の根幹とそれを反映した軍備は、正反対といえるほど大きく異なったものだったのである。

ソ連軍の用兵思想の根幹

続いて、ソ連軍の用兵思想の根幹を探ってみよう。

ソ連軍の『赤軍野外教令』では、既述のように第一の後半で次のように定めている。

第一（中略）苟《いやし》くも労働者農民の社会主義国家を犯すものあらば、吾人《ごじん》は其《その》何者たるを問わず、吾《わ》が強力なる蘇邦《そほう》の全武力を挙げて之《これ》を反撃し、進んで敵国領土内に侵襲《しんしゅう》すべし。

次いで、赤軍の戦闘行動の原則を以下のように規定している。

第二　赤軍の戦闘行動は殲滅《せんめつ》戦の遂行を以て原則となす。決定的戦勝を獲得し敵国を完全に覆滅《ふくめつ》することは、蘇邦の根本的戦争目的なりとす。

右目的達成の為の唯一の手段は戦闘にして、戦闘は敵の活動兵力及物質的資材を剿滅《そうめつ》し敵の志気及抵抗力を挫折するものなり。（改行は原文ママ。以下略）

つまり、ソ連軍の戦術教範には、「進んで敵国領土内に侵襲」し「敵国を完全に覆滅」することが「根本的戦争目的」である、と明記されていたのだ。

かの用兵思想家クラウゼヴィッツが述べたように「戦争は、政治的手段とは異なる手段をもって継続される政治にほかならない」とするならば、たとえ戦争の途中でも一定の政治目的が達成されれば敵国と講和を結ぶこともありえるはずだ。しかし、ソ連軍の教範に従うと「敵国を完全に覆滅する」まで戦争目的は達成されず、したがって敵国を覆滅する前に講和することなどありえないことになる。

これもソ連軍の立場から見れば、反革命的な国家の打倒と社会主義革命の支援というイデオロギーに合致した「政治的に正しい」戦争目的ということになるのだろう。それは次の条項を見るとさらに明確になる。

第十四　敵軍（の）労農大衆及戦場住民を「プロレタリヤ《(ママ)》」革命化することは、敵に勝《かち》を制する為《ため》最大の要件なり。本件は軍の内外を通し凡有《あらゆる》幹部、政治部員及赤軍政治機関の行う政治作業に依《よ》りて其《その》目的を達成すべきものとす。

つまり、ソ連軍は戦勝の最大の要件を、敵軍内の大衆や戦場の住民のプロレタリア革命に置いていたのだ。火力や機動力といった純軍事的な要素以前に、革命という政治的な面を重視していたのは、革命軍であるソ連軍ならでは、の大きな特徴といえる。

では、こうした政治的な面ではない純軍事的な面では、ソ連軍は何を重視していたのであろうか。

前述の第二の末尾には、以下のように定められている。

第二（中略）常に敵を求めて之を撃破せんとするの闘志は、労農赤軍幹部及《および》赤兵を通ずる各個訓練竝《ならび》戦闘行為の主眼たらざるべからず。特に之を命ぜらるると否とに係《かかわ》らず、苟《いやし》くも敵を発見せば、随時随所に直《ただち》に起て猛烈果敢なる攻撃に出《い》でざるべからず。

敵を発見したら、とくに命令されなくても直ちに攻撃に出なければならない、とされているのだ。これでは、味方の兵力が圧倒的に劣勢でふつうに考えれば攻撃できないような状況でも、攻撃しなければならないことになる。日本軍は防御より攻撃を重視する考え方を「攻勢主義」と呼んだが、ここにソ連軍の過剰な攻勢主義を見て取ることができる。

もちろんソ連軍も、攻勢に出さえすれば必ず勝てる、と思っていたわけではない。

第三　至る所、敵に対し優勢を占むることは不可能なり。戦勝の獲得を確実ならしむる手段は、重点方面に兵力資材を集結して、該方面に決定的優勢を占むるにあり。次等《じとう》方面に於ける兵力は、単に敵を抑留《よくりゅう》し得るを以《もっ》て足《た》れりとなす。

ここでは、戦勝を確実にするために、兵力資材を集中して重点を形成し、その方面で敵に対して決定的な優勢に立つことが挙げられている。前述したようにドイツ軍の『軍隊指揮』でも、第二十八ではソ連軍以上に兵力の分散を戒めており、兵力の集中を重視するという点ではソ連軍とドイツ軍は共通していた。

ただし、ソ連軍にはドイツ軍のように部隊の「質」の高さで兵力の劣勢を補う精兵主義的な考え方はなく、兵力を集中して「量」的に決定的な優勢を占める、という考え方を持っていた点に大きな違いがあったのだ。

もっとも、ソ連軍も、敵を撃滅するには兵力の優勢だけでは十分とはいえないと考えていた。その証拠に、続いてこう述べている。

第四　然れども、敵を撃滅せんが為には、単に優勢なる兵力資材を集結するのみを以て足れりとせず。必ずや同一方面に行動する諸兵種の協同及各方面に行動する各部隊の協調を緊密ならしめざるべからず。

つまり、ソ連軍では、兵力の「量」に次いで、諸兵種の協同や各方面の部隊の協力を必須としていたのだ。そして、このあとの第七でも、再び諸兵種の協同が長々と強調されている。

第七　各兵種の運用は、其特性を考慮し、其特徴を発揮せしむるを以て根本となす。各兵種を使用するに当《あた》りては、其能力を最高度に発揚《はつよう》し得る如く、他兵種との緊密なる協同を律せざるべからず。

歩兵は、砲兵及戦車と密接に協同し、攻撃に在りては其断固たる行動に依り、防御に在りては其頑強なる持久力に依り、戦闘の決を与うるものなり。故に、歩兵と共に行動する爾他《じた》の兵種は、専《もっぱ》ら歩兵をして其目的を達せしむる如く、攻撃に在りては其前進を支援し、防御に在りては其強靭性を確保するに努むべし。（以下略）

これを見ると、ソ連軍では、歩兵部隊を軍の主兵と考えていたことがわかる。砲兵部隊や戦車部隊など他の兵種は、歩兵部隊が目的を達成するのを助けるための、いわば補助兵種と考えられていたのだ。一言でいうと「歩兵中心主義」である。

ところで、本書の序章で述べたように、ドイツ軍の『軍隊指揮』の前に編纂された戦術教範は『連合兵種ノ指揮及戦闘』（いわゆる『ゼークト教範』）であり、この教範は、各兵種の協同が決定的に重要、という考え方に基づいて編纂されていた。『赤軍野外教令』の第七に、この『ゼークト教範』の影響を感じるのは筆者だけであろうか（なお、ドイツ軍の『軍隊指揮』では、総論部分にあたる「序」や第二章の「指揮」では、諸兵種の協同についてはとくに言及されておらず、第六章の「攻撃」等の中で詳しく述べられている)。

話を『赤軍野外教令』に戻すと、以下の第六を見ても、ドイツ軍の『軍隊指揮』と同じく、敵の意表を突くことや作戦テンポの速さなどを重視していたことがわかる。

第六　敵の意表に出づることは、敵をして対策を失わしむるものなり。(中略) 速《すみやか》に命令を遂行し、状況の変化に応じて速に部署(持ち場のこと)を変更し、速に出発し、迅速なる行軍を行い、速に展開を完了して射撃を開始し、而《しか》も迅速に攻撃し、敵を追撃し得る軍隊は、常に大なる成果を期待し得べし。
奇襲は、敵の予期せざる新戦闘資材並《ならび》新戦闘法の採用に依りても、亦其《またその》目的を達することを得。
赤軍各部隊は、須《すべか》らく凡《あら》ゆる敵の奇襲に対し、随時疾風雷神の如き打撃を以て之に応ずるの準備に在らざるべからず。

これを見ると少し意外に感じられるかもしれないが、ソ連軍では、新しい戦闘資材すなわち新兵器による「技術奇襲」や、新戦法による「戦術奇襲」も考えていたことがわかる。実際、ソ連軍は第二次大戦前から全軍への自動小銃の配備を計画し、後述する「全縦深同時打撃」という新しい戦術概念を発案するなど、新兵器や新戦術の導入にも熱心であった。中でも新兵器については、第八で以下のように定めている。

第八　赤軍の有する戦闘資材は絶えず進歩発達しつつあるを以《もっ》て、之が不断の研究と慣熟《かんじゅく》とは幹部及赤兵(ママ)の最大の責務なり。戦闘中も於ても、常に新兵器の使用法を研究し、最も有効に之を使用する手段の案出に努めざるべからず。之に関連し、又戦闘に対する熱意を昂《たか》むる為《ため》、兵をして其任務を理解せしめ、戦闘後、其講評を行うことは重大なる価値を有す。

これを見る限り、ソ連軍もドイツ軍と同様に新兵器の研究と有効活用を強く求めていたことがわかる。このようにソ連軍の戦術教範には、ドイツ軍の戦術教範と意外なほど多くの共通点があるのだ。

では、ソ連軍は、戦闘の二大要素である「火力」と「機動力」の中では、ドイツ軍と同じく「機動力」を重視していたのであろうか。第十五では以下のように述べられている。

第十五　現代戦は畢竟其《ひっきょうその》大部分火力闘争に外ならず。此故《これゆえ》に赤軍幹部及《および》赤兵は、現代火器(の)威力に関する識得《しきとく》を深くし、之が使用竝《ならび》制圧手段に熟せざるべからず。火器威力の破壊的性質を無視し、且《かつ》之が克服の手段を弁《わきま》へざるものは、徒《いたず》らに無益の損害を蒙《こうむ》るに過ぎざるべし。

ソ連軍は、現代戦は「火力」闘争であると認識しており、現代火器の使用や制圧に習熟していなければならず、それを無視すれば無駄な損害を出すだけ、と考えていた。これを見てもわかるように、ソ連軍は「機動力」よりも「火力」を重視していたのだ。

そして、この火力重視を前提として、火力の発揮に必要な弾薬の補給など物質的な面を非常に重要視していた。それは、以下のような条項にもハッキリと表れている。

第十六　現代戦に於ける砲兵及自動火器の数の増大は、必然的に弾薬の消費を大ならしむるに至れり。（以下略）

第十七　凡て戦闘を行うに当りては、之に必要なる十分の資材を備えざるべからず。卓越《たくえつ》せる戦術的決心も、若《も》し之が遂行に必要なる物質的条件に於《おい》て欠くる所あらば、必ずしも其《その》成果を期待し難《がた》し。戦闘に当りて資材の補給竝《ならび》集結を遺憾《いかん》無《な》からしむることは、指揮官及幕僚の最大の責務なりとす。

ソ連軍は、たとえ卓越した指揮でも、必要な物資が無ければ成果を上げることはおぼつかないという、ある種「唯物論」的な考え方を持っていたのだ。

逆にいうと、戦闘に必要な物資の補給や集積をきちんとできない指揮官や幕僚は、最大の責務を果たしていないことになるから、シベリヤの収容所に送られたり銃殺されたりしても文句は言えないことになる。もし、補給面で大問題が生じたインパール作戦に参加した日本軍の兵士が、この条項を知っていたらどう思ったであろうか。

さて、このように火力を重視していたソ連軍だが、その火力に対抗するための陣地についてはどのように考えていたのだろうか。すでに引用した第七の後半には、以下のようなくだりがある。

第七（前略）築城地域は特種《ママ》守備隊及一般兵団を以て長時日に亘《わた》り之を確保し、高等統師をして機動の自由を確保し、敵に圧倒的打撃を与うる為、必要なる強大なる兵力を集結するの容易を得しむるものなり。（以下略）

つまり、ソ連軍では、永久築城（要塞）や野戦築城（野戦陣地）は、よりハイレベルの用兵において守備隊や一般兵団以外の各部隊の機動の自由を確保し、敵に圧倒的な打撃を与えるために必要な巨大な兵力の集結を掩護するもの、と規定されていたのだ。したがって、築城地域を確保する部隊は主力部隊の集結を掩護するための掩護部隊に過ぎず、それを利用して集結した主力部隊が築城地域外で敵に決戦を挑むことになるわけだ。

これを見ると、ソ連軍は、第一次大戦中の西部戦線のように、両軍の主力部隊同士が堅固な陣地に入って対峙するような「陣地戦」を考えていなかったことがわかる。この点に関しては、同じく火力を重視していたフランス軍と異なっていたのである。

スターリングラード戦において、瓦礫の中で小銃を構えるソ連歩兵。この戦いでソ連軍は、破壊された建物などを抵抗拠点として粘り強く戦った

ちなみに、第二次大戦中のスターリングラード戦では、ソ連軍は、一般的な野戦築城や永久築城とはやや趣きが異なるものの、市街地のコンクリート建造物などを利用して多数の抵抗拠点を築き（穀物サイロやジェルジンスキー・トラクター工場などが有名）、これを攻撃するドイツ軍の主力部隊を引き付けている間に戦線後方に反撃用の兵力を集結させると、市外に伸びる弱体な枢軸同盟国軍の戦線を突破して、スターリングラードを攻撃中のドイツ軍を丸々包囲することに成功している。まるで、この第七の条文をそのまま実行したような戦い方であった。

まとめると、ソ連軍は、軍事面に関しては、フランス軍と同様に「火力」を重視しながらも、フランス軍が考えていたような「陣地戦」とはやや異なる考え方を持っていたのだ。

日本軍の用兵思想の根幹

最後に、日本軍の用兵思想の根幹を探ってみよう。

日本軍の『作戦要務令』冒頭の「綱領」では、すでに述べた第一に続いて以下のように定めている。

第二　戦捷《せんしょう》の要は、有形無形の各種戦闘要素を総合して敵に優る威力を重点に集中発揮せしむるにあり。

訓練精到《せいとう》にして必勝の信念堅く軍紀至厳《しげん》にして攻撃精神充溢《じゅういつ》せる軍隊は、能《よ》く物質的威力を凌駕して戦捷を完《まっと》うし得るものとす。

ここには、重点の形成による戦力の集中とともに「必勝の信念」に基づく攻撃精神によって物質的威力を凌駕することが挙げられている。

また、次の第三でも重ねて「必勝の信念」について述べている。

第三　必勝の信念は、主として軍の光輝《こうき》ある歴史に根源し、周到なる訓練を以て之《これ》を培養し、卓越なる指揮統帥を以て之を充実す。

赫々《かっかく》たる伝統を有する国軍は、愈々《いよいよ》忠君愛国の精神を砥礪《とれい》し、益々訓練の精熟《せいじゅく》を重ね、戦闘惨烈《さんれつ》の極所《きょくしょ》に至るも上下相信倚《しんい》し、毅然として必勝の確信を持たざるべからず。

これを見ると、周到なる訓練や卓越なる指揮統帥などは、「必勝の信念」を培養し充実するための手段に過ぎなかったように感じられる。そして、さらに第四の軍規、第五の独断専行に関する規定を挟んで、第六で再び攻撃精神が強調されている。

第六　軍隊は常に攻撃精神充溢《じゅういつ》し志気《しき》旺盛ならざるべからず。

攻撃精神は忠君《ちゅうくん》愛国の至誠《しせい》より発する軍人精神の精華《せいか》にして強固なる軍隊志気の表徴《ひょうちょう》なり。武技之に依《よ》りて精を致《いた》し、教練之に依りて光を放ち、戦闘之に依りて勝《しょう》を奏す。蓋《けだ》し、勝敗の数は必ずしも兵力の多寡《たか》に依らず。精練にして且《かつ》攻撃精神に富める軍隊は克《よ》く寡を以《もっ》て衆を破ることを得るものなればなり。

このように日本軍の『作戦要務令』では、攻撃精神や必勝の信念など、一言でいうと「精神力」が重視されていたのだ。独仏ソ各軍では日本軍ほど精神力の重要性を強調しておらず、その意味では日本軍独特のものといえるだろう。

それ以外の部分では、次に引用する第七や第九のように、ドイツ軍の影響が大きいように感じられる。

第七　協同一致は戦闘の目的を達する為、極めて重要なり、兵種を論ぜず上下を問わず、戮力協心《りくりょくきょうしん》、全軍一体の実を挙げ、始めて戦闘の成果を期し得べく、全般の情勢を考察し、各々《おのおの》其の職責を重んじ、一意任務の遂行に努力するは、即ち協同一致の趣旨に合するものなり。而《しか》して諸兵種の協同は、歩兵をして其の目的を達成せしむるを主眼とし之を行うを本義とす。

ここでは、諸兵種の協同が述べられており、それに関しては既述のドイツ軍の『ゼークト教範』の影響もあるように感じられる。

ただし、歩兵以外の各兵種は歩兵の目的を達成させることを主眼として協同することが定められており、ソ連軍と同じく「歩兵中心主義」だったことがわかる。それどころか「諸兵種の協同は、歩兵をして其の目的を達成せしむるを主眼とし……」という文章自体が、『赤軍野外教令』第七の「歩兵と共に行動する爾他《じた》の兵種は、専《もっぱ》ら歩兵をして其の目的を達せしむる如く……」とよく似ているように感じられる。

これでは、ドイツ軍の装甲師団のように、戦車を主力として、それを支援する歩兵や砲兵、工兵等の諸兵種の各部隊を編合する、といった発想は出てこないだろう。

ちなみに第二次大戦の少し前に開発された日本軍の主力戦車は、歩兵支援を主眼とした九七式中戦車（チハ）であり、その対戦車能力は非常に低かった。また、ソ連軍の傑作戦車T-34の初期型も、専用の対戦車砲ではなく、野砲をベースにした比較的短砲身（三〇・五口径）の戦車砲を搭載しており、野砲のような間接射撃能力を持つなど、歩兵戦車的な性格が強かった（ただしソ連軍では、専用の対戦車砲に加えて、野砲も対戦車砲を兼ねていた）。

『赤軍野外教令』との共通点はまだある。

第九　敵の意表に出《い》づるは、機を制し勝を得るの要道《ようどう》なり。故《ゆえ》に旺盛なる企図《きと》心と追随を許さざる創意と神速なる機動とを以《もっ》て敵に臨み、常に主動の位置に立ち、全軍相戒《あいいまし》めて厳に我が軍の企図を秘匿し、困難なる地形及天候をも克服し、疾風雷神、敵をして之に対応するの策なからしむること緊要《きんよう》なり。

ここでは、敵の意表をつくことに加えて、機動力などを生かして主導権を握ることの重要が強調されている。その

第二次大戦を通じて日本陸軍の主力戦車であった九七式中戦車。短砲身57㎜砲を装備しており榴弾による歩兵支援を得意としたが、徹甲弾の装甲貫徹力は非常に低かった

考え方はドイツ軍の『軍隊指揮』の第二十八に似ているが、言い回しは（翻訳だが）むしろ『赤軍野外教令』の第六によく似ている。ソ連軍を第一の仮想敵としていた日本軍は「疾風雷神、敵をして之に対応するの策なからしむること緊要なり」とし、対するソ連軍は「須《すべか》らく凡《あら》ゆる敵の奇襲に対し、随時疾風雷神の如き打撃を以て之に応ずるの準備に在《あ》らざるべからず」としていたのだ。

では、そのソ連軍で非常に重視されていた物資の補給や集積などについては、『作戦要務令』ではどのように規定されていたのであろうか。

第八　戦闘は輓近著《ばんきんいちじる》しく複雑強靭の性質を帯び、且資材の充実、補給の円滑は必ずしも常に之を望むべからず。故に軍隊は堅忍不抜《けんにんふばつ》、克《よ》く困苦《こんく》欠乏に堪え、難局を打開し、戦捷の一途に邁進するを要す。

前述したように、資材の補給や集積は指揮官や幕僚の最大の責務なり、としていたソ連軍とは対照的に、日本軍では、はじめから充実した資材や円滑な補給を常に望んではいけないし、これに耐えて難局を打開し勝利に向かって邁進する必要がある、とされていたのだ。そして、その難局をどうやって打開するのかについては、ここでは言及されていない。

ソ連軍の『赤軍野外教令』との共通点が意外に多い『作戦要務令』ではあるが、この点に関しては決定的に異なっていたのである。

以上を端的にまとめると、各国軍の用兵思想の根幹は、フランス軍は第一次世界大戦の延長線上にある「火力」の重視と「陣地戦」、ドイツ軍は精兵主義に基づく「機動力」の重視と「運動戦」、ソ連軍は過剰な攻勢主義に基づく「火力」と「兵力資材」の重視、日本軍は必勝の信念に基づく「攻撃精神」の重視、ということになろう。

第二章 行軍

この章では、各国の戦術教範の中で、行軍についてどのように定められていたのかを見てみよう。
まずはフランス軍からだ。

フランス軍の行軍

行軍の基本的な考え方

フランス軍の『大単位部隊戦術的用法教令』を見ると、第四編「輸送、運動、宿営」の第一章「移動に関する総則」の冒頭の条項で以下のように定めている。

第百五十七　作戦には、軍隊及《および》各種補給品の不断の移動を必要とす。

軍隊の移動は、運動又は輸送に依《よ》りて行わる。軍隊が、其《そ》の固有の手段（此《こ》の手段は、建制（正規の部隊編制のこと）上該部隊に属する場合と、一時（的に）該部隊に配当せらるる場合とあり）に依《よ》り移動するとき、之《これ》を運動と言う。運動は、各大単位部隊の指揮官が其の機動に基《もとづ》き、且《かつ》上級指揮官より与えらるる訓令の範囲内にて計画、実施するものとす。

軍隊が、被輸送部隊に属せざる輸送部に依り移動せらるるときは、之を輸送と言う。輸送は、通常（は）司令部の訓令に準拠し、輸送を委任せられし輸送部に依り計画実施せらる。

大単位部隊の移動には、運動と輸送とを同時に行うことあり。例えば自動車部隊は独力にて移動し、他の徒歩又は乗馬部隊は鉄道に依り輸送せらるるが如し。

最初に軍隊の「移動」「運動」「輸送」について厳密に定義した上で、大単位部隊の「移動」は「運動」と「輸送」を同時に組み合わせて行うことがある、としている。

そして、その次の条項で以下のように規定している。

第百五十八　交通手段、特に動力手段の能率を為《な》し得るかぎり最良に発揮する為《ため》、並《ならび》に之に関する科学の連続的進歩を利用する為、移動に関し指揮官は運動及《および》輸送の編成、特に其の連合を適切ならしむること肝要なり。

軍隊の移動は、指揮官が「運動」と「輸送」を適切に組み合わせることが重要、としているのだ。これがフランス軍の軍隊の移動に関する基本的な考え方といえる。

では、その「運動」と「輸送」の具体的な手段としては、どのようなものが考えられていたのであろうか。

第百五十九　利用せらるる交通路は、通常（は）鉄道及陸路にして、状況に依り河川、海路及小部隊の為《ため》には航空路を利用す。

普通、鉄道は、高等統帥のため自在且強力なる機動機関たり。大単位部隊を其の使用地域に近く《（ママ）》前進せしめ、且其の兵員並《ならび》に活動手段の維持及使用に必要なる輸送を確保する為、鉄道は頻繁に使用せざるべからざること頗《すこぶ》る多し。

陸路は、頻繁なる交通に適する如く編成せられたる濃密なる道路網に依りて軍の必要とする至る処《ところ》に到達し、之《これ》に依り鉄道輸送を延長し且其の不足又は荒廃を補うことを得しむ。

陸路は、自動車化の実現に依り戦略的輸送上頗《すこぶ》る重要なるものとなれり。


　これを見るとフランス軍では、鉄道輸送を大単位部隊の移動や補給維持の中心手段と位置づけていたことがわかる。道路輸送は、鉄道輸送をおぎなう補助手段という位置づけだ。

　ただし、その道路輸送も、自動車によって戦略的な輸送において非常に重要なものになってきた、とも言っている。ちなみに、第一次大戦初頭の「マルヌの戦い」では、フランス軍が自動車輸送を活用して、前線に予備兵力をすばやく送り込んでドイツ軍の進撃を阻止しており、その戦訓を思い起こさせる。

　もっとも、この第一章はあくまでも「移動に関する総則」なので、教範中の用語の定義や一般的な方針が中心であり、具体的な規定や詳細な指示はあまり記されていない。この章の最後の条項で以下のように定めている程度だ。


第百六十　如何《いか》なる移動法を採用するに拘《かかわ》らず、左の諸件に留意するを要す。

常に諸隊の建制的連鎖を破壊せざるを有利とす。

夜間又は昼間に行わるる諸隊の総《あら》ゆる運動又は輸送を敵の空中偵察並に諜報勤務より免《まぬが》れしむるを要す。偽装（に関する）軍紀は、指揮官の留意すべき重要事項の一たり。此《こ》の見地に依《よ》り、大いに夜間機動を使用せらる（以下略）

　移動中の留意点として、各部隊の建制による団結を崩すのは得策ではない、としている。また、「運動」や「輸送」を敵の空中偵察や諜報活動から隠す必要があり、偽装の重要性を強調した上で、夜間機動を大いに推奨していることが注目される。

速度や運動性が異なる部隊の行軍

　次の第二章「運動」は第一款「総則」、第二款「路上行軍」、第三款「路外行軍」からなっており、その次の第三章「輸送」は第一款「鉄道輸送」、第二款「自動車輸送」、第三款「水路輸送」、第四款「空路輸送」からなっている。さらに次の第四章は「運動と輸送との調整」で、最後の第五章が「宿営」と、各款の内容が整然と並べられた論理的な構成になっている。

　こうした点からも、フランス軍の教範が単なる「ハウツー本」ではなく、用兵に関する「理論書」的な性格の強いことが感じられる。

　では、それぞれの章を順番に見ていこう。

　第二章「運動」の冒頭、第一款「総則」の最初の条項では以下のように定めている。

第百六十一　輸送手段の発達に拘《かかわ》らず、状況上諸隊が其の独自の手段に依りて長距離を踏破せざるべからざる場合屡々《しばしば》あり。

陸路に依る諸運動は複雑となれり。事実、大単位部隊及《および》総予備隊の編組《へんそ》内に入るべき諸隊は、徒歩部隊、自転車部隊、乗馬及繋駕《けんが》（馬で牽引すること）部隊、自動車部隊等、速度も運動性も同一ならざる諸部隊より成ることあり。其の他大単位部隊の行軍地域の若干（の）経路の使用は、他の必要に依り、当該大単位部隊に制限せらるることあり。故《ゆえ》に陸路に依る運動は、各級の部隊に於《おい》て細心に準備し、且規定せらるるを要す。

　ここでは、輸送手段が発達したにもかかわらず、各部隊が自力で長距離を踏破しなければならないことがしばしばある、としている。また、大単位部隊や総予備隊は速度や運動性がバラバラの諸部隊で編成されることがあり、各部隊における細心の準備と規定が必要、としている。

　事実、フランス軍では、軍レベルや軍団レベルに、歩兵師団や騎兵師団、独立の戦車群など各種の「運動」手段を持つさまざまな部隊が所属していただけでなく、それより下の師団レベルでも、基幹部隊がそれぞれ異なる「運動」手段を持つ師団が編成されている。

　具体例を挙げると、騎兵師団を改編した軽騎兵師団（Division Légère de Cavalerie　略してＤＬＣ）では、自動車編制の軽自動車化旅団一個と、騎馬編制の騎兵旅団一個を基幹として、砲兵牽引車によって機械化された砲兵連隊や自動車化された工兵中隊などを組み合わせた、中途半端な半自動車化師団であった。

　もともと、各種の移動手段を適切に組み合わせるべき、という考え方が先にあったために、このＤＬＣのような各部隊の速度や運動性がバラバラの部隊が編成されたのか、あるいは、同じ師団に所属する部隊でも各部隊に最適な移動手段はそれぞれ異なるのだから、指揮官はそれに合わせて適切な行軍部署や行軍速度を定めるべし、と考えたのか、この教範を読んだだけでは判然としない。

ただ、いずれにしても、同じ師団に所属する各部隊の機動力を同じレベルに揃えようという意図は、まったくといっていいほど感じられない。

これとは対照的にドイツ軍では、移動手段や機動力の統一が強く意識されていた。例えば、第二次大戦前の陸軍参謀本部では、歩兵師団の半自動車化（歩兵部隊は基本的に徒歩行軍だが、それ以外の各部隊は自動車化する）による機動力の向上を考えていたが、陸軍総務局（装備の開発、兵員の訓練や補充全般に関して責任を持つ陸軍装備局長兼補充軍総司令官の指揮下にあり、一九四〇年二月までは同総司令官が陸軍総務局長を兼務していた）は、現状の歩兵師団は火砲の牽引手段として輓馬《ばんば》と自動車が混在しているため指揮が困難であり、参謀本部もそれを認めているのだから、ましてや半自動車化師団の編成など認められない、と主張していた。

つまり、ドイツ軍の内部では、師団内の火砲の牽引手段の不統一ですら問題視されていたわけで、同じ師団に所属する基幹部隊の「運動」手段がバラバラのＤＬＣをいくつも編成していたフランス軍との考え方の違いに驚く。

さらに「ドイツ装甲部隊の父」といわれるハインツ・グデーリアン将軍は、快速の戦車部隊を主力として、それを支援する歩兵、砲兵、工兵などの各部隊が戦車部隊と同等の機動力を持つ諸兵科連合の「装甲師団」を編成すべし、と考えたのだから、フランス軍の考え方とは対照的といえる。そして、この点にこそ彼のアイデアの革新性があったのだ（もっとも、現実のドイツ軍の装甲師団は、半装軌車の生産不足などにより、全車両を不整地での機動力が高い全装軌車や半装軌車で統一できず、通常の装輪車も併用せざるを得なかった。なお、全装軌車とは戦車のようないわゆるキャタピラ式の車両、半装軌車は前がタイヤで後ろにキャタピラを備えた車両、装輪車はタイヤで走る車両のことだ）。

では、フランス軍は、このような「速度も運動性も同一ならざる諸部隊」をどのように行軍させるつもりだったのだろうか。

第百六十二　之《これ》が為《ため》、大単位部隊の各種編成型式に適合せる行軍部署を採用し、且此等《これら》各種型式の部隊の通常の行軍行程並《ならび》に道路網使用上の諸拘束に適応せる行軍速度を定むること緊要なり。

第百六十三　戦術上の状況、之を許すときは、各大単位部隊を数個の行軍集団に区分し、各集団は同一速度の諸隊を以《もっ》て編組し、之に各別又は同一進路を配当するを可とす。
（以下略）

　このようにフランス軍では、各種の編成型式に適合した行軍部署をとり、各部隊に適した行軍速度を定めることになっていた。また状況が許せば、同一速度の部隊ごとに数個の「行軍集団」に分割して、それぞれ別の進路や同じ進路を移動させることになっていたのだ。

　フランス軍とドイツ軍の間でこのように大きな差異が生じた原因としては、第一に両軍の戦闘に対する考え方が根本的に異なっていたことが挙げられる。

　具体的にいうと、本書の第一章で述べたように「陣地戦」を重視していたフランス軍では、敵陣地に対する「攻撃」、そうでなければ味方陣地における「防御」、といった「攻防二元論」的な考え方が強かった（詳しくは本書の第四章で述べる）。そのため、まず各部隊を攻撃開始地点や防御陣地まで移動させる、次に攻撃隊形や防御陣地に展開させて、その上で戦闘を開始する、といった具合に「移動」と「戦闘」を完全に分けて考える傾向が強かったのである。

　これに対して「運動戦」を重視していたドイツ軍（とくに装甲部隊）では、「移動」と「戦闘」を一体のものと考える傾向が強かったことが挙げられる（こちらも詳しくは本書第四章で述べる）。なにしろドイツ軍では、歩兵師団内の火砲の牽引手段のバラつきだけで軍内部から公然と批判が出るほどだったのだ。もし、フランス軍のように同一師団の各部隊を速度ごとにバラバラに移動させていたら、運動戦などできないと厳しく批判されたことだろう。

1940年5月のドイツ軍の侵攻に対し、前線に向かうフランス軍歩兵。フランス軍は「移動」と「戦闘」を分けて考えていたため、移動中に奇襲攻撃を受けると手もなく撃破されてしまうことが多かった

　もっと具体的な例を挙げると、戦車部隊の機動に歩兵部隊や砲兵部隊が付いていくことができなければ、戦車は歩兵の掩護や砲兵の支援砲撃を得られずに単独で戦うことになる。だからこそグデーリアン将軍は、戦車部隊を支援する各部隊に、快速の戦車部隊と同等の機動力を与えることを唱えたわけだ。そして装甲師団では、戦車部隊以外の各

部隊も、少なくとも路上では戦車部隊と同等の機動力を発揮できたのである。

ところが、フランス軍では逆に、指揮官の判断ひとつで各部隊が速度ごとにバラバラに移動するのだから、そのまま戦闘に加入することができないし、その状態で敵の奇襲を受けると悲惨なことになる。なぜなら、部隊全体が諸兵科連合部隊としての総合力を発揮できない状態のまま、各個に撃破されてしまうからだ。

路上での行軍

次の第二款「路上行軍」は、其の一「触接前」、其の二「構成せられたる戦線の掩護あるとき」、其の三「自動車化大単位部隊の運動」に分かれている。そして其の一「触接前」の最初の条項で以下のように定めている。

第百六十六　各大単位部隊は、敵と触接前、又は会戦参加の地域の近傍に於《おい》て、地形が自由なる行動に適するときは路上を、概して其の独自の手段により移動す。
指揮官は各大単位部隊に其の固有の行軍地域を配当す。

また、其の二「構成せられたる戦線の掩護あるとき」の冒頭では以下のように定めている。

第百七十一　構成せられたる戦線の後方、特に兵站地帯に於《おい》ては、運動する大単位部隊は、多くは他の運動及輸送の為《ため》利用せらるる経路を使用す。此等の経路が各大単位部隊の使用に供せらるべき時間的諸条件は、該《がい》道路網上の運動及輸送の規正《（ママ）》に任ずる官憲（道路規正委員会）に依りて定めらる。

つまり、敵との触接前などは路上を自力で移動するが、味方戦線の後方では他の部隊の移動や兵站物資の輸送などに利用されている経路を共用することになっており、その使用時間はその道路網を担当している道路規制委員会が定めることになっていたのだ。

これを見ると、フランス軍では、第一次大戦中のように、固定的に維持されている味方戦線に後方から兵站物資とともに増援部隊を送り込む、といったシチュエーションが半ば前提とされていたように感じられる。

また、次の其の三「自動車化大単位部隊の運動」の冒頭の条項には以下のように記されている。

第百七十三　自動車化大単位部隊は、一時的に其の隷下に置かるる総予備隊の各輸送隊の協力を以《もっ》て、通常（は）全部路上を移動す。
其の運動は、当該大単位部隊の指揮官に依り規定せられ、

同官に対し上級指揮官は、或《あるい》は行軍地域を与え、或は戦線の掩護下に運動するときは一定の経路を配当す。後者の場合、其の大単位部隊の運動命令は、要すれば此等経路の使用に関し該地域に存在する道路規正委員会に依り指示せらるる制限規定を参酌《さんしゃく》す。（以下後述）

つまり、高い機動力を持つ自動車化部隊でも、戦線後方の移動時には、その地域の道路規正委員会の指示する制限を考慮することになっていたのだ。

これを見てもわかるようにフランス軍では、各部隊の自動車の保有数や自動車化率といったハード面とは別に、部隊の移動に関する規定というソフト面で柔軟性に欠けるきらいがあった。

このような規定のもとで、もし敵部隊が予想外の速度で味方戦線の後方奥深くまで一挙に突破してきた時、移動中の増援部隊がその場の判断で臨機に移動せず、道路規正委員会の指示を待っていたらどうなるか。ここであらためて第二次大戦中のドイツ軍の西方進攻作戦の戦例を記すまでもないだろう。

さらに右記の第百七十三の末尾では以下のように定めている。

諸隊の下車竝《ならび》に展開を、順序及速度の良好なる条件にて実施する為、自動車化大単位部隊は多数の自動車路を使用するを要す。之が為、指揮官は、屢々《しばしば》一般の大単位部隊よりも更に広大なる地域を自動車化大単位部隊に配属するに至るものなり。（中略）

第十篇（第四百五十五及第四百五十八）は、状況に応ずる自動車化大単位部隊の諸運動計画の一般条件を示す。之には、特に其の主力の移動は、堅固に構成せられたる戦線の掩護又は警戒機関の全般（騎兵大単位部隊、偵察隊、前衛及側衛）に依り作られたる安全なる地域内にあらざれば、実施し得ざることを明示せり。

このように、自動車化部隊の移動は、堅固な味方戦線の後方か、騎兵の大単位部隊や偵察隊あるいは前衛や側衛などが作る安全な地域内でなければ、実施できないことが明示されているのだ。

言い換えるとフランス軍では、自動車化部隊は最前線で対敵行動に用いられる攻撃的な機動兵力ではなく、安全な戦線後方を自力で移動できる部隊に過ぎなかったのである。

そもそも、通常の自動車化部隊は、戦車とちがって装甲を持たない無防備なトラックを多数装備しており、何らかの掩護が無いと敵の攻撃で大損害を出しかねない。その意味では、フランス軍の規定も全くの間違いとは言い切れない部分がある。

実際のところ、第一次大戦では、前述の「マルヌの戦い」のように、軍隊の自動車輸送もしばしば行われているのだが、基本的には固定的な戦線の背後でのみ実施されている。グデーリアン将軍が第二次大戦後に著した回想録では「運動戦において直接対敵行動に用いられた例は皆無」（本郷健訳『電撃戦 グデーリアン回想録』中央公論新社刊より引用。以下同じ）と断定しているほどだ。

だが、第二次大戦中のドイツ軍は、自動車化部隊を前線での直接対敵行動に当たり前のように投入した。ドイツ軍の装甲師団には、大戦初期なら一個旅団、大戦中頃なら二個連隊の自動車化狙撃兵（のちに装甲擲弾兵に改称）部隊が所属しており、同部隊は敵戦線を突破した同じ師団の戦車部隊に続行して、占領地域の確保や部隊側面の掩護などを担当したのだ。

第二次大戦中頃の自動車化狙撃兵連隊（のちに装甲擲弾兵連隊に改称）は二個大隊編制で、各装甲師団には自動車化狙撃兵部隊が計四個大隊所属していた。このうち半装軌式の装甲兵車Sdkfz.251等に乗っていたのは（装甲兵車の生産不足などにより）通常は一個大隊のみで、残りの三個大隊は非装甲のトラックや大型乗用車などに乗っていた。

それでもドイツ軍では、唯一の装甲化された大隊を戦車連隊と組み合わせるなどの工夫により、自動車化狙撃兵部隊を攻撃的に運用したのである（ただし自動車化狙撃兵部隊の消耗は——トラックの故障など機械的な要因も含めて——相当大きく、例えば一九四一年六月に始まったソ連進攻作戦「バルバロッサ」の末期にはボロボロに消耗している）。

では、なぜ独仏の間でこのような大きな違いが生じたのであろうか。

よく知られているように、ドイツは第一次大戦の講和条

歩兵1個分隊を輸送することができたドイツ軍の半装軌式（ハーフトラック）装甲兵車Sdkfz.251

対戦車砲を牽引するドイツ軍のクルップL2H（Kfz.69）。装輪式で非装甲のため、踏破性・戦闘力はSdkfz.251より劣る

約である「ヴェルサイユ条約」によって陸軍の総兵力を一〇万人に制限され、独仏国境付近の陣地や要塞の非武装化を定められた。装甲師団の提唱者であるグデーリアン将軍は、前述の回想録で第一次大戦後の状況を以下のように述べている。

「ドイツはいまや無防備であり、したがって将来開始されるかも知れぬ戦争が陣地戦になるとはとうてい考えられなかった。したがってもし開戦ということになれば、機動的な防衛戦力に頼らなければならないのだが、この運動戦における自動車輸送の問題には、すぐに掩護兵種という課題が付随してきた。

　私の考えによれば、それは有効に使用できる装甲車両によってのみ可能であった。」

　保有兵力や国境要塞の整備を厳しく制限されたドイツ軍は、陣地の防御力や火力を生かす「陣地戦」ではなく、機動力を生かして敵を叩く「運動戦」を展開するしかない。しかし、主力の歩兵部隊の機動力を向上させる自動車輸送を対敵行動に用いるには、無防備な自動車輸送部隊を掩護する装甲車両が必要だ。これこそがグデーリアンの発想の原点であり、のちに装甲師団の編成へと発展していくのである。

軍、軍団、師団レベルでの行軍規定

話をフランス軍に戻そう。

条項はやや前後するが、第二款「路上行軍」の其の一「触接前」の二番目の条項では以下のように規定されている。

第百六十七　運動を容易ならしむる為、指揮官は上級官憲より命ぜられたる交通規定を参酌《さんしゃく》し、為《な》し得る限り次の各指示に準拠するを要す。

各隊をして其の固有の歩度《ほど》を維持せしむ。之が為、各縦隊を第百六十三に示せる如く編組《へんそ》す。

徒歩及馬匹《ばひつ》部隊には最短の経路を配当す。

重機材の為には砂利を布《し》ける道路を単一方向に使用せしむ。

同一経路又は同一行軍地域を使用する各行軍集団が其の相互間に一日行程を隔《へだ》てざる梯隊《ていたい》たるときは、毎《つね》に此等《これら》を同一指揮官の隷下に置く。

　この記述を見てもわかるように、モータリーゼーションが進んでいたフランスでも（コンクリートやアスファルト等で舗装されていない）砂利道でさえも特別な道路であり、重機材を持たない徒歩部隊や馬匹部隊は砂利も敷かれていない未舗装路を移動するのが当たり前だったことがわかる（ちなみに日本では、昭和三十年代の主要な国道でも、ちょっと田舎に行けば中央だけ簡易舗装で両側は砂利道ということも珍しくなかった)。

次いで、軍や軍団、師団の行軍に関して以下のように定めている。


第百六十八　軍司令官は、自己の使用し得る総《すべ》ての道路網を、各軍団の編組及《およ》び任務に応ずる如く其の相互間に配当し、又《また》軍直轄部隊の移動を規定し、或《あるい》は行軍の為、之を各軍団に分属す。

各自動車化部隊は、概して両三日毎に大距離の躍進に依り移動す。

軍司令官は、着陸場の状況に依りて、軍及其の隷下に入るべき各大単位部隊に属する全航空隊の移動条件を規定す。

此等の移動は、少なくも四十粁《キロ》の躍進に依りて行わる。十分なる地区なくして同時に全部隊を前方に進め得られざる場合には、軍司令官は各移動の緩急順序を定む。


本書の第一章で述べたように、フランス軍は飛行機による遠距離の偵察や着弾観測を重視しており、各軍に直轄の偵察飛行群（ポテ63・11やポテ637などを装備）等を、各軍団や一部の師団に偵察観測飛行群（ポテ63・11やANFミュロー115などを装備）等を、それぞれ所属させていた。その躍進距離は最低でも四〇キロとされていたわけだ。この数字の算出根拠ははっきりしないが、この条項以外では具体的な数字を挙げて行軍を規定しているような条項はあまり見当たらず、その意味では例外的といえる。


第百六十九　各軍団は、原則として師団を併立《（ママ）》して行軍す。

然《しか》れども三、四個師団より成る軍団は、通常其の一、二個師団を第二線に保持すべし。

軍団の建制諸隊及行軍の為軍団に配属されたる軍の諸隊は、某師団の後方に集結せられ、又は各師団に分属せらる。

行軍部署は、隷下諸隊に十分なる独立性を付与し、且状況に依り方向の変換を可能ならしむる如く規定せらる。前後に配置されたる両師団が、敵に向かい前進する為、同一道路を利用するときは、其の各隊の戦場到着の緩急度に関し、其の運動部署を細心に規定するを要す。即《すなわ》ち、第二線師団は砲兵を先頭とし之に戦闘部隊を続かしめ、第一線師団の混雑し易《やす》き諸隊は之を後方に斥《しりぞ》け前進するを有利とすべし。

機首がガラス張りになっており、偵察、観測に適していた双発機ポテ63.11

このように軍団レベルでは、師団を並立させて行軍させることや師団を前後に配して移動させるときの序列を規定している程度で、後述するソ連軍の戦術教範のように具体的な数字をこまごまと挙げて行軍を規定するようなことはしていない。

第百七十　師団は、自己に配当せられし地域又は経路を最善に利用し、多くの場合、数個の縦隊にて行軍す。

次の師団レベルの行軍に関する規定はこれだけで、軍団レベルと同じく具体的な数字を挙げて行軍を規定するような内容にはなっていない。こうした点からも、フランス軍の教範が「ハウツー本」ではなく、用兵に関する「理論書」的な性格の強いことが感じられる。

そして、この第二章「運動」の最後、第三款「路外行軍」は次の一条項のみだ。

第百七十四　空中爆撃又は砲兵射撃が頻繁《ひんぱん》且濃密となり、又装甲兵器の侵入を受け、止むを得ざるに至れば、各大単位部隊は路上隊形を放棄し、田野《でんや》を横断して其の前進を遂行す。其の際は、第二百九、第二百三十九及第三百七十二に示せる条件に於いて接敵部署を取るものとす。

フランス軍では、路外行軍イコール接敵部署だったわけだが、この接敵部署に関しては本書の第四章で詳述する。

部隊や補給品の輸送

次の第三章「輸送」の冒頭の条項は次の通りだ。

第百七十五　部隊及補給品の輸送は、通常（は）絶対に其の安全を保障すべき戦線に掩護せられて行わる。

その直後の第一款「鉄道輸送」では、以下のように定められている。

第百七十六　鉄道輸送は、各兵科に適用せらる。その能率は著大《ちょだい》にして又多少の変更にも応ずるを得。然《しか》れども、其の実施は通常（は）大なる期間を要し、予《あらかじ》め之が準備の必要あり。従って大単位部隊の鉄道輸送は、軍団には少なくも百粁《キロ》以上、師団には七十五粁以上の移動の為にあらざれば至当《しとう》ならず。

鉄道輸送は、長き道程《どうてい》の為には是非之《ぜひこれ》を必要とするも、自動車化の発展に依り大単位部隊の内部にて自動車諸隊の路上運動と有利に併用せらるることを得。

斯《か》くの如き併用を実現せば、大単位部隊の輸送時日を著《いちじる》しく減少す。（以下略）

ここでは、鉄道輸送は準備や実施に時間がかかるので、軍団ならば少なくとも一〇〇キロ以上、師団ならば七五キロ以上の移動の際に行うことになっており、この教範としては珍しいことに具体的な数字を挙げた上で、所要時間を短縮するために自動車諸隊の「運動」との併用が推奨されている。これを見ると、フランス軍で鉄道「輸送」と自動車「運動」を併用する主な目的は、輸送時日の減少にあったことがわかる。

そして、次の第二款「自動車輸送」では、その冒頭で柔軟性などを評価しつつ、欠点もいくつか挙げている。

第百七十八　道路網の大部を利用し得べき自動車輸送の特性は、其の絶大なる自在性に在り。本輸送は、道路網（が）豊富なるときは輸送予定の変更にも応ずるを得。且《かつ》諸隊を其の使用地に相当近く下車せしめ、又諸補給品を其の受領者の付近に到達せしむることを得。

然れども自動車輸送の能率は、本来利用せらるる諸道路の特性及保繕《ほぜん》状態竝《ならび》に交通法の組織如何《いかん》に依るものなり。

本輸送は、概して鉄道輸送よりは掩蔽《えんぺい》には容易なれども、混雑し易《やす》きと交通上厳密なる規定を必要とするの不利あり。

其の他、大なる道程《どうてい》上にて実施せらるるを以《もっ》て、其の輸送する大単位部隊に自動車編成の輜重及縦列なきときは同部隊を離散せしむる虞《おそれ》あり。

また、次の条項では、非自動車化部隊を自動車で輸送する場合の問題点を述べている。

第百七十九　建制的に自動車隊を有せざる大単位部隊の戦闘部隊及予備隊の大部を、自動車に依りて輸送することは可能なり。然《しか》れども、此の輸送法は獣類の輸送には其の効率僅少《きんしょう》なり。其の他自動車の瓲《トン》数及容積に限度ある現況に於いては、重く且膨大なる繋駕材料を自動貨車に積載することは不能なり。

フランス軍では、馬匹編制部隊の保有する馬匹を輸送するために専用の五トンTTNトラック（Camion de 5t Transports de Toutes Natures）を開発し、輸送群所属の馬匹輸送トラック中隊（馬匹輸送用トラックを八〇〜一〇〇両保有）に配備していた。しかし、五トン車に馬六頭ばかりを搭載できる程度で、その効率は確かに「僅少」だった。

こうした点を踏まえて、第二款「自動車輸送」の最後の条項では、ふたたび鉄道輸送と道路輸送の併用に言及している。

第百八十　路上輸送は、或《あるい》は鉄道に依る輸送を延長し、或は同一部隊の輸送に鉄道と併用せらるることを得。相当大なる輸送の為、道路と鉄道とを斯《か》くの如く併用することは、自動車化の発展に依りて益々頻繁となれり。

一方、第三款の「水路輸送」では、以下のように部隊移動には遅すぎて使えないと切って捨てている。

第百八十一　河川に依る輸送は、原則として重材料及変質せざる食料の補給竝に傷病者の還送に充当せられ、鉄道及道路の輸送に著大なる援助をもたらすことを得。然れども、部隊の移動の為には、重要なる河川路に依る場合の外は速度（が）緩慢に過《す》ぐ。（以下略）

ただし、第四款「空路輸送」では、河川輸送とちがって小部隊ながら部隊輸送にも言及している。

第百八十二　空路は、通常（は）航空隊の飛行部隊に依り利用せらる。

空路は、単独者、小部隊、補給或は傷病者撤退の為に考慮せらるることを得《う》。

其の重要度は絶えず増大し、将来之が利用は一層普遍化するに至るを認めしむるものあり（第三百）。

なお、第三百は、敵後方への落下傘降下について述べている。

運動と輸送の調整

第四編「輸送、運動、宿営」の最終章である第四章「運動と輸送との調整」では、冒頭の第一款「総則」の冒頭で以下のように述べている。

第百八十三　機動の実施上、速度の要求は交通網の総《あら》ゆる機関を利用するに至らしむ。従って、相当大規模なる移動の為には、鉄道輸送、自動車に依る運動及自動車輸送の各々を連合して使用するを必要とす。同様に各種大単位部隊の内部に於ける自動車化の発達は、指揮官をして同時に鉄道及自動車に依り、其の移動を命ずるに至らしむ。

第百八十四　輸送の終《しまい》に於いて、各種手段に依り移動せる同一部隊内の諸隊を、再び確実に集結し、又状況を参酌し此等の各種移動手段を最良の条件に於て併用するの必要は、鉄道輸送、自動車に依る運動及自動車輸送の緊密なる調整を必須ならしむ。

これらの条項を見ても、フランス軍では、鉄道輸送と自動車輸送、あるいは自動車化部隊の鉄道輸送と自力での運動とを組み合わせて、それを適切に調整することを重視していたことがよくわかる。

それは、第二款の「鉄道輸送と自動車に依る運動及輸送との調整」以降を見れば、ますます明確になる。

第百八十六　各個々の場合に於て、鉄道輸送と多数なる自動車に依る運動及輸送との調整は、先《ま》ず第一段として、此の両種の移動法の利用を指示する諸訓令に依りて確保せら

る。此等《これら》の訓令は、原則として、各鉄道部の直属しある総司令官より発せらる。（以下略）

第百八十七　本調整は、其の第二段として移動諸隊の受領者たる軍の範囲内に於て確保せらる。此等諸隊の最終の行先地を決定するは、通常（は）軍司令官なり。随《したが》って各輸送部は、軍の指示に準拠し、輸送の終末を確保するを要す。此の趣旨にて総司令官は、軍司令官の許《もと》に鉄道部並《ならび》に路上輸送部に必要の訓令を発すべき資格を有する代表者を派遣す。

第百八十八　特別なる場合（同一軍の地域内にて行わるる輸送）に於て、軍司令官は鉄道の利用に関し総司令官より委任を受くることあり。鉄道輸送と之に併用されるべき路上の輸送又は運動との調整は、斯《か》くて軍司令官に依り完全に確保せらる。（以下略）

このように、鉄道輸送と自動車による運動および輸送との調整に関しても、非常に詳細に規定している。また、続く第三款の「路上の運動と其の輸送との調整」でも、以下のように詳細な規定を長々と定めている。

第百八十九　前方の各大単位部隊の地帯に於ても、各兵站地帯に於ても、道路による運動及輸送に調整は、各級の部隊に於て次の二項を必要とす。

交通法の編成

一定の官憲又は機関に依る運動及輸送の統制（中略）

1、交通法の編成

第百九十（中略）各級の指揮官は、全般に関係ある道路上の交通の編成及監視を担任するの《（ママ）》義務を有し、其の活動は特別の機関即《すなわ》ち道路規正委員会及道路交通支隊を介して行わる。

道路網、特に前方地帯の道路網が十分の密度を有するときは、経路の全般に亙《わた》り交通法を規制するの要なし。

交通法の規定は、交通計画上の要項なり。此の書類は要図に依り補足せられ、多少恒久的の性質を有す。（中略）

2、運動及輸送の統制

第百九十一　運動及輸送の調整の為、各大単位部隊に於て、運動及輸送計画を作成するものとす。

此の計画は一定期間（原則として二十四時間）に適用せらる。之には、確然実施すべき運動及輸送を規定し、尚不時の運動及輸送を迅速且至当に編成し得《え》しむ。

（以下略）

これらの規定を見ると、フランス軍では、道路の使用に関しても「運動」と「輸送」の調整を重視していたことがよくわかる。

問題は、道路規正委員会等による道路使用の統制や、各大単位部隊による運動および輸送計画の作成と適用など、計画的な統制を重視していたことだ。このようなやり方は、第一次大戦中の塹壕戦が真っ盛りの時期の西部戦線のように、戦線の動きが少なく戦況の変化が小さい時には、部隊や補給物資の移動を効率的に行うことができるだろう。しかし、第二次大戦初期のドイツ軍の西方進攻作戦のように、戦線が短期間で大きく動く時に運動計画や輸送計画をいちいち練り直すようなことをしていたら、戦況の変化に柔軟に対応できないことは容易に想像がつく。

ここにフランス軍の行軍における大きな問題点があったのだ。いや、厳密に言うと、ドイツ軍の戦術によって、フランス軍の行軍（フランス軍の用語では「移動」）における大きな問題点が浮上した、というべきであろう。

ドイツ軍の行軍

行軍の基本的な考え方

次にドイツ軍の戦術教範で行軍についてどのように定められていたのかを見てみよう。

ドイツ軍の『軍隊指揮』の第五章「行軍」を見ると、その冒頭の条項は以下のようなものになっている。

第二百六十八　軍隊戦闘行動の大部《たいぶ》は行軍なり。行軍の実施の確実にして且《かつ》行軍後に於《お》ける軍隊の余裕綽綽《しゃくしゃく》たるは、諸般の企図に好果《こうか》を得る要素なり。

このようにドイツ軍の戦術教範では、最初にものごとの本質をズバリと喝破《かっぱ》して、もっとも重要な点を簡潔に記している。

これに対してフランス軍の『大単位部隊戦術的用法教令』では、冒頭の「総則」でまず、作戦には軍隊及び各種補給品の移動が必要である、と誰にでもわかるような原理原則を述べた上で、「移動」「運動」「輸送」などの用語をそれぞれ厳密に定義することから始めている。

このようにフランス軍の戦術教範は、原理原則の提示から用語の定義へと、あたかも科学や数学の理論書のような構成になっているのだが、ドイツ軍の戦術教範は、もっとも重要なポイントを簡潔に提示している。これひとつ取っても、フランス軍とドイツ軍では教範のあり方が大きく異なっていたことが感じられる。

そして、ドイツ軍の『軍隊指揮』では、この次の条項ですぐに訓練の話に入っている。

第二百六十九　各部隊の行軍の訓練（が）同一ならず且苦労厳格の習慣を失いあるときは、軍隊の行動力は減殺せらるるを以て、戦争の当初より苟《いやしく》も練習の機会を得《え》ば、之をして行軍に習熟せしむることを図るべし。特に徒歩部隊に於《おい》て然《しか》りとす。又、徒歩部隊は、新なる靴を用いることに依りて困難を生ずることあり。

第一章で述べたように、ドイツ軍は機動力を生かして戦う「運動戦」志向の軍隊であり、行軍能力の低下は作戦能力の低下に直結する。そのため、とくに徒歩部隊は機会さえあれば行軍訓練を行って習熟を図れ、といっているわけだ。

また、行軍訓練の同一性に言及している点にも注目したい。既述のようにドイツ軍では、歩兵師団の火砲の牽引手段に馬と自動車が混在しているだけで、軍内部から「指揮が非常に困難」との声が上がるほどだった。同様に、各部隊の行軍訓練が同一でなければ行軍能力にバラつきが出てくるので、軍隊の行動力が減殺されて作戦能力が低下するというのだ。これは「運動戦」志向の軍隊にとって大問題なのである。

さらに、新しい靴が靴ズレなどの問題を起こすことを指摘しているのも面白い。

その次の条項も、ドイツ軍の行軍に対する考え方がよく現れている。

第二百七十　予《あらかじ》め行軍能力の増加を考慮し、停止及休憩に熟考を払い、行軍（に関する）軍紀を厳格にし、足を保護し、被服、装具、馬装、馬具、蹄鉄《ていてつ》に注意し且人馬の衛生及び休養を良好ならしむるは、行軍能力を維持増進するに最も有効なる方法なり。（以下後述）

この条項の冒頭では、部隊の行軍能力の増加をあらかじめ考慮することが述べられている。つまり、停止や休憩のことをよく考えて、兵士の足や軍馬の蹄鉄などに注意を払うこと、衛生状態や休養状態を良くすることは、すべて行軍能力を維持し、さらに増加させるためなのだ。

続いて、この条項では以下のように指揮官の注意すべき点が具体的に挙げられている。

靴傷患者、鞍傷《あんしょう》馬及跛行《はこう》馬の多寡は、行軍に対し払える注意の度を卜《ぼく》する（占うの意）標準なり。

行軍間、徒歩兵、馬匹、乗馬兵、馭《ぎょ》兵及車輌に就《つ》き絶えず注意し、愛護を要する人馬の為、適時行軍を軽減する処置を講じ、又休憩及宿営に於て適切なる救護を為《な》すは、中隊長等指揮官の責任なり。

乗馬部隊に在《あ》りては、行軍間、愛護の為、速歩《はやあし》、常歩《なみあし》及牽《けん》馬《ば》行進を彼此《かれこれ》適当に変換することに顧慮するを要す。（「速歩」は馬の早歩き、「常歩」はふつうの歩き、「牽馬」は徒歩の馭者が馬を引くこと）

此の如き顧慮に依りて、始めて《ママ》行軍の為（に）生ずる損耗を減少せしめ得るものとす。（以下略）

ここでは、行軍中に注意すべき基準として、靴ズレや鞍ズレ、不自由な足どりの馬の数を挙げており、「愛護」が必要な人馬のために行軍の軽減や適切な救護を行うことは現場指揮官の責任である、と明記されている（ちなみに当時の軍靴は現代のようなゴム底ではなく皮底に鋲打ちが一般的であった）。また、乗馬部隊では行進の種類を適切に選択して軍馬を「愛護」することが求められている。

馬上で打ち合わせをするドイツ陸軍の騎兵。ドイツ軍では、乗馬部隊は軍馬を必要以上に消耗させないため、「愛護」することが定められていた

逆にいうと、無理な行軍で部隊に大きな負担をかけると、行軍を続けられなくなり脱落する兵士や軍馬が増えるし（これを行軍損耗と呼ぶ）、いざという時に行軍能力を増加できなくなる。そのためドイツ軍では、行軍中の人馬の負担低減に相当の注意を払っていた。それは次の条項にもよく表れている。

第二百七十一　徒歩部隊の背嚢及馬匹の積載品を車送するときは、著しく労苦《ろうく》を緩和し、其行軍力を増大す。然《しか》れども、之が為には車輌の増加を要するを以て、例外の場合及比較的小なる部隊に限らるるものとす。

之に反し、各部隊の車輌は、其積載力の許す限り、愛惜《あいせき》を要する人馬の装具の一部を運搬し、以て其負担の軽減に利用するものとす。（以下略）

つまりドイツ軍では、各部隊に配備されている車両は、「愛惜」を要する人馬の負担を軽減して行動力を増大させるための手段と捉えられていたのである。これを見ても、ドイツ軍では人馬の負担軽減をいかに重視していたかがわかる。

また、徒歩部隊の装備を自動車で輸送することを、例外的ないし限定的なことと捉えていたこともわかる。実際、ドイツ軍全体から見れば、機械化ないし自動車化編制の装甲師団や自動車化歩兵師団はごく少数で、数の上では徒歩編制の歩兵師団がほとんどを占めていた。具体的な数を挙げると、西方進攻作戦が始まった一九四〇年五月の時点で、完全に機械化ないし自動車化されていた師団の数は、全一五七個（編成途中の五個を含む）中わずか一六個（装甲師団一〇個、自動車化歩兵師団六個）にすぎなかったのだ。

その数の上での主力である歩兵師団の移動および輸送能力の中核は、人間と馬だった。したがって、これら人馬の生理的な限界を考慮し、飲食や排泄、睡眠などを適切にコントロールすることは、「運動戦」志向のドイツ軍にとって非常に重要なことだったのである。

こうした人馬の負担軽減への配慮は、なにも行軍中だけに限らない。

第二百七十二　戦闘（が）行われつつある間は休日を胸算するを得ず。故《ゆえ》に苟《いやしく》も機会を得《え》ば、之を利用して人馬の休養、車輌の点検、修理竝《ならび》兵器、装具及被服の修理を行うべし。

ここでも機会さえあれば人馬を休養させるよう定めている。

文中にたびたび出てくる「愛護」や「愛惜」などの言い回しを見ると、ドイツ軍はずいぶんと甘っちょろい軍隊のように感じられるかもしれない。しかし、負担軽減の目的は、いざという時に行軍能力を増加させるためであって、ただ単に兵士に楽をさせるためではない。それどころか第二百六十九にあるように、機会さえあれば行軍訓練を行って兵士に苦労を習慣づけることになっていたのだから、楽なわけがない。

加えてドイツ軍では、行軍する兵士の心理にも気を配っていた。少し先の条項だが、次のような条項もある。

第二百七十七　情況（が）切迫するや、速度を増加し、或は行程の増大を必要とすることあり。此際《このさい》、軍隊に対し至大なる労力を要求せらるる理由を知らしむるを可とす。

過度の要求は、軍隊の戦闘力を減殺するのみならず、其精神的躁守《そうしゅ》を衰えしむるものとす。

ドイツ軍は、強行軍を行う際に、その理由を兵士に明かすことを許していたのである。作戦等の秘密を保持する上ではマイナスにしかならないことをわざわざ明記しているのは、秘密保持よりも兵士のモチベーションの向上による行軍能力の増加を重視していたことにほかならない。これもまた行軍能力の増加が作戦能力の向上に直結する「運動戦」志向の軍隊だったことの現れ、といえる。

そしてこの条項では、指揮官による無理な要求が、軍隊の戦闘力の低下はもちろんのこと、兵士の精神面《モラル》、具体的にいうと士気の維持や軍規の尊守などに問題を生じさせる、という大きなデメリットについても記している。

炎暑時や寒冷時、夜間の行軍

この教範では、以上のように行軍に対する基本的な考え方を述べたあと、すぐに炎暑時や寒冷時、夜間の行軍について規定している。

第二百七十三　行軍する軍隊の大患《たいかん》は炎暑なり。特に徒歩部隊に於て甚《はなは》だしく、僅少の時間に多数の兵を減ずることをあるを以て、適切なる予防法を講ずべし。
故《ゆえ》に炎暑の際に在りては、為《な》し得《う》れば夜行軍を行う。
炎暑の季節に於て、昼間に行軍せざるべからざるときは、炎暑（が）最も激しき時間に休憩せしむるを有利とす。（以下略）

ドイツ軍では、炎暑時の行軍で短時間に多数の兵士が脱落するのを避けるために、可能ならば夜間に行軍することになっていた。これに対してフランス軍では、既述のように敵の空中偵察や諜報活動から逃れるために、夜間機動を大いに推奨していた（『大単位部隊戦術的用法教令』第百六十）。フランス軍は敵に見つからないために夜行軍を行うのに対して、ドイツ軍は暑さによる行軍損耗を抑えるために夜行軍を行うのだ。

しかしドイツ軍では、昼間の行軍に比べて軍隊に要求される労力が大きいことから、炎暑時を除いて夜行軍にそれほど積極的ではなかった。夜行軍に必要な追加コストとしては、以下のようなものが挙げられている。

第二百七十六　夜暗に於ける行軍は、昼間の行軍に比し一層確実なる地図に依り、又使用し得べき状態に在る行軍路に依るものなり。偵察（が）不可能なりしか、若《もし》くは他に疑惑の存《そん》するときは、為《な》し得る限り其《その》地に通暁《つうぎょう》せる案内人を求むべし。道路不良にして真の暗夜は特に然《しか》りとす。
夜行軍、就中《なかんずく》機械化部隊の夜行軍に在りては、屡々《しばしば》簡単なる道路標識を施《ほどこ》し、且行軍する軍隊の連絡維持の為、細心の処置を為《な》すを要す。
夜行軍は、炎暑の季節を除き、昼間の行軍に比し軍隊の労力を要求すること大なり。（以下後述）

このように夜行軍では、さまざまな配慮が求められるのだ（また後述するように隊列の後尾に灯火を配置する必要も出てくる）。

一方、フランス軍が大きな利点と考えていた敵の空中捜索に対する遮蔽に関しては、この条項の中に相当の配慮を要することが述べられている。

敵の捜索、若《もしく》は監視を予期するときは、燈《とう》火《か》を暴露すべからず。

其必要なき場合には、中隊等の後尾に提燈《ていとう》を配置して行軍縦隊の維持及連絡を容易ならしめ得べし。自動車にして無燈火行軍を行うときは、其速度を減ずるを要す。

敵の近傍に於ては、厳に静粛を守るを緊要とす。

軍隊の行軍の為の集合及休憩に移る為の分進を暗夜に行いて、始《(ママ)》めて敵の空中捜索に対する夜行軍の遮蔽を胸算し得るものとす。

夜間（が）短縮するに従い、使用し得る行軍時間（は）減少し、行軍行程を短縮す。

夜間行軍時の灯火管制は常識としても、集合や休憩のための分進まで暗夜に行う必要があるし、自動車の行軍速度は落ちるし、季節によっては行軍可能な時間も短くなる、と数々のデメリットを挙げている。

このような労力の増大、すなわち負担の増加は、ドイツ軍のような「運動戦」志向の軍隊では、フランス軍のような「陣地戦」志向の軍隊以上にデメリットが大きくなる（ちなみに「陣地戦」志向の軍隊では、各部隊の行軍能力すなわち「機動力」の低下よりも、部隊の「火力」や陣地の「防御力」の低下の方がより大きな問題となる）。

ただし、ドイツ軍でも、夜行軍による対空遮蔽をまったく期待していなかったわけではない。

第二百八十三　夜行軍は、行軍する部隊をして、敵の地上監視及情況有利なるときは空中監視より免《まぬが》れしむるものとす。夜間、敵の空襲は困難なり。故《ゆえ》に夜行軍は、敵を奇襲する為、重要なる手段にして、特に空中勢力（が）劣勢なるものに有効なり。夜行軍を行い、天明に際し直《ただち》に敵に近接するときは、通常（は）軍隊をして疲労を回復せしめ、且整然と敵に迫り得しむる為、小休憩を行うを有利とす。

ここでは、とくに敵の空中勢力が劣勢な場合には敵を奇襲するのに夜行軍が有効、とメリットを指摘した上で、敵に接近する前に小休憩をとって疲労を回復することを推奨している。ドイツ軍では、夜行軍とはそれほどまでに負担の大きい行為と考えられていたのだ。

一方、寒冷時の行軍に関しては、以下のように定めている。

第二百七十四　寒冷の際は、特に耳、頬、手及頤《おとがい》（下顎のこと）を適時保護すべし。

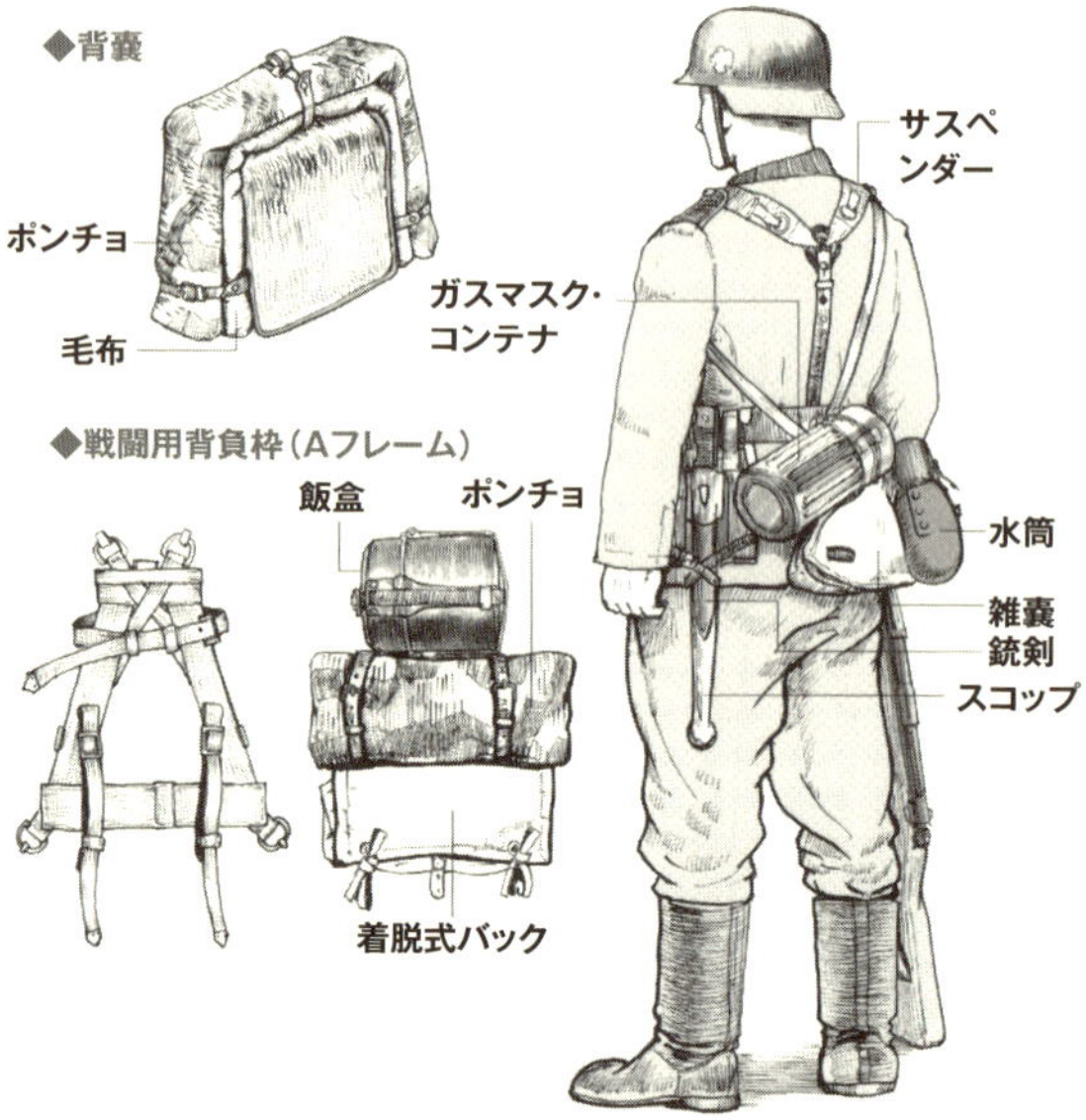

◆ドイツ軍歩兵の装具

ドイツ軍の歩兵装具は、フランス軍のものに比べはるかに軽装だ。背嚢は多くの場合、馬車等の車両に搭載した。さらに背嚢に代えて、飯含・ポンチョ（携帯天幕代用）日用品を入れた小型バックを括りつけたサスペンダーに着脱できる布製の背負枠を使用するようになり、行軍から速やかに戦闘に移行できるようになった。

◆フランス軍歩兵の装具

ヨーロッパ北部は夏でも夜間はコートが必要だが、フランス軍歩兵は行軍の際も着用していた。大型の組み立て式スコップが、陣地戦志向のフランス軍らしい。

徒歩部隊は、手を動し得る為、時々銃を負革《おいかわ》にて懸《か》けしめ、又通常（は）外套を着用することなく行軍するを可とす。
大休憩に際しては外套を着用すべし（以下略）

　ドイツ軍では、通常は外套を行軍時には着用せず、大休憩時に着用することになっていた。確かに厚く重いコートを着ていると体を動かしづらく、塹壕にじっと籠って敵を待ち受ける「陣地戦」志向の軍隊ならともかく、軽快な機動を旨とする「運動戦」志向の軍隊には似つかわしくない（第二次大戦初期の独仏両軍の軍装を見よ）。

　もっとも、ロシアの厳冬では気温が零下十数度まで下がることもなることも珍しくなかったから、そんなことは言っていられない。事実、第二次大戦中にソ連に進攻して冬を迎えたドイツ兵は、外套を着込んだ上に、銃の機関部の凍結防止も兼ねて火で炙って温めたレンガを抱えて歩哨に立ったほどだ。

　つまり、ドイツ軍は（少なくとも教範の編纂された一九三〇年代中頃には）行軍時に外套を着ないで済む程度の寒さしか想定しておらず、冬季のロシア奥地のような極寒地での行軍をあまり考えていなかったことがうかがえる。第二次大戦中のドイツ軍が、とくにソ連進攻の初年度に「冬将軍」に苦労した理由の一つをここに見ることができるのだ。

行軍部署と道路を利用した行軍

次に、行軍部署に関する基本的な考え方と道路を利用した行軍について、以下のように定められている。

第二百七十八　行軍に関する総ての部署は、主として地上の敵と接触を予期するや否やに関す。
敵と接触を予期せざるときは、軍隊の愛惜に十分なる顧慮を払うべし。此際《このさい》、小なる部隊に区分し、若《もしく》は兵種毎に行軍せしむれば、著しく行軍を容易ならしめ、又之に依りて同時に空中よりの危害を減少す。
之に反し、敵と接触を予期するときは、戦闘準備に対する顧慮《こりょ》を主とすべし。之が為、混成部隊を編成し、適切なる行軍序列及警戒法を選択するを要す。

ここでも、例によって軍隊の「愛惜」に十分配慮するよう求めている。ただし、それは敵との接触が予期されない場合に限られており、接触が予期される場合には戦闘準備を主とするよう明記されている。「愛惜」の最終目的は、あくまでも戦闘で十分な威力を発揮させることにあるのだ。

また、小部隊あるいは兵種（歩兵、砲兵、工兵等）ごとに分かれて行軍するメリットも述べられているが、それも敵との接触が考えられない場合に限られており、接触が予想される場合には「混成部隊」すなわち諸兵種連合部隊として行軍することが求められている。小部隊や兵種ごとに分かれるのは、行軍を容易にして、いざという時に行軍能力を増大させるためなのだ。

第二百七十九　数条の良好なる道路に依る混成部隊の行軍は、軍隊を愛惜し、其行軍を迅速ならしめ、且進行方向に於ける戦闘準備を良好ならしむ

1939年9月1日、ポーランドとの国境に向け行軍するドイツ歩兵

るものとす。然《しか》れども一方に於て、各縦隊の指揮官が、軍隊指揮官（上級の諸兵連合部隊の指揮官を指す）の干与《かんよ》を待たずして、其企図《きと》に一致せざる如き状態に陥《おちい》る恐れあり。為に軍隊指揮官は、部下（の）軍隊を側方に移動し、且迅速に一地に集結すること困難なるものとす。（以下後述）

ここでは、数本の道路を使って複数の縦隊を並行させて行軍させる場合について、軍隊を「愛惜」して負担を減らし、進行方向に対する戦闘準備が良好なものになるというメリットと、各縦隊の指揮官の行動が上級指揮官の意図に合致しない恐れがあり、側面方向に移動して迅速に集結することがむずかしい、というデメリットを併記している。

故に軍隊指揮官は、任務の付与を適当ならしむる外《ほか》、行軍縦隊を梯次《ていじ》に配置し、若《もし》くは地区より地区に前進せしめ、以て此の如き決心の自由を阻害する危険を予防すべし。之が為、軍隊指揮官は、行軍縦隊の出発の時刻、場所、若は其先頭が某線《ぼうせん》を通過すべき時刻を命ずるものとす。（以下略）

当時のドイツ軍では、上級指揮官は下級指揮官に対して達成すべき任務、すなわち目的や要求等の大枠だけを示し、その実施の細部に関しては下級指揮官に権限を委任する、いわゆる「訓令戦術」を採用していた（委任戦術ともいう。この戦術は、導入当初のドイツ統一戦争の頃、すなわちドイツ統一前のプロイセン軍末期の時代には軍司令官など上級の指揮官だけに適用されていたが、第一次大戦後半にはもっと下級の指揮官にも適用されるようになった）。

したがって、上級指揮官の示した大枠から外れない範囲内で、下級指揮官がその場その場で状況の変化に対応して独自に判断し迅速に行動する独断専行は当たり前のことであり、むしろ奨励されていた（これが本来の独断専行のあり方であり、上級指揮官の意図から外れるような勝手な行動はもともと許されていない）。

しかし、複数の道路を使った行軍では、各縦隊の指揮を委任された下級指揮官が、上級の軍隊指揮官の企図に合致しない独断専行を行う恐れがあり、上級指揮官が戦況に応じた作戦上の決心を行う自由を阻害するリスクが大きい。

言い換えると、上級指揮官の意図に合致しない下級指揮官の独断専行によって上級指揮官が何らかの対応をせざるを得ない状況に追い込まれると、戦術上の選択の幅がそれだけ狭まることになる。そのような選択肢の少ない状況自体が、自軍の不利を意味している。

こうした状況に陥らないために、この条項では上級指揮官が下級指揮官に対して的確な任務を付与することが記されているわけだ。訓令戦術では、上級指揮官による下級指揮官への任務の与え方が非常に重要なのである。

その上で、数本の縦隊に分かれて並行して前進している部隊がそのまま側面方向に移動することは困難なので、各縦隊を前後に梯子状に配置するか、ある地区からある地区へと尺取り虫のように移動させる、といった具体的な方法を示している。

ところで、この教範では、この条項のようにメリットとデメリットを併記している条項が少なくない。指揮官はメリットとデメリットの両方を勘案して決心するのだ。極論すると、この教範は、指揮官に対して正しい答えを示しているのではなく、指揮官が決心するための材料を提供しているに過ぎないのである。

第二百八十二　一条の道路に依る行軍に在りては、軍隊指揮官は、部下軍隊を最も確実に掌握し、従《したがっ》て一層大なる決心の自由を保有するものとす。

一条の道路に依りて行軍する混成部隊の兵力（が）大となるに従い、益々軍隊をして定められたる距離を行進せしむるの必要（が）増加するものとす。

尚、行軍長径《ちょうけい》の増大に伴い、空襲の危険と開進時間とを増大す。

一本の道路で諸兵科連合部隊を行軍させる場合には、上級指揮官は部隊を確実に掌握でき、一層大きな決心の自由を確保できる、としている。

ただし、一本の縦隊で行軍するのだから、行軍長径すなわち行軍時の隊列が長くなり、敵に空襲される危険や開進に必要な時間が大きくなる（「開進」とは、当初は隊形を移動に適した縦長から火力発揮に適した横広に転換することを意味していたが、やがて行軍隊形から戦闘隊形に変換することを意味するようになり、さらに行軍縦隊を組んでいる部隊が戦闘のために数か所に集結することを意味するようになっていく）。

そして、個々の道路の使用方法に関しては、別図のように具体的かつ詳細に規定されている。ただし、行軍時の速度や行軍力の詳細に関しては別添の付録に記しており、本文中には記載されていない。

第二百九十二　行軍行程及行軍時間の算定は、行軍命令作為上の重要なる基礎なり。此際《このさい》、各隊が其宿営地より来《きた》り、又新宿営地に至る為に行進すべき距離を顧慮すべし。

行軍速度及行軍力に関しては附録を参照すべし。

路外の行軍に際し、徒歩部隊を有する大部隊の行軍速度は、一時間に約二乃至《ないし》三粁に減少す。

良好なる道路に於ては、徒歩部隊及乗馬部隊は、夜間と雖《いえども》、殆《ほとん》ど昼間と同様の行軍速度を発揮し得る。
不良なる道路及真の暗夜に於ては、速度（が）著しく減少す。
自転車隊及自動車部隊の夜間の速度は遅緩《ちかん》するものとす。

ここでは、各種条件下での行軍時間の算定に必要な材料を提示しており、徒歩部隊を含む大部隊の路外における行軍速度の低下について具体的な数字を挙げている。

ドイツ軍の『軍隊指揮』は、フランス軍の『大単位部隊戦術的用法教令』に比べると具体的な記述が多い。だが、後述するソ連軍の『赤軍野外教令』に比べると個々に数字を挙げて細かく規定することはほとんど無い。ドイツ軍の戦術教範は「ハウツー本」的な性格が強いといっても、具体的なデータの多くは付録に収録されており、本文ではおもに考え方や判断の前提となる材料だけが述べられているのだ。

師団の行軍序列

行軍縦隊の編成や出発時の集合については、以下のように定めている。

第二百八十四　行軍縦隊編成の方法は、総兵力、宿営地、

企図する区分及行軍序列竝《ならび》其他の戦術上の顧慮に依りて定まるものとす。

各部隊は、総《すべ》て之を進行方向に集合せしむべし。迂路《うろ》及行進交叉《こうさ》を避くるを要す。又、集合の為、過早に出発せしむべからず。

出発前、一地に大部隊を集合するは、敵の飛行隊の活動に対する顧慮上、之を避くるを要す。

同一地点より多数の部隊を出発せしむるを要するときは、各部隊をして不必要に待たしめず、且部隊を群衆せしめざる如く逐次に到着せしむべし。

多くの場合、各部隊を其宿営状態及行軍縦隊中の其位置に応じて行軍路に沿うて集合せしめ、以て行軍縦隊に入らしむる方法を採用すべきものとす。（以下略）

　通常は、各部隊を宿営や行軍縦隊の中の位置に応じて行軍路沿いに集合させて、行軍縦隊を組ませる。その際、行進する各部隊が交差しないようにする。

　次いで、出発時刻の決定について以下のように定めている。

第二百八十五　出発時刻は、情況、行軍行程、天候、其他に関係す。不十分なる休息は、軍隊の能力を阻害するものとす。夜行軍に際しては、全行動を夜中に完了すること特

◆『軍隊指揮』に見る行軍序列

　右のイラストは、『軍隊指揮』において行軍序列を規定した第288に基づいたものである。まずは条文を下に掲げる。


第二百八十八　数条の道路に依る歩兵師団の前進行に於ては、各行軍縦隊の本隊の先頭に、通常（は）歩兵の一部隊を行進せしむ。本隊指揮官は、該部隊に位置す。

師団司令部の位置する行軍縦隊に在りては、師団司令部所属及師団砲兵指揮官所属の戦闘に必要にして自動車編成にあらざる部隊、之に続行す。其後方には、師団通信隊中前衛に配属せられざる繋駕部隊を行進せしむ。

繋駕軽砲兵、同重砲兵及前衛に配属せられざる工兵は、其使用順序に従い前方に行進せしめ、之に基き爾余の歩兵の位置を規定するものとす。

師団司令部の在る行軍縦隊に於ては、更に其後方に先ず衛生中隊の繋駕小隊続行し、其他繋駕軽縦列、其部隊の序列に従いて続行す。

師団架橋縦列中の繋駕部隊は、前衛に在りて行進せざるか、若は後方に跟随せしめられざるときは、本隊の後尾に在りて行進せしむ。各隊の対戦車砲及防空に充てられたる機関銃部隊は、通常（は）行軍縦隊の各所に分散す。

一条の道路に依る師団の前進行の要領は、右（上）に準す。

退却行に際し、本隊の行軍序列は、屡々前進行の際と反対に定むるものとす。

軍騎兵の乗馬行進縦隊の本隊に対しては、右（上）と同一の着眼を適用す。


　この条文に基づきイラストでは、①歩兵部隊、②本隊（行軍）指揮官、③師団司令部、④師団砲兵指揮官とスタッフ、⑤歩兵の直後を続行する師団軽野砲兵部隊、⑥対空機関銃、⑦対戦車砲を描いている。なお第299には道路の使用方法が述べられているが、それに基づいて、イラスト奥の縦隊は行軍の基準となる道路右側を、手前の縦隊は街路樹により対空遮蔽されている側を行軍している。この他、道路両側を行軍することもあるが、どれも命令の伝達と伝令⑧の往復のためのレーンを空けておくことを規定している。

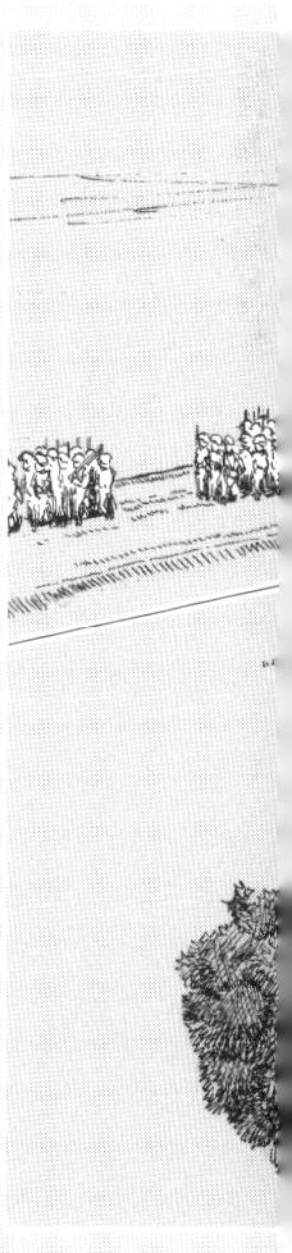

に肝要なり。
昼間の行軍に在りては、軍隊は、通常（は）日没後（に）新宿営地に到着するよりも、払暁《ふつぎょう》前（に）旧宿営地を出発するを有利とすることに着意するを要す。乗馬部隊及自動車部隊は、通常（は）宿営地出発前約二時間に準備を始むるを要し、又、行軍後に於ても休憩に就《つ》くこと、徒歩部隊の主力に比して遅るるものとす。又、出発前、過度に急速に馬匹に飼料を与うることは、其能力を減殺す。又、車輌の手入れ不十分なるときは、其運転の確実性を低下す。

（なお、太陽が地平線から顔を出す直前の最初の薄明かりを「黎明《れいめい》」、次いで砲兵観測が可能になる明るさを「天明」、これらを総称して日出《にっしゅつ》までを「払暁」と呼ぶ）

　不十分な休息は軍隊の行軍能力を低下させるとされており、末尾には乗馬部隊や自動車部隊の行軍能力を低下させる要因が並べられている。これを見ても、ドイツ軍が行軍能力の低下をいかに恐れていたかがわかる。ちなみに、第二次大戦中にドイツ軍が作成したⅥ号戦車ティーガーⅠの乗員用マニュアル「ティーガー・フィーベル」を見ても、やはり操縦手は始動までに二時間が必要とされている。

　そして、師団レベルでの具体的な行軍序列については、以下のように定めている。

第二百八十六　行軍序列は、行軍縦隊に於ける軍隊の序列を規定するものにして、戦闘に際し予想する軍隊の使用を以て、之が決定の準拠とす。正当なる行軍序列は戦勝の第一歩なり。

　ドイツ軍は「運動戦」志向の軍隊だけあって、行軍序列を「戦勝の第一歩なり」と明記するほど重視していたのだ。そして第二百八十八では、歩兵師団の行軍序列について非常に詳細に規定している（別図添付の条文を参照のこと）。

　これに対して、フランス軍の『大単位部隊戦術的用法教令』では、師団レベルの行軍に関する規定は次の一条項だけで、簡単な原則を示すのみにとどまっている。

第百七十　師団は、自己に配当せられし地域又は経路を最善に利用し、多くの場合、数個の縦隊にて行軍す。

　これを見ても「ハウツー本」的なドイツ軍の戦術教範と、「理論書」的なフランス軍の戦術教範の性格の違いがよくわかる。

　そしてドイツ軍は、行軍時には、以下のように行軍速度の斉一《せいいつ》などに注意するよう求めており、行軍長径の変化を防止するため、各隊の間隔についてドイツ軍にしては珍しく具体的な数字を挙げて規定している。

第三百　行軍縦隊の総ての部隊は、命ぜられたるか、若《もし》くは許されたる限度よりも長径を拡大せざることに注意するを要す。遽止《きょし》（急に止まること）及後続部隊の急進は、行軍速度を斉一ならしむることに依り予防せざるべからず。
第三百一　縦隊中の各部隊に生ずる行軍長径の変化は、縦《たと》い小なるも他に波及するを以て、之を防止する為、中隊等の間に隊間距離を置くものとす。隊間距離は、徒歩部隊にありては十歩、乗馬部隊及司令部に在りては十五歩なり。対空行軍長径の際は、隊間距離は消滅す。（中略）隊間距離は渋滞を調節すべきものなるを以て、一時喪失することを得。（以下略）

　ここでいう「対空行軍長径」とは、敵の航空部隊に対処するための行軍長径のことだ。上空の敵機から地上を移動する味方部隊を発見されにくくするためには行軍長径が短いほどよいので、隊間距離を詰めてゼロにするのだ（ただし、第二次大戦末期の西部戦線では、連合軍の戦闘爆撃機《ヤーボ》のロケット弾等による対地攻撃の損害を抑えることを優先して、隊間距離を広げることも少なくなかったようだ）。

　なお、師団所属の自動車部隊については、以下のように規定している。

第二百八十九　師団自動車部隊は、捜索警戒勤務に使用せられざるか、若は前衛に属せられざるときは、一若《もしく》は数個の自動車梯団に編合し、且行軍縦隊の後方に躍進的に続行せしむ。情況及道路網の景況（が）之を許せば、自動車行軍縦隊として其全部、若は一部を別路に依り行軍せしむ。而して、敵との接触を予期するときは、戦闘力を有する自動車部隊のみを別路行軍せしむるものとす。
自動車梯団の行動は、之を其続行する道路を行進する行軍縦隊の指揮官に委任することあり。自動車行軍縦隊は、師団長に直属す。（以下略）

　既述のようにフランス軍では、自動車化部隊の主力は、堅固な味方戦線の後方か、前衛や側衛などが作る安全地域内でなければ移動できないとされていた（『大単位部隊戦術的用法教令』第百七十三）。

　これとは対照的にドイツ軍では、ここにあるように、各師団隷下の自動車部隊を捜索任務や警戒任務に充てたり、戦闘力を有する自動車部隊だけで行軍させたりすることもあったのだ。

休憩に関する規定

　次に休憩に関する条項を見てみよう。

第三百三　行軍開始後暫《しばら》くにして、服装、武装を整え、馬装を改装し、且用便を為さしむる為、小休憩を行う外、長径の大小、軍隊の行軍能力、天候及地形に応じ、一乃至《ないし》数回の休憩（Rasten）を行い、食事、飼与（軍馬等に飼料を与えること）、水与等に利用するを必要とす。一回の休憩に在りては通常（は）行程の半以上を行軍せる後、又数回の休憩に在りては概ね二時間毎に之を行うものとす。
夜行軍に在りては、往々毎時間毎に一定の少時間、休憩する方法を取ることあり。
休憩及其時間は、勉《（ママ）》めて既に行軍命令に於て之を知らしむるものとす。
馬匹に飼与及水与を行い、且同時に鞍を卸し馬装を脱する休憩に在りては、二時間以下なるべからず。
数条の道路に依る行軍に方《あた》りては、休憩に関する規定を行軍縦隊の指揮官に委任することを得。
（以下後述）

　出発後しばらくしたら小休憩を取る、という手法は、フランス軍の『大単位部隊戦術的用法教令』やソ連軍の『赤軍野外令』には見られない。その一方で日本軍の『作戦要務令』には、これに非常によく似た規定があるのだが、これについては後述する。

　最後に、『軍隊指揮』における行軍間の休憩中の兵士に関する規定を列挙しておこう。

第二百九十六　出発後「休め」の命令下るや、特別の場合を除き、談話し唱歌し及喫煙することを得。
直属上官（が）行軍を視閲《しえつ》するときは、姿勢を正して各自之に注目し、又徒歩部隊は命令に依り銃の保持法を斉一にするものとす。其他の敬礼は之を行うことなし。
第二百九十七　各人は恣《ほしいまま》に服装を緩《かん》ならしむべからず。然れども、襟を開き鉄兜を脱するが如き必要なる事項は、適時之を命令すべし。
第三百五　兵は、休憩間（に）高級の上官現るるも、話し掛けらるるか若は呼ばれざる限り、休憩せる侭《まま》とす。

　ドイツ軍の兵士は、「休め」の命令が下ったら、勝手に煙草を吸い始めたり、近くの兵士とおしゃべりを始めたりしてもかまわない。ただし、命令が無い限り、勝手に襟を開いたりヘルメットを脱いだりしてはいけない。また、たとえ将軍が来ても、話しかけられたり呼ばれたりしないかぎり、立ち上がって姿勢を正す必要はない。

　戦争映画やドラマの中で、ドイツ軍の兵士がこうした教範の規定にしたがってちゃんと描かれているかチェックしてみるのも一興だろう。

　さて、前述の第三百三項の末尾には、ドイツ軍の行軍に関する基本的な考え方が端的に述べられている。

急行を要するときと雖《いえども》、長途《ちょうと》の行軍に於ては適当なる休憩を挿入し、以て軍隊をして戦闘力を保持して敵に当たらしむるを要す。適時且十分なる休憩を等閑《とうかん》に附するは、重大なる結果を指揮官に負わしむるものとす。然れども、一部の軍隊と雖、戦場若は決勝点に機を失せず到達せしむるを緊要とするときに限り、指揮官は軍隊愛惜の一切の顧慮を放擲せざるべからず。

こうした規定を見ると、ドイツ軍の教範で行軍において もっとも重視されていたのは、休憩による各部隊の戦闘能力の維持だったことがよくわかる。そして、いざという時には「軍隊愛惜の一切の顧慮を放擲」して強行軍を行うことが強調されているのだ。

ソ連軍の行軍

行軍の基本的な考え方

続いてソ連軍の戦術教範で行軍についてどのように定められていたのかを見てみよう。『赤軍野外教令』の第十二章「軍隊の移動」の最初の条項は以下のようなものになっている。

第三百十七　巧妙に計画せられ且実施せらるる行軍は、戦闘加入の為、最も有利なる条件を提供するものなり。行軍の成否は軍隊の慣熟の度と指揮官及幕僚の行軍計画及之が指導の能力如何《いかん》に依りて決す。(以下後述)

このようにソ連軍では、戦闘加入のためにもっとも「有利なる条件」を提供するのが、巧妙な行軍とされていた。

では、その「有利なる条件」とは、具体的にはどのようなものなのか。それはすぐ次の条項に記されている。

第三百十八　行軍計画を周到ならしむることは、指揮官及幕僚の最も重要なる責務に属す。行軍は、適時各部隊をして所命の地区に到着せしむるのみならず、軍隊の体力気力を維持し、軍隊及各種資材の常続的戦備を保障し、企図を秘匿し、且敵の不意に乗じ得ざるべからず。(以下後述)

ここでは、各部隊を必要な時に必要な場所に到着させるだけでなく、行軍後も兵士の体力や気力を維持し、戦車や火砲等の装備資材を損ねることなく、敵に行軍の企図を悟られず不意に乗じられるようにすることが求められている。とくに兵士の体力の維持に関しては、以下のように具体的な数値を挙げて細かく規定している。

第三百二十二　体力を愛惜《あいせき》する為、小休止（五十分行進の後十分）及び大休止（一時間半乃至《ないし》三時間）を予定す。行軍の計画及実施、休止、宿営及停止に当りては、状況之を許す限り、兵員の体力を愛惜する為、凡有手段を講ずるを要す。
行軍を行うに当りては、先ず一昼夜八時間以上の睡眠を与え、適時食事を給し、而《しか》も衛生保健の方則《ほうそく》を恪守《かくしゅ》するを要す。幹部は、兵の足の状態、武装の調整、馬匹の状態、其の他を監督する義務あり。
配宿（宿舎の配当のこと）、縦隊の構成、梯隊距離の作為等の為、無用の時間を費消し、或《あるい》は無益に体力を酷使すべからず。（以下略）

　このように、大休止や小休止、睡眠時間等を事細かに規定している。ソ連軍は、ある意味ドイツ軍以上に兵員の「愛惜」に気を使っていたのだ。

　また『赤軍野外教令』の第三百二十一には、注釈として以下のように定められている。

［注］強行軍及急行軍は軍隊に異常なる努力を要求するを以て、其実施は特に重要なる戦闘目的を達成せんとする場合のみに限るものとす。（強行軍や急行軍の具体的な速度については後述する）

つまり、ソ連軍では、強行軍や急行軍は原則的に禁止（！）されていたのだ。

　これに対して、例えばドイツ軍では、前述のように『軍隊指揮』の第三百三で「一部の軍隊と雖《いえども》、戦場若《もしく》は決勝点に機を失せず到達せしむるを緊要とするときに限り、指揮官は軍隊愛惜の一切の顧慮を放擲せざるべからず」と記されている。つまり、ソ連軍とは対照的にドイツ軍では、必要な条件を定めた上で急行軍の実施を強く勧めているのだ。ソ連軍の基準では、例えば敵の退路を完全に遮断できる橋の占領などは別にして、単に部隊を「戦場若は決勝点に機を失せず到達せしむる」だけでは「特に重要なる戦闘目的を達成せんとする場合」には該当しないだろう。

　こうした考え方を端的にまとめると、ドイツ軍では部隊の戦場や決勝点への「到達」すなわち兵力の集中そのものを重視していたのに対して、ソ連軍では部隊の「体力気力」や「資材」など、兵力の集中だけでなく、兵力を集中した後の兵力の状態をも重視していた、といえる。

　言い方を変えると、ドイツ軍では、多少無理な行軍をしてでも機を逸することなく兵力を集められれば勝負になると考えており、裏返すと無理な行軍の後でも各部隊が相当の戦闘力を発揮できると考えていたことになる。

　これに対してソ連軍では、無理な行軍で兵力を集めても兵士の気力や体力が低下していたり装備が欠けていたりしては困る。裏返すと、無理な行軍を行ったりしたら各部隊が戦闘力を十分に発揮できない、と考えていたことがうかがえる。ソ連軍は、この点に関して自軍の能力の限界を冷徹に見切っていたのだ。

行軍時の部隊区分

　次に部隊の行軍の具体的なやり方を見ていこう。まずは行軍時の部隊区分からだ。

第三百十九　行軍は、之を前進行と退却行とに分類し、其何《いず》れの場合に在りても側敵行《そくてきこう》（側面に敵のいる行軍のこと）たることあり。

行軍は諸兵連合の独立の縦隊を以て実施し、縦隊は行軍間（は）縦深横広に疎開す。横広に疎開する為には併行路《（ママ）》及び縦隊路（道路外の地形に沿い）を利用す。

縦深に疎開する場合の連隊縦隊間の距離は約一粁、大隊縦隊間の距離は約五百米《メートル》とす。

疎開の部署、各縦隊の編組《へんそ》及是等《これら》相互の距離間隔は、兵団の任務及当時の状況に依りて之を定む。

数縦隊を以てする行軍に当りては、各縦隊は相互に支援し得るのみならず、戦闘の為、適時展開を完了し得ざるべからず。

　このように『赤軍野外教令』では、独立した諸兵科連合の縦隊を編成して行軍することになっている。その上で行軍時に縦隊が縦横に疎開する（間隔を開く）ことを求め、縦方向に疎開する場合の隊間距離を具体的な数値のかたちで定めている。諸兵科連合の独立縦隊であれば、そのままでも諸兵科連合部隊としての総合力を発揮しやすく、敵味方が十分な準備をせずに戦闘を開始する「遭遇戦」においても対処しやすいし、戦闘準備のための展開も楽だ。

　これに対してフランス軍の『大単位部隊戦術的用法教令』では（繰り返しになるが）以下のように定めている。

第百六十三　戦術上の状況、之を許すときは、各大単位部隊を数個の行軍集団に区分し、各集団は同一速度の諸隊を以て編組し、之に各別又は同一進路を配当するを可とす。

（以下略）

　つまり、状況が許せば同一速度の部隊ごとに、具体的には徒歩や騎馬、自動車など移動手段ごとに数個の集団に分けて、それぞれ別の、あるいは同じ進路を移動させることになっていたのだ。これだと、ソ連軍のように諸兵連合の独立縦隊で行軍するよりも効率がいい反面、その状態で敵に奇襲されると部隊全体が諸兵科連合部隊としての総合力を発揮できないまま各個撃破されてしまうリスクがある。

それでも、このように規定していたのは、フランス軍が想定していたであろう第一次大戦半ばの西部戦線のような塹壕戦では、安定した明確な戦線が存在するので戦線後方で敵部隊に攻撃される可能性が低く、同時にその戦線を敵部隊に大突破されないように増援部隊を迅速に送り込むことが重要だったことによる。

一方、ドイツ軍の『軍隊指揮』では（これも既述だが）以下のように定められている。

第二百七十八　行軍に関する総ての部署は、主として地上の敵と接触を予期するや否やに関す。

敵と接触を予期せざるときは、軍隊の愛惜に十分なる顧慮を払うべし。此際《このさい》、小なる部隊に区分し、若《もし》くは兵種毎に行軍せしむれば、著しく行軍を容易ならしめ、又之に依りて同時に空中よりの危害を減少す。

之に反し、敵と接触を予期するときは、戦闘準備に対する顧慮を主とすべし。之が為、混成部隊を編成し、適切なる行軍序列及警戒法を選択するを要す。

行軍部署を選択する判断基準は、フランス軍では単に「戦術上の状況、之を許すとき」とだけ記されているのに対して、ドイツ軍では「主として地上の敵と接触を予期するや否やに関す」とより明確に記されており、その上でソ連軍のように諸兵科連合の混成部隊で行軍するのか、フランス軍のように小部隊ないし兵種ごとに分かれて行軍するのか、を指揮官が決心することになっている。なお、ドイツ軍が想定していたであろう流動的な「運動戦」では、明確な戦線が存在しないことも少なくないし、その場合には行軍中に敵部隊に攻撃されることも考慮しなくてはならない。

そしてソ連軍では、ドイツ軍とは対照的に「行軍は諸兵連合の独立の縦隊を以て実施」すると、教範の条文内で断定的に規定しており、指揮官に決心の自由が無い。つまり、ソ連軍は、ドイツ軍のように指揮官に対して状況に応じた決心を行なう能力を最初から求めていないのだ（フランス軍は、当該の条項ではそもそも具体的な判断基準を明示していない）。ソ連軍では、前述したような自軍部隊の能力の限界だけでなく、指揮官の能力の限界をも冷徹に見切っていたといえよう。

それどころか、第三百十九では縦方向に疎開する場合の隊間距離まで具体的な数値のかたちでガッチリと規定している。しかも、こうした具体的な数値による規定はこの条文に限らない。

第三百二十　狙撃兵団の前進速度は一時間四粁《キロ》、兵の負担量を軽減せる場合は一時間五粁とす。

大隊以下の小部隊にして負担量を軽減せる場合、急行軍の速度は一時間八粁に達す。

騎兵の普通行軍速度は一時間七粁半（道路又は行動便なる地形を沿い）自転車部隊は一時間十粁、自動車化部隊は一時間十五乃至二十五粁、機械化兵団は一時間十二乃至二十粁とす。

第三百二十一　一般兵団（飛行兵団等を除くという意味）の一日（の）行程は、普通行軍に於て八時間三十二粁、強行軍に在りては十乃至十二時間以上（大休止の時間を増加す）とす。軍隊（が）若し一部は徒歩を以て、一部は自動車に依り移動する時は総合行軍（徒歩および自動車行軍を総合したものを意味すると思われる）を行うことを得。本行軍に在りては特に精確なる時間計算、周到なる交通規正《ママ》及危害予防を必要とす。（以下、既述の［注］略）

『赤軍野外教令』では、このように具体的な数値を事細かに挙げて明確に規定している条文が非常に目につくのだ。

道路を利用した行軍

次に道路の利用方法について見てみよう。

第三百二十五　狙撃（騎兵）師団の前進の為には、二條の道路を与うること極めて必要なり。

機械化牽引の部隊は、独立せる別の道路又は縦隊路を前進す。若《も》し一般縦隊に続行する場合に於ては、梯隊距離間を躍進す。

第一輜重《しちょう》（戦闘行李《こうり》）は、自己の部隊と共に行進し、前進行に在りては後尾に、退却行に在りては先頭に位置す。

このように『赤軍野外教令』では、ソ連軍の全師団の大部分を占める狙撃師団（他国でいう歩兵師団のこと）や騎兵師団の前進に二本の道路を与えることを「極めて必要なり」と強く求めている。

一方、フランス軍の『大単位部隊戦術的用法教令』では、前述の第百六十三のように状況に応じて複数の経路ないし道路を使うことになっている。また、ドイツ軍の『軍隊指揮』では、既述のように数本または一本の道路を使用する場合のメリットとデメリットを挙げて、指揮官はそれを勘案して決心することになっている（第二百七十九）。

しかし、『赤軍野外教令』では、大部分の師団が二本の道路を使うようにほとんど確定的に規定している。言い換えるとソ連軍では通常は少将が任命される師団長クラスに対してすら状況に応じた決心を行なう能力を求めておらず、最初から教範の条文でガッチリ規定しており選択の余地がない。

どうやらソ連軍では、第二次大戦中にドイツ軍の侵攻で大損害を出す前から、あるいはこの教範が発布された一九三六年以降の粛清によって多くの指揮官を失う前から、自軍の将官クラスの高級指揮官の能力を見切っていたようだ。

夜間および霧中の行軍

次に夜行軍について見てみよう。前述した『赤軍野外教令』第三百十八の末尾にはこうある。

第三百十八（中略）行軍は、適時（に）各部隊をして所命の地点に到着せしむるのみならず、軍隊の体力気力を維持し、軍隊及各種資材の常続的戦備を保障し、企図を秘匿《ひとく》し、且敵の不意に乗じ得ざるべからず。行軍は努て夜間又は視界を制限せらるる条件（霧）の下に於て之を行うを要す。

このように「軍隊の移動」の章の二番目の条項で、企図の秘匿や敵の不意に乗じることを狙って、夜間または霧中の行軍が強く推奨されているのだ。加えて、以下のように、夜間行軍中に指揮官の許可なく発砲することも禁じていた。

第三百三十七　夜間は行軍軍規、音響及火光《かこう》軍紀（音や火、光に関する軍規のこと）を厳守し、縦隊指揮官の許可無くして喫煙し、或は大声を以て会話し、若くは号令するが如きことあるべからず。小休止に当《あた》りては各自の居眠りを戒むるを要す。各中隊（騎兵、砲兵中隊共）の後尾には一幹部を行進せしめ、行軍の秩序を監督せしむ。

指揮官の許可無くして夜間射撃を行うを得ず。

既述のように、フランス軍の『大単位部隊戦術的用法教令』では敵の空中偵察や諜報活動から逃れるために夜間機動を強く推奨している（第百六十）のに対して、ドイツ軍の『軍隊指揮』は炎暑時には可能ならば夜行軍を行うよう定めている（第二百七十三）。要するに、ソ連軍やフランス軍は敵に見つからないために夜行軍を行うのに対して、ドイツ軍は炎暑時の部隊の損耗を抑えるために夜行軍を行うのだ。

もっともドイツ軍は、既述のように、夜行軍は昼間の行軍に比べて軍隊に要求される労力が大きいことから、夜行軍にそれほど積極的ではなかった。もちろん、ソ連軍も夜行軍を簡単なものと考えていたわけではない。それは以下の条項にも表れている。

第三百三十一　軍隊の夜行軍は、通常（は）道路に沿いて実施せらる。縦隊路に依る前進は、状況（が）若《も》し之を要するか、若《も》くは地形之に便なる場合（平坦なる砂漠地、其の他）小部隊を以て行う場合に限るものとす。

第三百三十六　夜行軍実施前に当りては、休養の為、軍隊に昼間十分なる時間を与うるを要す。此《こ》の際、兵員が実際（に）此の時間を睡眠に利用する如く監督せざるべからず。

つまり、道路以外での夜行軍は、地形に恵まれた時に小部隊で行う場合を除いてむずかしいと考えており、夜行軍を行う前には前述の第三百二十二に定められている「一昼夜八時間以上の睡眠」に加えて、さらに十分な休養が必要と考えていたことがわかる。もし、十分な休養を与えなければ、ソ連軍が行軍において重要と考えていた「有利なる条件」で戦闘に加入することがむずかしくなるのだ。

行軍間の警戒

次は行軍間の警戒についてだ。

ここで各国の戦術教範の行軍間の警戒に関する項の構成を見ると、まず『赤軍野外教令』の第十二章「軍隊の移動」は、其《その》一「行軍」、其二「行軍間の警戒」、其三「自動車輸送」からなっている。これに対してドイツ軍の『軍隊指揮』では、第四章「警戒」を構成する三つの大項目すなわち「休息間の警戒」「運動間の警戒」「掩蔽」のうち、「運動間の警戒」を構成する二つの小項目のひとつに「行軍間の警戒」が含まれている。また、フランス軍の『大単位部隊戦術的用法教令』では、第三篇「情報及警戒」を構成する二つの章すなわち「情報」と「警戒」のうち、「警戒」を構成する第一款「総則」、第二款「地上警戒」、第三款「空

◆各国教範における「行軍時の警戒」の位置づけ

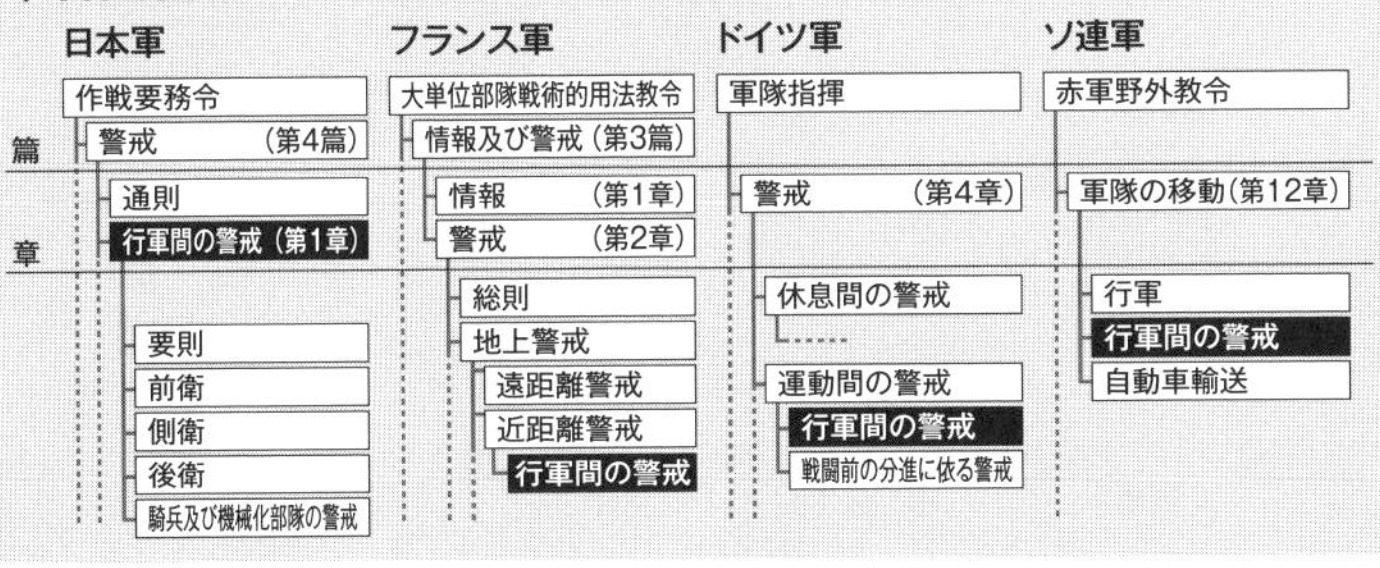

表は、各国の教範において「行軍時の警戒」が構成上、どの位置にあるかを示したものである。コンピュータのツリー型ディレクトリに例えると、より「根＝ルート」に近い部分（本の構成なら「篇」「章」）にあれば、その事項が構成上重視されているといえる。

中警戒」のなかで、二番目の「地上警戒」の中の「其の二近距離警戒」に「行軍間の警戒」が含まれている。

この構成をよく見るとソ連軍では、独仏両軍とは異なり、行軍と行軍中の警戒を一体のものとして重視していたことが察せられる。ちなみに日本軍の『作戦要務令』では、第一部の第四篇「警戒」が「通則」と第一章「行軍間の警戒」、第二章「駐軍間の警戒」で構成されており、ソ連軍と同様に行軍間の警戒が重視されていたことが感じられる。

ソ連軍で行軍間の警戒が重視されていた理由のひとつは、第十二章「軍隊の移動」の最初の条項に記されている。

第三百十七（前略）**現代戦資材の複雑多岐なると其の特質とは、敵の航空部隊、自動車化機械化部隊、化学及技術資材竝長射砲**《（ママ）》**の火力に対し、絶えず軍隊を掩護するの必要と相俟**《あいまっ》**て、各兵種及各兵団の行軍に対し高度の要求を課するに至れり。**

つまり、現代戦では、敵の航空部隊はもちろん、快速の自動車化部隊や機械化部隊、毒ガスなど各種の化学資材や技術資材、長射程砲などの攻撃から自軍部隊を掩護する必要がある、と章の冒頭に記されているのだ。

また其一「行軍」の中で以下のように規定されている。

第三百二十三　軍隊は不意に敵と衝突することを避くる為、捜索及警戒部隊を配置し、縦隊の直接警戒及対空、対化学、対戦車防御を部署し、且前後左右に亙《わた》**る連絡を完成す。**

第三百二十九　行軍を行うに当りては、一般兵団司令部及縦隊指揮官は積極的対空対戦車防御手段を定め、監視及警報の手段を決定し、之等《これら》**の任務を指定せざるべからず。**

縦隊及各部隊指揮官は行軍間、此等資材の戦闘準備、遮蔽手段の励行及疎散《そさん》**行軍隊形の保持を監督し、決して油断すべからず（蔭影の側に沿う前進、両側の森林を利用し得る場合、道路上の行進又は停止の禁止、其の他）**（以下略）

このようにソ連軍は、敵との衝突を予期しないまま始まる不期遭遇戦や、戦車や航空機の攻撃を非常に警戒しており（決して油断すべからず！）、其二「行軍間の警戒」でも冒頭の条項から以下のように敵の奇襲攻撃等への警戒を繰り返し述べている。

第三百四十　行軍間、軍隊は地上及空中の敵の奇襲竝不意の化学攻撃に対し警戒す。

第三百四十一　各種警戒機関は、常に凡有《あらゆる》**敵の奇襲を予知し、且之を撃退するの準備に在ると共に、敵と遭遇するに当りては、縦隊主力をして適時有利なる態勢に展開し、敵と戦闘を開始し得しめざるべからず。**

そして、具体的な警戒部署については、例えば前進行に

◆『赤軍野外教令』に見る前衛部隊の兵力編組と部署

第三百四十三　前衛の兵力編組は、任務、縦隊の大小（展開所要時間）及地形の状態を考慮して決定す。前衛は、歩兵の約三分の一、戦車及装甲部隊の一部、縦隊砲兵の約半部（重榴弾砲及長射程砲を含む）工兵及化学小部隊を以て編成す。又、前衛に騎兵を配属することあり。前衛と主力との距離は、状況によりて差違あるも通常（は）三乃至五粁とす。

第三百四十四　前衛は自己の警戒の為、

イ、狙撃連隊なるときは、一大隊を基幹とする前兵支隊を二乃至三粁の距離に、又一小隊乃至一中隊（又は騎兵中隊）より成る側兵を開放翼に派遣す。

ロ、狙撃一連隊以下の兵力（一大隊を基幹とする場合等）なるときは狙撃中隊又は小隊を基幹とする尖兵及側兵を派遣す。

ハ、基の他直接警戒を部署す。

前兵支隊も、亦《また》自ら尖兵及側兵を派遣するものとす。縦隊の大休止に当りては、前衛及側兵は防御に有利なる地線の近傍に停止し、小哨（歩哨）を以て該線を占領す。

第三百四十五　狙撃一中隊を基幹とし、若くは対戦車砲を用する（原文ママ）一大隊より成る側方支隊は、前進行に在りては縦隊より平均二乃至三粁を離隔して行進す。側方支隊は、状況に依り固定側方警戒部隊を配置することあり。比の場合に在りては、最も敵の近接し易き方向に側兵を派遣し、側兵は防御に便なる地点を占領して縦隊主力の前進を擁護するものとす。

第三百四十六　縦隊間の間隔は、歩兵及騎兵斥候をして警戒せしめ、互いに目視を以て連絡を保持せしむ。

第三百四十七　後衛尖兵は、縦隊の背面を擁護し、縦隊の後方に於ける秩序を維持す。後衛尖兵は、通常（は）縦隊の後尾より一粁に在りて行進し、側方及後方に斥候を派遣す。

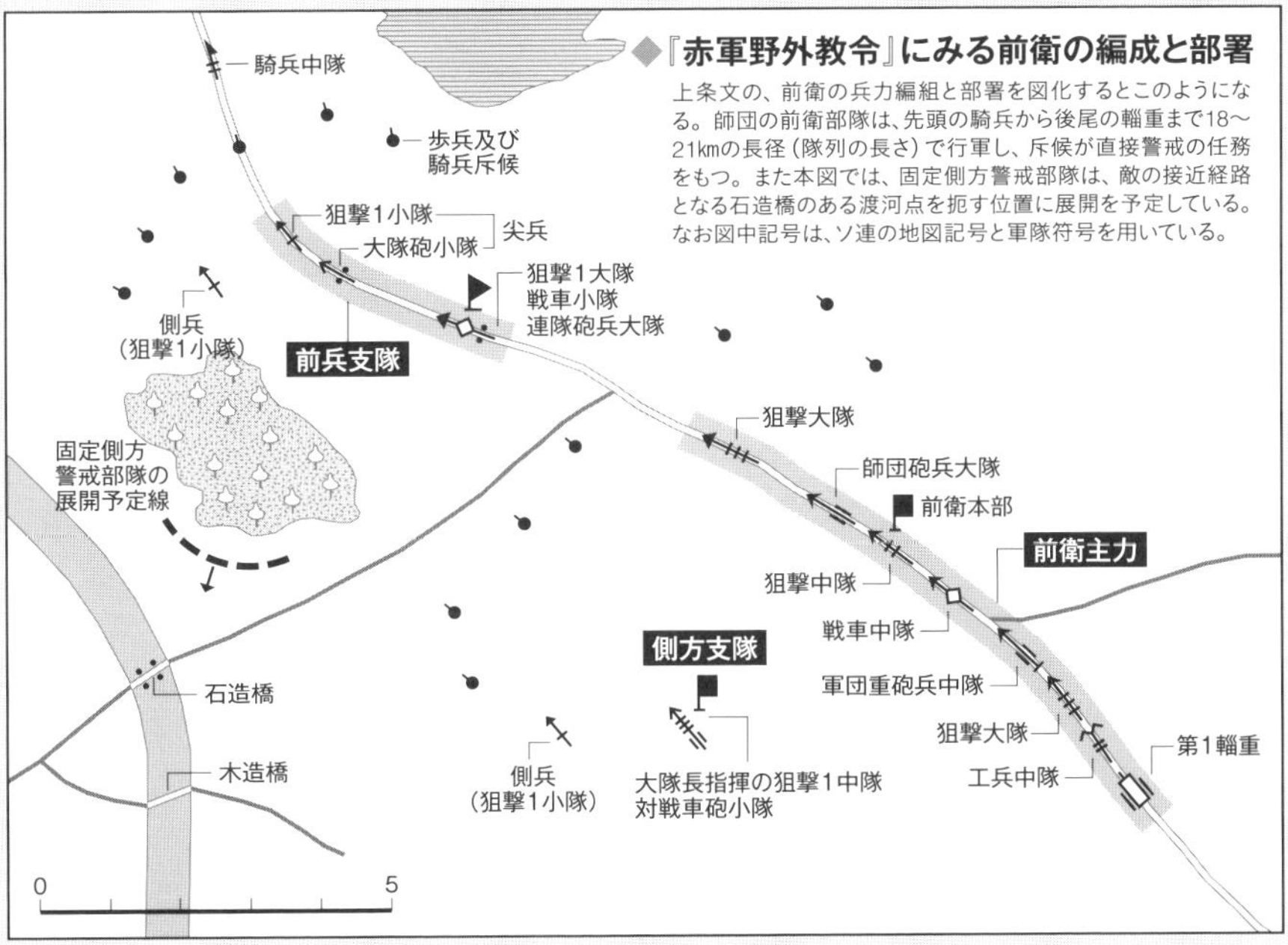

◆『赤軍野外教令』にみる前衛の編成と部署

上条文の、前衛の兵力編組と部署を図化するとこのようになる。師団の前衛部隊は、先頭の騎兵から後尾の輜重まで18〜21kmの長径（隊列の長さ）で行軍し、斥候が直接警戒の任務をもつ。また本図では、固定側方警戒部隊は、敵の接近経路となる石造橋のある渡河点を扼す位置に展開を予定している。なお図中記号は、ソ連の地図記号と軍隊符号を用いている。

関しては以下のように定めている。

第三百四十二　前進行に於ける軍隊の警戒は左記部署に依る。

イ、正面に対しては前衛。

ロ、側方に対しては側方支隊又は側兵《そくへい》。

ハ、後方に対しては後兵支隊又は後衛尖兵《せんぺい》。

ニ、直接警戒として各方向に警戒哨及斥候《せっこう》を派遣す。

第二梯団及其他《そのた》続行部隊は、直接警戒の外、開放翼（敵に向かって開かれている無防備な翼側のこと）に側方支隊又は側兵を派遣し、側方より脅威を受くる場合には側方掩護部隊を配置す。

　前衛や後衛の具体的な兵力編組は、とくに連隊以下の部隊に関しては別掲のように条文内に事細かに定められている。言い換えると、ソ連軍の連隊長以下の指揮官にはこれに関する自由な決心が許されていないのだ。ここでもソ連軍は自軍指揮官の能力を見切っていたといえる。

　そして、こうした警戒の重視は、（実際に独ソ戦の序盤などでしばしば見られたように）質の低い指揮官に率いられている自軍部隊が、より優秀な指揮官に率いられている敵軍の部隊に先手を取られて、行軍中に奇襲を受けることをあらかじめ想定していたから、といったら筆者の考え過ぎであろうか。

自動車輸送

　最後は其三「自動車輸送」についてだ。その冒頭の条項は以下のようなものになっている。

第三百五十二　自動車輸送は、軍隊の兵力移動、時間の節約及軍隊の体力愛惜の目的を以て実施せらる。

自動車輸送は次の場合に於て有利なり。

イ、狙撃大隊及砲兵大隊は十五乃至二十粁以上。

ロ、狙撃連隊は一日行程以上。

ハ、狙撃師団は一日半乃至二日行程以上(諸兵種混合の場合)。

狙撃大隊及連隊は通常（は）其全編制を以て、又狙撃師団は師団後方機関を除きたるものを以て輸送せらる。

最も有利なる狙撃師団の輸送距離は二百乃至四百粁とす。

　これを見るとソ連軍は、自動車輸送を移動時間の節約や軍隊の体力温存のための手段と考えていたことがわかる。ドイツ軍も既述の『軍隊指揮』の第二百七十一にあるように、各部隊の車両を、人馬の負担を軽減して行動力を増大させるための手段と捉えていたので、この点については独ソ両軍が同じ考え方をしていたのだ。

第三百六十（中略）敵と衝突を予期する場合に在りては、同一縦隊内に在る各部隊指揮官は通常、上級指揮官と共に前衛と同行す。

フランス軍では自動車化部隊は味方戦線の後方か騎兵大単位部隊や偵察隊等が作る安全地域内でなければ移動できないことになっていたが、ソ連軍では敵と衝突する場合でも普通に自動車輸送が行われることになっていた。

そして、第三百六十三では「自動車縦隊の行軍間に於ける対空防御」、第三百六十四は「行軍間に於ける自動車縦隊の対化学防御」、第三百六十五は「行軍間に於ける自動車縦隊の対戦車防御」について述べられており、自動車輸送についても敵の航空機や毒ガス、戦車による攻撃をとくに警戒していたことがわかる。

そして、例によって以下のように行進中の速度はもちろん、車間距離まで条文でこと細かに規定している。

第三百五十三　自動車縦隊の行進速度は、昼間に於て一時間十五乃至二十五粁。夜間は燈火を使用する場合に於ても若干減少す。

自動車専用道路に依るか、又は縦隊の自動車数尠《すくな》き時は其速度は更に増加すべし。

第三百五十九　自動車縦隊の行進に当りては、自動車間の距離二十五乃至五十米、狙撃大隊間の距離三乃至五粁なるを通常とす。

二時間毎に十分乃至十五分の停止を予定し、自動車の技術的点検、積載物の締め直し、運転手の休養及梯隊長径の規正を行う。

百二十乃至百五十粁以上の距離に亙る輸送に当りては、二時間乃至二時間半の大休止を予定し、自動車の小修理、人員の休憩、食事及馬匹の水飼いを行う。

数値による規定と裁量余地の少なさ

以上のように『赤軍野外教令』の書き方は、まるでファーストフード店のアルバイト向けの作業マニュアルか何かのように（将官クラスの師団長に対してさえ！）、さまざまな事柄を教範の条文で明確に定めて具体的な数値のかたちで規定してしまう傾向が強い。『軍隊指揮』の冒頭で「用兵は一の術にして科学を基礎とする自由にして且創造的なる行為なり」としていたドイツ軍とは相容れない考え方であった。

このように教範の条文でガッチリ規定してしまうやり方は、ともすれば指揮官の決心の自由を奪い、指揮の硬直化を招くことになりかねない。実際、第二次大戦中のソ連軍の戦術指揮は、後世の専門家に（とくにドイツ軍と比較して）「硬直的」と評されることが少なくない。そうした評価の原因のひとつをここに見ることができるのだ。

また、ソ連軍の指揮官がつねに教範に定められた通りのことしかしないのであれば、敵軍は簡単に裏をかくことができる。おそらく、第二次大戦中の東部戦線でも、ドイツ軍のちょっと気の利いた指揮官であれば、ソ連軍の（教範に定められたとおりの）いつものやり口の裏をかくことも容易だったはずだ。

逆にいうと、教範に定められていないこともできるソ連軍の指揮官（クルスク戦で戦車を地面に埋めてトーチカ代わりにしてドイツ軍の進撃を押しとどめたと伝えられているミハイル・カトゥコフ中将などはその代表といえよう）は、ドイツ軍によって（相対的に）手ごわい相手だったにちがいない。

独ソ戦序盤のタイフーン作戦（ドイツ軍のモスクワ攻略作戦）では、T-34戦車隊などを駆使してモスクワ前面でドイツ軍を食い止めたカトゥコフ将軍。ソ連屈指の戦車指揮官として知られる

こうした視点から独ソ戦史を再度読んでみると、また新しい発見があるかもしれない。

日本軍の行軍

行軍の基本的な考え方

最後に、日本軍の戦術教範の中で、行軍についてどのように定められていたのかを見てみよう。

『作戦要務令』第一部の第五篇「行軍」の冒頭にある「通則」の最初の条項では、以下のように規定されている。

第二百五十九　行軍は作戦行動の基礎を成すものにして、其の計画の適切、実施の確実なるは、諸般の企図に好果《こうか》を得るの要素なり。而して軍隊は、堅忍不抜《けんにんふばつ》、克《よ》く困難なる地形、天候をも克服し、連日長距離に亙《わた》る行軍を敢行し得ざるべからず。

冒頭で「行軍は作戦行動の基礎」とされており、日本軍は（主力は徒歩歩兵だが）「機動力」を中心とする「運動戦」志向の軍隊だったことがよくわかる。

ここでドイツ軍の『軍隊指揮』の第五章「行軍」の冒頭の条項を再度見ると、以下のように定められている。

第二百六十八　軍隊戦闘行動の大部は行軍なり。行軍の実施の確実にして且行軍後に於ける軍隊の余裕綽綽《しゃくしゃく》たるは、諸般の企図に好果を得る要素なり。

　これを見て、右記の『作戦要務令』の第二百五十九の前半とよく似ていると感じるのは、筆者だけではないだろう。

　そもそも、ドイツ軍の『軍隊指揮』は「運動戦に於ける諸兵連合兵種の指揮、陣中勤務及戦闘に関する原則」（本文前の布告より）を記したものであり、日本軍と同じく「運動戦」を志向する軍隊であった（もっとも日本軍の機動力の中身は、戦略レベルでは鉄道、戦術レベルでは徒歩移動が中心であり、自動車の利用に関してはドイツ軍を含む他の列強諸国の軍に比べると遅れていた）。したがって、日独両軍の教範で行軍に関する規定が似ているのは自然なこと、ともいえる。

　逆に相違点としては、『作戦要務令』では連日長距離にわたる行軍を敢行できなければならないとしているのに対して、『軍隊指揮』では行軍後も「余裕綽々たる」ことを求めていることが挙げられる。

　ただし、既述のようにドイツ軍の『軍隊指揮』では、通常は行軍中の負担を低減して軍隊を「愛惜」することを求めつつ、いざという時には「軍隊愛惜の一切の顧慮を放擲」（第三百三より）して強行軍を実施するよう強く求めている。

　つまり、行軍に関する規定の冒頭で、日本軍は単に行軍能力の極大化を求めているのに対して、ドイツ軍は必要に応じて強行軍を行えるだけの余裕の確保を求めているのだ。仮に、これを兵力の配分に置き換えてみると、日本軍は第一線兵力の極大化を求めているのに対して、ドイツ軍は予備兵力の保持を求めている、くらいの差がある。

　よく見ると、日独両軍の行軍に関する考え方は、一見似ているようでいて、実はけっこう大きな差があるのだ。

戦闘準備と軍隊の愛惜

『作戦要務令』の次の条項では、戦闘準備と軍隊の愛惜の兼ね合いについて述べられている。

第二百六十　敵に接触すべき虞《おそれ》多きときは戦闘準備を主とし、又敵に接触すべき虞少なきときは軍隊を愛惜することを考慮し行軍を行い、常に戦術上要求すべき程度と、戦力貯存の為考慮すべき程度との調和を適切ならしむること緊要なり。

　この条項も、ドイツ軍の『軍隊指揮』に（再三の引用になるが）よく似た条文がある。

第二百七十八　行軍に関する総ての部署は、主として地上の敵と接触を予期するや否やに関す。

敵と接触を予期せざるときは、軍隊の愛惜に十分なる顧慮を払うべし。此際《このさい》、小なる部隊に区分し、若《もし》くは兵種毎に行軍せしむれば、著しく行軍を容易ならしめ、又之に依りて同時に空中よりの危害を減少す。

之に反し、敵と接触を予期するときは、戦闘準備に対する顧慮を主とすべし。之が為、混成部隊を編成し、適切なる行軍序列及警戒法を選択するを要す。

しかし、よく似ているとは言っても、一語一語比較していくと細部が微妙に異なっていることがわかる。まず『軍隊指揮』では、行軍部署を選択する際の判断基準が「主として地上の敵と接触を予期するや否やに関す」（傍点筆者）と明確に示されており、その上で、小部隊ないしは兵種ごとに分かれて行軍するのか、諸兵連合の混成部隊で行軍するのか、行軍縦隊に関する具体的な選択肢が挙げられている。

一方、『作戦要務令』では、「接触すべき虞多きとき」「少なきとき」（傍点筆者）と『軍隊指揮』よりも一段婉曲な、すなわち明確さで劣る基準が示されており、ここでは行軍縦隊の具体的な編成内容には触れずに、戦術上の要求と戦力貯存の調和が緊要、といった抽象的なことだけが述べられている。

言い換えると、『軍隊指揮』の条文は、決心の根拠となる明快な「判断基準」を示した上で「具体的な選択肢」を提示しているのに対して、『作戦要務令』の条文は『軍隊指揮』より明快さの劣る「判断基準」を示した上で指揮官の「心がけ」を説いているのだ。

つまり、この条文も一見すると字面はよく似ているのだが、その内容には意外に差があるといえる。

強行軍と急行軍

続く条項では、強行軍と急行軍について定められている。

第二百六十一　状況に依り、日々の行程を増大して強行軍を行うを要することあり。斯《か》くの如き場合に於《お》ては、所要に応じ休日を廃し休宿時間を減少し、時として昼夜を通じ行軍を継続するものとす。

第二百六十二　状況に依り、短時間に所望の地点に到達する如く急行軍を行うを要することあり。斯くの如き場合に於ては、所要に応じ速度を増し休憩を減じて行進するものとす。此の際、服装を軽易《けいい》にし、人馬の負担量を軽減するを得ば有利なり。

　日本軍の定義では、「強行軍」とは日々の行軍の距離（行程）を増大させること、「急行軍」とは行軍速度を短時間増大させることだったわけだ。ただし、ここにはドイツ軍の『軍隊指揮』のように「情況切迫するや、速度を増加し、或は行程の増大を必要とすることあり。此際、軍隊に対し至大なる労力を要求せらるる理由を知らしむるを可とす」（第二百七十七）などといった規定はない。

　また、『作戦要務令』のこの条項では、強行軍や急行軍を行う際の判断基準はとくに示されておらず、単に「状況に依り」とされている。強いて付け加えるならば、前項の「戦術上要求すべき程度と、戦力貯存の為考慮すべき程度との調和を適切ならしむること」が緊要、ということになる。

　これに対してドイツ軍の『軍隊指揮』では「一部の軍隊と雖《いえども》、戦場若《もしく》は決勝点に機を失せず到達せしむるを緊要とするときに限り、指揮官は軍隊愛惜の一切の顧慮を放擲せざるべからず」（第三百三より）と定められている。強行軍や急行軍を行う際の判断の基準が「戦場若は決勝点に機を失せず到達せしむるを緊要とするとき」と具体的に明示されているのだ。

　これを見ると、どうも日本軍とドイツ軍では、教範に「判断の基準」を明示することに関して、考え方に根本的な差があったように感じられる。

行軍の速度

　一方、行軍の速度に関しては、『作戦要務令』には、まるでソ連軍の『赤軍野外令』のように本文中に具体的な数値のかたちで定められている。


第二百六十四　行軍速度は状況に依り差異ありと雖《いえど》も、諸兵連合の大部隊に在りては休憩を合し一時間四粁を標準とし、自動車中隊に在りては長距離行軍の為（の）休憩を合し一時間十二乃至《ないし》二十粁を標準とす。

第二百六十五　一日の行程は状況に依り差異ありと雖も、連日行軍する場合に於ける標準（は）左の如し。

諸兵連合の大部隊に在りては約二十四粁。

騎兵の大部隊に在りては四十乃至六十粁。

自動車編制部隊に在りては、諸般の状況に依り著しき差異あるも、自動車中隊及之に準ずる部隊に在りては百粁内外。


　ちなみに『赤軍野外教令』では「狙撃兵団の前進速度は一時間四粁、兵の負担量を軽減せる場合は一時間五粁」「自動車化部隊は一時間十五乃至二十五粁、機械化兵団は一時間十二乃至二十粁」（第三百二十より）とされており、「一般兵団の一日行程は普通行軍に於て八時間三十二粁、強行軍に在りては十乃至十二時間以上（大休止の時間を増加す）」（第三百二十一）とされている。

意外なことに一日の行軍距離に関しては、ソ連軍の一般兵団が三十二キロと、日本軍の諸兵連合の大部隊の二十四キロを（連日行軍する場合ではあるが）大きく凌駕していたのだ。これでは、日本軍が「神速なる機動」をもって敵に臨み「常に主動の位置に立」つことはむずかしいだろう（『作戦要務令』綱領の第九より。本書第一章を参照のこと）。

翻訳された『赤軍野外教令』を目にしていたであろう日本軍の上層部も、これを認識していたはずなのだが、これについてどう考えていたのか、筆者の手元にある資料ではハッキリしない。

夜間の行軍

さて、次の条項では、夜間行軍を行う場合について定められている。

第二百六十三　我が企図及行動を秘匿せんとする場合、軍隊の移動（が）急を要する為、昼間のみの行軍に依り難き場合、敵の有力なる機甲部隊等に活動の隙を与えざらんとする場合、夏季炎熱《えんねつ》を避けんとする場合等に於ては、通常（は）夜行軍を行うを有利とす。

この条項では、それまでと一転して比較的明快に判断の基準が具体的に例示されている。

ここでフランス軍の『大単位部隊戦術的用法教令』を見ると「夜間又は昼間に行わるる諸隊の総《あら》ゆる運動又は輸送を敵の空中偵察並に諜報勤務より免《まぬが》れしむるを要す。偽装（に関する）軍紀は、指揮官の留意すべき重要事項の一たり。此《こ》の見地に依《よ》り、大いに夜間機動を使用せらる」（第百六十より）とある。すでに述べたが、フランス軍では敵の空中偵察や諜報活動から逃れるために夜間機動を強く推奨していたのだ。

一方、ドイツ軍の『軍隊指揮』には「行軍する軍隊の大患は炎暑なり。特に徒歩部隊に於て甚《はなはだ》しく、僅少の時間に多数の兵を減ずることをあるを以て、適切なる予防法を講ずべし。故に炎暑の際に在りては、為し得れば夜行軍を行う」（第二百七十三より）とある。これもすでに述べたが、ドイツ軍では炎暑をさけるために夜間行軍を推奨していたのだ。

これらの条文と比較すると、『作戦要務令』の条文は、独仏両軍の夜間行軍の主な目的に「敵の有力なる機甲部隊」への対応を付け加えたようなものになっていることがわかる。

ここで敵機甲部隊への対応が追加されたのは、第二次大戦前に世界最大の戦車大国となっていたソ連軍が、日本軍の第一の仮想敵だったからと思われる。機甲部隊の兵力でソ連軍に大きく劣る日本軍は、夜間行軍によってその劣勢をカバーしようと考えたのだろう。

日本軍は夜襲を重視しており、ノモンハン事件ではソ連軍に連続夜襲をかけて大きな戦果を挙げた。写真はノモンハン事件時、撃破されたソ連のBA-6装甲車の横で九二式重機関銃を構える日本軍の歩兵部隊

これに対してソ連軍の『赤軍野外教令』では、企図の秘匿や敵の不意に乗じることを狙って、夜間や霧中の行軍が強く推奨されている。また「夜間行動」が独立した大項目の「章」（『作戦要務令』の「篇」に相当）になっており、その冒頭で「夜間行動は現代戦に於ける常態なり」（第二百六十一より）と規定するほど夜間行動を重視していた。

ただし、この「夜間行動」の章では「夜間戦闘の主役は歩兵とす」（第二百六十六より）と定められており、ここから日本軍は夜間行軍で「機甲部隊等に活動の隙を与えざらんとする」ことができると考えたのかもしれない。

実際、この『作戦要務令』の制定後に勃発した「ノモンハン事件」では、日本軍の歩兵部隊がハルハ河の右岸で、ソ連軍の戦車部隊に支援された自動車化狙撃部隊（自動車化歩兵部隊のこと）に対して連続夜襲を実施し、かなりの戦果を挙げている。

対するソ連軍では、これ以前から戦車や装甲車の主砲上に大径の探照灯を装備するなど、機甲部隊の夜戦能力の向上にも力を入れていたのだが、この探照灯自体は破損しやすく実用性に問題があった。事実、「ノモンハン事件」後のソ連軍の報告書でも、戦車の探照灯の三〇パーセントは最初の戦闘で敵の砲弾片や銃火によって破砕された、と記されている。

行軍の部署と行軍の実施

次の第一章「行軍の部署」では、冒頭で次のように定められている。

第二百六十九　高級指揮官（は）、行軍を部署するに方《あた》りては、状況、特に戦術上の要求に基《もとづ》き、軍隊区分、前進目標、縦隊の進路、又は前進地域、出発又は到着時刻、捜索、警戒、本隊の行動、連絡、補給、衛生等に関し、必要の事項を定め、各縦隊等をして、之に基き行動せしめ、主力縦隊は通常自ら之を指揮するものとす。（以下略）

　その次の条項では、敵の航空部隊や機甲部隊、とくに日本軍が劣勢に立たされていた戦車への対応策が述べられている。

第二百七十　有力なる敵飛行部隊、機甲部隊、特に戦車等に関する顧慮多き状況に於ては、大なる縦隊は之を若干の梯団に区分し、各梯団間に適宜の距離を設けて其の戦備を厳《げん》ならしむるを有利とす。梯団区分は、主として爾後に於ける軍隊使用の順序を考慮すると共に、各梯団の対空、対戦車等の警戒、及戦闘並《ならび》に行軍実施を容易ならしむる如く之を定むるものとす。（以下略）

　この条項の引用した最後の部分も、ドイツ軍の『軍隊指揮』に内容がよく似た条項がある。

第二百八十六　行軍序列は、行軍縦隊に於ける軍隊の序列を規定するものにして、戦闘に際し予想する軍隊の使用を以て、之が決定の準拠とす。正当なる行軍序列は戦勝の第一歩なり。

　ただし、『軍隊指揮』では行軍序列を「戦勝の第一歩なり」とするほど重要視しているが、『作戦要務令』ではこうした表現の代わりに梯団区分による敵の航空機や戦車への警戒が強調されている。

　続く、第二章「行軍の実施」では、第三百十六で空襲に対して、第三百十七では機甲部隊に対して、第三百十八ではガス攻撃に対して、それぞれ準拠すべき事項や処置が述べられている。このうち、第三百十七の一部を抜粋してみよう。

第三百十七　行軍中、敵機甲部隊の攻撃に対しては、速《すみや》かに其の弱点を察知《さっち》し、事前の準備と各部隊の独断協同とに依り、沈著豪胆《ちんちゃくごうたん》、之が撃滅に勉むるを要す。之が為、準拠すべき事項（は）概ね左の如し。

一、予め指定せられある部隊は、神速に陣地を占め、敵（が）我が有効射界に入るや直ちに射撃を開始す。（中略）。

四、敵戦車（が）至近の距離に迫るときは、当面の部隊は、状況（が）之を許す限り射撃を集中し、次《つい》で肉薄攻撃を敢

行し、敵戦車の撃滅を図るものとす（以下略）

このように「作戦要務令」では、当たり前のように対戦車肉薄攻撃が規定されている。そして、前述の「ノモンハン事件」でも、ハルハ河左岸に渡河攻撃を行った小林支隊等が火炎瓶による肉薄攻撃でソ蒙軍の戦車や装甲車を多数撃破している。

行軍中の警戒

次に行軍中の警戒について見てみよう。

『作戦要務令』では、「行軍中の警戒」は第一部の第五篇「行軍」ではなく、同第四篇「警戒」に含まれている。ドイツ軍の『軍隊指揮』でも、「行軍中の警戒」は第四章「警戒」に含まれており、その点では共通している。

ただし、『作戦要務令』では、「行軍中の警戒」は大項目の「篇」を構成する中項目の「章」だが、『軍隊指揮』では大項目の「章」（『作戦要務令』の「篇」に相当）を構成する中項目の「運動間の警戒」のさらに下の小項目に位置づけられている。この構成を見ると日本軍は、ドイツ軍よりも行軍中の警戒をより重視していたことが感じられる。

一方、『赤軍野外教令』では、『作戦要務令』と同じく大項目である第十二章「軍隊の移動」の下の中項目「其の二」に「行軍間の警戒」を置いている。この構成を見ると、行軍間の警戒の重視という点では、日本軍はドイツ軍よりもソ連軍に近いといえそうだ（79ページの図参照）。

その第一章「行軍間の警戒」を見ると、冒頭の条項は次のようなものになっている。

第百五十　行軍間の警戒は、主として前衛、側衛及後衛を以《もっ》て之を行うものとす。

その前衛や側衛、後衛の具体的な兵力編組に関しては、とくに前衛本隊のさらに前方に派遣される前兵の兵力編組や前衛本体との距離などに関して、別掲のように条文内に事細かに規定されている。

この章の最後は、第四節「騎兵及機械化部隊の警戒」となっており、歩兵部隊の警戒とは別に定められている。

第百七十五　独立して行動する騎兵部隊の警戒は、本章第一乃至第三節の要領に準じ部署すべしと雖《いえど》も、其の捜索力の優秀なると兵力の集結を必要とする特性とに鑑み、成るべく警戒部隊に用うる兵力を節約し、勉めて梯次《ていじ》の警戒区分を省略し、且適宜各梯隊間の距離を増大するものとす。

さらに次の条項でも敵の機甲部隊への対応に言及している。

第百七十六　独立して行動する騎兵部隊、敵飛行機、機甲部隊等に対する警戒の為には、巧に地形を利用し、進路、休憩地、行動時期等の選定を適切にし、勉めて其の行動を秘匿し、以て其の警戒を容易ならしむると共に、敵の機甲部隊に対しては、有利の地点に於て其の行動を阻止せんが為、成るべく遠く捜索するを可とす。

これを見ると、日本軍の騎兵部隊では、敵（第一にソ連軍）の機甲部隊の行動阻止を重視していたことが察せられる。

そして次の条項では独立機械化部隊の警戒要領を述べて、この章を終えている。

第百七十七　独立して行動する機械化部隊の警戒は、騎兵の警戒要領に準ずるの外《ほか》、特に敵飛行機に対する警戒を厳にし、且速度、地形等を利用して企図及行動の秘匿に勉め、又彼我《ひが》一般の状況を明らかにし、以て不慮の危険なからしむると共に、進路上の障碍に関し細心の注意を払うこと緊要なり。

機械化部隊も、騎兵の警戒要領に準じることになっていたわけだ。

ここまで見てきた中で、優勢なソ連軍の機甲部隊に対する日本軍の対応策をまとめると、有利な地点で敵機甲部隊の行動を阻止するために、騎兵部隊や（数少ない）機械化部隊でなるべく遠くまで捜索し、主力（の歩兵部隊）は敵の有力な機甲部隊に活動の隙を与えないように夜行軍を実施する。その際、大きな縦隊はいくつかの梯団に区分して各梯団の対戦車警戒などを容易にする、ということになる。

ちなみに『軍隊指揮』の第二百五十には「装甲戦闘車両に対する防御は、捜索竝《ならび》早期の警報（Warnung）に依り之を容易ならしむべし。機械化部隊は特に迅速に報告し得るものとす」（カッコ内は原文ママ）とある。『作戦要務令』では、この条項をそのまま機械化部隊や騎兵部隊に適用しているように思えるのは筆者だけであろうか。

いいとこ取りとオリジナリティ

これ以外にも『作戦要務令』には、『軍隊指揮』とよく似た条文が目に付く。例えば、行軍間の休憩について、『作戦要務令』では以下のように定められている。

第三百一　出発後、通常（は）一時間以内に服装、馬装の改装、車輌の機能調整、両便等の為、短時間の休憩を行い、爾後我が企図、行程、気象、季節、地形等に応じて適宜休憩を為すものとす。

◆『作戦要務令』に見る行軍序列と兵力部署

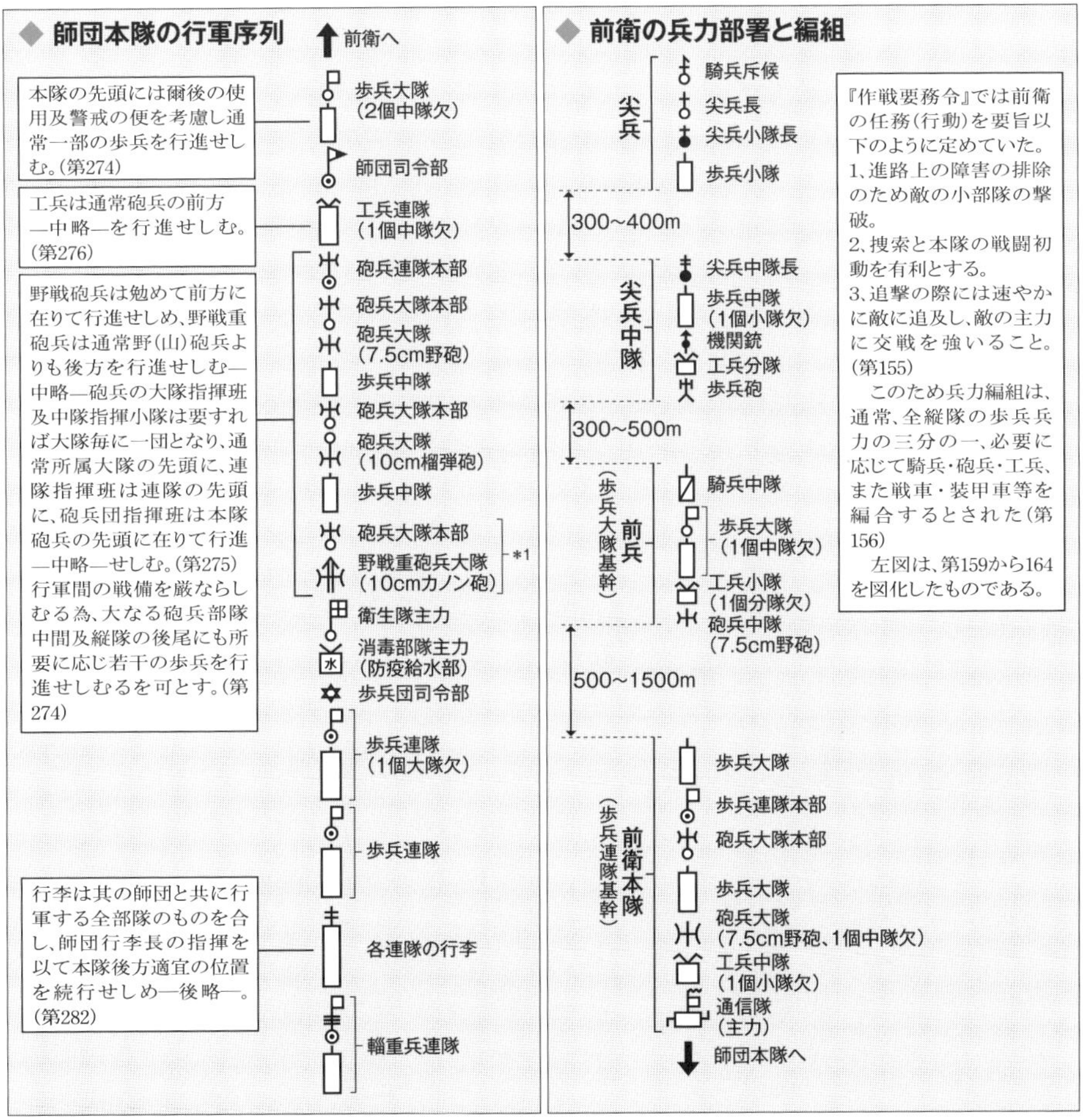

上図は、師団本隊の行軍序列を「作戦要務令」をもとに図化したもので、本隊内の各部隊に関しては、該当する条文をそれぞれ抜粋して付した。また師団捜索(騎兵)連隊の主力は側衛と想定し図から除外した。なお日本軍の師団は野砲装備師団と山砲装備師団に分かれるが、行軍序列に関しては特に差異はない。
*1は軍直轄砲兵から配属された重砲兵部隊。

長き行軍に在りては通常（は）約一時間毎に、其の内の十乃至十五分づつ休憩に充て、又食事及飼与の為には通常少なくも三十分を必要とす。（以下略）

一方、「軍隊指揮」には（繰り返しの引用になるが）以下のような条文がある。

第三百三　行軍開始後暫《しばら》くにして、服装、武装を整え、馬装を改装し、且用便を為さしむる為、小休憩を行う外、長径の大小、軍隊の行軍能力、天候及地形に応じ、一乃至数回の休憩（Rasten）を行い、食事、飼与（軍馬等に飼料を与えること）、水与等に利用するを必要とす。一回の休憩に在りては通常（は）行程の半以上を行軍せる後、又数回の休憩に在りては概ね二時間毎に之を行うものとす。（以下略）

出発後しばらくして服装などを整えるために一旦休憩するやり方は日独両軍ともまったく同じで、偶然にしては出来すぎではないだろうか。

この条文に限らず、『作戦要務令』の行軍に関する条項は、ドイツ軍の『軍隊指揮』を中心として、他国軍の教範の「いいとこ取り」をした上で少しアレンジを加えたような条文が目立つ。

ところが、すでに述べたように、表面上の字面はとくに『軍隊指揮』と良く似ているのだが、よくよく読み込んでみると本質的には大きく異なっていたりする。かといって、まるで数学か物理の理論書のような構成のフランス軍の『大単位部隊戦術的用法教令』とはまったく異なるし、自軍の限界を見切ってなんでも数値で規定してしまうソ連軍の『赤軍野外教令』とも異なる（『作戦要務令』は、自軍の限界を見切るどころか、周到なる訓練や卓越なる指揮統帥、必勝の信念に基づく攻撃精神を強く求めている）。

どうも『作戦要務令』は、これまで見てきた他国軍の教範に比べると、確固たる基本理念が感じられないように思う。その原因として、このような「いいとこ取り」の影響が挙げられるのではないだろうか。

そもそも、これまで見てきたように各国軍の教範はそれぞれ大きく異なる基本理念に基づいて定められている。そうした基本理念が異なる教範の個々の条文を抜粋して表面的に「いいとこ取り」しても、教範全体を貫く整合性のとれた基本理念が見えてくるはずがない。

ただ、そんな『作戦要務令』にも、オリジナリティあふれる部分はある。例えば、極寒時の注意を述べた第三百六の「米に少量の醤油を加えて炊事し、又湯茶に砂糖を加うるも凍結を防ぐに効果あり」とか、酷暑時の注意を述べた第三百七の「酷暑時に於ては食品の腐敗を防ぐこと緊要にして、之が為、少量の酸類、梅干等を加えて炊事し、或は『パン』類を用い、其の携帯法に就《つい》ても特別の注意を必要とす」とか、これほどの詳細な注意事項は他国軍の戦術教範にはあまり見られない。

しかし、こうした事柄は炊事担当の下士官辺りが知っていればいい事だろう。少なくとも師団長や連隊長、あるいはその幕僚が作戦指導を行う上で必ず知っておかなければならない知識だったとは思えない。

こうした記述や、前述したような教範に「判断の基準」を明示することに関する考え方の差などを考えあわせると、どうも日本軍は、そもそも戦術教範を定める目的について、他国軍と根本的に違う考え方を持っていたように感じられる。

こうした疑問の答えは、さらに各国軍の教範を読み進めていくなかで、徐々に明らかになっていくことだろう。

コラム

明治時代の日本軍人の理解

ドイツ軍の一八八八年版『歩兵操典』を翻訳した際、校正を担当した藤井茂太少将（士官生徒二期、陸大一期。日露戦争時の第一軍参謀長）は以下のように述べている。

「独逸操典の文章は短簡《たんかん》なるも、其意義極めて深長《しんちょう》にして、単に之を一読したるときは表面上明瞭にして一点の疑《うたがい》なきが如きも、再三熟読玩《がん》味《み》するときは疑念百出、愈々《いよいよ》出でて、愈々倒錯し、遂に其真意の那辺《なへん》に存するやを疑うに至る。殊《こと》に其第二部の如きは、字句以外に千万《せんばん》無量《むりょう》の妙味を含有するものなれば、所謂《いわゆる》眼光《がんこう》紙背《しはい》に徹するの覚悟を以て熟読せざれば、到底其薀奥《うんおう》を究《きわ》める能《あた》はざるものの如し」

このように、ドイツ軍の教範の文章は簡単で短く、一読しただけでは疑問も浮かばないが、再三熟読するといろいろな疑問が浮かび、さまざまな含みがあることがわかってくる。そのため、相当の覚悟を持って熟読しなければ、その奥深くまで理解することができない。

そのことを、明治時代の優秀と目された軍人はよく理解していたのだ。

第三章 捜索

この章では、各国の戦術教範の中で、敵部隊の捜索についてどのように定められていたのかを見ていこう。

一般に、「捜索」とは敵部隊の有無の確認を含むものであり、「偵察」とはすでに存在の判明している敵部隊に対する綿密な偵察を含んでいるものだが、こうした定義は時代や軍隊によってかなりの差異がある。その詳細については、この章を読み進めていただければ、お分かりいただけることだろう。

では、行軍につづいて、この章でもフランス軍から見ていくことにしよう。

フランス軍の捜索

指揮官の決心と機動計画

ここで捜索について見る前に、まずフランス軍における指揮官の「決心」について見ておこう。

フランス軍の『大単位部隊戦術的用法教令』では、第一篇「指揮及指揮の系統」の冒頭にある第一章「指揮」の第三款「決心」で、次のように定めている。

第七　大単位部隊の指揮官は、企図すべき活動の諸条件を検討精査したる後、機動の考案を練り、之を簡単、明瞭にして所期の目的に厳密に合致し、而《しか》も最少の時間に最少の損害と最良の成果とを以て実現し得べき決心に依りて表現す。

これが、フランス軍における「決心」の定義であり、現在の一般生活の中で使われている決心という言葉とはそのニュアンスがかなり異なる。そして、この「決心」の具体的な中身については、これ以降の条文の中で逐次述べられている。

まず、この直後の「其の一　決心の要素」では、以下のように定められている。

第八　指揮官が部隊の戦術的用法を決定する為、考究すべき主要素は左の如し。
任務
使用し得る諸手段及時間
地形
敵の兵力及其の可能性
此等諸要素を分析し次いで総合すること、是即ち作戦の攻《こう》究《きゅう》方法なり。
作戦は正確なる環境に於て企図すること肝要なり（以下略）

ここに挙げられている任務や手段（味方の兵力など）、

地形や敵の想定兵力といった要素は、どの国の軍隊でも作戦の立案に必要なことであり、当たり前のことといえる。

次いで「其の二 決心の表現」では、以下のように定められている。

第十八　指揮官の企図は、全員に其の意志を表示すべき決心に依りて表現せらる（中略）
決心は、指揮官の企図せる機動の形態及其根本的性質を明白に指示しあるを要す。又、之に依り直属の各部下に其の任務及集団を確定す。（以下略）

ここでは指揮官の全員に対する「決心の表現」として、各部隊の任務や機動の形態などを明示することが求められている。

続いて、その直後の「1、諸計画」の「イ、機動計画」の最初の条項で以下のように規定されている。

第十九　大単位部隊の指揮官は、自ら作成せる文書に其の決心を表示し、之に明白に其の機動の思想を現し、且其の考案せる作戦の根本的の（ママ）処置を明示す。
是即ち機動計画にして、之が全然攻勢の作戦行動なるか、又は防勢の作戦行動なるかに従い、攻撃計画又は防御計画と称《しょう》せらるることあり。

つまり、フランス軍では、大単位部隊の指揮官の「決心」を示す文書の一つとして「機動計画」が作成されるのだ。

そして、その「機動計画」全体が攻勢あるいは防勢のものであれば、それぞれ「攻撃計画」や「防御計画」とも称される。したがって「機動」という言葉にあまり捉われず、一般的な「作戦計画」に近いと捉えた方がいいだろう。

そして、以下の条項では「機動計画」の具体的な中身が規定されている。

第二十　上級指揮官（訳者注：隷下に大単位部隊指揮官を有する指揮官の意）（訳者注は原文ママ。以下同じ）の機動計画は、各大単位部隊の全般に対し、左の諸件を確定す。
　所期の一般目的
　之が為に採用せる戦略的態度
　機動の思想
　機動の方向
　到達すべき目標又は防御すべき陣地
　兵力の初期の部署
次に此の範囲内に於て、隷下各大単位部隊の任務を決定す。
第二十一　各大単位部隊の指揮官の機動計画は、左の事項を含む。
　機動の思想
　初期の部署

隷下諸隊の任務
隷下諸隊の方向及行動地域
奪取すべき目標或は其の防守すべき陣地
機動実施上の全般諸条件

ここでは、攻撃や防御の具体的な中身などは挙げられていないが、攻撃時に奪取すべき目標などが挙げられている。その攻撃目標への「機動」という意味では確かに「機動計画」といえる。

第二十二　隷下の指揮官は、自己の任務を授けたる上級指揮官に自己の決心を報告す。其の際、或は其の機動計画を提示し、或は単に報告として此の計画の総合を提示するものとす。

つまり、フランス軍では、上級指揮官が自己の「決心」を示すだけでなく、下級指揮官が自らの「決心」を報告する際にも、この「機動計画」が使われるのだ。これを見ても、フランス軍では「機動計画」が非常に重要な文書であったことがわかる。

情報計画、連絡計画、各部の使用計画

フランス軍で作成されることになっていた計画文書は、この「機動計画」だけではない。

次の「ロ、情報計画」では、以下のように規定されている。

第二十三　敵情の知悉は指揮官の決心の主要素たるを以て、指揮官は、其の任務に関連して総ての所期の作戦の実施前及其の実施中に収集すべき諸情報の整然たる目録を作製する《（ママ）》の義務を要す。（中略）

此等の諸要項が情報計画を構成す。而して、先ず当初の状況に応じて定められたる此の計画は、発生する諸事件に従い、又機動の進展に依り、作戦行動中に変更せらるべきを以て、該計画は絶えず補備《ほび》せられあるを要す。（以下略）

フランス軍では、指揮官の「決心」の主要素である敵情に関して、収集しなければならない情報の「整然たる目録」である「情報計画」を作成することになっており、その計画は情況の変化に応じて絶えず更新されることになっていたのだ。

さらに「ハ、連絡計画」では、以下のように定められている。

第二十四　命令、情報及報告の迅速なる伝達は極めて重要なるを以て、各作戦に対し一の連絡計画を調製す。

此の計画は、通信の運用上、基礎となるべきを以て、其の

運用は司令部に依り予定せられたる機動に密接に適合しあるを要す。

このように、あらかじめ「機動と密接に適合」した綿密な「連絡計画」を立てるのであれば、状況の変化に対応してリアルタイムでいつでも対話できる柔軟な通信手段、すなわち無線電話などの必要性は低下し、昔ながらの伝令や有線電話でも事足りることが多くなるだろう。

第二次大戦開戦時のフランス軍の数の上での主力戦車であったルノーR35とオチキスH35は、双方とも車長と操縦手の二人乗りで、無線機の装備率も低かった。写真はH35を改良したH39

具体例を挙げると、第二次大戦初期のフランス戦車の多くが二人乗りで無線手が乗車しておらず無線機の装備率も低かったのは、リアルタイムの通話手段の必要性が低かったことの反映といえる。徒歩歩兵を支援して敵陣地の特火点（トーチカ等）を叩くような任務では、手旗信号でも大きな支障はない。フランス軍の戦車部隊では、無線機が無かったから柔軟な指揮統制ができなかったのではなく、柔軟な指揮統制を必要としないドクトリンなので、そもそも無線機を装備する必要が無かったのである。逆に、同時期のドイツ戦車が基本的にすべて無線機を装備しており、小型のものを除いて無線手（兼機関銃手）を乗車させていたのは、その必要性が高かったことの反映といえる。

加えて、次の「二、各部の使用計画」では、補給物資や各種器材とその輸送手段、移動する各部隊の交通路などに関する「使用計画」を定めることになっている。

第二十五　会戦に於ける補給及還送の重要性竝《ならび》に会戦の必要とする各種器材の著しき殺到は、司令部をして、予め細心に各資源の用法、各施設の配置竝に各輸送手段を規正《（ママ）》するを必要とせしむ。其の他部隊の移転竝に各部の活動に依り、絶えず人馬、車輌の運動あるを以て、交通路の維持竝に開拓は、確然《かくぜん》と指示せらるるを要す。之に関し執《と》れる決心は、各部の使用計画内に包含《ほうがん》せられ、其の要項は適時に各部に通告せらるべし。各部の使用計画は、当初の編成に応ずるのみならず、総ての予測に従い生ずることあるべき変更をも考慮しあるを要す。

　こうした各種の計画文書の作成に見られる計画性の重視は、砲兵火力の緻密な運用を重視した第一次大戦中の英仏連合軍、とくに第一次大戦後半の「アメルの戦い」や「アミアンの戦い」などで連合軍が採用して大きな成果を挙げた戦い方、いわゆる「モナッシュ方式」に通じるところがある。

　この方式の生みの親である英連邦オーストラリア軍のジョン・モナッシュ将軍は、以下のように述べている。

「よく計画された戦闘では、……何事も起こらず、何事も起こり得ない。ただ計画に従って当たり前の経過で前進するだけだ。すべての戦闘は最終目標と設定した線に到達するまでは容赦なく、しかも秩序ただしく戦場を前進するのだ。……」（D・オーギル著／戦史刊行会訳『戦車大突破―第一次大戦の戦車戦―』原書房より引用）。

　このように「モナッシュ方式」の根底には、緻密な計画を立てて秩序正しく進行することによって戦場における様々な不確定要素を排除する、ないしは排除できる、という考え方があった。そして、この教範の根底にも、緻密な計画による不確実性の排除、という考え方が強く感じられる。

訓令と命令

　フランス軍の『大単位部隊戦術的用法教令』では、これらの諸計画とは別に、「訓令」や「命令」についても定めている。

第二十六　指揮官は、訓令及命令に依りて、其の部下に自己の決心を告知す。総司令官（訳者注：一作戦方面の司令官又は総軍司令官を言う。第三十参照）に在りては、屡々《しばしば》訓令（Instruction）の代わりに戦略的訓令（Directive）なる名称を用う。

戦略的訓令又は訓令の目的は、直属隷下の官憲に、総《あら》ゆる情況に於いて司令部の見解に準拠して活動し得べき方針を示すに在り。之が為、指揮官の意図、目的、機動の一般思想及其の進展を知らしむ。又、各大単位部隊に対し、其の任務、方向及諸目標を決定し、且各種の状況並に之に応ずべき行動要領を予定す。

　ここに挙げられている「訓令」や「戦略的訓令」の内容は、前述の「機動計画」と大差無いが、両者の差については続いてこう定められている。

訓令又は戦略的訓令は、之を発する指揮官の階級並に計画せる作戦の種類に従い、多少長期に亙《わた》り作製せらる。但し、状況上全く変更せられ、又は無数となる如き過度に将来に亙る予想を述ぶることは、之を避くるべし。又、訓令又は戦略的訓令は、多くの場合、個人的の性質を有し、其の指示は、受令者に於て秘密を守り、参謀及隷下官憲にも厳に必須なる程度に於てのみ、之を示し、而も決して該書類を其の儘移牒《いちょう》することあるべからず。

つまり、「訓令」や「戦略的訓令」は基本的には受令者のみの秘密とされ、「機動計画」のように文書化されて広く明らかにされることはないのだ。

また、「命令」については、続いて以下のように規定されている。

命令は、的確、強制的にして、一般に短時間後且明確に限定せられたる条件の下に実行し得る指示を含む。

命令は、大単位部隊の諸隊の全般に宛つるか、或は単に其の若干部隊に宛《あ》つるかに従い、合同又は各別命令と為す。

準備命令は、諸隊が適時に其の当初の処置を執るに要する指示を与うる為用いらる。運動戦の諸作戦に於いては、常に之を使用す。

命令及訓令は、特に運動戦に於て**簡単なるを要す**。然れども、司令部の意図を十分了解せしむるに必要なる事項は悉《ことごと》く之を包含するを要す。

状況が大きく変化しやすい運動戦では、その場その場の指示をいちいち文書化している余裕などないことが多い。したがって、このような状況下では、すぐ後に明確に限定された条件下で実行し得る指示を含む「命令」が下される。また、流動的な運動戦では、各部隊に前もって当初の対応処置を指示しておく「準備命令」を常用することになっている。

だが、テンポの速い運動戦において、上級指揮官が的確な「準備命令」を出せていなかった場合、各部隊の「当初の処置」は一体どうなるのか。ドイツ軍の西方進攻作戦で、ドイツ軍に先手先手を打たれて受け身に回ってしまったフランス軍の戦いぶりは、その実例といえる。

以上をまとめると、フランス軍では、「機動計画」や「情報計画」、「連絡計画」や各部の「使用計画」などの各種の計画文書が柱であって、「訓令」や「命令」は補足的なものだったといえる。これらの規定を見ると、フランス軍では一般に状況の変化が小さい陣地戦をおもに想定しており、状況が大きく変化しやすい運動戦をあまり考えていなかったことが感じられる。

やはりフランス軍は、この教範が制定された一九三六年の時点においても、主として第一次大戦半ばの西部戦線のような塹壕戦を想定していたのであろう。

捜索と接敵、触接

では、いよいよフランス軍における敵部隊の捜索について見ていこう。

ここでまずドイツ軍の『軍隊指揮』の目次を見ると、第三章の「捜索」は、第五章の「行軍」や第六章の「攻撃」と並ぶ、大項目の「章」になっている。

一方、フランス軍の『大単位部隊戦術的用法教令』の目次を見ると、第三篇「情報及警戒」は、第一章「情報」と第二章「警戒」からなっており、その第一章「情報」は、第一款「総則」、第二款「情報機関及其の性能」、第三款「捜索」からなっている。

つまり、ドイツ軍の『軍隊指揮』では「捜索」に「章」という大項目が与えられているのに対して、フランス軍の『大単位部隊戦術的用法教令』では「捜索」に大項目である「篇」の下の中項目「章」のさらに下、小項目の「款」が与えられているにすぎないのだ。

この構成を見ても、独仏両軍における「捜索」という戦術行動の位置づけの違いがよくわかる。ドイツ軍では「捜索」が各種の情報活動を包含しており、「行軍」や「攻撃」に匹敵する重要な戦術行動と位置づけられていたのに対して、フランス軍では「捜索」は「警戒」活動や「情報」活動の一部という位置づけでしかなかったのだ。

当然、その内容にも大きな差がある。ドイツ軍の『軍隊指揮』の第三章「捜索」では、「捜索機関、捜索に於ける協同」、「捜索実施」、「特殊の手段による情報入手」、「間諜の防止」といった小見出しが立てられており、その条項数は実に七五にも及ぶ。『軍隊指揮』に定められている「捜索」は、前線での捜索活動だけでなく、さまざまな情報活動を含む非常に幅の広いものだったのである。

これに対してフランス軍の『大単位部隊戦術的用法教令』では、第三篇「情報及警戒」の第一章「情報」の第三款「捜索」は、「其の一 飛行隊及騎兵大単位部隊」が三条項、「其の二 偵察隊」が一条項、合わせてたったの四条項しかない。つまり、『大単位部隊戦術的用法教令』に定められている「捜索」は、ドイツ軍の『軍隊指揮』における「捜索」に比べると、ごく狭い範囲のものなのだ。

ただし、『大単位部隊戦術的用法教令』の第五篇「会戦」を見ると、第一章「会戦の概況」、第二章「攻勢会戦」、第三章「防勢会戦」、第四章「会戦に於ける航空隊及防空隊」

◆図1 教範における捜索の位置づけ

ドイツ軍

- **第三章　捜索**
  - 第120～126（総則的な記述）
  - **捜索機関、捜索における協同**
    - 第127～142
  - **捜索実施**
    - 第143～183
  - **特殊の手段に依る情報の入手**
    - 第184～189
  - **間諜の防止**
    - 第190～194

■＝捜索に関する記述

フランス軍

- 第三篇　情報及警戒
  - 第一章　情報
    - 第一款　総則
    - 第二款　情報機関及其の性能
    - **第三款　捜索**
      - **其の一　飛行隊及騎兵大単位部隊**
        - 第128～130
      - **其の二　偵察隊**
        - 第131
  - 第二章　警戒

◆図2 教範における攻撃の前段階の位置づけ

ドイツ軍

- 第六章　攻撃
  - 攻撃実施
    - 諸兵種協同の基礎
    - 攻撃準備配置
    - 攻撃経過
  - 遭遇戦
  - 陣地攻撃
    - 第386～389
    - **第390**
    - 第391
    - **第392**
    - **第393**
    - 第394～403
    - **第404**
    - 第405～409

■＝攻撃の前段階に関する記述

フランス軍

- 第五篇　会戦
  - 第一章　会戦の概況
  - 第二章　攻勢会戦
    - **第一款　接敵**
    - **第二款　触接**
    - **第三款　攻撃準備戦闘**
    - 第四款　攻撃
- 第六篇　軍の会戦
  - 第一章　軍の攻勢
    - **第一款　準備的処置**
    - **第二款　接敵及部署**
    - **第三款　触接及攻撃準備戦闘**
    - 第四款　攻撃
    - 第五款　会戦の完結
- 第七篇　軍団の会戦
  - 第一章　軍団の攻撃
    - **第一款　接敵行進**
    - **第二款　触接**
    - **第三款　攻撃準備戦闘**
    - 第四款　攻撃
    - 第五款　会戦の完結
- 第八篇　歩兵師団の会戦
  - 第一章　総則
  - 第二章　師団の攻勢戦闘
    - **第一款　接敵**
    - **第二款　触接**
    - **第三款　攻撃準備戦闘**
    - 第四款　攻撃
    - 第五款　戦闘の完結
    - 第六款　火力機動
    - 第七款　対陣正面の攻撃

図1と図2は、捜索と攻撃の前段階の行動が、教範の上でどのように位置づけられているかを、フランス軍とドイツ軍で比較したものである。本文中に述べられているように、フランス軍とドイツ軍では、それぞれ両者の比重が逆になっているのが理解できる。またフランス軍の場合、各部隊規模ごとに区分されているのが興味深い。

からなっており、例えば、その中の第二章「攻勢会戦」を見ると、第一款「接敵」、第二款「触接」、第三款「攻撃準備戦闘」を述べたあとに、第四款「攻撃」が置かれている。

また、第六篇「軍の会戦」の第一章「軍の攻勢」でも、第一款「準備的処置」、第二款「接敵及部署」、第三款「触接及攻撃準備戦闘」のあとに、第四款「攻撃」となっている。同様に第七篇「軍団の会戦」の第一章「軍団の攻勢」でも、第一款「接敵行進」、第二款「触接」、第三款「攻撃準備戦闘」のあとに、第四款「攻撃」となっている。さらに第八篇「歩兵師団の戦闘」の第一章「師団の攻勢戦闘」でも、第一款「接敵」、第二款「触接」、第三款「攻撃準備戦闘」のあとに、第四款「攻撃」となっている。

つまり、フランス軍の『大単位部隊戦術的用法教令』では、軍、軍団、師団といった部隊の規模に応じて、それぞれ「攻撃」の前段階である「接敵」や「触接」、「攻撃準備戦闘」をいちいち規定しているのだ。

一方、ドイツ軍の『軍隊指揮』の第六章「攻撃」を見ると、「攻撃実施」、「遭遇戦」、「陣地攻撃」といった小見出しが立てられており、冒頭から本格的な攻撃について定めている。そして『大単位部隊戦術的用法教令』とは対照的に、敵陣地への「接敵（Annäherung）」や「近迫（Herangehen）」、あるいはフランス軍の「攻撃準備戦闘」に相当する敵の戦闘前哨の撃退等に関しては、「遭遇戦」のあとに置かれている「陣地攻撃」の中で、わずか四条項にまとめられている。

つまり、フランス軍とドイツ軍では、それぞれの戦術教範の中での「捜索」と「接敵」や「触接」、「攻撃準備戦闘」の位置づけがちょうど逆転しているのだ。

言い方をかえると、ドイツ軍では攻撃から独立して捜索そのものが重要視されていたのに対して、フランス軍では捜索そのものはあまり重視されておらず、あくまでも攻撃の前段階としての接敵や触接、攻撃準備戦闘が重要視されていたのだ。

情報の一部としての捜索

前述のようにフランス軍では、「捜索」は「警戒」活動や「情報」活動の一部と位置づけられていた。そして『大単位部隊戦術的用法教令』の第三篇「情報及警戒」の第一章「情報」の第一款「総則」の冒頭には、情報について以下のように定めている。

第百二十一　情報は、各大単位部隊の指揮官をして、左の二項を可能ならしむる為、緊要なり。
絶えず敵情を考慮して自己の機動を指導すること。
適時に敵の企図を発覚し、自己の警戒を保障する為、之に備うること。

フランス軍では「情報」とは、敵情を考慮して自己の機動を指導するため、また敵の企図を明らかにして自己の警戒を保障するために重要、とされていたのだ。

続いて、以下のような条文がある。

情報は、主として左の四項に関し獲得すること緊要なり。

某時期に一定地域に敵の有無

敵の一般的態度（前進、停止又は退却）

敵の外郭《かく》(訳者注：敵兵の存在する最外端の線の意なり)
及其の第一線部隊の隊号、其の主力及予備隊の状況、運

動及位置
敵の主なる行動地域又其の主要抵抗地域

ここでは、敵陣地の編成などの詳細な事柄は挙げられておらず、敵の有無や全般的な状況などが中心となっている。

第百二十二　情報探究の手段方法は、一般の状況、指揮官の意図、使用する情報機関の性能に従い、且左の三項を考慮して之を定む。
　情報の伝達に要する時間
　敵の戦闘諸隊の予想せらるる移動速度、従って其の行い得べき運動の範囲
　得たる情報と関連して我が部署の改変に要する時間
此等の要素を考察するときは、自動車化及通信能力の現況に於ては、関係司令部の大なるに随《したが》い、益々遠大なる距離に情報を求むること必要なり。

　ところが、一九四〇年五月に始まったドイツ軍による西方進攻作戦では、アルデンヌの森林地帯を突破するドイツ軍のクライスト装甲集団の「移動速度」が、フランス軍の予想していた移動速度を超えていた。また、クライスト装甲集団の「運動の範囲」もフランス軍の予想を超えていた。このため、アルデンヌ方面の捜索任務を担当していたフランス軍の各軽騎兵師団や騎兵旅団は適切な捜索を行うことができず、例えばドイツ第1装甲師団の進撃路上に展開していた第5軽騎兵師団（DLC）は隷下の第15軽自動車化旅団の戦闘指揮所を襲撃されて大損害を出すなどして、あっという間に森林地帯を突破されてミューズ河畔への進出を許してしまったのである。

最大速度72km/hという快足を誇った、フランス陸軍の捜索用四輪装甲車パナールAMD35。だがフランス軍の捜索部隊はこれら捜索用車両を有効利用できず、ドイツ機械化部隊に翻弄されるままになってしまった

　捜索そのものについては、第三款「捜索」冒頭の其の一「飛行隊及騎兵大単位部隊」の最初の条項で以下のように規定されている。

第百二十八　捜索の目的は、上級司令部に其の機動計画の発展上必要とする諸情報を提供するに在り。
捜索は、飛行隊及騎兵大単位部隊の協力に依り確保せらる。
飛行隊は最も遠隔の情報を探究し、以て全般の状況を判定

し得しむ。其の努力は、特に敵の主力及予備隊の運動に傾《けい》注《ちゅう》せらる。
騎兵は、其の活動地域（が）十分に存するときは、地上捜索に依り空中捜索を補足す。騎兵の提供する情報は、飛行隊の情報よりも近距離なるも正確にして、而も触接に依り点検せられ、且屡々《しばしば》戦闘に依り実証せられあり。

このように「捜索」の目的は「機動計画」に必要な情報を提供することと定義されている。そして「地上捜索」は、戦闘前の触接で点検され、戦闘自体で実証されることが記されている。

前述したようにフランス軍では、戦闘前の捜索はそのまま触接や戦闘へとつながっていくのである。

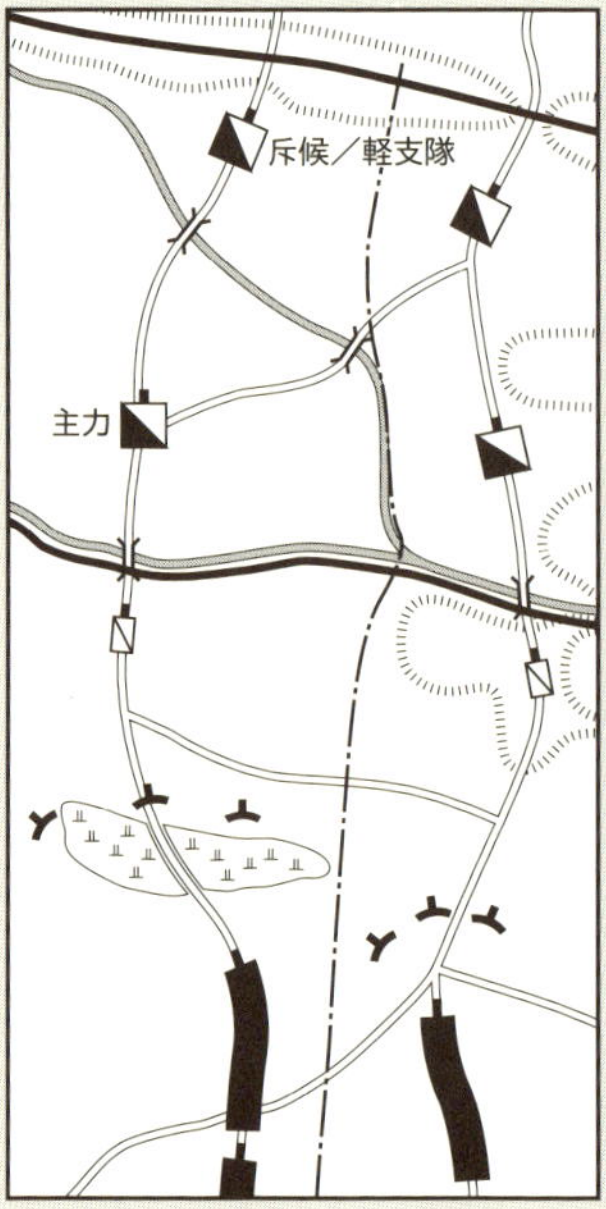

◆軍団における捜索・偵察・警戒の概念図

『教令』の第128は、「捜索の目的は、上級司令部に其の機動計画の発展上必要とする諸情報を提供するに在り」とされ、その捜索は「飛行隊及騎兵大単位部隊の協力に依り確保せらる」とある。フランス軍の軍団は通常、歩兵師団3個、軽騎兵師団1個で編成されていた。したがって、軍団レベルでは軽騎兵師団が捜索などの任務を主に担任した。そして地上捜索は、騎兵大単位部隊が派出する斥候および軽支隊が、先遣隊として道路軸線を基準として広正面に展開捜索するものとされていた（第130）。一方、師団レベルでは、偵察部隊として前方に師団偵察群を派出し、また歩兵基幹の一部を前衛とする。この前衛は師団近距離偵察部隊の任務も兼ねていた。なお夜間機動の場合、捜索部隊は、防御に有利な地形でとどまり、主力を掩護する（図中では便宜的に統制線として表記）。

騎兵大単位部隊（軽騎兵師団等）の捜索部隊
歩兵師団の偵察部隊
前衛
歩兵師団主力
統制線
師団戦闘地境

ドイツ軍の捜索

捜索の基本的な考え方

次に、ドイツ軍の捜索について見てみよう。『軍隊指揮』の第三章「捜索」の冒頭には、以下のように定められている。

第百二十　捜索は、為し得る限り迅速、完全且確実に敵情を明《あきらか》にすべきものとす。
捜索の結果は、指揮官の処置及火器の効力利用の為、最も重要なる準拠を与《あた（ママ）》うるものなり。

ここでは「為し得る限り」という留保がついているものの、「完全」や「確実」よりも先にまず「迅速」が挙げられている。

　これとは対照的にフランス軍の『大単位部隊戦術的用法教令』では、既述のように、指揮官に「収集すべき諸情報の整然たる目録を作製する」義務を課し、その「情報計画」を絶えず更新することを求めている（第二十三）。これではドイツ軍のような迅速第一の捜索行動など望むべくもないだろう。

第百二十一　捜索は、空中及地上よりの戦略的及戦術的捜索として実施するものにして、更に第百八十四乃至第百八十九に掲《かか》ぐる特殊の（ママ）手段に依る情報入手に依り補足せらるるものとす。

　ドイツ軍における捜索活動は、空中や地上で行われる「戦略的捜索」と「戦術的捜索」を中心に、それを補足する「特殊の手段に依る情報入手」からなっている。このうち「特殊の手段に依る情報入手」については、この章の最後で述べられているので後述する。

第百二十二　戦略的捜索は、戦略的決心の基礎を与うるものなり。

戦術的捜索は、軍隊の指揮、運用の為の基礎を与うるものなり。

更に遅くも戦闘接触と共に戦闘捜索（Gefechtsaufklä-rung）を開始す。戦闘捜索は、戦闘実施の為（の）必要なる基礎を与うるものにして、各兵種共之に参与するものとす。

　このように、「戦略的捜索」は戦略的な決心の基礎となるもの、「戦術的捜索」は軍隊の指揮運用の基礎となるもの、「戦闘捜索」は戦闘実施のために必要なもの、と区別されている（ここでいう「軍隊」とは、独立した諸兵種連合部隊、すなわち一般には歩兵師団や騎兵師団を指している）。

　これを見るとドイツ軍では、捜索全体を、戦略レベル、戦術レベル、戦闘レベルの三つの階層に分けていたことがわかる。

第百二十三　捜索勤務の為には、目的達成に必要なる以上の兵力を用うべからず。

捜索部隊は、特に敵の優性なる捜索部隊を胸算《きょうさん》する場合には、之を最も重要なる方向に適時集結すべきものにして、重要ならざる方向には必要の最小限のものを使用するを要す。

捜索は、情況に応じ控置《こうち》せる捜索部隊を以て、何時にても之を濃密にし拡大し、若《もしく》は要すれば新《あらた》なる方向に対しても実施し得る如く勉む《（ママ）》べきものとす。

当時の各国陸軍では、第一線の戦闘部隊が、予期せぬ状況の変化にも対応できるように予備兵力を確保しておくことは、ごく一般的なことであった（もちろん、例外もある）。例えば、敵が思わぬ方向から攻撃してきたら、その予備兵力を投入して対応することになる。

これと同じように、ドイツ軍の戦術教範では、捜索部隊にも予備兵力を確保するよう求めている。もちろん、捜索に必要以上の兵力を用いることは禁じられているが、情況に応じて控置しておいた捜索部隊を投入し、捜索の密度を上げたり、捜索の範囲を拡大したり、新たな方向を捜索できるようしておくのだ。

ここでも、詳細な「情報計画」の作成など計画性を重視するフランス軍と、予備を控置して予期せぬ事態に対処できる柔軟性を重視するドイツ軍との大きな差が感じられる。端的に言うと、ドイツ軍の捜索行動では、冒頭で述べた「迅速性」と、この「柔軟性」が重要視されていたのだ。

なお、『軍隊指揮』では、「捜索」という言葉と「偵察」という言葉を以下のように使い分けている。

第百二十六　地形、其《その》通過の良否、道路、鉄道及橋梁の景況、阻絶（交通を阻止する障害物、いわゆるバリケードのこと）の可能性、観測地点、視察に対する掩護並《ならび》に通信施設の偵察は、捜索の任務に付属すること屢々《しばしば》なり。
総て捜索勤務に従事する部隊は、任務の許す限り、別命なくとも捜索と共に地形偵察を行う義務あり（以下略）

ちなみに、昭和五（一九三〇）年に日本の陸軍大学校がまとめた『兵語ノ解』によると「通常、敵情を明らかにしようとする手段を『捜索』といい、地形を明らかにすることを『偵察』と使い分けるが、敵情と地形を同時に明らかにしようとする場合、どちらの語を使用しても差し支えはない」とされている。

これを見る限り、この時点での日本軍の「捜索」と「偵察」の定義は、『軍隊指揮』制定当時のドイツ軍とほぼ同じだったようだ。

攻勢的な捜索行動

話をドイツ軍の捜索行動に戻そう。

第百二十四　捜索地域内に於ける優勢は、我が捜索を容易ならしめ、敵の捜索を困難ならしむ。（中略）
地上に於ける優勢の獲得は、敵の捜索に対し攻勢的行動を取るを以て要訣《ようけつ》とす。故《ゆえ》に捜索部隊は、斥候《せっこう》の小《しょう》に至るま

で、任務及情況の許す限り攻勢的に行動するを要す。

このように、斥候を含む捜索部隊に対して、任務や情況の許す限り「攻勢的」に行動することを求めている。これによって優勢を確保し、敵の捜索行動を困難にすることを狙っていたのだ。

捜索部隊（は）、爾後の捜索の為、敵の捜索若《もしく》は警戒幕を突破するの已むなきに至るや、迅速に兵力を集結して不意に突破せざるべからず。敵（が）若《もし》優勢なるときは之に反し、多くは巧妙に敵を回避迂回して却《かえっ》て我が捜索を確保し得るものとす。

捜索部隊に対して、敵の捜索部隊や警戒スクリーンに対しては、迅速に兵力を集結して不意に突破することを強く求めている。それでも敵に対して優勢を得ることができない場合には、回避迂回することになっている。

ただし、軍直轄の騎兵部隊や独立の機械化捜索部隊に関しては、以下のように定められている。

軍騎兵は、優勢なる敵に対しても視察を強行し得。又、独立せる機械化捜索隊は、斯《かか》る任務の為には、機を失せず、爾余の機械化部隊に依り増援せらるるを要す。

いざというときには歩兵部隊よりも速く移動できる軍騎兵部隊（一般には騎兵師団）は、優勢な敵に対して視察の強行も可能とされている。また、騎兵部隊よりもさらに高い機動力を持つ機械化部隊ならば、機を逸せずに増援を送り込むことで、敵に対して優勢を得ることができる。機動力の優位は、捜索行動においても大きなアドバンテージなのだ。

そして、この条項では続けて「攻勢的行動」の具体例が挙げられている。

時として、要点を敵に先んじて不意に占領するは、捜索地域内に於《おい》て優勢を得る為、有利なる前提条件となるものとす。之が為には、主として快速なる機械化部隊を充《あ》つるを可とす。

ここでは、先手を打って戦場の要点を不意に占領してしまうことが挙げられている。当時のドイツ軍の各師団には、機械化または乗馬捜索隊（Abteilungで大隊と訳すのが一般的だが、ここでは教範の訳文に合わせた）が所属していたので、これを投入すればよい。

とはいえ、捜索隊は無制限に「攻勢的」に行動することが奨励されているわけではない。ずっと先の小見出し「捜索実施」の中で次のように定めている。

第百五十五　捜索隊は、敵の捜索を排除し若《もしく》は捜索を強行する為、必要なる（第百二十四）以外には、戦闘を避くる

を要す。（以下略）

捜索隊が「攻勢的」に行動するのは、敵の捜索部隊の排除と捜索の強行に必要な場合に限られていたので、注意が必要だ。

各捜索機関の長所と欠点

第三章「捜索」の最初の小見出しは「捜索機関、捜索に於ける協同」で、おもな捜索機関とその協同について規定している。

第百二十七　空中捜索は、偵察飛行中隊の偵察者（が）これを実施す。
地上捜索は、戦闘捜索の開始まで、一般に機械化及乗馬捜索隊の斥候の任ずるところとす。

ここでは「空中捜索」と「地上捜索」という二つの捜索方法が挙げられている。そして、戦闘捜索以前の地上捜索は、基本的に機械化捜索隊と乗馬捜索隊が行うことが定められている。

第百二十八　空中捜索の利は、飛行機の快速なることと、敵の警戒部隊、阻絶及陣地の上空を飛行し得るを以て、深く敵線内部の情況を視察し得ること、竝飛行機は地形に左右せらるることなき点に存す（中略）
然れども、空中捜索は、瞬間的景況を提供するに過ぎずして、同一地域を連続的に監視することは多くは不可能なり。天候、地物及敵の対応手段、亦《また》之を制限す。

ここでは、空中捜索の長所と欠点などが述べられている。空中捜索の場合、高速で敵戦線の後方奥深くまで探ることができる反面、一点にとどまって連続的な監視を行うことはできず、悪天候や森などの遮蔽物、対空擬装などに阻害されやすい。

第百二十九　最も簡単なる空中捜索の方法は、目視に依る捜索なり。（以下略）

当時、ドイツ軍の直協偵察機の主力は、木金混合構造羽布張りの単葉複座機ハインケルHe46で、下方視界の非常に良いパラソル翼（胴体上に支柱を立てて、その上に主翼を取り付ける形式）を採用しており、目視捜索に適した構造になっていた。また、後継機として一九三八年末から配備が始められた同じく単葉複座の直協偵察機ヘンシェルHs126は、近代的な全金属構造を採用して操縦士席は密閉式になったが、偵察員席は視界の広い解放式のままで、同じくパラソル翼を採用していた。これらの偵察機の構造を見ても、ドイツ軍が飛行機による目視捜索を重視していたこ

ドイツ空軍草創期の近距離用直協偵察機であったハインケルHe46

He46の後継であったヘンシェルHs126。大戦中盤まで各戦線で直協偵察に活躍した

とがわかる。

次いで、航空写真による捜索や偵察について以下のように定められている。

第百三十　写真捜索は、目視による捜索を補足し、且確証す。（中略）

写真偵察は、地形偵察及測量に用う。（以下略）

航空写真による捜索と偵察についても、前述した「捜索」と「偵察」の定義そのままであることがわかる。

第百三十一　地上捜索は、通常之に依りて深く敵線内部の情況を洞察すること不可能なり。空中捜索は、屡々地上捜索に対し其の捜索すべき方向を示すものなり。之に反し、某地《ぼうち》に敵の有無を十分に確認するは、地上捜索のみ之を能《よ》くす。（中略）尚、地上捜索は、空中捜索が天候の為不可能なるか若《もしく》は甚《はなは》だ困難なるときに於《おい》ても結果を提供し得るものなり。

ここでは、地上捜索の長所や短所などが述べられている。

地上捜索では、空中捜索のように敵戦線の後方奥深くまで探ることはできない。第一次大戦半ばの西部戦線のような塹壕戦ではなおさらだ。だが、その一方で、空中捜索では見落としてしまうような敵の有無を十分に確認することができるし、空中捜索がむずかしい悪天候でも捜索活動を実施できる。空中捜索と地上捜索は、それぞれ異なる長所と欠点を持っているのだ。

次の条項では、地上捜索に用いられる機械化捜索隊の長所と短所、基本方針などが挙げられている。

第百三十二　機械化捜索隊は、迅速且遠距離に亘《わた》りて捜索の実《じつ》を挙ぐることを得《う》。然れども、細部に亘りては必ずしも確認し得ざるものなり。

其《その》捜索活動は、通常（は）昼間に行わるるものとす。前進は、之を夜間に行うことあり。其速度の真価を発揮するには、道路を利用する際に最も著《いちじる》し。
此《この》部隊は、行進緩《かん》なる徒歩捜索部隊とは別個に独立して使用するを要す。（以下略）

このように、機械化捜索隊は、通常は昼間に捜索活動を行うことになっており、行進速度の遅い徒歩捜索部隊とは別々に行動し、快速発揮のために道路を使用することが推奨されていた。

細かく見ると、当時のドイツ軍の機械化捜索隊には、乗用車車台の機関銃車Kfz.13やトラック車台の重装甲斥候車Sdkfz.231（6-Rad）など装輪（タイヤ）式の装甲車両が配備されており、一九三五年から四輪駆動の軽装甲斥候車Sdkfz.221の配備が始められたところだった（Aufklärungspanzer は偵察戦車、Panzerspähwagen は装甲斥候車と訳した）。

その一方で不整地に強い全装軌（いわゆるキャタピラ）式の装甲車両は配備されなかったが、これは装軌車両による不整地の走破能力の向上よりも、装輪車の道路利用による快速発揮を重視していたためだろう。

その後、第二次大戦半ばに標準化された一九四三年型装甲師団の編制では、装甲捜索大隊の第一中隊が装輪装甲車

四輪駆動の装甲斥候車Sdkfz.221（手前）。武装は7.92㎜機関銃1挺と非力だった

乗用車をベースに軽装甲を施した機関銃車Kfz.13。7.92㎜機関銃1挺を装備していた

Sdkfz.250装甲兵車に2㎝機関砲塔を装着し、偵察任務に使用されたSdkfz.250/9装甲斥候車。最大14.5㎜厚の装甲を備えていた

装甲六輪装甲車のSdkfz.231（6-Rad）。2㎝機関砲と7.92㎜機関銃を備え、それなりの戦闘力も有していた

中隊、第四中隊がオートバイ中隊で、第二中隊が半装軌式（いわゆるハーフトラック）の装甲斥候車Sdkfz.250/9等を装備する装甲車中隊、第三中隊が同じく半装軌式で歩兵（偵察）半個分隊を輸送できる装甲兵員輸送車Sdkfz.250/1等に乗る捜索中隊となり、第五中隊の重装備中隊も多数の半装軌車を装備するようになった（ただし、いずれも例外規定あり）。

装輪車よりも不整地の走破能力が高い半装軌車が増えたのは、主戦場が西欧に比べると道路網の貧弱なソ連国内になり、春には雪解けでひどい泥濘となって、装輪車の快速発揮が相対的にむずかしくなったことなども影響している。

それでも全装軌式の車両は、一部の装甲偵察大隊の第二中隊（偵察戦車中隊）に、二センチ機関砲搭載のⅡ号戦車L型ルクスや、38（t）戦車車台使用の偵察戦車Sdkfz.140/1が配備された程度で、全装軌車は最後まで偵察車両の主力にはならなかった。

第百三十三　乗馬捜索隊は、野外に於ける運動性（が）大なる利を有し、且広く諸方向に向て分散して捜索し得るものとす。又、機械化捜索隊に比し、天候、地形及補給に左右せらるること小なり。その行軍速度及行軍行程には限度あり。乗馬捜索隊は、遮蔽せる展望点より敵を監視し、緻密なる捜索網を構成し得るものにして、細部の確認を要すること大なるに従い、益々《ますます》其価値を増大す。

2㎝機関砲を搭載したⅡ号戦車L型ルクス。大戦後半は、Ⅱ号戦車のような軽戦車には正面からの戦闘は荷が重く、偵察を主任務にしていた

38（t）戦車の車台をベースに、2㎝機関砲と7.92㎜機関銃を装備した砲塔を搭載した偵察戦車Sdkfz.140/1

騎兵は、車幅の広い車両が通過できない深い森や重量の大きい装甲車両が通過できない湿地でも通過できることがある。また、よくしつけられた軍馬は、エンジン音の大きな車両よりも静粛性が高い。そのため、戦場の地形や任務の中身によっては、乗馬部隊の方が機械化部隊よりも役に

立つことがある。

　このように各捜索機関の長所や短所を挙げた上で、以下のように規定している。

第百三十五　各捜索機関は、互いに長短相補《あいおぎな》うべきものにして、一の捜索機関の欠点は、他の適当なる捜索機関を使用して之を補うを要す。

　戦闘時に諸兵科の各部隊が互いの長所や短所をおぎないあって戦うように、捜索時も各捜索機関が互いの長所や短所をおぎないあって捜索活動を実施するわけだ。

　そして、このひとつ前の条項では、以下のように捜索部隊の指揮官に求められる資質が挙げられている。

第百三十四　地上捜索勤務に任ずる部隊の指揮官は、斥候長に至るまで、高度の資格を具備《ぐび》せざるべからず。指揮官の人格は、捜索の成果を左右するものとす。

策略、敏捷、任務の理解、各種地形に於ける決然たる走破、夜間と雖《いえども》地形を良く知るの（ママ）才能、冷静迅速にして独立的なる行動は、捜索部隊の指揮官に具備すべき性能なり。（以下略）

　第二次大戦中のドイツ軍の装甲師団では、装甲偵察大隊に戦車や歩兵、砲兵部隊等を増強して諸兵種連合の連隊規模の戦闘団《カンプグルッペ》として、その指揮官に装甲偵察大隊長をそのまま充てることが少なくなかった。これは、装甲偵察大隊の多くの大隊長が、右記のような優れた資質を備えており、諸兵種連合の連隊規模の戦闘団も指揮できるほどの高い能力を持っていたことを示している。

　そして、捜索部隊の具体的な戦闘部署については、以下のように述べられている。

第百三十六　捜索部署は、情況及企図、捜索機関の種類及数竝《ならび》胸算すべき敵の対応手段、地形、道路網、季節、時刻及天候の如何に関す。従《したがっ》て、捜索の部署は千差万別にして凡《すべ》ての場合に該当する方法を挙げ得ざるものとす。（以下略）

　要するに、状況によって千差万別だから、ひとつには決められない、というのだ。

　これとは対照的にソ連軍の『赤軍野外教令』では、さまざまな状況に応じた捜索部署を事細かに規定している。例えば、以下のような具合だ。

第二十七　敵と直接触接せる場合に於いては、師団長は、敵陣地偵察の為、師団捜索大隊の外、師団内某連隊の狙撃大隊（歩兵大隊のこと）を之に使用することを得。

此《この》場合、狙撃大隊の行動を支援する為、砲兵二大隊及戦車（假令《たとえ》一小隊なるも可なり）を使用す。此際、大隊長は通常、

歩兵の一部を第一線に使用するものとし、捜索実施の要領は前条「ロ」項に記述する所に拠る（以下略）

ここでも、何でも教範でガチガチに規定してしまうソ連軍の硬直性とは対照的なドイツ軍の柔軟性が見てとれる。

捜索の実施

次いで『軍隊指揮』では、「捜索実施」という小見出しを立てて具体的な実施方法を定めている。まずは、戦略レベルの捜索の重点からだ。

第百四十三　戦略的捜索に於いては、敵の集中、特に鉄道による集中、前進若《もしく》は後退、敵兵団の輸送、野戦及永久築城の構築及敵航空部隊の開進の監視等を行うものとす。敵の大機械化兵団、就中《なかんずく》依託《いたく》なき翼側に於ける之が有無を早期に確認するは緊要なり。

戦略的捜索では、敵部隊の集中や前進、後退などの全般的な動き、築城の監視や航空部隊の開進などごく当たり前のことに加えて、味方部隊の解放された翼側に敵の大機械化兵団がいるかどうか探ることが重要とされている。

このようにドイツ軍では、敵の機械化兵団による側面攻撃がとくに警戒されていた。だが、逆にいうと翼側を敵に開放するような大胆な機動が当たり前のように考えられていたことがわかる。実際、第二次大戦中のドイツ軍による西方進攻作戦では、クライスト装甲集団が翼側をほとんど解放したまま英仏海峡に向かって突進しているし、翌年に始まったソ連進攻作戦「バルバロッサ」でも各装甲集団（装甲軍）がしばしば翼側を開放して進撃している。

次いで戦略的捜索に従事する各部隊が挙げられている。

第百四十四　空中に於ける戦略的捜索の担任者は、空軍の特別偵察飛行中隊（Besondere Aufklärungsstaffel）なり。（以下略）

第百四十五　地上に於いては、戦略的捜索の為には、独立機械化捜索隊及軍騎兵を使用す。（以下略）

その次には、戦術レベルの捜索の重点が定められている。

第百四十七　戦術的捜索は、敵の集合若《もしく》は前進状況、部署、正面及縦長に於ける兵力配置、補給、補強工事、航空状況、就中《なかんずく》新飛行場及防空に関し、一層確実に確かむるものとす。機を失せず、敵の自動車部隊の情況を報告すること肝要なり。（中略）

戦術的捜索の部署、特に其の主方向を決定する為には、戦略捜索の結果を利用すべきものとす。（以下略）

戦術的捜索では、敵の前進状況や兵力配置などの当たり前のことに加えて、高い機動力を持つ敵の自動車部隊の状況を報告することがとくに重要とされている。

　続いて、戦術的捜索に従事する各部隊が挙げられている。

第百四十八　空中に於ける戦術的捜索は、高等司令部所属の偵察飛行中隊に依り之を行う。

地上に於ける戦術的捜索の担任者は、機械化捜索隊（独立機械化捜索隊及軍騎兵所属機械化捜索隊）及乗馬捜索隊（軍騎兵所属騎兵捜索隊及歩兵師団所属捜索隊）とす。

　このうち、機械化捜索隊については、道路の利用について以下のようにハッキリと定められている。

第百五十七（前略）機械化捜索隊に属する諸隊は、勉《つと》めて永《（ママ）》く道路を利用すべし。

　これを見ても、ドイツ軍の捜索部隊に装輪式の装甲車両が多数配備されていた理由がよくわかる。

　次いで、戦闘捜索に関して以下のように定められている。

第百七十四　戦闘捜索は、通常（は）戦闘の為の分進と共に開始せらるるものとす。（以下略）

第百七十六　偵察機の戦闘空中捜索は、敵、就中《なかんずく》其の砲兵の兵力分配、予備隊の位置及其の運動竝《ならび》敵戦線後方に於ける戦車其他の事項に関し、緊要なる徴候を得るものとす。

又、戦闘の推移を監視す。（以下略）

　戦闘捜索は各兵種の各部隊によって行われるが、それらの中でほとんど唯一、敵戦線の後方奥深くまで比較的容易に捜索できる偵察機による戦闘空中捜索では、敵の砲兵の配分や予備隊の位置などに重点を置くことになっている。

第百八十　各兵種の戦闘捜索は、各兵種自体の用途に資するものなり。（中略）

各兵種相互間及隣接部隊との確認事項の迅速なる交換竝直上部隊に対し重要なる確認事項を迅速に伝達し、之をして輻輳《ふくそう》し来る観察を全関係部隊に伝達せしむれば、諸兵種をして捜索及偵察の結果を迅速に利用し得しむるものとす。

（以下略）

　ここでは、諸兵種連合部隊内の各兵種の部隊や隣接部隊との間で、捜索や偵察の結果を迅速に共有化することが定められている。

　第二次大戦中のドイツ軍では、野戦で各部隊の指揮官が頻繁に打ち合わせを行っていたが、そこで交換される情報の一つはこうした捜索・偵察情報だったのである。

特殊な手段による情報の入手

　次いで『軍隊指揮』では、「特殊の手段による情報入手」

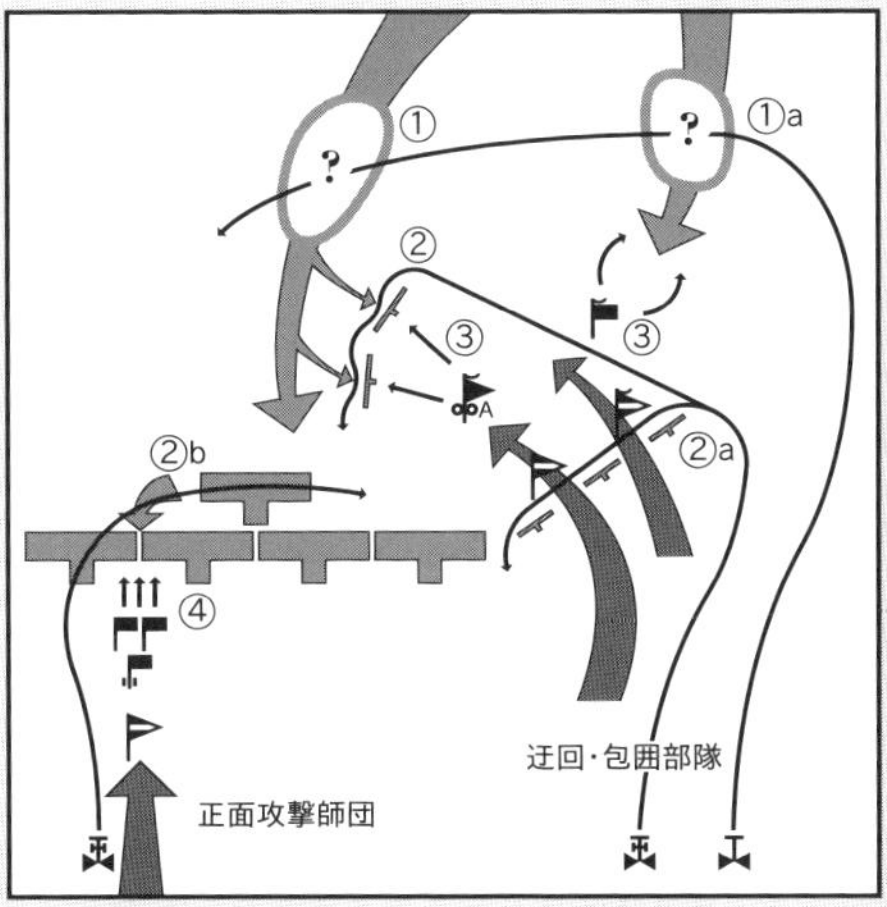

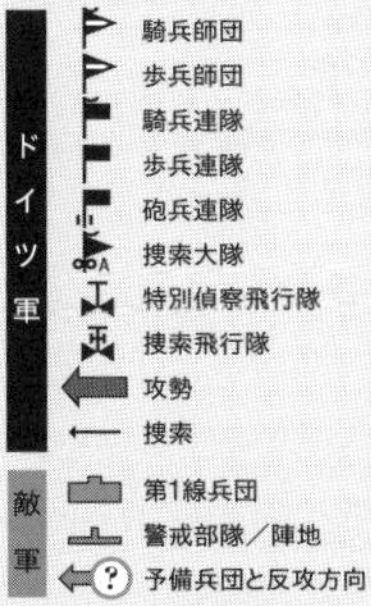

◆ドイツ軍の捜索行動

図はドイツ軍の捜索行動を概念化したもので、①が戦略的航空偵察、②が戦術的航空捜索、③が地上部隊による戦術的捜索、④が戦闘捜索になる。①aは迂回・包囲部隊の開放翼(※)を狙う敵予備兵団の動向なので特に重要である。また②aの捜索による迂回・包囲部隊は敵の警戒部隊の間隙から浸透することができた。さらに②bの捜索で敵の第一線予備の位置が突き止められたので、正面攻撃師団は味方の迂回部隊からより遠い位置で敵予備隊を拘束することが可能となった。④の戦闘捜索は、各兵科が行う。

ドイツ第1騎兵師団（1940年5月）

- 師団司令部
  - オートバイ狙撃兵小隊
  - 地図班（自動車化）
- 第1騎兵旅団司令部
  - オートバイ狙撃兵小隊
  - 装甲車小隊
  - 対戦車小隊
  - 第1騎兵連隊
    - 騎兵大隊 ×2
      - 騎兵中隊 ×3
      - 騎兵（機関銃）中隊 重機関銃×8、8cm迫撃砲×6
    - 自動車化騎兵重火器中隊 装甲車×3、3.7cm対戦車砲×4
    - 騎砲兵中隊 7.5cm軽歩兵砲×6
    - 騎兵軽段列（半自動車化）
  - 第2騎兵連隊（編制は第1騎兵連隊と同様）
  - 第22騎兵連隊（編制は第1騎兵連隊と同様）
- 第1騎砲兵連隊 7.5cm軽野砲×24
  - 騎砲兵大隊 ×2
  - 15t軽段列
- 第1自転車化狙撃騎兵大隊 装甲車×2
  - 自転車化狙撃騎兵中隊 ×3 重機関銃×4、5cm軽迫撃砲×3
  - 自動車化騎兵重火器中隊 7.5cm軽歩兵砲×4、8cm迫撃砲×6、3.7cm対戦車砲×3
- 第40工兵大隊（自動車化）
- 第86通信大隊（半自動車化）
- 第40対戦車中隊 3.7cm対戦車砲×12
- 第40補給大隊（自動車化）
- その他の諸隊

第二次大戦開戦時のドイツ軍の騎兵師団は、全軍で唯一、オストプロイセンの第1騎兵師団のみであった。同師団は1941年には第24装甲師団に改編される

装甲師団装甲捜索大隊の編制（1940年）

- 大隊本部 Sdkfz.247×1
  - 第1、第2（装甲車）中隊 Sdkfz.247×1、Sdkfz.263×1、Sdkfz.223×4
    - 第1小隊 Sdkfz.231×3、Sdkfz.232×3
    - 第2小隊 Sdkfz.221×6
    - 第3小隊 Sdkfz.221×4、Sdkfz.222×4
    - 行李
  - 第3（オートバイ狙撃兵）中隊
    - 第1小隊
    - 第2小隊
    - 第3小隊
    - 第4（機関銃）小隊
    - 行李
  - 第4（重火器）中隊
    - 対戦車小隊
    - 歩兵砲小隊
    - 迫撃砲小隊
    - 工兵小隊
  - 軽装甲捜索段列

人員:806名
装甲車:53両
オートバイ／サイドカー:111両
5cm迫撃砲:3門
8cm迫撃砲:6門
3.7cm対戦車砲:3門
7.5cm歩兵砲:2門

Sdkfz.247:4輪又は6輪の装甲捜索部隊指揮官用装甲兵員輸送車
Sdkfz.263:6輪又は8輪の装甲無線車
Sdkfz.223:4輪軽装甲斥候車（無線機付）
Sdkfz.231:8輪重装甲斥候車
Sdkfz.232:8輪重装甲斥候車（無線機付）
Sdkfz.221:4輪軽装甲斥候車（機関銃型）
Sdkfz.222:4輪軽装甲斥候車（機関砲型）

(※)開放翼＝味方部隊が存在しない部隊端

という小見出しを立てて、以下のような手段による情報収集について述べている。

第一に挙げられているのは、意外なことに敵の空中活動の監視である。

第百八十四　飛行情報勤務（Flugmeldedienst）は、敵の空中活動を監視し、且之に依り飛行情況の判断の為（の）重要なる基礎を得るものとす（以下略）

次が通信捜索で、有線電話の窃聴《せっちょう》（盗み聞き）などが挙げられている。

第百八十五　通信隊の通信捜索は、窃聴所、回光《かいこう》通信（信号灯など光を利用した通信）探知班及電線接続に依り、空中及地上に於ける敵通信を監視して行うものとす。（以下略）

第百八十六（前略）敵国内に於いては、捜索機関を公衆電話線に接続せば有利なることあり。

その次に挙げられているのは、外国新聞や各種押収書類等の分析で、給料簿や備忘帳まで挙げられている。

第百八十七　外国新聞は、之を監視するを要す。（以下略）

第百八十八　俘虜の審問及押収書類（戦死者、俘虜、伝書鳩、伝令犬、村落、陣地、押収車輌、飛行機、気球等より発見せる命令、地図、給料支払簿及備忘帳、手紙、新聞紙、写真、映画等にして、要すれば之を破毀《はき》せざる如く保存すべきものとす）の利用に就き、統一せる規定を設くるを必要とす。（以下略）

そして、この章の最後では「間諜《かんちょう》の防止」という小見出しで防諜《ぼうちょう》についても定めている。

第百九十　敵（も）亦《また》、我が捜索に準じ、特殊の手段に依り情報を獲得するに勉むべきを以て、之に対し国内及戦線に於て、至厳なる監視を為すこと緊要なり。各種の手段を以てする軍隊を毒せんとする敵の宣伝竝敵地に於ける住人の交通を監視するを要す。（以下略）

ドイツ軍がやろうとしていることは敵もやろうとするだろうから、厳しい監視が必要になるとしている。

第百九十二　手紙の往復及日記其の他に類するものに個人の戦争追憶を記載することに対して深く注意するを緊要とす。（以下略）

この条項は、第二次大戦中に日本軍の兵士がつけていた日記を連合軍が押収して貴重な情報資料としていたことを思い出させる。ちなみに日本軍の『作戦要務令』の防諜及軍機漏洩に関する条項を見ると以下のとおりで、私信に関する注意はあっても日記の記載に関する注意は無い。

第百三十　敵の諜報を防ぎ、且軍機の漏洩《ろうえい》を避くる為、高級指揮官は所要の規定を設け、之を厳守せしむるを要す。軍の秘密は、私信に依り漏洩すること少なからず。故に各人は私信中に我が軍の企図、状態、部隊号、地点、日時等を記載せざるを要す。之が為、各部隊長は所要に応じ、部下の私信を点検することを得。

このように、『軍隊指揮』に定められている捜索活動は、前線での捜索活動だけでなく、さまざまな情報活動を含む非常に幅の広いものだったのである。

ソ連軍の捜索

捜索の基本的な考え方

次にソ連軍の捜索について見ていこう。『赤軍野外教令』の第二章「捜索と警戒」は、其の一「捜索」、其の二「警戒」、其の三「対空防御」、其の四「対化学防御」、其の五「対戦車防御」からなっており、その冒頭で以下のように定められている。

第十八　捜索警戒勤務の目的は、不断に敵の兵力資材を捜索し、敵飛行機、戦車、各種挺進隊、騎兵及歩兵の奇襲竝化学資材に依る攻撃に対し自己（の）軍隊を警戒するに在り。

捜索警戒勤務は、不断に之を行わざるべからず。

ここでは、前述したフランス軍の『大単位部隊戦術的用法教令』の第百二十一のように敵の企図（すなわち意志）を明らかにすることは求めておらず、敵の兵力や資材（すなわち物質だけ）を捜索するよう求めている（なお「挺進隊」とは、本隊の動きとは直接関係なく独立して行動させる部隊をいう）。

そして第二章「捜索と警戒」の小見出しを見てもわかるように、その「捜索」の延長線上に「警戒」があり、さらに対空、対化学（毒ガスのこと）、対戦車防御が重視されている。

この第二章のうち、「捜索」は全部で一七条項もあり比較的詳細に規定されているが、「警戒」はたったの四条項で大枠が定められているだけだ。ただし、「対空防御」は一五条項、「対化学防御」は一二条項、「対戦車防御」は七条項で、合計三四条項を費やして防御計画の策定や処置に関して具体的に規定している。対空、対化学、対戦車防御は「警戒」の柱ともいえるもので、その意味では、この第二章の大部分は警戒に費やされているといえる。本書の第二章「行軍」でも述べたが、ソ連軍ではやはり警戒が重視されていたのだ。

加えて、第十二章「軍隊の移動」の中の其の二「行軍間の警戒」あるいは第十三章「宿営竝宿営間の警戒」の中でも、行軍中や宿営中の警戒、あるいは対空、対化学、対戦車防御について触れられている。また、第六章「遭遇戦」や第七章「攻撃」でも、それぞれで必要とされる捜索行動について触れられている。

こうした構成は、ドイツ軍の『軍隊指揮』よりもフランス軍の『大単位部隊戦術的用法教令』に近い。既述のように『軍隊指揮』では「捜索」が「行軍」や「攻撃」と並ぶ大項目の「章」として独立しているのに対して、『大単位部隊戦術的用法教令』では、「捜索」は小項目の「款」にすぎないものの、「軍の攻勢」「軍団の攻勢」「師団の攻勢戦闘」の中でそれぞれ「攻撃」の前段階として「接敵」や「触接」などが規定されている。

つまり、ドイツ軍では捜索そのものが、フランス軍では攻撃の前段階としての接敵や触接が、それぞれ重要視されていたのに対して、ソ連軍では行軍中や宿営中の警戒に先立つ捜索、そして遭遇戦時や攻撃時等の捜索が重要視されていた、といえる。

戦闘による捜索

そして、この第二章の其の一「捜索」の冒頭では以下のように定められている。

第十九　敵状其他に関する情報の収集は、戦闘行動の終始を通じ如何なる場合に在りても、軍隊、司令部、本部及各軍人の責務なりとす。

敵状は、各部隊の戦闘行動、空中及地上捜索、視察及傍聴勤務、俘虜及逃亡兵の訊問、無線捜索、鹵獲文書の研究及地方住民の利用に依りて之を偵知《ていち》することを得《う》。特に、

イ、戦闘を以てする捜索及地上捜索は、敵状に関し完全にして最も信頼するに足る情報を齎《もた》らす。此《この》種（の）捜索は、捜索隊の捜索行動及特に派遣せる部隊の戦闘に依りて実施し、戦闘間は各部隊悉《ことごと》く之に任ず。

ロ、空中捜索は、高級指揮官の行う戦略的捜索の主要手段にして、又戦術的捜索の主要なる一手段なり。（以下後述）

ここで興味深いのは、敵状を偵知する手段として、「空中及地上捜索」よりも先に「各部隊の戦闘行動」が挙げられていることだ。そして「戦闘を以てする捜索」は「地上捜索」と並んで「敵状に関し完全にして最も信頼するに足る情報を齎らす」と高く評価されている。ソ連軍では、他

◆教範における捜索と警戒の位置づけ

ドイツ軍

- 第三章　捜索
  - 第120〜126（総則的な記述）
  - 捜索機関、捜索に於ける協同
    - 第127〜142
  - 捜索実施
    - 第143〜183
  - 特殊の手段に依る情報入手
    - 第184〜189
  - 間諜の防止
    - 第190〜194

〜〜〜

- 第六章　攻撃
  - 攻撃実施
    - 諸兵種協同の基礎
    - 攻撃準備配置
    - 攻撃経過
  - 遭遇戦
  - 陣地攻撃
    - 第386〜389
    - 第390
    - 第391
    - 第392
    - 第393
    - 第394〜403
    - 第404
    - 第405〜409

フランス軍

- 第三篇　情報及警戒
  - 第一章　情報
    - 第一款　総則
    - 第二款　情報機関及其の性能
    - 第三款　捜索
      - 其一　飛行隊及騎兵大単位部隊
        - 第128〜130
      - 其二　偵察隊
        - 第131
  - 第二章　警戒

〜〜〜

- 第五篇　会戦
  - 第一章　会戦の概況
  - 第二章　攻勢会戦
    - 第一款　接敵
    - 第二款　触接
    - 第三款　攻撃準備戦闘
    - 第四款　攻撃

〜〜〜

- 第六篇　軍の会戦
  - 第一章　軍の攻勢
    - 第一款　準備的処置
    - 第二款　接敵及部署
    - 第三款　触接及攻撃準備戦闘
    - 第四款　攻撃
    - 第五款　会戦の完結

〜〜〜

- 第七篇　軍団の会戦
  - 第一章　軍団の攻撃
    - 第一款　接敵行進
    - 第二款　触接
    - 第三款　攻撃準備戦闘
    - 第四款　攻撃
    - 第五款　会戦の完結

〜〜〜

- 第八篇　歩兵師団の会戦
  - 第一章　総則
  - 第二章　師団の攻勢戦闘
    - 第一款　接敵
    - 第二款　触接
    - 第三款　攻撃準備戦闘
    - 第四款　攻撃
    - 第五款　戦闘の完結
    - 第六款　火力機動
    - 第七款　対陣正面の攻撃

ソ連軍

- 第二章　捜索及警戒
  - 其一　捜索
    - 第19〜35
  - 其二　警戒
    - 第36〜39
  - 其三　対空防御
    - 第40〜54
  - 其四　対化学防御
    - 第55〜67
  - 其五　対戦車防御
    - 第68〜74

〜〜〜

- 第六章　遭遇戦
  - 第153、154
- 第七章　攻撃
  - 第165〜168

〜〜〜

- 第十二章　軍隊の移動
  - 其一
    - 第329、338
  - 其二
    - 第340〜351

〜〜〜

- 第十三章　宿営並びに宿営間の警戒
  - 其二
    - 第378〜385

教範の構成を見るとソ連軍の『赤軍野外教令』は、「捜索及警戒」という章を設けており、その部分においてはドイツ軍に似ているように思える。ただし、警戒の具体的内容は、六、七、十二、十三の各章に記述されており、この点ではフランス軍の教範に近いといえる。
※フランス軍、ドイツ軍の表で白ヌキ部分は、捜索と警戒および攻撃の前段階に該当する箇所。

国軍でも一般的な空中捜索や地上捜索だけでなく、各部隊の戦闘による捜索も重視されていたのである。

　また、この三つ後の条項では以下のように定められている。

第二十二　捜索は、戦闘間又は其の前後たると平静たるとを問わず、司令部の一般的捜索計画に基づき中絶すること無く実施す。
戦闘又は捜索の結果判明せる敵状は、爾後の捜索に依りて之を監視し、日を逐《おっ》て之を確定す。
攻撃開始前、敵の兵力配置を確知する為、又は何等《なんら》かの状況に依り、特に命ずる部隊の戦闘に依りて情報を獲得することあり。

　この項でも、「戦闘」と「捜索」による敵状の判明が同列に置かれており、攻撃開始前にとくに命じられた部隊の戦闘によって敵の兵力配置を確定することがある、とされている（ここだけ読めば、敵に軽く攻撃を仕掛けて敵の出方を見る、現代でいうところの「威力偵察」の一種のように思えるが、後述するように実はちがう）。

　このようにソ連軍では、一般的な空中捜索や地上捜索に加えて、各部隊の戦闘による捜索ないしは戦闘そのものによって敵状を明らかにすることが非常に重視されていたのだ。

　さらに第二十一には計画的に捕虜をとらえることも記されている。

第二十一　敵の兵力配置を偵知する為には、捜索隊の積極的行動、夜間捜索及部分攻撃等の手段に依り、計画的に俘虜を獲得するを要す。
俘虜を獲得せば、直《ただち》に簡単なる尋問を行い、俘虜（が）若《も》し軍人たるときは、直に現地に於《おい》て其の携行する文書及筆記物を奪いたる後、護衛を附して司令部に送致す。（以下略）

　その目的は、捕虜の供述や持っていた書類から情報を得ることにある。ただし、捜索隊では簡単な尋問と書類の押収だけを行って、司令部に送致することになっている。必要な情報は、前線の捜索隊ではなく後方の司令部でゆっくり聞き出す、というわけだ。

参謀長の計画と幕僚幹部等の視察

　具体的な捜索計画の策定に関しては、以下のように規定されている。

第二十三　指揮官は捜索に関する任務を定め、之に必要なる資材を部署す。捜索計画は左記事項を包含し、参謀長（が）之を確定す。

イ、捜索目的、偵知すべき事項及其期限。
ロ、捜索隊又は小部隊の名称及編成竝其捜索目標（最も重要なる目標に対しては、各種の手段を重複して指向す）正面（又は方向）地域（又は地点）及捜索実施の期限。
ハ、捜索機関に対する幕僚幹部の配属（必要の場合）
ニ、捜索隊よりの報告手段（無線、飛行機、戦闘車輌、自動車、自動自転車、伝騎、徒歩伝令、情報収集所）（中略）
捜索計画は、捜索の実施に伴い、逐次之を補修して精密ならしむるものとす。

このように捜索計画の策定は、各部隊の参謀長が担当することになっていた。

そして、前述の第十九の続きでは以下のように定められている。

ハ、視察は、各種捜索（空中捜索、騎兵、自動車化機械化部隊、砲兵及徒歩部隊の捜索）に之を伴う外《ほか》、特に指定せる視察者及幕僚幹部を以て之を行う（以下略）

また、この次の条項では以下のように規定されている。

第二十　戦闘間、特に捜索を目的とする戦闘に於て視察手段を講ずることは、幕僚の重要なる責務の一なり。視察者は、適時上級指揮官に対し、為し得る限り正確且完全なる敵の兵力資材及行動竝地形に関する情報を提供せざるべからず。（以下後述）

このように、捜索隊や戦闘による捜索を行う部隊などに幕僚幹部等の視察者を派遣することや、その視察者が敵の兵力や資材、その行動（冒頭の第十八のように物質だけに限定されていないことに注意）などを上級指揮官に正確に報告することが定められている。

ソ連軍では、敵と戦う捜索隊と、それを視察する幕僚幹部等の視察者の組み合わせで捜索が行われることになっていたのだ。これは、他国軍ではあまり見られない、ソ連軍ならではの大きな特徴といえる。

空中捜索と地上捜索

次に空中捜索や地上捜索に関する具体的な規定について見てみよう。まずは空中捜索からだ。

第二十五　一般兵団（歩兵師団や騎兵師団などのこと）の為の空中捜索は、軍団飛行中隊及軍より配属せらるる飛行隊を以て之を行う。

師団連絡飛行編隊は、主として戦場監視及部隊との連絡に任ずる外、友軍第一線を越える事無く敵状視察を行う。其飛行高度は、戦場上空に於て通常五百米《メートル》以下とす。連絡機が敵状捜索の目的を以て敵線内に進入するは、稀有の場合に限る。
　軍団飛行中隊が一機を以て偵察及監視に任じ得る地域は、戦場に於ては友軍の上空深さ十粁《キロ》幅十二粁、敵方に対し縦深深く捜索する場合に於ては正面幅五乃至十粁、深さ百粁、横方向の某地帯を捜索する場合に於ては正面幅百粁とす。飛行高度は、戦場上空に於ては千米以上、縦深に亘る捜索に於ては千五百米以上とす。

　基本的には、師団所属の連絡機は戦場監視と連絡用であり、空中捜索は軍団や軍に配属されている偵察機が担当する。そして、例によってさまざまな事柄が具体的な数字のかたちで規定されている。
　次いで、師団の地上捜索について、遠距離捜索と近距離捜索に区分して以下のように規定している。

第二十六　師団捜索大隊（РБ）は、師団作戦地域内に於ける遠距離及近距離捜索に任ず。
イ、遠距離捜索の為には、捜索大隊は師団主力の前方二十五乃至三十粁に進出し、斥候（車載歩兵を伴う装甲自動車二、三輌）及移動監視哨（幹部の長とす）を派遣す。
大隊主力と斥候との距離は重機関銃の射程を越えるを

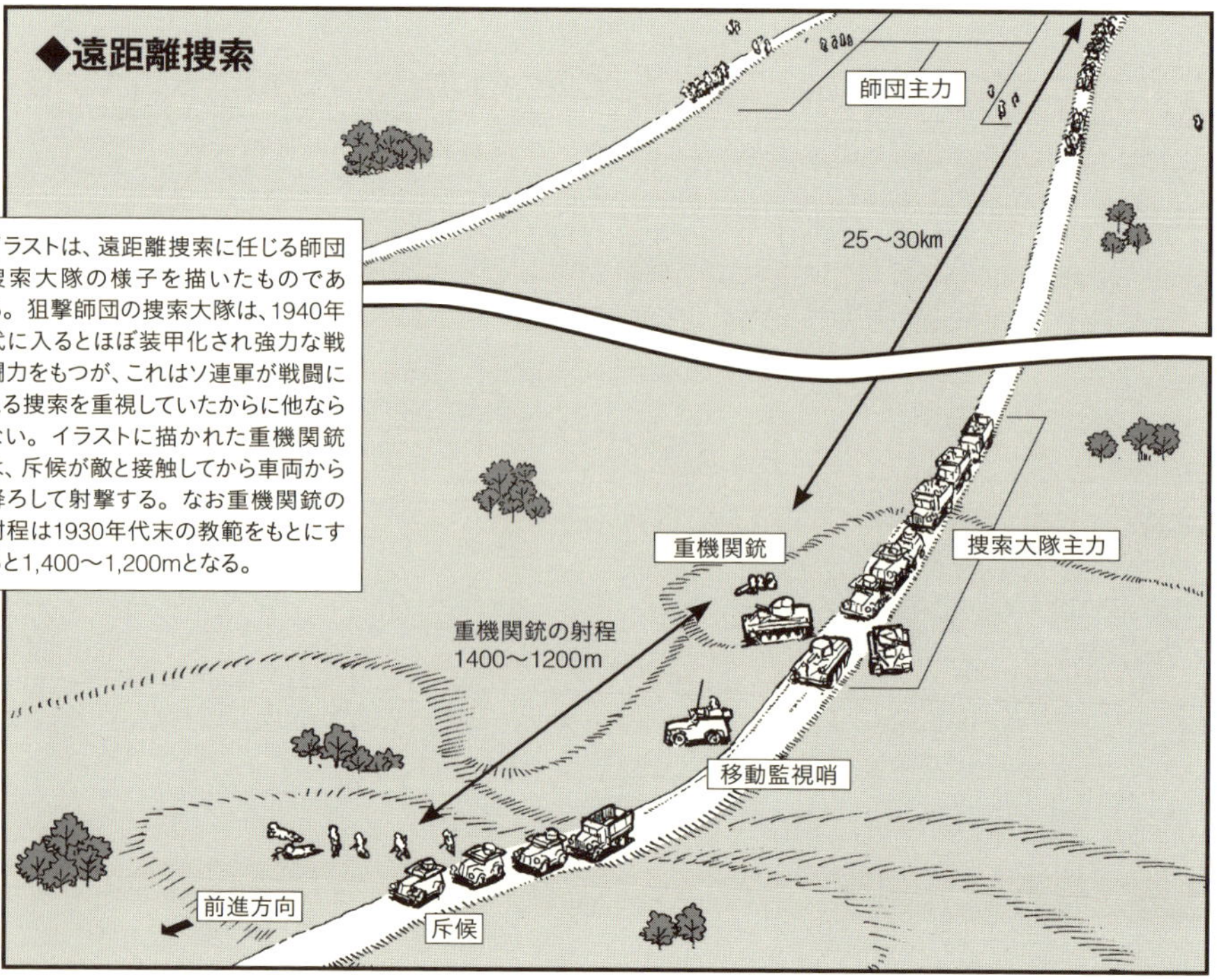

イラストは、遠距離捜索に任じる師団捜索大隊の様子を描いたものである。狙撃師団の捜索大隊は、1940年代に入るとほぼ装甲化され強力な戦闘力をもつが、これはソ連軍が戦闘による捜索を重視していたからに他ならない。イラストに描かれた重機関銃は、斥候が敵と接触してから車両から降ろして射撃する。なお重機関銃の射程は1930年代末の教範をもとにすると1,400～1,200mとなる。

得ず。移動監視哨は、斥候の後方を自動車を以て前進す。捜索大隊の主力たる騎兵及自動車化部隊の前進は、躍進に依る。

師団参謀長は、捜索大隊の戦闘を視察せしむる為、幕僚幹部に連絡機関を附して捜索大隊に派遣すると共に、空中よりも亦《また》視察の手段を講ずるを要す。

　遠距離捜索では、先頭に斥候、その後方に移動監視哨、さらに後方に捜索大隊、最後に師団主力という順番に展開する。先頭の斥候が敵に撃たれたり、捜索大隊が敵と戦闘を始めたりしたら、それを同行あるいは空中から幕僚幹部等が視察するのだ。

ロ、捜索大隊の近距離捜索（師団主力が敵主力と戦闘触接の状態に在る場合）は、一般部隊の戦闘要領又は夜間の小奇襲に依る。

捜索大隊を以て敵陣地帯の偵察を行う場合には、砲兵、時として狙撃部隊（歩兵部隊のこと）をもこれに増加す。此場合に於ては、敵陣地帯の内部を通視し得る部分を奪取すると共に、敵状諜知の目的を以て俘虜の獲得に努むるを要す。（中略）

師団司令部は、捜索大隊の奪取地点、師団主力の位置及空中よりする幹部の視察手段を予定するを要す。

夜間小奇襲は、分隊乃至半中隊長の指揮する小隊を以て之を行い、砲兵及機関銃の準備射撃を行わず（奇襲の必要を顧慮す）。

　近距離捜索（師団主力が戦闘を期して触接を始めている場合）は、昼間なら一般部隊の戦闘要領と同じだ。捜索大隊は敵陣内を見通せる場所を奪取し、幹部が戦闘を視察する。その視察がむずかしい夜間には、小部隊による奇襲が行われる。

　言い換えると、少なくとも昼間の近距離捜索においては、ソ連軍では一般的な意味での捜索行動は行われないことになる。捜索隊は一般部隊と同じように戦闘し、それを幹部が視察するのである。他国軍のように捜索隊自身に敵陣地の「探り撃ち」などの高度な能力が必要とされる「威力偵察」とは明らかに異なっていたのだ。

捜索隊の編組等の規定

　続いて、師団所属の捜索大隊等に歩兵部隊や砲兵部隊、戦車部隊を増強する場合の各部隊の規模が、ドイツ軍の捜索の項で述べた第二十七に続いて、以下のように細かく規定されている。

第二十八　狙撃連隊は、乗馬捜索小隊及部下歩兵の小部隊を以て捜索を行う。（以下略）
第二十九　狙撃大隊は、捜索の為、通常（は）選抜斥候群を使用す。（以下略）
第三十　騎兵の捜索は、警戒部隊及騎兵又は自動車化機械化兵を以て編成する捜索隊に依りて之を実施す（以下略）
第三十一　機械化兵団は、其警戒部隊及捜索隊を以て敵状捜索を行う。
警戒部隊は、斥候（通常（は）戦闘車輌二輌）を以て捜索を行う。斥候の、主力より離隔《りかく》し得る距離は二粁《キロ》以内とし、斥候の後方には直接敵状視察に任ずべき戦車を続行せしむ。
機械化旅団の捜索の為、通常（は）捜索中隊を派遣す。
捜索中隊は、時として特種戦車及車載歩兵を以て増加せらるることあり。戦車大隊は、捜索の為、捜索小隊又は斥候（戦闘車輌二、三輌）を派遣す。
砲兵、戦車（一、二小隊）及車載歩兵を増加し部隊飛行機の空中監視に依り掩護せらるる捜索中隊の、旅団主力より離隔し得る距離は二十五乃至三十五粁とす。（以下略）

　ダラダラと列記したが、『赤軍野外教令』では、このように各部隊の捜索部署などが事細かに規定されている。言い換えると、ソ連軍の各部隊の指揮官は、これらに関する自由な決心が許されていないのである。

捜索部隊指揮官に求める能力

　さて、ドイツ軍の『軍隊指揮』では既述のように地上捜索を担当する部隊の指揮官（下級の斥候長を含む）に非常に高度な能力を求めているのに対して、『赤軍野外教令』を見ると以下のような規定がある。

第二十四（中略）自己兵団（部隊）の任務を捜索隊長に示す場合に於ては、必ず口頭を以てし、且其捜索任務達成に必要な範囲に之を限定するものとす（以下略）

　兵団全体の任務を口頭で示すのは、それが記された書類を敵に押収されるのを防ぐためだし、捜索任務に必要な範囲内に限定するのは、捜索隊長が敵の捕虜になって口を割ってもダメージを最小限に抑えるためだ。そして、前述したようにソ連軍では、師団司令部の参謀長が、幕僚幹部等に伝令や通信兵を付けて捜索部隊に派遣し、戦闘を視察して報告させることになっていた。
　要するにソ連軍では、捜索部隊の指揮官に対してドイツ軍のように高度な能力を求めていなかったのである（ただし、幕僚幹部等には精確な視察能力や報告能力を要求している)。

自軍の兵士に高い能力を求めない傾向は、以下のような条項にも表れている。

第二十(前略)空中捜索を行うに当りては、目視に依る偵察は、写真偵察を以て補足確定するを要す。

ちなみにドイツ軍の『軍隊指揮』では以下のように定められている。

第百二十九　最も簡単なる空中捜索の方法は、目視に依る捜索なり。(以下略)

第百三十　写真捜索は、目視による捜索を補足し、且確証す。(中略)

ドイツ軍では写真捜索は目視捜索の補足と確認に使えるが、ソ連軍のように写真を「要す」とまでは言っていない。しかし、ソ連軍はドイツ軍ほど偵察員の目を信用しておらず、目視だけではあてにならないので写真を「要す」と明記されているわけだ。

このように、捜索部隊の指揮官や兵士の能力をあてにしていない一方で、兵団長や幕僚幹部等の視察は次のように非常に重視されていた。

第三十三　幕僚幹部若くは幕僚及特科幹部より成る偵察団を以てする偵察竝に兵団長自らの視察は、戦闘に関する決心(の)採用前、必ず実施せらるべきものとす。

TIZ AM-600オートバイに乗ったソ連軍のオートバイ兵。サイドカーにはDP-27機関銃を装備している。独ソ戦緒戦の1941年7月の撮影。オートバイ兵は各国で偵察、連絡、伝令などに活躍した

戦闘に関する決心をする前に、兵団長みずから視察を行うことが必須とされていたのだ(なお、当時のソ連軍では、「特科」部隊とは、技術、化学、通信、鉄道、輜重、自動車、衛生の各部隊を指しており、「特科兵」はそれらの部隊に属する兵員を指している)。

遭遇戦時や攻撃時の捜索

最後に遭遇戦時や攻撃時の捜索について見ておこう。

第六章の「遭遇戦」の中では、捜索について以下のよう

に定められている。

第百五十四　敵の前進方向及各縦隊の編組に関しては、地上及空中より積極的に捜索を行い、適時之に関する情報を獲得する如く努めざるべからず。

空中捜索は遭遇戦に於ける捜索の最も重要なる一手段なり。

（中略）

師団捜索大隊は、行軍開始前（に）既に付与せられあるべき任務基《もとづ》きて地上捜索を行い、敵の所在竝其前進方向を偵知し、各縦隊の編組竝某地線通過時刻を明らかにするを要す。（中略）

各縦隊指揮官は、上級兵団の派遣する捜索部隊とは別個に、夫々其捜索隊を派遣す。

特科兵の捜索機関は、尖兵又は師団捜索大隊と共に前進す。

このように遭遇戦においては、空中捜索がもっとも重視されていた。

また、第七章「攻撃」の中では、一般兵団の捜索について以下のように定められている。

第百六十六　一般兵団の捜索は、飛行機、騎兵、捜索大隊、斥候群及視察（特に指揮官の視察）機関に依りて実施せらる。（以下略）

第百六十七　空中捜索機関は、単に視察のみに依ることなく、戦闘手段（爆撃、機関銃射撃）を以て、能《よ》く遮蔽せる敵の予備隊をも摘発し得ざるべからず。

敵陣地帯の写真撮影は特に重要なり。写真図は努めて多く之を複製し、先ず以て之を遠距離行動戦車、砲兵及主攻方向に行動する歩兵大隊に支給するを要す。写真図の梯尺《ていしゃく》は五千分の一とす。

ソ連軍では、地上捜索だけでなく、空中捜索においても戦闘による捜索が重視されていたのだ。また、ここでも敵陣地の写真撮影の重要性が強調されている。写真図の縮尺まで戦術教範の条文で規定されていることに苦笑してしまうのは筆者だけではないだろう。

そして「其の二　対峙状態より行う攻撃」の冒頭では、以下のように規定されている。

第二百六　対峙状態より行う攻撃に在りては、攻者は一層詳細に敵陣地帯、陣地帯前縁の経始《けいし》、火網組織、人工障碍物、砲兵及予備隊の配置を探究し、且敵の配備の接合部を査定することを得べし。敵の配備に関する情報は、通常（は）敵陣地帯の計画的写真撮影に依りて確定せらる。地上捜索は不断に之を行い、主として夜間小奇襲に依り敵の配備を確《たし》め、兵団接合部を査定し、敵状監察の為俘虜を獲得す。敵陣地帯第一線の捜索は、第二十六ロ項の要領に依る。

ここでは、敵陣地の写真を計画的に撮影することによって、敵の配備を確定することが定められている。

指揮官の能力に対する見切り

以上をまとめると、ソ連軍では、一般的な空中捜索や地上捜索に加えて、各部隊の戦闘による捜索が重視されていた、といえる。ただし、捜索隊の指揮官に高い能力を求めるようなことはせず、幕僚幹部や兵団長等による視察が重視されていた。

ソ連軍の捜索隊では、ドイツ軍のように敵の先手を打って戦場の要点を不意に占領することなどは期待されていない。極論すれば、捜索隊は、昼間は戦うだけ、夜は捕虜を捕まえてくるだけでいいのだ。敵陣前の障害物や撃ち返してくる敵の重火器の配置といった情報は、戦闘時に師団幕僚等が視察して上級指揮官に精確に報告するし、捕まえた捕虜は師団司令部で口を割らせればよい。

これは、ソ連軍が捜索隊指揮官の能力の限界を冷徹に見切っていたことの反映といえるだろう。戦って敵状を探る捜索隊の指揮官は一種の消耗品であり（だからこそ与えられる情報も捜索任務の達成に必要な範囲に限定されていた）、それを視察する幕僚幹部等とは位置づけが違うのである。

これがプロレタリアートの軍隊の実態であった。

日本軍の捜索

捜索の基本的な考え方

最後に日本軍の捜索について見てみよう。『作戦要務令』を見ると、捜索活動に関しては、おもに第一部第三篇の「情報」の中で定められており、この第三篇は、冒頭の「通則」と第一章「捜索」、第二章「諜報」からなっている。つまり、少なくとも教範の構成上は「諜報」に「捜索」と同等の「章」が割り当てられており、「諜報」もかなり重視されているように感じられる。もっとも条項数を比較すると、「捜索」の四五条項に対して「諜報」は一〇条項と四倍以上の大差があり、情報活動の中心はやはり捜索だったといえる。

それでは、この第三篇「情報」の中身から見ていこう。冒頭の「通則」の最初の条項を見ると以下のように定められている。

第六十九　情報勤務の目的は、敵情、地形、気象等に関する諸情報を収集審査して、指揮官の決心及指揮に必要なる資料を得るに在り。

　『作戦要務令』では、捜索を含む情報勤務の目的は、「指揮官の決心及指揮」に必要な資料を得るため、とされている。これに対してドイツ軍の『軍隊指揮』の第三章「捜索」（この章には、日本軍でいうところの「諜報」を含む「特殊の手段に依る情報入手」も含まれている）の冒頭の条項を再度見ると以下のように規定されている。

第百二十　捜索は、為し得る限り迅速、完全且確実に敵情を明《あきらか》にすべきものとす。
捜索の結果は、指揮官の処置及火器の効力利用の為、最も重要なる準拠を与《あた》うるものなり。

　ここには「指揮官の処置」と並んで「火器の効力利用」が挙げられている。日独両軍ともに、火力よりも機動力を重視する「運動戦」志向の軍隊だが、これを見るかぎり、ドイツ軍は日本軍よりも「火器の効力利用」を重視していたといえよう。

　一方、ソ連軍の『赤軍野外教令』の第二章「捜索と警戒」の冒頭の条項では、前述のように日独両軍の「指揮官の決心（処置）」等とは懸け離れた「警戒」が「捜索」と一体のものとして重視されている（第十八）。ちなみに兵団長の決心前の視察の必要性はずっと後ろ（第三十三）に記されている。

　また、フランス軍の『大単位部隊戦術的用法教令』では、第三篇「情報及警戒」の冒頭で、指揮官による「機動」の指導と「警戒」の保証が挙げられており、日独ソ各軍の規定を網羅するような内容になっている（第百二十一）。いかにも理論書的な性格の強い『大単位部隊戦術的用法教令』らしい。

　まとめると、日本軍の捜索を含む情報勤務に対する基本的な考え方は、ドイツ軍にもっとも近いが「火器の効力利用」はあまり重視されていなかった、といえそうだ。

捜索部署の柔軟性と精兵主義

　次に『作戦要務令』の「捜索」冒頭の「要則」の最初の条項を見ると、以下のようなものになっている。

第七十六　捜索部署の決定に方《あた》りては、捜索の目的、時期及範囲、特に捜索の重点を定め、各種捜索機関の特性を考慮し、之に適切なる任務を配当して、互いに長短相補い、且連繋を緊密ならしむるを要す。

捜索部署の決定については、「捜索の重点を定め」とか「適切なる任務を配当して」などの抽象的な規定だけで、ソ連軍の『赤軍野外教令』（第二十七～第三十一）のように師団、狙撃連隊、狙撃大隊、騎兵、機械化兵団のそれぞれについて捜索隊の編組等をいちいち具体的に規定するようなことはしていない。この点に関しては、捜索部署は状況によって千差万別だからひとつには決められない、としているドイツ軍の『軍隊指揮』（第百三十六）に近いといえる。

もちろん、自軍の将兵の能力が十分に高ければ、捜索部署をソ連軍のように教範でガチガチに固定してしまうよりも、ドイツ軍や日本軍のようにその時々の状況に応じて柔軟に変化させる方が望ましい。それでもソ連軍は、前述のように自軍の将兵の能力を冷徹に見切って、編組の決定を現場任せにせず、教範で規定していたのだ。

この点において日本軍は、ドイツ軍の「精兵主義」に近い考え方を持っていたといえる。ただし、その中身は、これから述べるようにドイツ軍とは似て非なるものであった。

遠距離捜索と近距離捜索

『作戦要務令』では、「瓦斯《ガス》捜索」等を除く「一般捜索」を、捜索距離を基準として「遠距離捜索」と「近距離捜索」の二種類に分けている。そして、遠距離捜索は、以下のように基本的に飛行機の任務とされている。

第七十七　遠距離捜索は、主として高級指揮官（が）、其の作戦指導の為、必要なる遠距離の目標に対し行うものにして、通常（は）飛行機、時として騎兵、機械化部隊等、之に任ずるものとす。而して、捜索目標は状況に基き作戦の推移を洞察して選定すべきも、敵の輸送及集中状態、兵団の行動、飛行場其の他重要なる後方施設、必要なる地形等は、価値ある捜索目標とす。

ここには「捜索目標は状況に基き作戦の推移を洞察して選定すべき」とあるが、どういった状況の時に、どのように作戦の推移を洞察し、どんな基準で捜索目標を選定すべきなのか、その意思決定の具体的な手続きや判断の基準はここには示されていない。ただ一般論として「敵の輸送及集中状態、兵団の行動、飛行場其の他重要なる後方施設、必要なる地形等」が「価値ある捜索目標」として列挙されているだけだ。

一方、近距離捜索は、まず騎兵や飛行機、次いで各部隊の斥候等の任務とされている。

第七十八　近距離捜索は、主として各級指揮官、戦術上の

部署及戦闘指導に必要なる資料を収集する為実施するものにして、敵と近接するに従い、益々之を周密《しゅうみつ》ならしむるを要す。之が為、先ず騎兵、飛行機等（を）之に任じ、敵に近接するに従い各部隊も亦《また》自ら斥候、小部隊等を以て之を実施するものとす。（傍点筆者）

一方、ドイツ軍の『軍隊指揮』では、既述のように捜索を「戦略的捜索」「戦術的捜索」「戦闘捜索」の三つに分けている（第百二十二）。このうち、地上で「戦術的捜索」を実施するのは、独立または軍騎兵所属の機械化捜索隊、軍騎兵所属の騎兵捜索隊、歩兵師団所属の捜索隊とされている（第百四十八）。また、「戦闘捜索」においては、詳細な敵情は「戦闘斥候」等によってもたらされることになっている（第百七十八）。再度記すと、ドイツ軍では、捜索を戦略レベル、戦術レベル、戦闘レベルの三階層に分けていたのだ。

ところが『作戦要務令』では、捜索は「遠距離捜索」と「近距離捜索」の二種類のみで、『軍隊指揮』でいうところの「戦闘捜索」は「近距離捜索」の中に含まれている。つまり、ドイツ軍は戦術レベルの捜索と戦闘レベルの捜索を切り分けていたのに対して、日本軍は戦術レベルの捜索と戦闘レベルの捜索をひとまとめにしていたのだ。もっと具体的にいうと、ドイツ軍では捜索隊の指揮官と戦闘斥候がそれぞれ別の階層に位置していたのに対して、日本軍では航空部隊や騎兵部隊等の指揮官と斥候がひとくくりにされていたことになる。

その理由としては、こうした戦いの階層性（Level of War）に対する日本軍の認識が薄かったことが考えられる（例えば一九九七年のアメリカ海兵隊ドクトリン全書MCDP1『戦い（Warfighting）』では、戦争における諸活動を上から「戦略（strategic）」「作戦（operational）」「戦術（tactical）」の各レベルに分けており、そのさらに下に一般的には決まったことの反復である「戦技（techniques）」を置いている）。

また、これは「軍隊における階級と権限に見合った能力」という根源的な問題を内包していた可能性もあるのだが、これについては後述しよう。

おもな捜索部隊と斥候

次に第一章「捜索」の第一節「飛行部隊、気球部隊」を見ると、空中捜索について以下のように定められている。

第八十六　空中捜索は、主として偵察飛行隊（を）これに

固定脚というやや古めかしい形態でありながら、操縦性や実用性に優れた名機であった九九式軍偵察機（キ五十一）。もともとは地上の敵部隊への攻撃を行う九九式襲撃機として開発されたが、偵察用航空写真機などを装備して九九式軍偵察機としても生産された

任ずるものにして、勉《ママ》めて敵の不意に乗じ神速に目的を達成するを可《か》とす。（以下略）

第八十七　偵察飛行隊は、作戦の初期に在りては、通常（は）軍に於て、その全部若《も》しくは大部を統一使用し、戦闘を予期するに至れば、通常（は）直協飛行隊を第一線兵団、軍直轄砲兵隊等に配属するものとす。而して、直協飛行隊の配属に方りては、之が分割を避くるを要す（以下略）

　このように日本軍の空中捜索の主力は、軍レベルでは偵察飛行隊、第一線兵団ないし軍直轄の砲兵部隊等のレベルでは直協飛行隊とされていた。太平洋戦争への突入時、これらの飛行隊の主力機種は、九九式軍偵察機（キ五十一）と九八式直協機（キ三十六）であった。

　そして飛行機による捜索法は、以下のように定められている。

第九十　飛行機を以てする捜索は、視察又は写真に依り、或は之を併用す。其の何れに依るべきやは、主として捜索の目的、敵情、気象、時刻、捜索結果利用の時期等を考慮して之を定むるものとす。

　ここでは、前述の捜索部署と同じく、ソ連軍のように教範で捜索法を事細かに規定するようなことはしていない。

　次の第二節「騎兵」は、第一款「大なる騎兵部隊」と第二款「其の他の騎兵部隊」の二つに分かれており、第一款「大なる騎兵部隊」の冒頭では以下のように定めている。

第九十六　大なる騎兵部隊は、捜索の為（に）配属せられたる直協飛行隊を使用するの外、捜索隊又は将校斥候を派遣し、或は之を併用す。

捜索隊は、常に友軍飛行機との連絡を密《みつ》ならしむること緊要なり。

大なる騎兵部隊の捜索では、直協機に次いで捜索隊と将校斥候が並記されており、日本軍では捜索部隊と並んで小規模な斥候による捜索が重視されていたことが感じられる。

また、捜索隊の行動は、以下のように規定されている。

第九十九　捜索隊は、所要の斥候を派遣し、適時之を支援推進し、小なる敵部隊は之を撃破して捜索を実施するものとする。

こちらでは、斥候の派遣が第一に挙げられている。さらに第二節最後の第二款「其の他の騎兵部隊」では、冒頭で以下のように定められている。

第百二　騎兵は、其の所属兵団の為、必要なる捜索に任ずるものとす。而して遠距離捜索を実施する場合に於て、其の主力を以て之に任ずべきや、或は単に将校斥候を以てすべきやは状況による。

ここでも、騎兵主力と将校斥候が並記されているのだ。

さらに次の第三節「機械化部隊」を見ても、冒頭の第百五で「大なる騎兵部隊」による捜索に準拠することが定められている。

このように重視されていた斥候の捜索法については、第五節「斥候」の中で、単身あるいは若干名の斥候による捜索法が具体的に細かく定められている。

第百十八　斥候は、展望点より展望点に向い躍進するを通常とす。状況に依り、斥候長は部下を認知し易《やす》き地点に留め、単身又は若干の部下を伴い、更に挺身して捜索し、或は要点に位置し、更に近距離に小斥候を派遣して捜索するを利とすることあり。又、予め適当の地点に潜伏して敵情を捜索するを利とすることあり。

ちなみにドイツ軍の『軍隊指揮』の斥候に関する規定を引用すると以下のとおりで、『作戦要務令』に似ているがそこまで細かくは規定されていない。

第百六十　斥候に対しては、前進路および捜索目標を命ずるものとす。
其の部隊の近距離警戒のため、斥候を利用するは稀なり。
斥候は視察点より視察点に躍進す。捜索隊の前方幾何の距離に進出すべきやは、状況、地形および通信機関の通信距離によるといえども、通常（は）自動車の一時間行程を超えず。

これらを見ると、日本軍は、近距離捜索の中でも、捜索部隊による戦術レベルの捜索よりも、一階層下の斥候等による戦闘レベルの捜索をより重視していた、といえよう。

斥候に求める高度な資質

　ところで、ドイツ軍の『軍隊指揮』では、既述のように斥候長以上の指揮官に高度な資質を求めていた（第百三十四）。これに対して『作戦要務令』では、斥候に対して以下のような高度な資質を求めている。

第百十一　斥候勤務に当る者は、剛胆、慧敏、熱心、沈着にして責任観念旺盛ならざるべからず。

　日本軍では、将校を長とする斥候をとくに「将校斥候」と呼んで、下士官兵からなる一般の「斥候」と区別していたが、ここでいう「斥候勤務に当る者」とは両者を指している。したがって、日本軍はドイツ軍よりも階層が下の兵士にまで高い資質を求めていたことになる。前述の階層でいうと、ドイツ軍が戦術レベルの捜索に当たる捜索部隊等の指揮官に高い資質を要求していたのに対して、日本軍は戦闘レベルの捜索にあたる斥候に対しても高い資質を要求していたのだ。

　よくよく考えてみれば、そもそも軍隊が階級を細かく切り分けて、より高い階級の将兵により大きな権限が与えられる理由は、その将兵に階級や権限に見合うだけの能力を期待されているからに他ならない。つまり、本来は階級の高い指揮官に求められるような高度な能力を一般の兵士にまで求めることは、軍隊における階級や権限の在り方と根本的に矛盾しているといえるのだ。そして具体的には、判断ミスなどリスクの増大につながることになる。

　ここにドイツ軍の「精兵主義」と日本軍のそれとの相違を見て取ることができるのだ。

重点判断の現場への委譲

　さて、ここで『作戦要務令』の第七十六を再び見てみよう。

第七十六　捜索部署の決定に方《あた》りては、捜索の目的、時期及範囲、特に捜索の重点を定め、各種捜索機関の特性を考慮し、之に適切なる任務を配当して、互いに長短相補い、且連繋を緊密ならしむるを要す。

　ここには捜索部署の決定に当たっては「捜索の重点を定め」「適切なる任務を配当」することなどがサラリと書かれているが、ドイツ軍の『軍隊指揮』には以下のような規定がある。

第百三十七　捜索勤務に従事する指揮官に与うる任務は、厳に制限すべし。又、知らんと欲する事項を、誤解なき如く明確且緊急の順序に包含せざるべからず。

ドイツ軍では、捜索部隊の指揮官に与える任務を厳しく制限し、必要としている情報を明確にし、さらに優先順位を明らかにすることが強調されているのだ。

また、日本軍の『作戦要務令』には以下のような規定がある。

第八十四　捜索に任ずる者は、命令無き時と雖《いえど》も、地形、交通、通信、此等《これら》に対し気象の及《およぼ》す影響、地方（ここでいう「地方」とは軍の外部、すなわち民間のことを指す）物資及利用すべき材料の状況、住民の意向及動静等に関し緊要なる事項を捜索し、之を報告するを要す。（以下略）

つまり、命令が無くても、右記のような様々な事項を捜索して報告する必要がある、としているのだ。これに対して『軍隊指揮』では、次のように「任務の許す限り」という制約を付けた上で、地形偵察だけは命令が無くても行うよう定めている。

第百二十六（中略）**総て捜索勤務に従事する部隊は、任務の許す限り、別命なくとも捜索と共に地形偵察を行う義務あり。**（以下略）

一見すると、任務を厳しく制限することになっている『軍隊指揮』に比べて、命令がなくてもあれこれ報告することになっている『作戦要務令』の方が、さまざまな情報を集められる分だけ有利なように思える。

しかし、戦場では、捜索部隊の兵力はもちろん、収集した情報を処理する幕僚の能力など利用可能なリソースは限られており、決して無限ではない。したがって、そのリソースを投入する重点を定め、その限界を見定めて優先順位を明らかにする必要が出てくる。『軍隊指揮』では、それが明確に規定されているのだ（第百三十七）。また、『赤軍野外教令』も、より広い意味で自軍の限界を見切って（前述の第十八のように）不断の捜索や敵の航空機や戦車による奇襲等への警戒を第一に挙げている。

これに対して『作戦要務令』では、捜索の重点を定めよと言いつつ、命令が無くてもあれこれ報告することになっているうえに、『軍隊指揮』のように任務を厳しく限定することや優先順位を明示することを強く求めていない。しかも、『作戦要務令』には以下のように定められている。

第八十三　捜索に任ずる者（は）、**一事件を観察したるとき、直ちに之を報告すべきや、或は爾後の捜索の結果を待ちて報告すべきや等、報告の時期及内容等は、良く指揮官の意図に投合せしむるを要す。然《しか》れども、初めて敵を発見したるとき、**（中略）**某目的又は一任務を達成したるとき等に於ては、速やかに之を報告するものとす。**

これを読むと、いくつかの例外を除いて、捜索報告の時期や内容等が指揮官の意図に合致しているかどうかは、捜索に任じる者の判断に任せられていることがわかる。

これがドイツ軍であれば、最初から捜索対象が厳しく限定されるうえに、何の捜索が重要なのか明示されるはずだ。言い換えると、どの捜索事項の優先順位が上なのか、その判断をドイツ軍では捜索部隊の指揮官に命令を与える上級の指揮官が行うのに対して、日本軍では斥候の一兵士が行うこともありうるのだ。

繰り返しになるが、日本軍は、報告を求められている情報の種類が多いなど、一見すると情報の収集を重視しているようにも思える。しかし、よくよく考えてみると、限られたリソースの中で本当に必要な情報を効率良く得るには問題があり、日本軍は捜索活動に対する深い理解が不足していたことがわかる。

この点において日本軍は、結果的に捜索を軽視していたと言わざるを得ないだろう。

捜索軽視の背景にあるもの

こうした問題の背景には、指揮官の状況判断や決心に関する日本軍独特の考え方があるように思われる。例えば第一部第二篇の「指揮及連絡」では、指揮官の状況判断について以下のように規定されている。

第八　指揮官は、其の指揮を適切ならしむる為、絶えず状況を判断しあるを要す。状況判断は任務を基礎とし、我が軍の状態、敵情、地形、気象等各種の資料を収集較量《こうりょう》し、積極的に我が任務を達成すべき方策を定むべきものとす。敵情、就中《なかんずく》其の企図は、多くの場合不明なるべしと雖《いえど》も、既得の敵情の外《ほか》、国民性、編制、装備、戦法、指揮官の性格等、其の特性及当時に於る作戦能力等に鑑み、敵として為し得べき行動、特に我が方策に重大なる影響を及《およぼ》すべき行動を攻究《こうきゅう》推定せば、我が方策の遂行に大なる過誤《かご》なきを得べし。

指揮官の状況判断においては、第一に与えられた任務を基礎とすることが挙げられており、次いで我が軍の状態や敵情などを比較し、積極的にその任務を達成すべき方策を定めるべき、とされている。ここでは、任務を達成し得る方策ではなく「達成すべき」方策となっていることに注目したい。「達成可能」ではなく「達成しなければならない」のだ。

そして多くの場合、敵情やその企図ははっきりしないだろうが、敵がなし得ると思われる行動、とくにこちらの方策に大きな影響をおよぼす行動を推定すれば大きな間違いはないはずだ、とされている。

また、そもそも指揮官の決心について以下のように定めている。

第九　指揮官は、状況判断に基づき適時決心を為さざるべからず。而して決心は、戦機を明察し、周到なる思慮と迅速なる決断とを以てこれを定むべきものにして、常に任務を基礎とし、地形気象の不利、敵情の不明等により躊躇すべきものにあらず。

ここでも与えられた任務の達成を基礎にして、たとえ敵情が不明でも躊躇すべきではなく、適時決心しなければならない、とされているのだ。

極言すれば、日本軍の指揮官は、敵情やその企図が不明でも、達成しなければならない方策を定めて、躊躇せずに決心しなければならないのだ。

しかし、敵情が不明でも、こちらの方策を決めて決心するのであれば、敵情を探る捜索行動にどれほどの意味があるというのか。このような規定から捜索を軽視する傾向が生まれても不思議ではないだろう。

さらに第一章「捜索」冒頭の「要則」の中では、捜索の基本方針が以下のように定められている。

第八十二　捜索に方《あた》りては、兵力の大小を問わず、積極的手段に依り目標の達成に勉《(ママ)》むるを要す。之が為、敵の慣用戦法を看破して其の弱点に乗じ、或は地形、気象を利用して敵の意表に出《い》で、或は所要の兵力を以て敵を攻撃する等の処置を講ずると共に、敵の欺騙《ぎへん》動作に惑《まど》わされざることに注意するを要す。

これまた前述の第八と同じく、兵力の大小にかかわらず積極的な手段によって目標の達成につとめることになっており、そのために「敵の慣用戦法を看破」することや「地形、気象を利用」することが挙げられている。

その一方で、既述の第九では「地形気象の不利」等で決心を躊躇してはならないとされている。捜索には目標の達成に地形や気象を利用するが、自らの決心では地形や気象の不利で躊躇しない、というのは読む者に混乱を生じさせるのではないだろうか。

これに対してドイツ軍の『軍隊指揮』では、予備の捜索部隊を確保しておき、情況に応じて控置しておいた捜索部隊を投入することになっている（第百二十三）。敵情やその企図がはっきりしない時には、必要に応じて予備の捜索部隊を注ぎ込むのだ。

過度な積極性がもたらすもの

一般論として、軍隊においては、与えられた任務の達成に積極的なことは悪いことではない。しかし、敵情の解明を無視するような過度の積極性は思わぬ結果を導きかねない。それを象徴するような事例がある。ガダルカナル島戦初頭の一木支隊先遣隊の戦闘だ。

ガダルカナル戦緒戦での一木支隊先遣隊の全滅は、日本陸軍の過度の積極性がもたらした悲劇と言える。写真は海岸に残された一木支隊の将兵の遺体

昭和十七年（一九四二）八月十九日未明、歩兵第二十八連隊を基幹とする一木支隊の先遣隊（九一六名）は、ガダルカナル島北東のタイボ岬に上陸し、攻撃目標であるガ島飛行場に向かう途中で通信中隊を中川（イル川）に、四組の将校斥候を中川の向こうの飛行場方面に派遣した。

ところが、いずれも中川の手前でアメリカ海兵隊の捜索部隊と交戦して全滅。報告を受けた指揮官の一木清直大佐は、教範通りに「敵情の不明等により躊躇」せず、「行軍即捜索即戦闘」（同支隊攻撃計画より）という「積極的に我が任務を達成すべき方策」を定めて前進を開始した。

しかし、コリ岬の先の中川河畔でアメリカ軍陣地にぶつかり、これを突破できずに一木支隊先遣隊は全滅。連隊長の一木大佐は連隊旗を奉焼して自決した（生存者は一二八名とされており損耗率は九割近い）。これは過度の積極性が大きくマイナス方向に働いた事例といえる。

よく知られているように、一木大佐はこれ以前に陸軍歩兵学校の教官を長く勤めていた。これは、敵情不明のまま前進を続けた一木支隊の全滅が、指揮官個人の問題ではなく、そのような教育を行っていた日本陸軍全体の問題だったことを示している。

コラム

日本軍の騎兵連隊と捜索連隊

日本軍の歩兵師団には、捜索任務等を担当する騎兵連隊か、これを機械化した捜索連隊が所属していた。軽装甲車と乗車歩兵（自動車化歩兵のこと）を主力とする捜索連隊は、捜索部隊としてだけでなく、小規模ながら（日本軍としては高度に機械化された）高い機動力を持つ戦闘部隊として行動することも少なくなかった。

例えば昭和十六年（一九四一）十二月のマレー進攻作戦の初期、第五師団に所属する捜索第五連隊（連隊長は佐伯静雄騎兵中佐。前職は第四十師団騎兵隊長）は、戦車第一連隊第三中隊等が増強されて佐伯挺進隊となり、英連邦軍の陣地線「ジットラ・ライン」を短時間で突破する原動力となって、マレー作戦の成功に大きく寄与した。

その一方で昭和十四年（一九三九）五月の第一次ノモンハン事件では、第二十三師団捜索隊（乗馬、重装甲車各一個中隊基幹）が、主力に先行してハルハ河右岸のソ連軍の退路の遮断に向かったものの、ハルハ河とホルステン河の合流地点付近で優勢なソ連軍に包囲された。そして、兵力の約半数が戦死し、約六三パーセントもの損害を出して壊滅。指揮官の東《あずま》八《や》百《お》蔵《ぞう》中佐も最後の突撃で全身に銃弾を浴びて戦死した。本来であれば敵情を的確に探るべき捜索隊が、敵部隊に包囲されて壊滅したのだ。

この佐伯挺進隊や東捜索隊に代表される捜索部隊の攻撃的な運用は、日本軍が捜索任務を本質的に軽視していたことの裏返しのように感じられるのは筆者だけであろうか。

マレー戦では、九七式軽装甲車を装備する捜索第五連隊に、九七式中戦車と九五式中戦車を装備する戦車中隊が増強されて「佐伯挺身隊」となり、ジットラ・ライン攻略の立役者となった。写真は中国戦線で行軍する九七式軽装甲車テケ

第四章 攻撃

この章では、各国の戦術教範の中で、敵部隊の攻撃についてどのように定められていたのかを見ていこう。

ただし、これまでとは順番を変えて、フランス軍より先にドイツ軍の戦術教範の中で攻撃についてどのように定められていたのかを見てみようと思う。なぜなら、ドイツ軍は、攻撃において、他国軍とはやや異なる要素まで考慮していたからだ。

ドイツ軍の攻撃

攻撃の基本的な考え方

ドイツ軍の『軍隊指揮』の第六章「攻撃」の冒頭の条項は、以下のようなものになっている。

第三百十四　攻撃は、運動、射撃、衝撃（Stoss）及《およ》び之が指向の方向により効果を発揮するものとす。（カッコ内は原文ママ。以下同じ）

攻撃は、敵の正面、即ち通常（は）強度（が）最も大なる方面、側面若《もし》くは背面に向いて、一方向より之を行う。又、数方向より攻撃することあり。（以下略）

この条項では、「射撃」と「運動」に加えて「衝撃（Stoss《シュトース》）」という要素が挙げられている。

このうちの「射撃」と「運動」という要素に関しては、日本でもよく知られている戦術用語の「ファイヤー&ムーブメント」にも含まれており、ごく一般的なものといえる。だが、「衝撃」という要素は、より具体的には何を指しているのであろうか？

すぐ思いつくのは、火力と機動力を兼ね備えた機甲部隊（ドイツ軍ではPanzertruppen、装甲部隊と呼ばれた）の突進による衝撃効果だ。たしかに第二次世界大戦では、ドイツ軍の装甲部隊の突進がしばしば絶大な衝撃効果を発揮した。そのため、ここでいう衝撃とは、火力と機動力を一体化することで生じるもので、具体的には装甲部隊の突進によるもの、と考えてしまいそうになる。

しかし、よく考えてみると、ドイツ軍で装甲師団が初めて正式に編成されたのは、『軍隊指揮』が発布される直前の一九三五年十月のことであり、この教範の執筆時点で戦車を集中した装甲部隊の衝撃効果が十分に認識されていたとは考えにくい。少なくとも、全軍に発布される戦術教範で「攻撃」の冒頭の条項に記されるほど、重要なものとは認識されていなかったはずだ。

そのためか、ドイツ軍の『軍隊指揮』でも、この「衝撃」の効果を装甲部隊などに限定しておらず、無限定に攻撃に関する一般論として「効果を発揮するもの」としている。この定義によると、たとえば歩兵部隊による攻撃でも「衝撃」効果を発揮しうることになる。

言われてみれば、第一次大戦の後半には、ドイツ軍のエリート歩兵部隊である突撃部隊（Stosstruppen《シュトーストルッペン》）が、装甲部隊の突進とは根本的に異なる戦術によって、敵に大きな打撃を与えている。

もっと具体的にいうと、突撃部隊は、小隊や分隊等の小部隊に分かれて、敵の拠点と拠点の間をすり抜けたり、軽機関銃や火炎放射器などの支援火器を使って敵の戦線に隙間をこじ開けたりして、敵陣内に滲透《しんとう》していったのだ（現在では「浸透」と書くことも多い）。

第一次大戦後半に活躍した突撃部隊（シュトーストルッペン）の突撃歩兵。塹壕戦用の手榴弾や短機関銃、鉄条網を切るワイヤーカッターや踏み越えるための板を持ち、軽量の火炎放射器や軽機関銃に支援されて敵陣内に滲透していった

突撃部隊の将兵は、迂回した敵拠点を気にしないように教育されていた。突撃部隊の目標はあくまでも敵戦線の後方であり、敵拠点の攻撃は、より規模の大きな後続部隊にまかせることになっていたのだ。その後続部隊は、突撃部隊の成功を拡張するためにのみ使用され、失敗を取り返すために使われることは決してなかった。

敵の各拠点の守備隊は、突撃部隊に後方連絡線を遮断されて、後方の司令部からの命令や補給が来なくなる。司令部の統制を失って孤立した敵拠点の守備隊は、後続部隊の包囲攻撃にさらされると士気を喪失し、しばしばあっさりと降伏した。その結果、敵の戦線に穴があき、さらに多くの部隊が滲透できるようになる。敵の司令部は、前線部隊との連絡を次々に遮断されて命令を下せなくなっていく。突撃部隊の滲透に対処できずに混乱し、やがて組織全体が麻痺状態に陥る。そして、ついには敵戦線の大規模な崩壊に至るのだ。

突撃部隊は、おもに「運動」とそれに続く「射撃」によって敵の戦力に物理的なダメージを与えるのではなく、もっぱら混乱や麻痺という心理的なダメージを与えるのである。

こうした戦例を踏まえると、冒頭の条項に記されている「衝撃」には、敵の混乱や麻痺といった心理面への「衝撃」も含まれている、と捉えるべきだろう（むしろ「運動」と「射撃」以外で敵に効果を発揮する多様な要素を包含したもの、と捉えるべきかもしれない）。

なぜなら、ドイツ軍は、「運動」と「射撃」すなわち機動力と火力を一体化した装甲部隊の突進以外の手段、すなわち徒歩移動の歩兵部隊による滲透でも敵に大きな「衝撃」を与えられることを知っていたからだ。

その意味では、ドイツ軍は歩兵部隊も装甲部隊も、根本的には同じ発想で運用していた、といえる。ドイツ軍の考え方によると、第二次大戦では、装甲部隊の突進が大きな「衝撃」効果を発揮したというよりも、むしろ攻撃における「衝撃」効果がもっとも大きかったのは（結果的に）装甲部隊の突進であった、と捉えるべきだろう。

正面攻撃や消耗戦の否定

次の条項では、まず正面攻撃について定めている。

第三百十五　正面攻撃は、其遂行（が）最も困難なるも、最も屡々《しばしば》行わるるものなり。正面攻撃の為部署せられたる軍隊と雖《いえども》、通常（は）正面より攻撃を行わざるべからざるものとす。

価値同等にして防御しある敵に対する正面攻撃は、優勢獲得の為に長時且《かつ》頑強なる争闘を生ず。之が遂行の為には、著しく優勢なる兵力と資材とを必要とす。而して、通常（は）敵を突破し得たるときに於てのみ決勝的戦果を収め得るものなり。

このように、正面攻撃はもっとも困難で、敵に対していちじるしく優勢な兵力や資材が必要であり、通常は敵を突破できた時にだけ決定的な戦果を挙げることができる、とされている。裏返すと、敵を突破しない限り決定的な戦果を挙げることはできない、と言っているわけで、その意味では突破無き消耗戦を否定しているといえよう。

第一次大戦半ばの一九一六年二月に西部戦線で始まった「ヴェルダンの戦い」では、ドイツ軍の参謀総長エーリッヒ・フォン・ファルケンハイン大将が、味方の消耗以上に敵を消耗させれば勝てる、という消耗戦的な発想に基づいて、必ずしも敵戦線の突破を第一の目的としない大攻勢を始めた。こうした発想は、第二次大戦前のドイツ軍では否定されていたことになる。

包囲攻撃の重視

第二次大戦前のドイツ軍では、正面攻撃や消耗戦の代わりに包囲攻撃が推奨されていた。

第三百十六　包囲攻撃は、正面攻撃に比し其効果大なり。同時に敵の両翼を包囲する為には、著しく優勢ならざるべからず。敵の一翼若《もしく》は両翼を深く背後まで包囲するときは敵を殲滅し得べし。

包囲は、之に充《あ》つる兵力を、既に遠方より敵の翼、又は側面に向《むけ》て部署するとき、最も容易に実行せらるるものとす。敵の近傍に於て包囲を開始せんとするは、比較的困難なり。包囲の為に戦場に於てする兵力移動は、特に地形（が）有利なるか、若《もしく》は夜間に於てのみ可能なり。（以下後述）

このように、包囲攻撃は正面攻撃よりも効果が大きいとされており、敵の背後深くまで包囲できれば敵を殲滅できる、としている。よく知られている「包囲殲滅」である。

ただし、敵の両翼を包囲するためには、兵力がいちじるしく優勢でなければならない、としている。また、包囲のために、戦場のその場で兵力を移動させるのは、とくに地形が有利か夜間でなければ不可能とされており、敵の近くで包囲を始めるのは困難なので、遠くから敵の翼側に向かって大きく包囲翼を伸ばすことを推奨している。

第二次大戦中のドイツ軍による「包囲殲滅」のもっとも理想的な成功例は、これまでに何度も挙げている西方進攻作戦「黄の場合」であろう。この作戦では、快速のクライスト装甲集団が、アルデンヌの森を通過してセダン周辺でフランス軍の戦線を突破し、英仏海峡まで包囲翼を伸ばしてベルギーのディール河方面に突出した英仏連合軍の主力を包囲した。

この時には、クライスト装甲集団が、まさに「遠方より敵の翼、又は側面に向けて」部署されたわけだ。つまり、この作戦における装甲集団の用法は、『軍隊指揮』に記載されているとおりの用法だったのである。

さらに、この条項では、続けて以下のように規定されている。

包囲の成果如何《いかん》は、敵が其脅威せられたる方向に対し、適時兵力を移動し得るや否や、及その範囲の如何に関するものとす。（中略）

包囲を行うものは、又包囲せらるる危険あり。指揮官は此処《ここ》に顧慮するところなかるべからず。然《しか》れども、指揮官は、包囲翼の優勢を招来《しょうらい》し得る為には、正面を微弱ならしむることに躊躇《ちゅうちょ》すべからず。

包囲の成果は、敵が兵力を適時に移動させられるかどうかとその範囲による、とされている。要するに、こちらができることをやり尽くしたら、あとは敵がどう対応するかで成果が決まってくる、といっているわけだ。ちなみに西方進攻作戦では、フランス軍の一個軍（第7軍）がオランダ方面に向かったため、結果的にドイツ軍による包囲を助けるかたちになった。いわゆる「回転ドアの効果」である。

　話を条文に戻すと、包囲翼を構成する部隊は、敵中に大きく突出するかたちになるので、敵に逆包囲される危険がある、としている。指揮官は、この危険を顧慮しなくてはならないが、包囲翼における兵力の優勢を確保するためには、正面の兵力を削ることを躊躇してはならない、ともしている。

　その一方で、次の条項では、包囲の条件として敵を正面に拘束することを求めている。

第三百十七　包囲は、其条件として、敵を正面に拘束するを要す。
敵の全正面を攻撃するは、最も確実に敵を拘束し得べし。然れども、此《こ》の如き攻撃の為には、強大なる兵力を必要とし、包囲翼の兵力に不足を生ずることあり。故《ゆえ》に制限目標に対する攻撃、若《もしく》は陽攻を以て満足せざるべからざること屡々《しばしば》なり。（以下略）

　ここでは、敵の全正面を攻撃できればもっとも確実に敵を拘束できるが、そんなことをすれば包囲翼の兵力が足りなくなるから、制限された目標に対する攻撃（これについては後述する）か陽動攻撃で満足しなければならないことも多い、としている。

◆西方進攻作戦「黄の場合」における
ドイツ軍の作戦構想

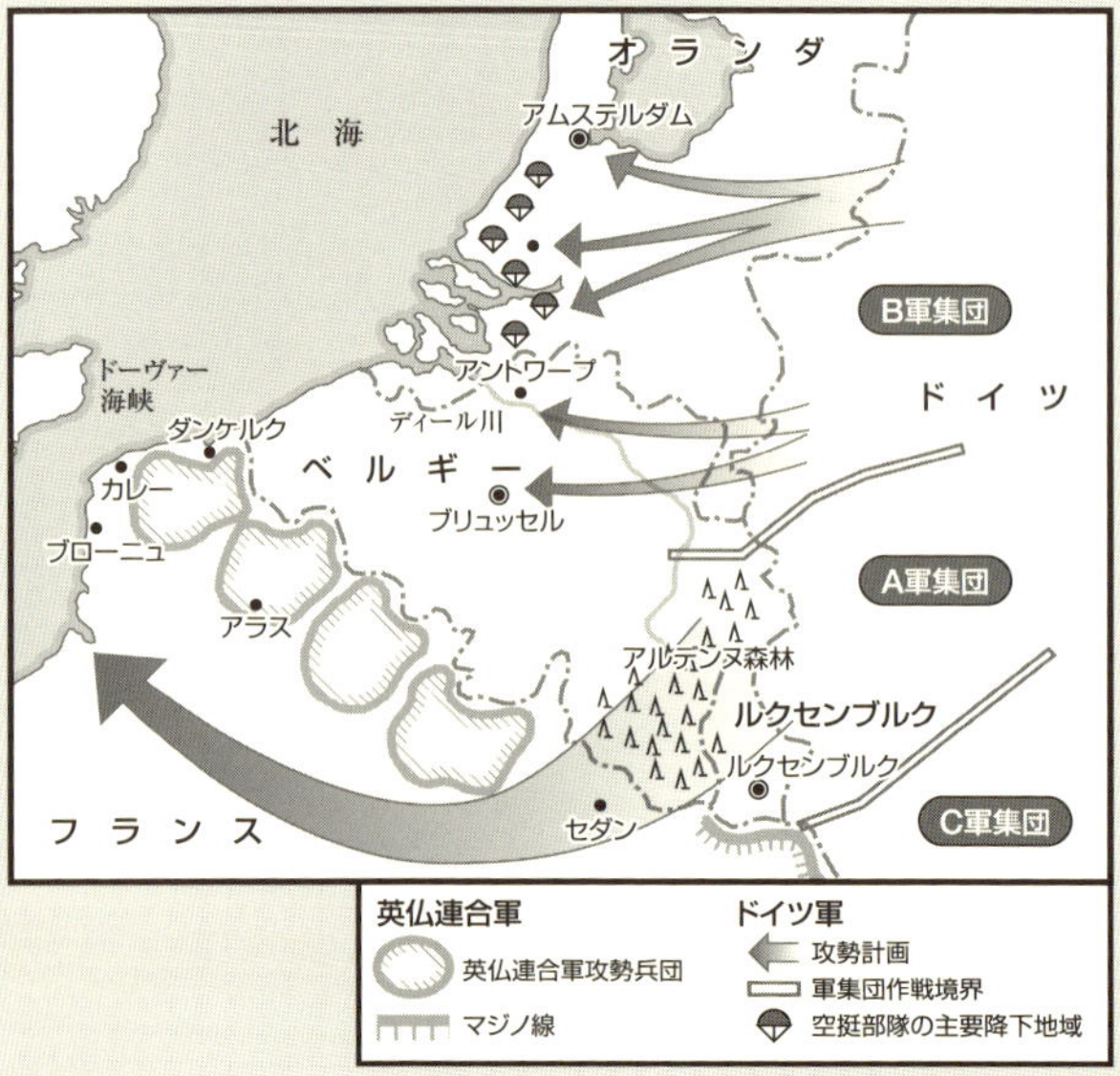

◆西方進攻作戦「黄の場合」におけるドイツ軍の戦闘序列

後に対仏電撃戦として有名になるドイツ軍の西方進攻作戦は、戦略レベルでの計画ではあったが、『軍隊指揮』にあるように、広正面での陽動作戦と狭正面でかつ敵翼側からの突破・包囲とで成り立っていた。とくに包囲翼を形成するA軍集団は装甲師団を始め、戦力が集中されている。師団等の編制がドクトリンを反映するのと同じく、戦闘序列には作戦構想が反映されているのが理解できる。白ヌキは装甲師団、あるいは自動車化師団。

A軍集団

- **第4軍**
  - 第2軍団
    - 第12、第32、第263歩兵師団
  - 第5軍団
    - 第251歩兵師団
  - 第8軍団
    - 第8、第28、第87、第267歩兵師団
  - 第15軍団(自動車化)
    - 第5、第7装甲師団
  - 第211歩兵師団(軍直轄)
- **第12軍**
  - 第3軍団
    - 第3、第23歩兵師団
  - 第6軍団
    - 第16、第24歩兵師団
  - 第18軍団
    - 第5、第21、第25歩兵師団、第1山岳師団
- **第16軍**
  - 第7軍団
    - 第36、第68歩兵師団
  - 第13軍団
    - 第15、第17歩兵師団
  - 第23軍団
    - 第34、第58、第76歩兵師団
  - 第26、第52、第71、第73歩兵師団(軍直轄)
- **クライスト装甲集団**
  - 第14軍団(自動車化)
    - 第13、第29自動車化歩兵師団
  - 第19軍団(自動車化)
    - 第1、第2、第10装甲師団
  - 第41軍団(自動車化)
    - 第6、第8装甲師団、第2自動車化歩兵師団
- 第40軍団(軍集団直轄)
  - 第6、第9、第23歩兵師団
- 第4、第7歩兵師団(軍集団直轄)

B軍集団

- **第6軍**
  - 第4軍団
    - 第7、第18、第35、第61歩兵師団
  - 第9軍団
    - 第30、第56、第216歩兵師団
  - 第11軍団
    - 第14、第19、第31歩兵師団
  - 第27軍団
    - 第253、第269歩兵師団
  - 第16軍団(自動車化)
    - 第3、第4装甲師団
  - 第255歩兵師団(軍直轄)
- **第18軍**
  - 第10軍団
    - 第207、第221歩兵師団
  - 第26軍団
    - 第254、第256歩兵師団、第1騎兵師団
    - SS特務師団、SSトーテンコップフ師団
  - 第9装甲師団、第20自動車化歩兵師団(軍直轄)
- 第1軍団(軍集団直轄)
  - 第1、第11、第223、第208、第225、第526歩兵師団

C軍集団

- **第1軍**
  - 第12軍団
    - 第75、第252、第258歩兵師団
  - 第24軍団
    - 第257、第262、第268歩兵師団
  - 第30軍団
    - 第79、第93、第95歩兵師団
  - 第37軍団
    - 第215、第246歩兵師団
- **第7軍**
  - 第25軍団
    - 第555、第557歩兵師団
  - 第33軍団
    - 第554、第556歩兵師団
  - 第96歩兵師団(軍直轄)
- 第94、第98歩兵師団(軍集団直轄)

前述の西方進攻作戦では、西部戦線のドイツ軍三個軍集団のうち、ベルギー北部～オランダ方面で英仏連合軍の主力と対峙したB軍集団や、南方の独仏国境正面のC軍集団は、主力のA軍集団に比べて弱体な兵力しかなかった。なかでも一〇個しかない貴重な装甲師団は、A軍集団に七個が集中されたのに対して、B軍集団には三個だけ、C軍集団には一個も配当されなかった。

また、B軍集団がオランダ方面に第7航空師団（のちの第1降下猟兵師団）と第22空輸歩兵師団の計二個空挺師団を投入したのは、おもに運河などの障害地形が多い中で重要な橋梁の迅速な確保を狙ったものだったが、同時に主攻方面であるアルデンヌ方面から目を逸らす派手な陽攻にもなっていた。

ドイツ軍の西方進攻作戦は、これらの点に関しても『軍隊指揮』に記載されている用法どおりだったのである。

側面攻撃と突破攻撃

包囲攻撃に次いで推奨されているのは、側面攻撃だ。

第三百十八　側面攻撃は、従来の前進方向若《もし》は迂回により生ず。敵を奇襲し、且敵に対応の処置を講ずる遑《いとま》（を）ならしむるときは、特に効果大なり。側面攻撃を行うには、敵に優る機動性を有し、且他の方面に於て敵を欺騙《ぎへん》するを必要とす。

前進方向若は迂回にして例外的に側面攻撃を可能ならしむるときに於て、敵の意表に出て且我が兵力（が）十分強大なるときは、大なる成果を収め得べし。

側面攻撃では、敵を奇襲して対応処置を講じる暇を与えないようにすればとくに効果が大きい、とされている。ただし、側面攻撃には敵に勝る機動力が必要であり、他の方面で欺騙を行う必要がある、との前提条件も記されている。

そして、敵の意表を突くとともに、自軍の兵力が十分に強大ならば大きな成果を挙げられる、とある。これを裏返せば、強大な兵力がなければ、たとえ敵の意表を突いて敵の側面を攻撃しても大きな成果は挙げられない、ということになる。ドイツ軍の考え方では、側面攻撃においても「十分強大なる」兵力が必要なのだ。

側面攻撃に次いで挙げられているのは、突破攻撃だ。

第三百十九　突破攻撃（Durchbruchsangriff）は、敵の正面に於ける連繋を分断し、突破点に於ける敵の翼端を包囲するものなり。

突破（の）奏功上、必須の要件は、敵の不意に出づること、突破地帯の内部も亦《また》攻撃（する）歩兵の為有利なること、及突破後（に）攻撃を続行するに足る強大なる兵力を充つること、是なり。突破地点の側方の敵を牽制、抑留する為、突破を企図する正面幅以上に大なる正面幅に向い攻撃を指向するを要す。爾余《じよ》の敵の正面も亦之を拘束するを要す。
（中略の上、後述）

突破攻撃では、敵の正面を突破分断して、突破口の左右に生じる敵の翼端を包囲する（日本軍には「包翼」という兵語があった）。つまり、敵の正面から攻撃する場合でも、敵の戦線をそのまま奥に押し込むのではなく、敵の戦線をどこかで分断して、その翼端を「包囲」するのだ。

そして突破攻撃では、突破後に攻撃を続行できるだけの強大な兵力が必須、と強調している。ドイツ軍は、前述の側面攻撃と同様に、突破攻撃でも「強大なる兵力」が必要と考えていたのだ。

もちろん、ここでいう「強大なる兵力」とは、単純に兵員や火砲の数的な優位を意味するものではない。敵との相対関係の中での総合的な戦力の優位を意味しているのだ。実例を挙げると、敵が独ソ戦初期のソ連軍の一般部隊であれば、たとえ同じ規模でもフランス戦などで実戦経験を積んだ精兵で構成されているドイツ軍部隊の方が「強大なる兵力」といえる。

続いて、この条項では突破成功後の戦果の拡張についても定めている。

突破奏功せば、敵が対応の処置を講ずるに先だち、戦果を拡張するを要す。攻者益々深く進出するに従い、愈々《いよいよ》有効に包囲に転じ、且後方に退避して突破せられたる正面を閉鎖せんとする敵の企図を挫折せしめ得るものとす。故に過早の方向転換を避くべし。

まず、敵戦線の突破に成功したら、敵が対応策を講じる前に戦果を拡張しろ、とある。続いて、敵戦線の後方奥深くに進めば進むほど効果的な包囲を行うことができるし、敵が後退して突破口を塞ぐのも挫折させられるから、過剰に早く方向転換して敵部隊を小さく包囲するようなことは避けろ、と戒めている。ドイツ軍では、突破後の戦果拡張時には、敵を小さく包囲する安全策よりも、敵を大きく包囲する積極策を採るよう推奨していたのだ。

繰り返しになるが、西方進攻作戦では、自動車化軍団を集中した快速のクライスト装甲集団が英仏連合軍の戦線後方奥深くに突進し、英仏海峡まで包囲翼を伸ばして連合軍の一個軍集団をまるまる包囲した。

この時、各自動車化軍団長や装甲師団長、自動車化歩兵師団長クラスの指揮官、すなわちハインツ・グデーリアン大将やゲオルク・ハンス・ラインハルト中将らは戦果拡張に非常に積極的であり、『軍隊指揮』の規定に沿った行動を採ったといえる。

その一方で、戦術教範を参照する立場にない最高司令官のアドルフ・ヒトラーや国防軍最高司令部の首脳陣、さらにはA軍集団司令官や各軍司令官クラスの高級指揮官、すなわちゲルト・フォン・ルントシュテット上級大将やギュンター・フォン・クルーゲ上級大将らから、前線部隊に対して攻撃中断命令や停止命令がたびたび出されたことは、読者の方々もご存知であろう（ただし陸軍総司令部の参謀総長フランツ・ハルダー大将は戦果拡張に積極的だった）。

続いて、この第三百十九の末尾には、以下のように記されている。

突破奏功せば、戦略的に先ず軍騎兵及機械化部隊を以て、その戦果を拡張す。此際、駆逐機及爆撃機を以て、急行し来る敵の新部隊を攻撃し、該部隊を支援すべし。

大規模な包囲になると、はるかに先行する騎兵部隊や機械化部隊を、機動力の低い野戦重砲兵などで支援することがむずかしくなる。そこで駆逐機や爆撃機による航空支援の出番というわけだ。

付け加えると、駆逐機（Zerstörer）とは、双発ながら軽快な運動性を持つ多用途の多座機で、ある程度の空戦能力と対地攻撃能力を兼ね備えていた。その駆逐機や爆撃機を、突破に成功して戦果を拡張する機械化部隊等の支援に使うことになっていたのだ。

「駆逐機」の代名詞と言えるのがメッサーシュミットBf110だ。対地攻撃、対空戦闘、対爆撃機迎撃など多くの任務を持つ、今でいうマルチロール・ファイターであったが、空戦では単発戦闘機には敵わなかった。写真はバトル・オブ・ブリテン時にドーバー海峡上を飛行するBf110C

この条文を読んで、第二次大戦初期の西方進攻作戦やソ連進攻作戦「バルバロッサ」初期のドイツ軍による「電撃戦」を想起しない者はいないだろう。第二次大戦前に制定されたドイツ軍の戦術教範の中には、のちの「電撃戦」の雛形ともいえる考え方がすでに存在していたのだ。

最後は、制限目標に対する攻撃である。

第三百二十　制限目標に対する攻撃は、其目標の範囲内に限定せられたる成果を獲得すべきものとす。通常、状況(が)

此《こ》の如き成果を希望する所に於て、之を行うものとす。（中略）
攻撃は、適時之を中止するを要す。軍隊は、其権限を与えられあるときに限り攻撃目標を超過することを得。該権限を与うるや否やを決定するには、周到なる考慮を要す。

バルバロッサ作戦において平原を進撃するドイツ軍の装甲部隊。手前は装甲兵車Sdkfz.250、中央はⅢ号戦車、左はⅡ号戦車。西方進攻作戦「黄の場合」やバルバロッサ作戦では、快速の自動車化部隊・装甲部隊が大突破に成功、戦果を拡張した

制限目標に対する攻撃では、最初から限定された範囲内での戦果を目指し、これを超えることは、その権限が与えられた時に限られる。つまり、独断専行に一定の枷がはめられていたわけだ。

重点の形成と攻撃中止の判断

『軍隊指揮』では、このように一通りの攻撃方法に触れたうえで、とくに指揮の統一と攻撃の重点について規定している。

第三百二十三　凡《すべ》て攻撃は、統一指揮を必要とするものにして、各個の攻撃となるべからず。
主力及弾薬の大部《だいぶ》は、之を決戦方面に使用すべし。決戦方面は、包囲に在りては包囲翼に、其他に在りては企図、状況及地形に応じ、通常（は）諸兵種の威力を最大に発揮し、且之を利用し得る方面とす。攻撃の重点は、実に該地点に在るものとす。

続いて、この条項では攻撃の「重点」の形成について以下のように規定している。

重点は、攻撃の部署に方《あた》りては、狭き戦闘地域（Gefechtsstreifen）、諸兵種及隣接戦闘地域よりの火力の集中の為の処置竝《ならび》特に指示する歩兵重火器及砲兵に依る火力の増加に依り、又攻撃の実施に於ては火力の向上、戦車

及予備隊の使用に依り、其特長を表すものとす。（以下略）
具体的には、主力の戦闘地域を狭くするとともに火力を集中し、さらに戦車や予備隊も投入する。逆にいうと、広正面で同時に攻撃を開始することで、敵が特定の正面に予備兵力を集中的に投入して反撃することを困難にさせる、一種の「飽和攻撃」的な攻撃法は採らない、ということになる。

また、攻撃の中止についても述べられており、その判断基準は以下のように規定されている。

第三百二十五　従来の軍隊区分を以てしては、自力にて攻撃を進捗し得ざるときは、兵力配分の変更若《もしく》は新鋭の兵力及火力運用の新たなる規整（決まりを立てて正しく整えること）に依りてのみ、更に攻撃を進捗し得るものとす。

斯《か》かる方策を行うこと能《あた》わざるときは、攻撃を続行して軍

◆ドイツ軍の攻撃パターン

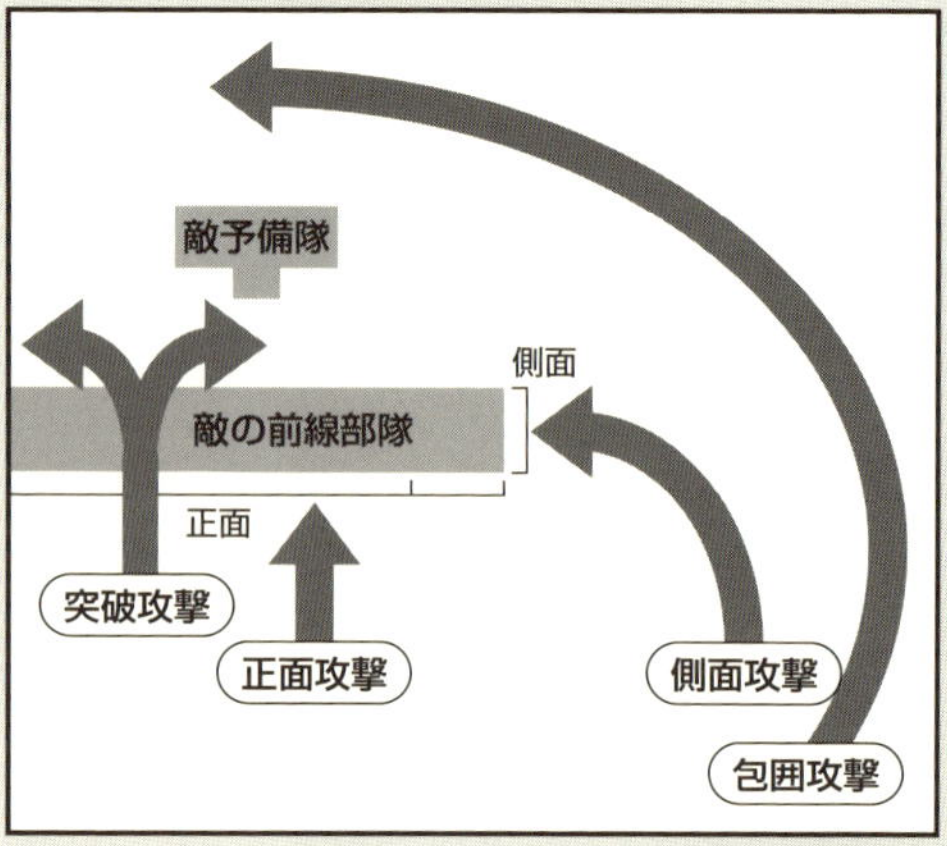

ドイツ軍の攻撃は、図に示した四つと制限目標に対する攻撃に分類できる。このうち側面攻撃や迂回攻撃は、敵に対応の暇を与えない機動力や秘匿性が重要になる。

◆突破攻撃

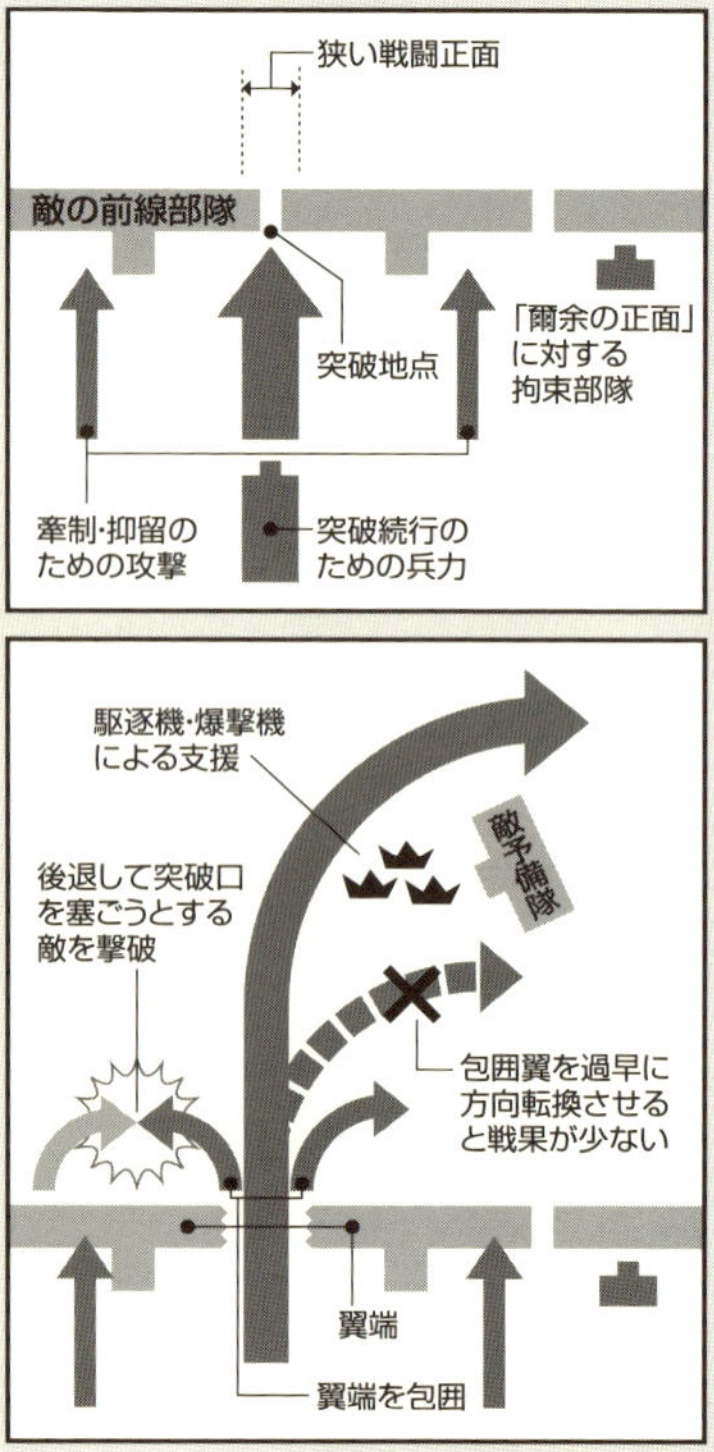

ドイツ軍の突破攻撃は、狭い戦闘正面に戦力を集中して、敵戦線を一挙に穿貫突破する。このため比較的広い正面で牽制・抑留のための限定的攻撃を行い、突破地点への敵戦力の増援を絶つ。
そして、突破したら、翼端を包囲して突破口を拡幅。さらに突破部隊は後方へと突進する。この際、逆包囲を恐れて包囲翼を小さく転回させると、却って敵の予備隊に逆包囲を受けたり、側面を攻撃される。

隊の戦闘力を賭するよりも、攻撃を中止する（こと）を、通常（は）一層正当（richtiger）なりとす。

つまり、攻撃が行き詰まった時には、兵力配分や火力運用の変更、あるいは新しい兵力が投入されない限り打破できない、とされているのだ。そして、そうした方策をとれない時には、攻撃を続行して部隊が戦闘力を失う危険を犯すよりも攻撃を中止する方が正しい、と明記されている。

もっと具体的に書くと、ドイツ軍の指揮官は、攻撃が進捗しなかったら予備兵力を投入したり砲兵支援の配当を見直したりする。それでも攻撃が進捗しなかったら、上級司令部に直轄の砲兵部隊による支援砲撃や新たな増援部隊などを要請する。もし、それが認められなかったら、攻撃を中止することが、少なくとも教範の規定上は「正当」な判断ということになるのだ。

このようにドイツ軍では、無理な攻撃の続行には慎重であった。もっとも、前述したように側面攻撃においても突破攻撃においても「強大なる」兵力が必要と考えていたのだから、むしろ攻撃全般において慎重だったというべきかもしれない。

以上、ドイツ軍の攻撃について基本的な考え方をまとめると、「包囲殲滅」を志向しており、敵戦線突破後の戦果拡張には非常に積極的だった反面、無理な攻撃の続行には慎重であった。また、消耗戦や飽和攻撃は考えていなかった、といえる。

歩兵と砲兵の協同

ドイツ軍の『軍隊指揮』の第六章「攻撃」を見ると、最初の小見出しは「攻撃実施　諸兵種協同の基礎」であり、その冒頭では以下のように定められている。

第三百二十九　攻撃に於ける諸兵種協同の目的は、歩兵をして戦闘に最終の決《けつ》を与うる為、十分なる火力及突撃力を以て敵に近迫せしめ、敵線深く突入し、敵の抵抗力を決定的に破砕し得しむるにあり。

右の目的は、敵の砲兵を奪取するか若は潰走《かいそう》の已むなき至らしめたるとき、はじめて達成せられたるものとす。（以下略）

攻撃時にさまざまな兵種が協同する目的は、歩兵が戦闘を決定づけるため、とされている。歩兵以外の他の兵種、すなわち砲兵、工兵、戦車等は、歩兵がその戦闘を決定づけられるように協同するのだ。その意味では『軍隊指揮』が発布された一九三〇年代中頃のドイツ軍は「歩兵中心主義」だったといえる。
ドイツ軍で戦車を主力とする装甲師団が攻撃力の中核となり、その装甲師団や自動車化歩兵師団等からなる自車化軍団を集中した装甲集団が編成されるなど、それまでの歩兵中心主義に大きな変化が現れるのは、一九四〇年五月に始まった西方進攻作戦以降のことだ。その意味でも、この作戦はドイツ軍の用兵思想史に残るエポックメイキングなものだったといえる。

ちなみに第二次大戦初頭の一九三九年九月に始まったポーランド進攻作戦「白の場合」の時点では、自動車化軍団を集中した装甲集団はまだ編成されておらず、西方進攻作戦や一九四一年六月に始まるソ連進攻作戦のように、装甲集団が作戦立案の重要な要素になっていたわけではない。ポーランド進攻作戦でも、急降下爆撃機を含む航空兵力をうまく活用したのは確かだが、地上部隊の作戦としては、基本的には歩兵部隊を主力とする運動戦だったのである。

ついでにいうと、日本軍の『作戦要務令』第二部第一篇の第二章「諸兵種の運用及協同」には、これとよく似た条項がある。

第十九　諸兵種の協同は、歩兵をしてその目的を達せしむるを主眼として行わるべきものとす。（以下略）

第二次大戦前の時点では、日独両軍とも大した差のない歩兵中心主義だったのである。

だが、その後の日独両軍の戦術思想は戦車部隊／装甲部隊の運用を中心に大きく異なるものになっていく（さらに後の一九四〇年十二月下旬には日本軍が「独伊派遣軍事視察団」いわゆる「山下訪独団」を派遣するなど、ドイツ軍の機甲兵団の運用思想に追いつこうとする）。

話を『軍隊指揮』に戻すと、前述の条文では、敵の抵抗力の決定的な粉砕は、敵の砲兵を奪取するか潰走させることで初めて達成される、としている。目標は、あくまでも敵の砲兵部隊なのだ。

そして、次の条項から歩兵部隊と砲兵部隊との協同が規定されている。

第三百三十　攻撃歩兵と之を支援する砲兵との協同は、攻撃経過の特色なり。（中略）
砲兵の攻撃歩兵支援は、火砲の下方散飛界《さんぴかい》（Untere Streugrenze）に至るまでとす。故に歩兵は、該散飛界の手前は一般に自己の有する火器のみを以て攻撃戦闘を続行せざるべからず。

ドイツ軍に限ったことではないが、砲兵による歩兵の支援には限界がある。攻撃前進中の歩兵部隊が味方砲兵の下方散飛界（左図参照）に入ると、同士討ちの危険が出てくるからだ。したがって、そこから先は歩兵部隊が自前の火器だけで攻撃するしかない。このため、同時期のドイツ軍を含む列強各国軍の歩兵部隊には、迫撃砲や機関銃など自前の支援火器が配備されていた。

具体例を挙げると、第二次大戦前に動員されたドイツ軍の一般的な歩兵連隊には一五センチ重歩兵砲sIG33二門、七・五センチ軽歩兵砲leIG18六門を装備する歩兵砲中隊が、加えて各歩兵大隊には八センチ迫撃砲Gr.W34六門、三脚付のMG34重機関銃八挺を装備する重火器（機関銃）中隊が、それぞれ所属していた。

◆砲撃の下方散飛界の概念と歩兵突撃の関係

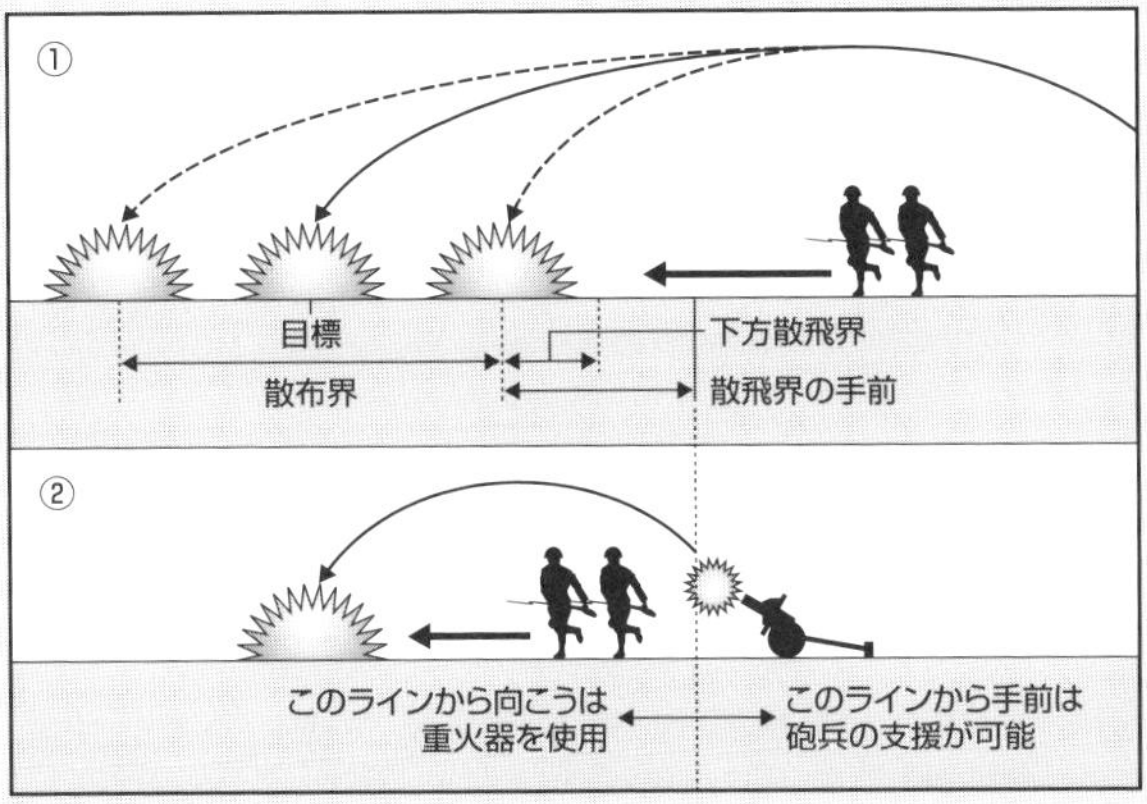

砲撃の際、放たれた砲弾は、ある程度の範囲に散らばる。これを散布界という。このため砲撃は、手前に落ちた砲弾の炸裂に突撃する歩兵が巻き込まれないよう、敵陣に味方の歩兵が近づくと一定の距離で砲撃を止めなければならない（実際には射程を延ばし、より遠方を砲撃する）。この距離の目安になるのが「下方散飛界」である。そして砲撃が終わり、未だ歩兵が敵陣に突入できない時期に「火力の空白」を埋めるため、歩兵部隊が保有する歩兵砲などの支援火器が使用される。

7.5cm軽歩兵砲leIG18を使用する歩兵砲チーム。ドイツ軍歩兵連隊の歩兵砲中隊に配備され、歩兵への支援砲撃を行った

第三百三十二　統一射撃指揮は、砲兵火の効力を向上し、且決勝点及決勝時《（ママ）》機に於る砲兵火の迅速なる集中を可能ならしむるものとす。

然れども歩兵は横広縦深に散在し、且見え難き目標を呈せる敵歩兵に対する攻撃に際し、終始歩兵に直接協同して即時其要求に応じ得る砲兵を必要とするものなり。

故に、歩兵連隊には、状況に依りて兵力に差異ある砲兵部隊（大隊若は中隊）を配当せられ直接協同（Zusammen-arbeit）に任ぜしむるを原則とす。（以下略）

砲兵火力だけを考えれば、すべての砲兵部隊を統一指揮して迅速な火力集中を可能にした方がよい。しかしドイツ軍では、歩兵部隊には、自前の支援火器に加えて「直接協同」（現在の陸上自衛隊では「直接支援」と言う。英語では「Direct Support」略してＤＳ）する砲兵部隊が必要と考えており、各歩兵連隊には砲兵大隊もしくは砲兵中隊を配当して直接支援を担当させることになっていた。

ここで当時のドイツ軍の編制表を見ると、各歩兵師団は原則的に歩兵三個連隊を基幹とする「三単位師団」であり、師団隷下の各砲兵連隊には同じ師団の歩兵連隊と同数、すなわち三個の軽砲（ドイツ軍の制式名称はleichte Feld-haubitzeで直訳すると軽野戦榴弾砲）大隊が所属することになっていた。つまり、各歩兵連隊にそれぞれ一個の軽砲大隊を直接支援のために配属できる編制をとっていたのだ。

第三百三十三　歩兵指揮官は直接協同の砲兵に対し支援を請求し、該砲兵の指揮官は此《この》請求に応ずべきものとす。該砲兵の指揮官（は）、同時に砲兵指揮官より他の任務を受けたるときは、先ず何《いず》れの任務を解決すべきかに関し砲兵指揮官の裁決《さいけつ》を受くべし。切迫せる場合に於ては、自己の責任を以て行動するを要す。配属砲兵は、其配属せられある歩兵隊の指揮官の命令に従い支援すべし。（以下略）

このように、直接協同任務の砲兵部隊は、配属された歩兵部隊の指揮官の命令に従うことになっていた。

第二次大戦中のドイツ軍の主力野砲だった一〇・五センチ軽野戦榴弾砲leＦＨ18は、フランス軍やソ連軍の主力野砲（七五または七六・二ミリ）に比べると口径が大きく、口径の割には軽量で射程が短かった。こうした性能上の特徴は、軽砲部隊を歩兵部隊に配属して前に出し、直接支援を行わせる用法に合致していたわけだ。

第二次大戦時のドイツ軍の主力野砲であった、10.5cm leFH18軽野戦榴弾砲

歩兵と戦車の協同

次いで『軍隊指揮』では、歩兵部隊と戦車部隊との協同が規定されている。

第三百三十九　協同する戦車と歩兵とは、一般に同一の攻

「軍隊指揮」編纂時のドイツ軍の主力戦車はⅠ号戦車、支援戦車はⅡ号戦車で、ドイツ戦車部隊の対戦車戦闘能力は非常に低いものだった。写真は2cm機関砲を搭載したⅡ号戦車C型

撃目標を有すべきものにして、勉めて敵の砲兵を目標とすべし。
戦車は通常、決戦を求めんとする方面に之を使用するものとす。（以下後述）

このように、歩兵と協同する戦車は、基本的には歩兵と同じく敵の砲兵を目標とすることになっていた。戦車で敵の戦車を撃破することが重視されていたわけではないのだ。

もっとも、当時の戦車部隊の主力であるⅠ号戦車の武装は七・九二ミリ機関銃二挺で、敵歩兵の掃射には有効でも、対戦車能力はほとんどなかった。また、それを支援するⅡ号戦車は二センチ機関砲を搭載しており、その対戦車能力は限定的なもので、例えばフランス軍やイギリス軍の重装甲の歩兵戦車には歯が立たなかった（本書の第一章でも述べたが、対戦車能力の高い三・七センチ砲を搭載するⅢ号戦車の最初の本格量産型であるA型と、それを支援する七・五センチ砲搭載のⅣ号戦車のA型の引渡しは、この教範の発布後の一九三七年以降）。

また、戦車は決戦方面に投入されることになっていた。例えば、包囲の際に敵を正面に拘束する陽攻（陽動攻撃）等には使われないのだ。

戦車の攻撃は、歩兵と同一の方向若《もしく》は他の方向より之を行う。之が決定の要素は地形なり。
歩兵に密接せしむるときは、戦車の利益たる其速度を奪い且情況に依り敵の防支《ぼうし》の犠牲とならしむ。故に、戦車は其前進に依りて、歩兵の攻撃を阻止する敵の火器、就中《なかんずく》敵砲兵火を遮断（ausschalten）し、若は歩兵と共に敵に突入する如く之を部署すべし。歩兵と共に突入せしむる際は、戦車（による）攻撃の行わるる地域の歩兵指揮官に配属するを緊要とす。（以下後述）

戦車が、歩兵と同じ方向から攻撃する（同軸攻撃）か、歩兵と違う方向から攻撃する（異軸攻撃）か、は地形で決まる、とされている。

また、戦車を味方の（徒歩移動の）歩兵と密接に協力させると、戦車が速度という特性を十分に発揮できずに撃破されるので、戦車が先に前進して敵砲兵の砲火を遮断するか、歩兵と同時に敵陣に突入するようにタイミングを調整する必要がある、としている。そして、タイミングをあわせて敵陣に突入する場合には、戦車も歩兵指揮官の指揮下に入ることになっている（なお、文中の「防支」については本書の第五章で詳述する。ここでは広い意味での「防御」くらいに捉えてほしい）。

ただし、第二次大戦前のドイツ軍は、イギリス軍の第一次大戦中に量産された菱形重戦車や第二次大戦前に量産が始められた歩兵戦車のように、徒歩歩兵の移動速度と大差のない鈍足の歩兵支援用戦車を大量生産するようなことはしていない。最初から比較的高速のⅠ号戦車やⅡ号戦車を量産していたのだ。そして陸軍参謀本部では、歩兵師団の半自動車化による機動力の向上を考えていたのである（本書第二章のドイツ軍の項を参照）。

時として戦車の攻撃は、歩兵攻撃の最後の時機に一層困難を加うる砲兵の支援を補足し、若《もしく》は砲兵が爾後の攻撃支援の為前進を要するに方《あた》り、其陣地変換に依りて生ずる火力の間隙を充足するものとす。

この条項の最後には、戦車の任務として、前述した歩兵部隊に直接協同する砲兵の補完などが挙げられている。

ドイツ軍では、第二次大戦前に、歩兵の直接支援を主任務とする独立の戦車旅団が編成されている。これを見ても、大戦前のドイツ軍では、戦車による歩兵支援が相当重視されていたことがわかる（もっとも、独立の戦車旅団は第二次大戦の勃発前に解隊されて、分割された戦車部隊は装甲師団に組み込まれるなどしている。そして大戦中には、独立の突撃砲部隊が多数編成されて歩兵師団に配属されるなど、独立の戦車部隊ではなく、おもに独立の突撃砲部隊が歩兵の直接支援を担当する建前になった）。

この教範が発布される直前の一九三五年十月には、歩兵ではなく戦車を主力として、それを支援する歩兵、砲兵、工兵等の各部隊を編合した装甲師団が三個新編されているが、ドイツ軍全体の用兵思想から見ると（歩兵の支援用ではなく）戦車を主力とする装甲師団は、まだまだマイナーな存在に過ぎなかったといえよう。

それでも『軍隊指揮』には、戦車を主力とする「装甲師団」に近い運用を規定している条項がすでにある。

第三百四十　軍隊指揮官は、戦車の戦闘と他の兵種の協力とを協調せしむるものとす。他の兵種の戦闘は、戦車の攻撃地域内に在りては戦車に順応するを要す。（以下後述）

ここでは、装甲師団のように「戦車を主力とする」とまでは言っていないが、他の兵種が「戦車に順応する」ことを求めているのだ。

◆異軸攻撃具体例

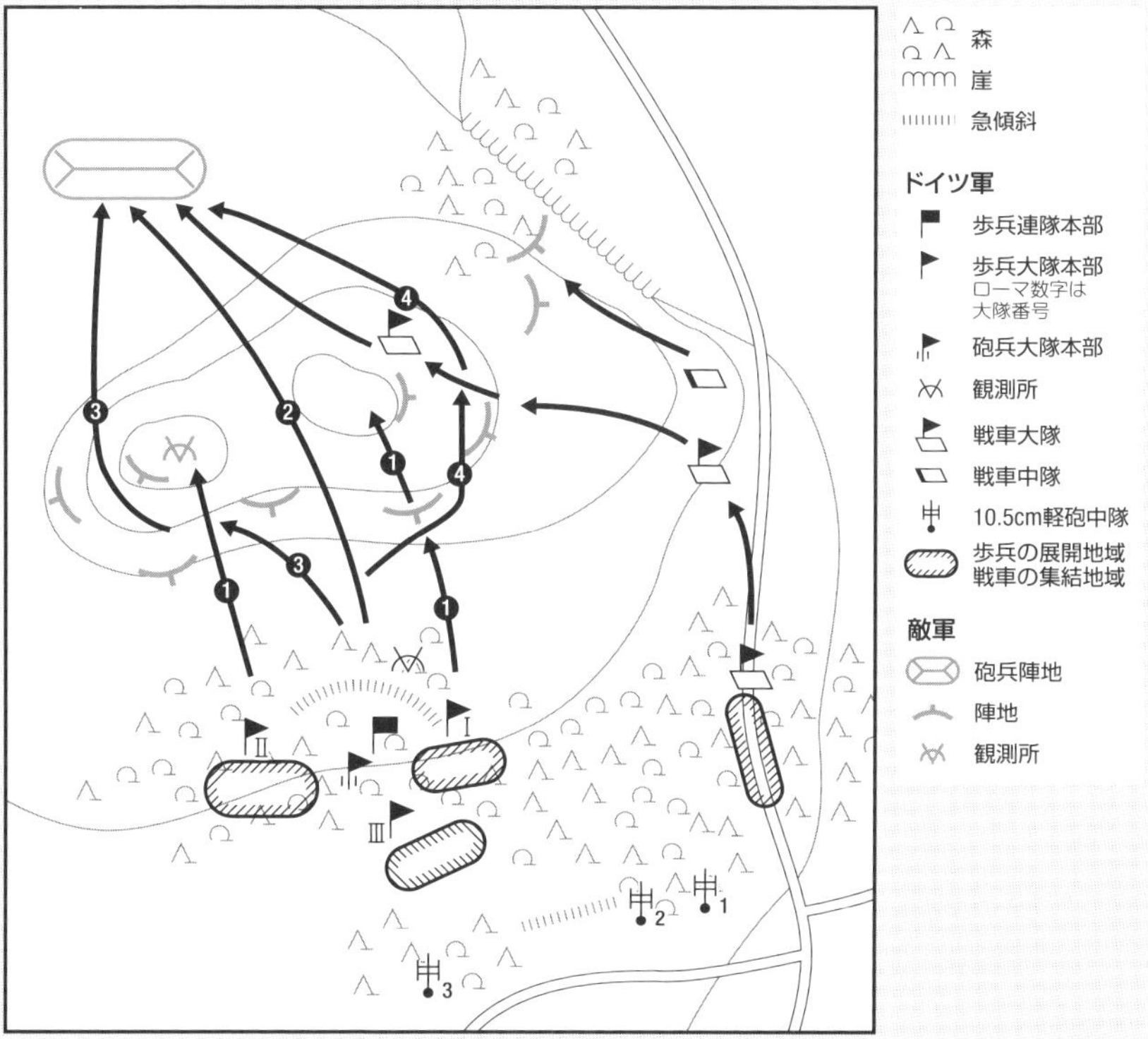

上図は異軸攻撃の状況を描いたものである。

戦車大隊を配属された歩兵連隊の指揮官は、正面の高地を攻撃するにあたり、傾斜が急で、かつ高地近くまで森が迫った南側を歩兵部隊に、開豁地で傾斜が緩く、道路が走る東側を戦車部隊に割り当てた。

❶主攻は、戦車大隊の支援を間接的に受けられる第1大隊（軽砲2個中隊が協力）。助攻は第2大隊（軽砲1個中隊が協力）。予備は第3大隊。

❷第3大隊は攻撃が進展したら一挙に敵砲兵陣地まで突入。

❸第1大隊の攻撃が進展しない場合は、第1大隊と戦車隊に牽制抑留させた状態で、第3大隊に第2大隊を超越させて砲兵陣地に突進。

❹第2大隊の攻撃が進展しない場合は、第3大隊の攻撃軸を右翼に振って丘の右側を進路とする。高地奪取後、敵砲兵陣地への突進は戦車大隊が先導する。

◆同軸攻撃と異軸攻撃

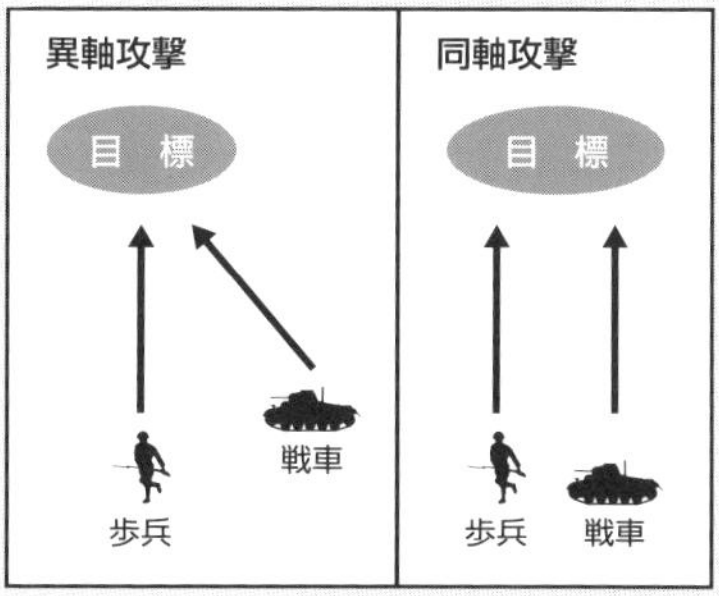

一般的に同軸攻撃は、支援砲撃を含め部隊間の調整を行いやすいが、戦車の持つ速度によるショックアクション（衝撃）を殺してしまう。一方、異軸攻撃はそれぞれの兵種の特徴を活かしたうえ二方向から攻撃するので、敵は防御するのが難しくなるが、部隊間の調整や歩兵支援などが難しい。ドイツ軍では、地形によって攻撃方法を決定するとしていた。

続いて、歩兵部隊の戦車への協力等について以下のように規定している。

歩兵は、攻撃戦車の効力を利用し、迅速に前進するを要す。歩兵重火器の一部は、敵の対戦車兵器を制圧すべし。敵の抵抗（が）復活し、歩兵の迅速なる続行を停頓（niederhalten）せしむるときは、凡百《ぼんぴゃく》の手段を尽くし、為し得る限り迅速に之を破砕するを要す。之が為、屡々《しばしば》後方（の）戦車梯隊を参与せしむ。

足回りの後半が装軌式、前半が装輪式のハーフトラック（半装軌車）であるSdkfz.251/1。Sdkfz.251は装甲兵車であるSdkfz.251/1をベースに、23種類もの多様なバリエーションが生産された

歩兵部隊は、前述の歩兵砲や迫撃砲など自前の重火器で敵の対戦車砲を制圧する。

装甲師団では、隷下の自動車化歩兵連隊が迅速に前進するため、一九三九年から歩兵一個分隊を輸送できる半装軌式の装甲兵員輸送車Sdkfz.251/1が配備されるようになった（ただし、本書の第二章でも述べたように、大戦中の自動車化狙撃兵連隊のうち装甲兵車で装甲化されたのは通常一個大隊のみだった）。また、同連隊の重火器中隊向けに、八センチ迫撃砲搭載型のSdkfz.251/2や、七・五センチ軽歩兵砲牽引型のSdkfz.251/4なども配備されている。

加えて、西方進攻作戦の前には、各自動車化狙撃兵連隊を支援するためI号B型自走一五センチ重歩兵砲（15cm sIG33（Sf）auf Pz.Kpfw.I Ausf B）を装備する自走重歩兵砲中隊が配属されている。

15cm重歩兵砲sIG33をI号戦車の車台に搭載して自走化した、I号B型自走15cm重歩兵砲

砲兵は、戦車の攻撃を監視す。之が為、敵の対戦車兵器を火制し、敵の観測所を制圧し、若は之に対し煙幕を構成し、戦車攻撃の行わるる附近にある樹林及村落を制圧し、若は

其火力を遮断し、又敵の予備隊の加入を阻止す。
機械化砲兵及機械化対戦車砲をして戦車攻撃に随伴せしむることあり。
自動車化工兵を戦車隊に配属することあり。（中略）
駆逐機は、敵の対戦車兵器、砲兵及予備隊を攻撃して戦車を支援す。（以下略）

ここでは、戦車部隊に対する砲兵部隊の支援に加えて、機械化砲兵部隊や機械化対戦車砲部隊の随伴、自動車化工兵部隊の配属なども定められている。当時三個あった装甲師団では、これが一時的な配属ではなく正規の編制（建制）になっていたわけだ。

歩兵部隊の前進

では、いよいよドイツ軍の具体的な攻撃手順を見ていこう。

第三百五十七　歩兵の攻撃は、砲兵及歩兵重火器の掩護下に於ける歩兵軽火器の前進を以て始まる。
前進に際し、地形及敵火の関係（で）之を要すれば分隊は不規《ふき》なる距離、間隔及十分なる縦深に分進《ぶんしん》及展開す。（中略）
敵火の関係上已むを得ざれば、分隊、数人又は各個の躍進、或は匍匐《ほふく》前進に依り前進を継続す。（中略）

歩兵部隊は、砲兵および歩兵重火器、すなわち各歩兵連隊に配備された歩兵砲や大隊～小隊レベルに配備された迫撃砲（大戦初期の各歩兵小隊には支援火器として五センチ軽迫撃砲leGr.W.36が配備されていたが、大戦中頃には威力不足のため廃止された）などの掩護のもと、必要に応じて分隊や数人、あるいは個人に別れて躍進（遮蔽物から遮蔽物へのダッシュのこと）あるいは匍匐前進する。

軽機関銃の射撃は、有効距離に対し開始すべし。散兵は、其掩護射撃の下に前進を継続し、爾後敵に近接するに従い、之を要すれば自ら火戦に参加す。（中略）
爾後の接近は、射撃と運動とを周到に規整して之を行う。
（以下後述）

各歩兵分隊では、軽機関銃が小銃兵の前進を掩護する。小銃兵は、敵に接近したら自らも小銃を射撃して火力戦闘に加わる。それ以降は、射撃による敵の制圧とその間の前進、つまり「射撃と運動《ファイヤー・アンド・ムーブメント》」を繰り返して敵に接近する。

暴露して前進する部隊は、射撃の支援を欠くことを得ず。
該部隊の前進間、此隣《このとなり》部隊は特に其軽機関銃を以て重火器と協同し敵の制圧に勉む。
決定的突入を行うに至るまで、一時的且局地的に火力の優

勢を持し、且之を利用して前進すること常に緊要なり。又、前進せざる部隊は、壕を掘開《くっかい》して掩護を求むるものとす。（以下後述）

暴露して前進する部隊には支援射撃が欠かせないとされており、突入まで一時的かつ局地的な火力優勢を利用して前進することが非常に重要とされている。もし、前進できなければ、その場に伏せたまま携帯式スコップで散兵壕を掘り始めることになる。

これとは対照的に日本軍の『作戦要務令』の第二部では、歩兵の戦闘に関して以下のように書き起こされている。

第九十二　歩兵は、其の戦闘を開始するや敵の猛火を意とせず（以下略）

ここに日本軍の火力の軽視（とその裏返しである白兵戦の重視）を見てとることができるだろう。

話をドイツ軍に戻すと、第三百五十七の最後にはこうある。

漸次、敵の弱点（が）判明せば、之に対し猛烈に攻撃を加え、且控置せる兵力を加入す。

下級指揮官の独断専行及其緊密なる協同は、攻撃各期に於て、特に決定的価値を有す。

ここでは、分隊長等の下級指揮官の独断専行と緊密な協同が「決定的」に重要とされている。

大雑把にいうと、第一次大戦の中頃までは、どこの国の歩兵部隊も基本的に中隊単位以上で行動したため、小隊長や分隊長などの下級指揮官は近くにいる中隊長の指示を仰ぐことができたので、高度な戦術上の判断能力を求められることはほとんどなかった。

しかし、ドイツ軍では第一次大戦中に滲透戦術が導入され、その訓練を受けた突撃部隊はときには分隊等の小部隊に分かれて敵陣地後方に滲透するようになった。そのため、分隊長などの下級指揮官にも高度な戦術上の判断能力が求められるようになり、独断専行が認められるようになったのである。

また、この条項では、敵の弱点が判明すればそこを攻撃すること、予備兵力も弱点の攻撃に投入することが明記されている。これらは滲透戦術で基本とされていた考え方そのものだ。

突入と戦果の拡張

歩兵部隊が敵戦線に近迫したら、いよいよ突入となる。

第三百六十二　歩兵は、漸次《ぜんじ》各方面に於て突入距離に近迫す。突入（Einbruch）の決心（が）前線より生ずるや、前線は発火其他の信号又は凡百の手段を以て通報し、支援部隊に其旨《むね》を了解せしむべし。

支援部隊は要すれば突入地点に対し火力を増大し、且歩兵の前進に伴い射程を延伸す。（以下略）

歩兵の突入は、例えば砲兵の突撃支援射撃の最終弾に合わせて発起されるようなことはなく、前線で決心が生じた時に行われることになっている。

第三百六十三　斯くて遂に小規模若《も》しくは大規模の突入を生じ、敵戦線の一部を奪取し、此処《ここ》より縦深に向い戦果を拡張す。（以下略）

歩兵部隊が敵戦線の一部を奪取したならば、次にそこから横方向に戦果を拡張して突破口の幅を広げるのではなく、縦方向に戦果を拡張して敵戦線後方奥深く突破する。目標は、あくまでも敵戦線後方の砲兵部隊なのだ。

第三百六十四　広正面に於ける敵の動揺を認むれば、勝利の近づける兆候なり。

攻撃歩兵の爾後の任務は、敵砲兵を奪取するまで従来の攻撃方向に突進を続行するに在り。此《この》際、敵を決定的に突破するに至るまでは、過早に側方に向い方向を転換することを避くるを要す。突破部隊は、其側面を掩護せられあることに確信を有せざるべからず。（以下後述）

敵戦線の一部を奪取した歩兵部隊は、側面を気にせず、敵戦線後方の砲兵部隊に向かってまっすぐ突進することになっている。これは第一次大戦中に導入された滲透戦術で原則とされていた考え方だ。

招致せられたる予備隊は、攻撃の頓挫を防止し、敵の反撃を撃退し、且前進を鼓舞す。予備隊は、之を成果を収めたる地点に使用し、全力を以て此成果を拡張するを要す。（以下略）

予備隊は、攻撃が成果をあげず頓挫した地点に投入してその失敗を挽回するのではなく、成果をあげた地点に投入して全力でその成果を拡張することになっている。これも第一次大戦中の滲透戦術で原則とされていた考え方だ。

第三百六十六　日没前に決戦を行い得ざりしときは、攻撃部隊は、通常（は）夜間の為、防御の施設を為す。（以下略）

第三百六十七　重大なる敵情の変化を予期せざるときは、翌日に於ける攻撃続行の命令を早期に下達し、以て諸兵種、就中《なかんずく》歩兵及戦車をして適時準備を整え得しむるを要す。（以下略）

もし、日没までに「決戦」すなわち「戦いを決定づける戦闘」を行えない時には、防御態勢に移行する。そして、その後の敵情に大きな変化がなさそうならば、夜のうちに翌日の攻撃の準備を整えておくことが求められている。

第三百七十一　攻撃（が）順調に進捗するも、爾後之が続行の為（に）十分の兵力を有せざるときは、獲得せる地区を保持すべし。防御への転移は、其一時的の休止なるか決定的の処置なるかに応じ命令するを要す。（以下略）

また、攻撃が順調に進んでも、それを継続できるだけの兵力が無い時には、防御態勢に移行して占領地を確保することになっている。

ここでドイツ軍の攻撃戦術の大枠についてまとめると、第一に歩兵を中心とした砲兵や戦車など諸兵種の協同を重視していたことが挙げられる。そして、歩兵部隊の攻撃戦術は第一次大戦中に採用された滲透戦術をベースにしており、砲兵部隊は歩兵連隊に配属される砲兵大隊ないし中隊による密接な直接支援を重視していた。戦車部隊は、その特徴である速度を殺すような歩兵部隊との密接な協同ではなく、突入タイミングを合わせた別方向からの攻撃も考えており、戦車を主力とする「装甲師団」に近い運用を規定している条項もあった。また、航空支援に関しては、のちの「電撃戦」の雛形といえるような条項もあった。

要するにドイツ軍は、基本的には第一次大戦中と同じ考え方をベースにして第二次大戦に臨んだのだが、これを発展させて装甲師団や急降下爆撃機などの新しい要素を組み合わせた画期的な「電撃戦」を生み出すのである。

遭遇戦の基本的な考え方

次に、遭遇戦と陣地攻撃という特定のシチュエーションに関する規定と、追撃に関する規定を見ていこう。

『軍隊指揮』の第六章「攻撃」では、「攻撃実施」に続いて「遭遇戦」「陣地攻撃」という二つの小見出しが掲げられている。「陣地攻撃」の前に「遭遇戦」が置かれているのは、ドイツ軍が「陣地戦」志向の軍隊ではなく「運動戦」志向の軍隊であり、流動的な運動戦では固定的な陣地戦に比べて遭遇戦が多くなることを反映したものであろう。

その「遭遇戦」の冒頭の条項は、以下のようなものになっている。

第三百七十二　遭遇戦は、行軍する彼我《ひが》両軍が、衝突に際し永《なが》き準備なくして戦闘を開始するとき生ず。遭遇戦に在りては、決心及行動は、通常（は）情況の不確実の裡《うち》に行わるるものとす。

まず「遭遇戦」がどのような時に起きるかを述べた上で、

遭遇戦ではふつう不確実な状況下で「決心」や「行動」が行われる、としている。

第三百七十五　遭遇戦に於ては、成果は、敵の機先を制し且敵をして我に追随せしむる者に帰す。

　有利なる情況を迅速に認識し、不明なる情況に在りても神速《しんそく》に行動し且即時命令を与うるは必須の要件なり。（以下略）

第三百七十六　衝突の際における敵の企図は、例外的にのみ之を認め得べし。（中略）

通常（は）緒戦を交えて始《(ママ)》めて某程度に敵情判明すと雖《いえども》、之を待ちて処置せんとするが如きは唯例外に属するものとす。

　遭遇戦では「敵の機先を制し且敵をして我に追随せしむる」こと、言い換えると、敵に対して先手先手を打って、敵がその対応で手一杯になるように追い込むことで、成果があげられるとしている。一言でいうと「主導性《イニシアチブ》の確保」である。

　そのためには、たとえ状況が不明でも迅速に行動し、即座に命令を与えることが欠かせない。そもそも、衝突時に敵の企図がわかるのは例外的なことであり、ふつうは少し戦ってから初めてある程度敵情がわかってくるものだが、敵の企図がわかるのを待って処置しようというのは例外的なこと、とされている。

　このようにドイツ軍では、遭遇戦においては「計画性」ではなく、その逆の「即興性」とでもいうべきものが求められていたのだ。

下級指揮官の独断

　その遭遇戦について、ドイツ軍では以下のように認識していた。

第三百七十四　遭遇戦は、当初の情況異なるに従い、其容《(ママ)》相を異にす。最前方部隊の戦闘の経過は、爾後の戦闘の発展及継続の為、重要なる価値を有すること屡々《しばしば》なり。

彼我両軍が行軍より直ちに攻撃を行う際には、随所に勝敗の数を予測し得ざる戦闘を惹起《じゃっき》す。此際、下級指揮官の独断と軍隊の精練《せいれん》とは勝敗を左右するものとす。（以下略）

　遭遇戦は、最初の戦闘の情況次第で、その後の戦闘の様相もちがってくる。最前方部隊による戦闘の経過は、その後の戦闘にしばしば大きな影響を与える、としている。

　そして、両軍が行軍から直ちに攻撃を行う場合、随所で予想のむずかしい戦闘が発生する。この時、勝敗を左右するのは下級指揮官の独断と軍隊の精練だという。これが前述の「即興性」を支える具体的な要素なのだ。

第三百七十八　軍隊指揮官にして適時情況を洞察し得ざれば、数縦隊を以てする行軍に於ては、該縦隊の指揮官としては広汎なる独断的決心を必要とすることあり。

行軍縦隊の指揮官は、任務の前提に変化なき限り、従来の任務に邁進するを要す。

隣接（する）行軍縦隊にして戦闘を開始せば、該戦闘に参与し為に己の任務及行進目標より逸脱するときは、更に大なる成果を断念することならざるや否やを攻究《こうきゅう》すべし。

下級指揮官の独断処理しありし戦闘指導を迅速に手裡《しゅり》に掌握するは、軍隊指揮官の任務なり。

いくつかの縦隊に分かれて行軍している場合、上級の軍隊指揮官（諸兵連合部隊の指揮官を指す）が適時に状況を洞察することができなければ、各行軍縦隊の下級指揮官が独断的な「決心」を求められることがある。

ここで、任務の前提（したがって上級指揮官は下級指揮官に命令を下す際に「任務の前提」を明示しなければならない）に変化がなければ、従来の任務に邁進するだけだが、隣で行軍している縦隊が戦闘を開始したら、その戦闘に参加することで自らに与えられた任務や行進目標から外れてしまうこともありうる。その場合、当初の任務を達成することで得られるはずのさらに大きな成果を逃すことにならないかよく考えろ、としている。

つまりドイツ軍は、各行軍縦隊の下級指揮官に対して、独断的な「決心」を行えるだけの判断能力を求めており、その判断の基準として、それによって得られる成果と、当初の任務を達成することで得られる成果とを比較考量することを教範の条文に明示していたのだ。

また、上級の軍隊指揮官に対しても、こうした下級指揮官の独断による戦闘指導を迅速に掌握することを求めている。上級指揮官が情況をいつまでも把握できないようでは困るのだ。

ちなみにドイツ軍は（本書の第三章でも述べたが）地上の捜索部隊の指揮官に対しても、以下のように高度な能力を求めていた。

第百三十四　地上捜索勤務に任ずる部隊の指揮官は、斥候長に至るまで、高度の資格を具備《ぐび》せざるべからず。指揮官の人格は、捜索の成果を左右するものとす。

策略、敏捷、任務の理解、各種地形に於ける決然たる走破、夜間と雖《いえども》地形を良く知るの才能、冷静迅速にして独立的なる行動は、捜索部隊の指揮官に具備すべき性能なり。（以

下略）

一般に遭遇戦が多発する運動戦を志向する軍隊では、上級の軍隊指揮官はもちろんのこと、捜索部隊や行軍縦隊等の下級指揮官にも、高度な判断能力が要求される。どこかの参謀が作った計画をそのまま実行に移せばよい、というわけではないのだ。

前衛の戦い方と軍隊指揮官の決心

次の条項では、遭遇戦における前衛の任務が定められている。

第三百七十九　前衛の任務は、行軍縦隊の指揮官に決心の自由を与え、後続部隊に戦闘準備の為（の）時間の余裕を与え、且砲兵の大部及歩兵重火器に対し観測の為（に）良好なる条件を確保するに在りて、攻撃又は防御に依り之を解決するものとす。
決然たる要点（の）獲得は、屡々成果をもたらすものなり。（以下略）

前衛の任務として、行軍縦隊の指揮官に「決心の自由」すなわち、簡単にいうと戦術上の幅広い選択肢を与えることが第一に挙げられている。逆にいうと、行軍縦隊の指揮官が敵への対応で手一杯になって（陸上自衛隊では「受動に陥る」などと表現する）「決心の自由」を失うことがないようにしなければならない。

その具体的な手段として、戦場における要点（例えば野砲の着弾観測が行える高地など）を確保すれば、しばしば成果が得られる、としている。

また、『軍隊指揮』では、この条項に先立って、以下のように定めている。

第三百七十六（中略）彼我両軍の間に両軍共に価値ある重要なる地区あるときは、敵の前衛の迅速なる前進を胸算せざるべからず。（以下略）

ちなみにドイツ軍は、（これも本書の第三章で述べたことが）戦闘に先立つ捜索においても、以下のように敵の不意をついて要点を占領することを推奨していた。

第百二十四　捜索地域内に於ける優勢は、我が捜索を容易ならしめ、敵の捜索を困難ならしむ。（中略）時として、要点を敵に先んじて不意に占領するは、捜索地域内に於て優勢を得る為、有利なる前提条件となるものとす。

ドイツ軍は、遭遇戦においても捜索においても、要点を迅速に確保することを推奨していたのである。

第三百八十　前衛の戦闘準備は、迅速に之を完了するを要す。機を失せざる歩兵重火器及前衛砲兵の使用は、敵の最初の抵抗（の）打破を容易ならしめ、敵の運動を頓挫せしめ、且敵の砲兵火を誘致するものなり。前衛に戦車を配属せられある時、之を以て準備整わざる敵を奇襲するは、甚だ効果あるものとす。（以下後述）

前衛が迅速に戦闘準備を整えることも、主導性を確保するための手段のひとつだ。そして、機を見て歩兵砲などの歩兵重火器や前衛に配属された砲兵で敵を叩くことや、前衛に配属された戦車で準備未完の敵を奇襲することも大きな効果がある、としている。

前衛（による）即時の攻撃を適当とするときは、歩兵は停止することなく捷路《しょうろ》（近道のこと）を経て之を決戦方面に前進せしめ、其重火器中迅速に準備せるものの掩護の下に、行軍より直ちに極めて一時的に準備配置に就きたる後、展開せしむべし。

前衛司令官（が）防御に決するや、前衛砲兵をして広地域に分散して陣地を占領せしめ、以て敵をして其兵力を誤認せしめ、且迂路《うろ》（回り道のこと）を取り、若は慎重なる行動に出づるの余儀なきに至らしむるを適当とすることあり。

（以下略）

前衛が攻撃を行う場合には、前衛の歩兵はそのまま停止することなく前進し、歩兵重火器の掩護下でごく短時間の準備配置についたのちに展開する。

前衛が防御する場合には、前衛の砲兵を分散展開させて敵に兵力を誤認させ、遠回りをさせたり慎重な行動をとらせたりすることもある。つまり、防御時においても、敵にこちらへの対応を強いている（受動に陥らせている）わけで、その意味では主導性を確保しているといえる。

一方、主力を指揮する軍隊指揮官は、次のように、前衛による緒戦の結果や地形の有利不利を考慮して、その後の戦闘をどう指導するか決心することになっている。例えば隘路の出口で敵と遭遇したならば、敵は広く展開できるのに対して味方は広く展開できないので、不利になるわけだ。

第三百八十二　緒戦の結果及勉めて自らの地形判断に基き、軍隊指揮官は爾後如何《いか》に戦闘を指導すべきかを決す。

軍隊指揮官（は）、迅速なる行動の利益を保有せんが為、攻撃の為主力の攻撃準備配置に就くを適当ならずと認むる時は、行軍縦隊より直《ただち》に攻撃を部署し、且前進し来る部隊に対し個々に、若は全般に攻撃命令を下達す。（以下後述）

もし、主力が攻撃準備配置についたのちに攻撃を開始しても、迅速に行動する利点が得られないと判断したならば、行軍縦隊から直ちに攻撃を部署することになっている。具

◆遭遇戦の一例

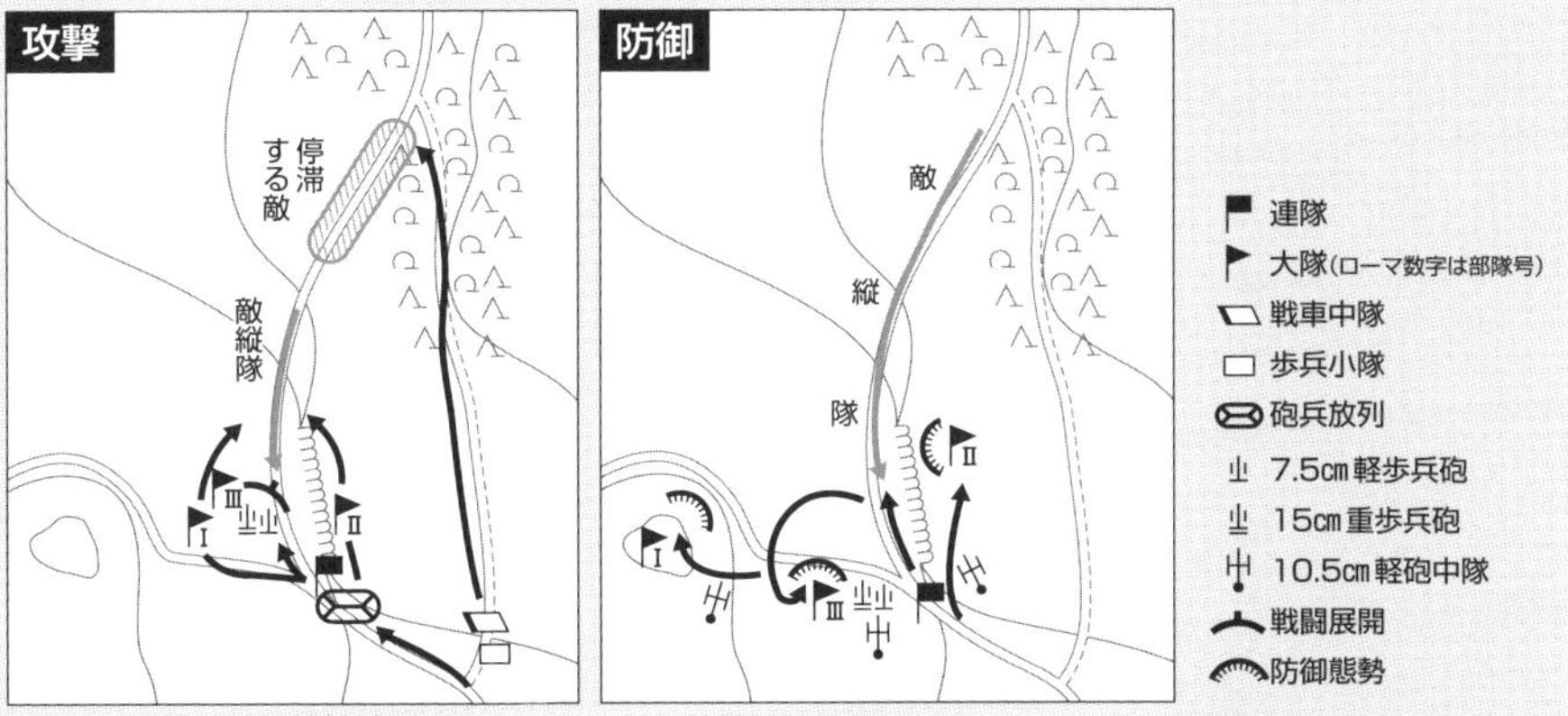

図は、遭遇戦の一例を描いたものである。【攻撃】では、尖兵の第Ⅲ大隊が展開し、歩兵砲中隊の支援により、敵の先頭を拘束。その間、砲兵の支援を受けた他の大隊が両翼から敵を攻撃。また配属戦車中隊は側道を通り、停滞する敵を後方から攻撃する。なお戦車中隊に歩兵小隊を付けたのは、後続する主力の爾後の行動を鑑み、森林の隘路口を確保するため。

【防御】では、接触した尖兵大隊が歩兵砲中隊と第Ⅱ大隊の掩護下に離脱。この間、砲兵は中隊単位で展開。また第Ⅰ大隊は要点である高地を占領する。これにより、防御が行いやすい倒れたL字状の陣地が構成でき、かつ主力は第Ⅰ大隊の高地を旋回軸に左旋回で敵を包囲可能。

体的には、前進してくる部隊に対して個々に、または全般的な攻撃命令を下すわけだ。

以上、ドイツ軍の遭遇戦についてまとめると、下級指揮官の独断による即座の命令や精練な軍隊の迅速な行動などによって主導性を確保することを重視していた、といえる。

陣地攻撃の基本的な考え方

次に、陣地攻撃に関する規定を見てみよう。

第三百八十六　攻者の処置は、其企図、敵の行動、彼我の兵力、敵陣地の状態及強度竝《ならび》攻撃地帯の地形の如何に関係す。

これだけだと抽象的でわかりにくいが、これに続く条項でもっと具体的に規定されている。

第三百八十七　敵陣地を迂回若《もしく》は包囲し得ざるときは、正面に於て之を攻撃し且突破に勉めざるべからず。正面攻撃の実施は、如何にせば攻者が其兵力及資材をして時間的、空間的に効果を発揮せしめ得るかにより定るものとす。兵力及資材にして突破を行うに足らざれば、攻撃目標は一層之を局限するを要す。

まず「攻撃地帯の地形」等の関係で敵陣地の迂回や包囲ができない場合には、正面から攻撃して突破しなければならない。だが、「敵陣地の状態及強度」に対して彼我の「兵力及資材」が突破を行うには足りない場合には、攻者の企図すなわち「攻撃目標」を限定する必要がある、としている。

この条項中の「時間的、空間的に効果を発揮せしめ得るか」という表現も抽象的でわかりにくいが、これも以下の条項でもっと具体的に規定されている。

第三百八十八　攻撃開始までの所要時間は、攻者が既に敵陣地の前地を占領しありや、若は之を今より略取せざるべからざるや、竝《ならび》準備、就中《なかんずく》攻撃兵力及準備配置に就くる時間の長短に依るものとす。

攻撃（が）愈々《いよいよ》困難と思わるるに従い、益々徹底的に準備を整えざるべからず。然れども、攻者が準備の為（に）要する時間は、防者にも亦《また》利益となるものとす。（以下略）

攻撃開始までの所要時間は、敵陣地の「主戦闘地帯」の前方に広がる「前地」を占領しているかどうか、攻撃準備にどれだけの時間をかけるか、による。ここで攻撃側が攻撃準備を整えるために時間をかけると、防御側に防御を固める時間を与えることになるので、単に時間をかけて準備すればよい、というものではない。これが「時間的に効果を発揮せしめ得るか」どうかの具体例といえる。

第三百八十九　攻撃を部署する為、敵陣地（の）構成の基幹たる地形上の要点を早期に認知すること肝要なり。是（は）攻撃重点決定の要件なり。

また、敵陣地のどこを攻撃しても同じ、ということではない。敵陣地を構成する柱となっている地形上の要点を見つけて、そこに攻撃の「重点」を置くことが必要だ。これが「空間的に効果を発揮せしめ得るか」どうかの具体例といえる。

陣地攻撃の方法

次いで、具体的な陣地攻撃の方法が規定されている。

第三百九十一　敵陣地に近迫（Herangehen）するに方《あた》りては、何処《どこ》より主戦闘地帯なるかを認知するを要す。敵は、通常（は）陣地の前地に於て持久的に戦闘を遂行するものなり。（中略）

攻者は活発に前進運動を継続するに勉むるを要す。（中略）前進は、概ね必要最小限の歩兵及砲兵竝《ならび》要すれば戦車よりなる多数の小攻撃群（Angriffsgruppe）を以て行うを原則とす。
該攻撃群は、敵の前進部隊を迅速に突破若《もしく》は撃退するを要す。前進陣地は、（攻撃側の）前進を停滞せしめざるため、勉めて之を側方において通過すべし。

　第一次大戦後半以降の標準的な陣地では、ふつうは「主戦闘地帯」前方の「前地」で敵の攻撃部隊を足止めして、防御側主力が防御準備を整える時間を稼ぐ。これを攻撃する側から見れば、前地の前進陣地等に展開している防御側の前進部隊を迅速に突破または撃退する必要がある。

　そのため、攻撃側は、最小限の歩兵と砲兵、必要に応じて戦車を加えた小さな「攻撃群《アングリフスグルッペ》」に分かれて前進し、敵の前進陣地はあえて攻撃せずに側面をすり抜けることになっている。このように、小部隊に分かれて敵の拠点をすり抜けて前進する方法は、第一次大戦中に採用された滲透戦術と共通している。

第四百五（前略）（敵の）抵抗（が）比較的薄弱なる際は、主戦闘地帯に対する近迫作業に直接連繋して突入し得るも、靭軟《じんじゅう》に防御せる主戦闘地帯に対しては、突入前（に）諸兵種の集中（砲）火に依り大なる縦深に亘《わた》り突入の準備を整え、且敵を萎靡《いび》せしむるを要す。
敵主戦闘地帯の強度に依り、突入の景況を異にす。抵抗薄弱なるときは、突入は屢々下級指揮官の独断により発し、且無準備地区に於ける攻撃の際の突入の形式を示すものなり。靭軟なる防御に対する際は、突入を統一するを必要とす。（中略）
突入は通常、時刻に依り規制する統一突撃（Einheitlicher Strum）にして、其時機は最後まで之を秘匿するものとす。
（以下略）

　敵陣地の「前地」を通過したら、次いで「主戦闘地帯」に突入する。

　この時、敵の抵抗が弱ければ続けて突入できるが、敵の抵抗が強い場合は砲兵や歩兵など諸兵種の集中射撃によって、敵陣地の奥深くまで敵を萎縮させ制圧してから突入する。

　また、敵の抵抗が弱ければ、しばしば各下級指揮官の独断で突入するが、敵の抵抗が強い場合は時刻を定めて一斉に突入する。その判断についても、下級指揮官の独断が許されているのだ。

第四百六　突入後は、第三百六十三及第三百六十四に掲ぐる着眼に従い、射撃と突撃との協調及諸兵種の協同の下に幾多の各個戦闘を交え、主戦闘地帯の縦深に在る敵を制圧し、完全なる突破を為すか、若《もしく》は第一の攻撃目標に到達すべし。而して、差当《さしあた》り該目標を超越し得ざるときは、獲得せる地区に防御の設備を為し、攻撃を続行し得るまで之を保持すべし。此際《このさい》、直《ただち》に新《あらた》に捜索及偵察を部署するを要す。

敵陣地の主戦闘地帯に突入したら、主戦闘地帯の奥深くまで敵を制圧して完全に突破するか、第一の攻撃目標に向かう。もし、当面の間、攻撃目標を超えて進撃できない時には、その場で守りを固め、攻撃を続けられるようになるまでそこを保持する。

条文中の第三百六十三および第三百六十四については繰り返しになるが、歩兵部隊は敵戦線の一部を奪取したら、そこから横方向に戦果を拡張して突破口の幅を大きくするのではなく、側面を気にせずに敵戦線後方の砲兵部隊に向かってまっすぐ突進しろ、ということだ。

追撃の基本的な考え方

最後は、第七章「追撃」についてだ。

第四百十　軍隊の疲労は、決して追撃を放棄する理由たるを得ず。

指揮官は一見不可能なることを要求するの権能を有す。

指揮官は剛毅にして且小節に拘泥《こうでい》すべからず。

各人は最後の努力を尽くすを要す。

本書の第二章「行軍」で述べたように、ドイツ軍では、行軍時に「軍隊の愛惜に十分配慮」するよう求めていた反面、いざという時には「軍隊愛惜の一切の顧慮を放擲」して強行軍を行うことが強調されていた。同様に、追撃においても軍隊の疲労を考慮せず、指揮官が「一見不可能」な要求をすることまで認めていたのだ。

将兵に対する無理な要求といえば、真っ先に日本軍が挙げられるイメージがある。しかし、ドイツ軍でも、指揮官が一見不可能なことを要求する権限がある、と教範に堂々と明記されていたのだ。ただ、そうした要求が日本軍のように補給不足の克服（本書の第一章で述べた『作戦要務令』の綱領の第八を参照のこと）などではなく追撃であるところに、ドイツ軍と日本軍の大きな差があったといえよう。

第四百十八　歩兵は、射撃と猛烈なる肉薄とに依り敵の戦敗を完全なる潰乱に陥らしむるものとす。要すれば手榴弾及白兵を以て敵に肉薄すべし。（中略）比較的大なる敵の抵抗は、其側方を通過し、之が排除は後方部隊に委《ゆだ》ぬるものとす。（以下略）

追撃時に、もし敵の抵抗が大きかったら、その排除は後続部隊に任せて、その横を通過して追撃を続けることになっている。

第二次大戦中のドイツ軍の装甲部隊も、追撃中に敵の大きな抵抗にあったら、その排除をしばしば後続部隊に任せて迂回し、さらに敵戦線後方への追撃を続けることがあった。こうした行動も、実は『軍隊指揮』で歩兵部隊に関して規定されていたことを、装甲部隊に応用しただけだったのである。

第四百二十六　追撃は、軍隊指揮官の命令に依りてのみ、之を中止すべきものとす。（以下略）

すでに述べたように、ドイツ軍はさまざまな状況で下級指揮官の独断を認めていた。それどころか、遭遇戦では下級指揮官の独断が勝敗を左右する重要な要素のひとつと考えていた。だが、その一方で、追撃の中止に関しては、下級指揮官の独断を認めず、上級の軍隊指揮官の命令のみによることが明記されていたのだ。

つまり、ドイツ軍は、下級指揮官の独断専行をむやみに推奨していたのではなく、それがより効果的な場合に限って認めていたのである。

フランス軍の攻撃

攻撃の基本的な考え方

次に、フランス軍について見てみよう。

『大単位部隊戦術的用法教令』では、第二篇「活動手段及活動方法」の中で、軍隊の活動を手段、方法、諸要素の三つに分けて論じている（ここでは「action」を「行動」ではなく「活動」と訳している）。

具体的には、第二篇の第一章「活動手段」で各兵種の特性や一般編成あるいは大単位部隊の編制や機能等を述べた後、第二章「活動方法」で軍隊の活動方法を第一款「攻勢」と第二款「防勢」の二つに分けてその基本概念を規定し、第三章「活動の諸要素」で軍隊の活動を構成する要素を第一款「火力」と第二款「運動」の二つに分けて論じているのだ。

これまでも述べてきたが、この『大単位部隊戦術的用法教令』は、用兵に関する理論書的な性格が強く、ここでも軍隊の活動を「攻勢」と「防勢」、「火力」と「運動」など根源的なところから説き起こしている。

その第二篇の第二章「活動方法」では、冒頭で以下のように定義している。

第百七　活動の方法には、攻勢及防勢の二あり。作戦行動は一般に攻防両形式の連合なり。

　ここで一般論をいうと、機動力を重視する「運動戦」は、火力を重視する「陣地戦」ほど「攻」「防」の区分が明確ではない。一例を挙げると、第二次大戦後半の東部戦線でドイツ軍がソ連軍に対してしばしば展開した「機動防御」は、全体を見れば「防御」だが、予備兵力である装甲部隊が機動力を生かして敵の攻撃部隊を打撃する局面だけ切り出して見れば「攻撃」になる。

　そのため、「攻撃」と「防御」を完全に別のものとして捉える「攻防二元論」的な考え方は、ドイツ軍のような「運動戦」志向の軍隊にはそぐわない面があるのだ（もっとも、ドイツ軍の『軍隊指揮』でも「機動防御」が明確に打ち出されていたわけではない。詳しくは本書の第五章を参照）。

　これに対して火力を中心とする「陣地戦」では、敵陣地に対する「攻撃」、そうでなければ味方陣地での「防御」と、「攻」「防」の区分が「運動戦」よりもハッキリしている。「陣地戦」を重視していたフランス軍が、この条項のように「攻防二元論」的な捉え方をしていたのは、その意味では自然なことといえよう。

　そして、この条項に続く第一款「攻勢」の冒頭では以下のように定められている。

第百八　攻勢は、最も優良なる活動方法なり。
攻勢は、敵に逼迫《ひっぱく》し、之をして地歩を譲らしめ、且敵の志気及物質的威力を損耗せしむる為、之に大なる損害を与え、遂に敵をして立つ能《あたわ》ざらしむる目的を以て、為し得るかぎり有力なる手段を用い企図せらるる前進運動なり。
攻勢のみ、独り決戦的《（ママ）》の成果を獲得せしむ。

　このように、攻勢はもっとも優れた活動方法であり、攻勢によってのみ戦いを決定づける成果が得られる、とされている。ちなみに第二款「防勢」の最初の条項は、この第百八に対応しており、以下のように規定されている。

第百十一　全般又は局地的《（ママ）》の防勢は、指揮官が其の活動地帯の全部又は一部に於て攻勢を取る能《あた》わずと認むるとき、一時的に採用する態度なり。（中略）防勢は、決勝的《（ママ）》の（成果を得る能はず。故に之を余儀なくせしめし劣勢（が）消滅せば、指揮官は攻勢に出で、以て敵軍をして立つ能わざるに至らしむを要す。

　防勢は、あくまでも攻勢をとれない時に一時的に行われるものであり、戦いを決定づける成果は得られないので、劣勢が解消したら攻勢に転じることになっている。

話を「攻勢」に戻すと、二番目の条項は以下のようなものになっている。

第百九　攻勢は、初頭に於て優勢を保持すること肝要なり。此の優勢は、兵員、兵備及器材、精神力、精鋭度又は教育、戦略的状況、準備の先制等の諸要素に依り獲得せらる。攻勢には、尚指揮官の手腕及科学の全能を傾倒するを要し、又精鋭なる軍隊を要求す。

ここでは、攻勢では初期における「優勢」の保持が重要、とされており、その「優勢」を得るためのさまざまな要素が列挙されているのだが、フランス軍がこれらの要素の中で何をもっとも重視していたのか、いまひとつハッキリしない（強いていえば最初に挙げられている「兵員」だが）。

これとは対照的に、ソ連軍の『赤軍野外教令』では「第三（中略）戦勝の獲得を確実ならしむる手段は、重点方面に兵力資材を集結して、該方面に決定的優勢を占むるにあり」と、兵力資材の優勢を重視すべきことがハッキリと記されている。

また、ドイツ軍の『軍隊指揮』では「第十一（中略）戦闘能力の優越は兵力の劣勢を補うことを得るものとす。（中略）卓越せる指揮と軍隊の優越せる戦闘能力とは戦勝の基礎なり」とされており、兵力の優勢よりも優れた指揮や軍隊の戦闘能力の優越を重視していたことがよくわかる。

また、日本軍の『作戦要務令』冒頭の綱領では「第二（中略）訓練精到《せいとう》にして必勝の信念堅く軍紀至厳《しげん》にして攻撃精神充溢《じゅういつ》せる軍隊は、能《よ》く物質的威力を凌駕して戦捷を完《まっと》うし得るものとす」とあり、物質的な優勢よりも必勝の信念や攻撃精神を重視すべきことが示されている。

このように、フランス軍以外の各国軍の戦術教範は、引用した各条項の番号を見ればわかるように、教範の冒頭近くで、何によって敵軍に対して優位を得るつもりなのか、が明確に記されているのだ。これに対して、フランス軍の戦術教範は、ここで引用した第百九のように条項の番号が百を超えても、何によって敵軍に対する優位を得るつもりなのか、他国の戦術教範に比べるとハッキリしないのだ。

このフランス軍の教範を用兵に関する理論書として見れば、関連する要素の網羅性に優れている、と評価することもできるだろう。だが、敵に勝つためのマニュアルとして見ると、あまりにも記述のメリハリが欠けているように感じられる。

軍隊の活動を構成する要素

次の第三章「活動の諸要素」を見ると、冒頭の条項で以下のように定められている。

第百十四　兵力の活動は、火力と運動とに依り表現せらる。

軍隊の活動を、この条項のように「火力《ファイアーパワー》」と「運動《ムーブメント》」あるいは「射撃《ファイアー》」と「運動《ムーブメント》」の二つの要素に分けるのは、とくに珍しいことではない。しかし、当時のフランス軍の考え方は、実はこうした一般的な考え方と大きく異なっていた。例えば、続く第一款「火力」の冒頭の条項では以下のように定義されている。

第百十五　火力は戦闘の主要なる因子なり。之に依り敵を破摧し、或《あるい》は之を制圧す。攻撃は前進する火力にして、防御は停止せる火力なり。（以下略）

また、第二款「運動」の冒頭の条項では次のように定義されている。

第百十九　前進運動は、敵の抵抗を破摧し得べき火力を漸次に敵に近づかしむるものなり。（以下略）

つまりフランス軍は、「戦闘の主要なる因子」はあくまでも「火力」であり、その火力が前進すれば「攻撃」、停止していれば「防御」（！）と考えていたのだ。したがって、前進「運動」は、「火力」を敵に近づけるための手段に過ぎないのである。

このような戦闘を構成する因子の整理の仕方を見ると、フランス軍は徹底した「火力中心主義」だったといえよう。

これに対してドイツ軍の『軍隊指揮』では、この章の冒頭でも述べたように攻撃を以下のように定義している。

第三百十四　攻撃は、運動、射撃、衝撃（Stoss）及之が指向の方向により効果を発揮するものとす。（以下略）

軍隊の活動を「火力」と「運動」の二元論で捉えていたフランス軍と違って、ドイツ軍では「運動」や「射撃」と並んで「衝撃」を重視していたのだ。

これもすでに述べたが、第二次大戦ではドイツ軍の装甲部隊の突進が絶大な「衝撃」効果を発揮した。また、それ以前にも、例えばナポレオン戦争の時代には、フランス軍の重騎兵部隊の突撃が大きな「衝撃」効果を発揮したことは、当のフランス軍がいちばんよく知っていたはずだ。

にもかかわらず、第二次大戦前のフランス軍の戦術教範では、この種の「衝撃」効果は基本的に無視されており、前進「運動」は「火力」を敵に近づけるための手段に過ぎない、とされていたのである。

そして、第二次大戦中のドイツ軍による西方進攻作戦で

◆攻撃の概念の比較

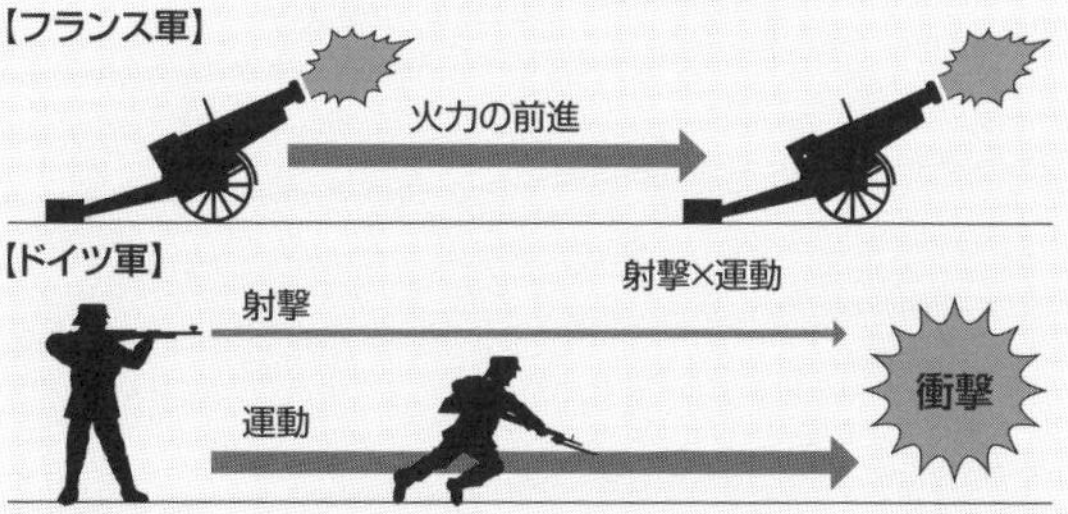

ドイツ軍は攻撃を「射撃」と「運動」、それにより発生する「衝撃」と考えていた。
これに対し、フランス軍は、攻撃とは「火力を前進」させることと定義していた。

は、高い機動力と火力を併せ持つ装甲師団を主力とするドイツ軍の攻撃が、火力に優れた歩兵師団を主力とするフランス軍の防御を打ち破り、一挙に英仏海峡にまで達した。

当時のドイツ軍の装甲師団や歩兵師団の編制では、通常は砲兵連隊が一個だけしか所属していなかったのに対して、ドイツ軍と対峙したフランス軍の北東型歩兵師団（Division d'Infanterie type NE。ドイツとの国境を含む北東方面に配備された歩兵師団の意）の編制では、通常は砲兵連隊が二個所属しており、そのうち一個は野戦重砲兵連隊で大威力の一五五ミリ榴弾砲二個大隊を基幹としていた。つまり、両軍の数の上での主力である歩兵師団の火力に関しては、フランス軍がドイツ軍を圧倒していたのである。

この時点で軍隊の活動を測るモノサシが「火力」と「運動」しかなかったフランス軍は、ひょっとすると、ドイツ軍の装甲師団の快進撃を、単に「火力」の迅速な「前進」と捉えており、装甲師団の攻撃が自軍に対して大きな「衝撃」効果を発揮したことをきちんと認識できなかったのかもしれない。

攻勢と防勢の二元論

この第二篇「活動手段及活動方法」の後は、第三篇「情報及警戒」、第四篇「輸送、運動、宿営」を挟んで、第五篇「会戦」、第六篇「軍の会戦」、第七篇「軍団の会戦」、第八篇「歩兵師団の戦闘」と続く。

このうち、第五篇「会戦」は、第一章「会戦の概況」、第二章「攻勢会戦」、第三章「防勢会戦」、第四章「会戦に於ける航空隊及防空隊」で構成されている。また、第六篇「軍の会戦」は第一章「軍の攻勢」と第二章「軍の防勢」、第七篇「軍団の会戦」は第一章「軍団の攻勢」と第二章「軍団の防勢」、第八篇「歩兵師団の戦闘」は第一章「総則」、第二章「師団の攻勢戦闘」、第三章「師団の防勢戦闘」からなっている（傍点筆者）。

つまり、会戦の一般論からはじまって軍から師団に至るまで、「攻勢会戦」と「防勢会戦」、「攻勢」と「防勢」、「攻勢戦闘」と「防勢戦闘」、といずれも「攻防二元論」的な考え方に基づいた章立てになっているのだ。

そして、第五篇「会戦」の第一章「会戦の概況」の冒頭で以下のように定められている。

第二百　会戦の目的は、敵の有形及無形上の威力を打破するに在り。攻勢は、敵を其の陣地より駆逐し、其の配備を破摧し、且其の兵力の壊滅を遂行す。防勢は、敵の攻撃を撃退して地歩を保全し得しむ。（以下略）

このようにフランス軍では、「攻勢」は敵を陣地から駆逐し壊滅させること、「防勢」は敵を撃退して地歩を確保すること、とシンプルに定義されていたのだ。これは、敵陣地に対する「攻撃」、でなければ味方陣地での「防御」という「攻防二元論」そのものといえる。要するに、フランス軍においては、攻撃イコール陣地攻撃であり、防御イコール陣地防御だったのである。

そして、その次の条項では攻勢会戦を以下のように整理している。

第二百一　攻勢会戦は、一の機動に連続して行わるる場合と対陣正面に対して行わるる場合とに依り、少なくも其の当初に於ては相違なる外貌《がいぼう》を呈す。即《すなわ》ち左のごとき三箇の状況（が）想像せらる。（以下後述）

ここでは、攻勢会戦を、部隊の機動から連続して行われる場合と、互いに陣地を作って対峙している場合との二つに分け、さらに前者を二つのケースに分けて、合計で次の三つの状況に整理している。

攻勢前進中なる彼我両軍が其の前進を続行するとき。此の場合に於ては、触接及第一線諸隊の参戦は速やかに相次《あいつい》で行われ、往々短期間に徹底的《（ママ）》の攻撃及決戦に至ることあり。其の際、両軍中（で）選定せる戦場に遭遇を実現する如く其の機動を規正し得たる一方（の）軍は、成功の最良条件に在るべし。（以下後述）

ひとつ目は、前進中の敵味方両軍がさらに前進を続ける場合だ。フランス軍の定義では火力が前進すれば「攻撃」だから、両軍が「攻撃」を行うことになる。この場合、戦場を自主的に選定できた側が有利とされている。

攻勢前進中の敵が抗拒する為に停止し、塹壕を構築し、以て其の歩砲兵の火力配置を整えたるとき。此の場合に在りては、攻者に依り企図せらるべき作戦の進度は、其の展開の進展状況、弾薬補給竝《ならび》に敵の防御編成力の如何に依り遅《ち》速《そく》あるべし。（以下後述）

ふたつ目は、前進中の敵が停止し、塹壕を掘って火力の配置を整えた場合だ。フランス軍の定義では火力が停止すれば「防御」だから、敵の「陣地防御」ということになる。

敵が築城正面又は対陣正面に在るとき。此の場合に於ては、攻撃に必要なる各手段を現地に招致する為（に）長時日の準備を要し、厳密なる攻撃法を採る要あり。

三つ目は、敵が最初から「陣地防御」を行っている場合だ。

◆機動防御

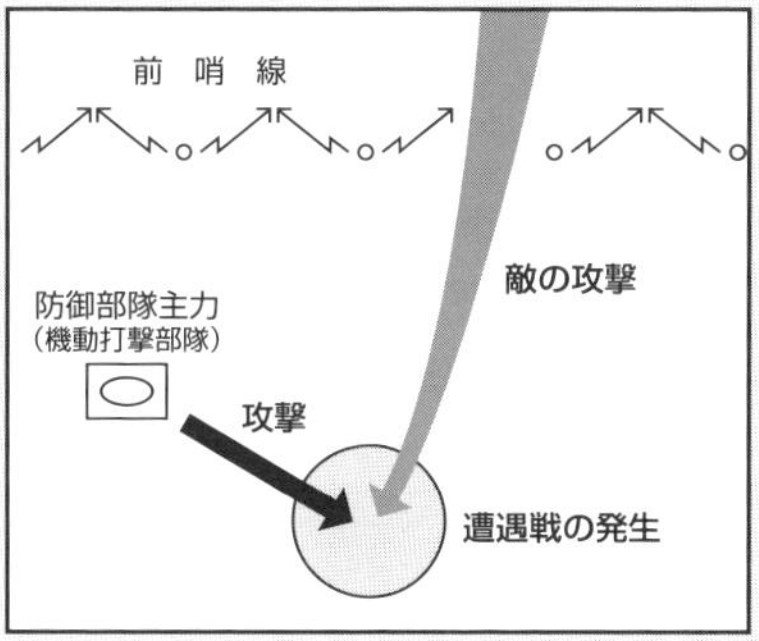

図は、機動防御の概念である。機動防御は、機動打撃の局面を見れば、攻撃行動であり、敵もまた攻撃運動を行っている以上、戦闘の形態は遭遇戦となる。フランス軍の攻防二元論ではうまく位置付けられない戦闘といえる。

つまり、攻勢前進中の両軍が前進を続ける場合、すなわち両軍が「攻撃」を続ける場合と、敵軍が途中から、もしくは最初から停止して「防御」を行う場合だけが規定されており、例えば防御側の機甲部隊が機動力を生かして攻撃側を打撃する「機動防御」のような状況は、まったく考慮されていなかったことがわかる。

フランス軍の定義では、火力が前進すれば「攻撃」、停止していれば「防御」だから、これに従えば「機動防御」は「攻撃」に分類されてしまう。つまり、フランス軍の定義では「機動防御」を「防御」の一環として位置づけることができないのだ（！）。これは、フランス軍の「攻防二元論」的な考え方の大きな欠陥といえよう。

この教範の発布後、フランス軍は、諸兵種連合の機甲部隊である装甲予備師団（Division Cuirassée de Réserve 略してDCR）を四個編成する。おもな任務は、その名のとおり上級司令部の予備隊として味方戦線の後方に控置され、敵部隊に味方戦線を突破されそうになった時に反撃することであった。

しかし、ドイツ軍による西方進攻作戦では、シャルル・ド・ゴール准将指揮する第4装甲予備師団によるモンコルネやクレシーでの反撃を例外として、他のDCRはドイツ軍に対して反撃らしい反撃をほとんど行うことができなかった。

この失敗の根底には、火力と機動力を併せ持つ機甲部隊の特性を活かす「機動防御」を「防御」全体の中にうまく位置づけることのできないフランス軍の用兵理論の欠陥があった、といえるのではないだろうか。

遭遇戦の忌避

続いて、この第二百一ではわざわざ太字で以下のように規定している。

一般に、特に戦争の初期に於ては、至当なる先制は固《もと》より之を保有すべしと雖《いえど》も、統制指導する戦を行うこと肝要にして、不統制なる遭遇戦を避くるを要す。実際、遭遇戦には、総ての僥倖《ぎょうこう》を伴うものにして、初めて参戦する新たなる部隊の使用に適せず。此の種（の）部隊には、必要なる火力の総《あら》ゆる支援の下に整然たる方式を以て戦場に参加せしむること極めて肝要なり。

このようにフランス軍では、不統制な遭遇戦を避けることになっており、とくに初めて参戦する部隊は火力支援のもとで整然と戦闘に参加させることが求められていた。また、フランス軍では（本書の第三章でも述べたように）「機動計画」「情報計画」「連絡計画」「使用計画」を決定することになっており、計画性を非常に重視していた。

これとは対照的にドイツ軍の『軍隊指揮』では、既述のように、遭遇戦では不確実な状況下で決心し行動するのが当たり前であること、敵の機先を制すのが重要であること、そのためには不明な状況でもすばやく行動して即時に命令を与える必要があること、などが定められている。ドイツ軍では、とくに遭遇戦においては「計画性」とは真逆の「即興性」とでもいうべきものが求められていたのだ。

そして、それぞれの戦術教範の規定にしたがって、不統制な遭遇戦を避けて整然と戦おうとするフランス軍部隊と、不確実な状況下でも敵の機先を制して迅速に行動しようとするドイツ軍部隊の間で遭遇戦が生起したとする。

この場合、一旦後退して各種の計画を仕切り直そうとするフランス軍部隊を、ドイツ軍部隊がその場その場の即興的な作戦でどんどんと追い詰めていくことになる。つまり、計画性を重視するフランス軍の用兵思想は、即興性を重視するドイツ軍の用兵思想との相性がとりわけ悪かったのだ。

続く条項では、敵正面を突破した後の行動について以下のように規定している。

第二百二　敵（の）正面（が）突破せらるるや、戦勝諸隊は極力敗敵に追躡《ついじょう》し、遅滞することなく之を圧迫し隊伍《たいご》の整頓を妨害すべし。同諸隊が更に敵の組織ある抵抗に会《かい》するときは、為し得る限り速《すみや》かに之と密接なる触接を取り、指揮官は新《あらた》なる攻撃実施の為、各手段を集結す。（以下略）

敵の正面を突破したら、まず敵の隊伍の整頓を妨害することが求められている。整然と戦闘を進めたいフランス軍にとって、隊伍の整頓を妨害されることは大きな苦痛だったはずで、それを敵に強いることになっていたのだ。

第二百三　既に敗敵が抗戦状態にあらずして戦闘を放棄するときは、追撃（が）開始せらる。追撃は、単に地域の占領を以て足《た》れりとすべからず。敵の組織を完全に崩壊し《（ママ）》、その兵力の再建を妨《さまた（ママ）》ぐること必要なり。
若《も》し、攻撃成功せざるときは、指揮官は少なくも《（ママ）》其の部署の整理に要する期間（は）、占領地区の領有を確保し、以て不成功の結果を局限するに努むべし。

追撃では、敵の組織を完全に崩壊させて兵力の再建を妨害することが必要とされている。

そして攻撃が失敗した時でも、少なくとも部署を整理する間は占領地区を確保することが求められている。これほどまでにフランス軍では、隊伍や部署の整理整頓が重視されていたのである。

以上、フランス軍の基本的な考え方をまとめると、敵陣地に対する「攻撃」、でなければ味方陣地での「防御」、という「攻防二元論」的な認識を持っていた。そして、火力が前進すれば「攻撃」、停止していれば「防御」、と定義していたため、機動力を活かして敵の攻撃部隊を叩く「機動防御」を「防御」の一環として位置づけることができないという欠陥があった。

また、戦闘の主要なる因子を「火力」と捉えており、前進運動は火力を敵に近づけるための手段に過ぎないという徹底した「火力中心主義」であった。

そして、計画性を重視し、不統制な遭遇戦を避けることになっていたが、こうした用兵思想は即興性を重視するドイツ軍の用兵思想との相性がとくに悪かった、といえる。

攻勢会戦の時期区分

続いて、第五篇「会戦」の第二章「攻勢会戦」と第三章「防勢会戦」で攻防それぞれの会戦についてより具体的に規定し、さらに第四章「会戦に於ける航空隊及防空隊」で航空隊や防空隊の活動について定めている。

その第二章「攻勢会戦」の最初の条項は、以下のようなものになっている。

第二百六　活動の統一は、攻勢会戦成功の要訣なり。
指揮官は、令《（ママ）》下の各大単位部隊、又は隷下各隊に左の三項を示し、以て意志、独断及努力の必要なる協調を求むべし。

任務
方向　指揮官自らが上級官憲より受くる方向に依り定まるもの。

方向は、命令的にて戦略及戦術的規律の基礎となるものなり。

主力の到達すべき諸目標　此の目標は、大単位部隊の機動を実現し、或は其の部署の修正を行い得る為のものなり。

このように、冒頭で「活動の統一」や攻撃「方向」の重要性が強調されている。

そして次の条項では、すべての攻勢会戦を時系列に沿って「準備期」「実行期」「戦果拡張期」の三期に区分し、各期で達成すべき目的を明確に規定している。

第二百七　総《すべ》ての攻勢会戦は、時間的に次の三期に区分することを得。

準備期　此の期の目的とする所、左の如し。

安全に且最小の損害を以て諸隊を敵の方向に進出せしむ。

戦闘に依り敵の状況を知《ち》す。

正面を構成し、其の掩護の下に諸隊を攻撃の為（に）有利なる条件に於て部署し得しむ。

実行期　選定せる一方向上に主力を指向するを目的とす。

戦果拡張期　敵軍の組織を全く崩壊するを目的とす。（以下略）

これ以降も、第一款「接敵」、第二款「触接」、第三款「攻撃準備戦闘」、第四款「攻撃」、第五款「会戦の完結」と、同じく時系列に沿った構成になっている。

これらを見ると、フランス軍は、攻勢会戦における各段階（フェイズ）でそれぞれの目的の達成とそのための活動の統一、現代風に言い換えると一種の「フェイズ管理」を重視していたことが感じられる。

ただし、第一款「接敵」の直前、すなわちこの章の三番目の条項には以下のように記されている。

第二百八　上述の如く攻勢会戦の概念を区分し、之を解剖し、以て会戦を確然たる数期に分かちたりと雖も、此等の各期は、実際に於ては必ずしも常に此の不動の順序に従い相次ぐべきものにあらざることを特筆せざるべからず。会戦の各期に関し、以下（の）諸条項に述ぶる一般の諸規定も、随って単に指揮官に（対して）状況、特に其の受けたる任務に適応すべき会戦の手段及方法の選定上、指針を示すを目的とするのみ。

前項のように攻勢会戦を三期に分けても、実際には必ずしもこの順番になるとは限らない。したがって、以下の規定も指揮官に対して単に指針を示しているだけ、というのだ。言い換えると、大単位部隊の各指揮官は、ここに示された指針に基づいて、実際の状況や与えられた任務に適合するような手段や方法を自分で選ばなければならないのである。

　戦術教範を「敵に勝つためのマニュアル」として見ると、このように「答え」をズバリと書かずに指揮官自身に考えさせるやり方は、あまりにまわりくどいように感じられる。だが、この教範が「敵に勝つためのマニュアル」ではなく、指揮官が「自分で考えるための参考書」と考えれば納得がいく。おそらくフランス軍は、自軍の教範の規定がドグマ化して、硬直した教条主義に陥ることを危惧していたのであろう。

接敵、触接、攻撃準備戦闘

　では、時系列に沿って構成されている第一款以降を順番に見ていこう。

　第一款「接敵」の最初の条項は以下のようなものになっている。

第二百九　接敵は、空中爆撃が稠密《ちゅうみつ》且頻繁となり、又砲兵火力の増大、或は装甲兵器の挺進に依り、大単位部隊が路上隊形を抛棄《ほうき》するの已むなきに至るときより開始せらる。るときは、大単位部隊は、接敵隊形に移る。此の隊形の目的は、秘密に、安全に、為し得る限り迅速に、且有形無形の最良の条件に於て、大単位部隊をして敵に向かい近迫せしむるに在り。（以下略）

　接敵は、敵の砲爆撃の激化や装甲車両の挺進によって、大単位部隊が路上隊形から接敵隊形へと移行した時点で始まる。

第二百十　夜間は、敵の活動の効果には不利にして、之に反し我が秘密の保持には有利なるを以て、軍隊に課すべき疲労の大なるに拘わらず、接敵の為（に）屡々《しばしば》利用せらる。

（中略）

然れども、状況上特に触接近きを想像せらるるとき、昼間接敵を実施するの已むなきこと屡々之あり。其の際、諸隊は、敵に依り特に監視せられ、又は射撃せらるる主要道路を避け、小道又は小径を利用し、且為し得る限り敵の観測所及飛行機の通視に蔭蔽《いんぺい》せる経路を取り、《（ママ）》尚要すれば畑地《はたち》を横断す。

　フランス軍は、本書の第二章「行軍」で述べたように、敵の空中偵察や諜報活動をまぬがれるために夜間機動を大いに推奨していた（第百六十）。同じような理由で夜間接敵を推奨しており、昼間接敵をせざるを得ない場合でも、可能なかぎり敵の観測所や偵察機の監視を避けることになっていた。

次の第二款「触接」では、最初の条項で以下のように定められている。

第二百十六　接敵行進は、触接に到達す。触接の目的（は）左の如し。

陣地に拠《よ》る敵に対しては、敵が組織せる抵抗を為すべき線を確知す。

行動中の敵に対しては、指揮官の選定せる地区に敵の前進を拒止し、攻撃開始に先立ち敵を其の線に抑止す。

この両場合において、**触接は一正面を構成するに至り、其の掩護下に主力は攻撃部署を完成す。**

フランス軍の第一の仮想敵であったドイツ軍では、陣地の中で最も重要な部分を「主戦闘地帯」とし、防御の際にこれを最後まで保持することになっていた。そして、主戦闘地帯の前方には、「前進陣地」を置いて敵が前方の要点をすばやく確保するのを妨げたり、「戦闘前哨」を置いて主戦闘地帯の守兵が戦闘準備を整える時間を稼いだりするとともに、主戦闘地帯の位置を欺騙して敵の攻撃部隊を戦闘隊形に過早に移行させることになっていた（詳しくは本書の第五章「防御」で述べる）。

対するフランス軍は、陣地防御を行う敵に対しては、触接の目的として主戦闘地帯前縁（ドイツ語ではHaupt-kampflinie略してHKL、英語ではForward edge of the battle area略してFEBA）を確実に知ることが求められていた。これを知ることによって戦闘隊形への過早な移行を避けることができるのだ。

また、行動中の敵に対しては、前述したように戦場を自主的に選定できた側が有利とされており（第二百一）、触接時に指揮官の選定した地区で敵の前進を抑止することになっていた。

そして、いずれの場合でも触接正面を構成し、主力はその掩護下で攻撃部署を完成することが強調されている（触接正面とは、この教範の冒頭に付されている「用語の解」で「部隊の行動地域の全幅員に亙り保持せられたる触接の全般の外周を言う」と定義されている）。これによって（前述の第二百一に規定されているように）不統制な遭遇戦を避け、整然と戦闘に参加することができるのだ。

第二百十八　陣地に拠る敵に対しては、前衛は左右の整頓を顧慮することなく、先ず敵線の薄弱なる部分に滲入《しんにゅう》し、次いで多少孤立するも、軈《やが》ては連接し、且隣接部隊の行動に依りて補足せらるべき火力の連合竝に機動により行動す。而して、最後に深刻なる触接を取り、且抵抗正面を構成する為、其の全兵力を参戦せしむ。（以下略）

陣地防御を行う敵に対しては、前衛が敵の薄弱なる部分、すなわち敵の前哨と前哨の間などから滲入することになっており、多少孤立してもやがては連接して行動することになっている。つまり、前衛が「多少孤立」して行動するのは敵前哨の攻撃等だけで、確知した敵の主戦闘地帯にも続けて単独で滲入するようなことは考えられていなかったのだ。

第二百十九　攻勢前進中の敵に対しては、前衛は遠距離警戒諸隊の掩護の下に前進したる後、指揮官が敵をして触接を求めに来らしむべく決したる陣地上に、命令に依り防勢的に占拠す。（中略）

此の陣地上に展開すべき命令は、敵の前進に最小の地歩を譲るのみにて、而《しか》も我が前衛をして強固なる火網を整備するに足る余裕を得しむる為、適当なる時期に与えらる。

防御設備は、遠距離警戒機関の掩護の下に、最小限の時間にて実施せらる。使用し得べき全砲兵は、此の阻止行動に参加する為、展開す。

攻勢前進を続ける敵に対しては、前衛が飛行隊や騎兵大単位部隊等の遠距離警戒部隊の掩護下で、指揮官の選定した陣地を占拠して敵の触接を待ち受けることになっている。フランス軍の定義では、火力が停止していれば防御（第百十五）だから、条文中にあるように「防勢的」ということになる。驚くべきことに、フランス軍は両軍が機動している「運動戦」的な状況下においても、まるで「陣地戦」の陣地防御のように戦おうとしていたのだ。

続く第三款「攻撃準備戦闘」では、冒頭の条項で以下のように規定している。

第二百二十一　触接の効果は、概して直ちに之に依り攻撃に移り得しむるものにあらず。とくに左の場合に於て然《しか》り。

触接に依りて得たる諸情報が、更に之を確実にせられ、又は補足せらるる必要あるとき。

敵が重要なる観測所又は地区の突出諸点を領有しありて、触接正面が良好なる条件に於て攻撃の為の兵力集結を行うの《（ママ）》可能性を与えざるとき。

警戒の諸機関が、陣地に拠れる敵の各前哨を奪取し得ずして、攻撃が無益に且過度に遠距離より出発する恐れあるとき。

斯くの如き場合、指揮官は準備的活動を命ずるに至るべく。諸活動の全般が攻撃準備戦闘を構成す。

此等の活動の目的は、触接の価値を確実にし、尚攻撃部署の実施及進出に必要なる諸陣地又は拠点を奪取するに在り。
（以下略）

触接によって得られた情報をより確実にすることや、攻撃部署を整えるのに必要な要点を確保する必要がある場合などには、触接から直ちに攻撃に移るのではなく「攻撃準備戦闘」を挟むことになっている。

この条項に限らず、この章では攻勢会戦を時系列に沿って細かく分割したうえで、各段階の目的をそれぞれ明記している。これもフランス軍が「フェイズ管理」的な計画性を非常に重視していたことのあらわれといえよう。

攻撃の実施

次の第四款「攻撃」では、最初の条項で以下のように定められている。

第二百二十二　攻勢機動全般の形態の如何に拘らず、常に敵が一の正面を成形して我に対抗し、之を力に依りて打破せざるべからざる時期（が）到来するものなり。
攻撃は攻勢会戦の特性たる行為なり。
努力の集中は、指揮の統一に依り得らるる《（ママ）》ものにして、攻撃の顕著なる性質なり。

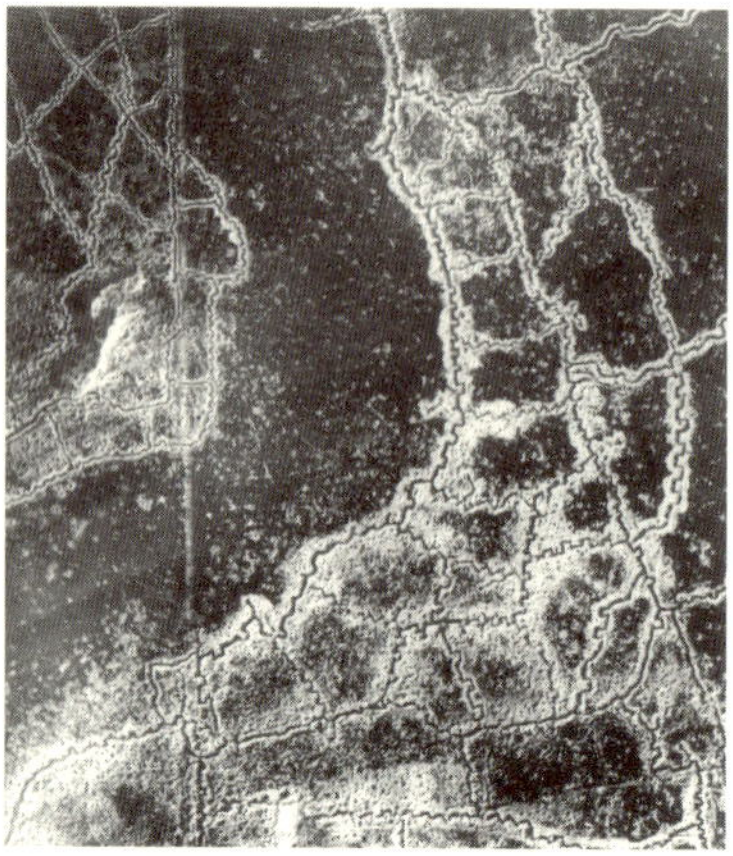
第一次大戦時の塹壕線を上空から見たもの。右はドイツ軍、左はイギリス軍。第一次大戦の西部戦線ではスイス国境から英仏海峡までこのような塹壕線が伸び膠着状態に陥った。この第一次大戦西部戦線の経験がその後のフランス軍の戦術思想に大きな影響を与えた

分かりやすく言うと、攻撃機動によって、敵を迂回しようが側面に回り込もうが、敵は常に正面をかたち作って対抗するのだから、いずれは正面攻撃をせざるを得ない、というのだ。

たしかに第一次大戦の西部戦線では、開戦初頭のドイツ軍の快進撃を英仏連合軍が「マルヌの戦い」で阻止したのち、両陣営が互いに敵軍の側面に回り込もうと自軍の翼側を延ばす「延翼競争」を続けた結果、スイス国境から英仏海峡まで切れ目の無い一本の戦線ができあがり、両陣営とも敵を迂回したり側面に回り込んだりすることができなくなった。

この条項は、そのような状況を踏まえたものなのだろう。

第二百二十四　一の攻撃より期待し得べき成果は、通常（は）攻撃正面の当初の規模の大なるに従い、益々著大《ちょだい》なるものなり。

実際、攻撃は、集中砲火を蒙《こうむ》り易《やす》き其の側面より頓挫《とんざ》するに至ること頗《すこぶ》る多し。（以下略）

続く条項では、攻撃正面が大きくなれば期待できる成果もますます大きくなる、とされている。ただし、包囲攻撃や側面攻撃を狙うことは求められておらず、自軍側面への敵の集中砲火を警戒して攻撃正面を広くすることが求められている。

これに対してドイツ軍の『軍隊指揮』では、前述のように第六章「攻撃」の最初の条項で以下のように定めている。

第三百十四（中略）攻撃は、敵の正面、即ち通常（は）強度（が）最も大なる方面、側面若《も》しくは背面に向いて、一方向より之を行う。又、数方向より攻撃することあり。（以下略）

こちらでは、攻撃を敵の正面に向けるだけでなく側面や背面に向けることにも言及しており、また続く条項で以下のように記されている。

第三百十五　正面攻撃は、其《その》遂行（が）最も困難なるも、最も屡々《しばしば》行わるるものなり。（以下略）

第三百十六　包囲攻撃は、正面攻撃に比し其効果大なり。（以下略）

第三百十八　側面攻撃は、従来の前進方向若《も》しくは迂回により生ず。敵を奇襲し、且《かつ》敵に対応の処置を講ずる遑《いとま》（を）なからしむるときは、特に効果大なり。（以下略）

最初の条項に続けて、正面攻撃の困難さ、包囲攻撃や側面攻撃の効果の大きさが記されており、ドイツ軍が包囲攻撃や側面攻撃を重視していたことがよくわかる。これに対してフランス軍は、どう機動しようがいずれは正面攻撃になる、と考えていたのだから、この差は非常に大きい。

次いで、第四款中の其の一「一般部署」では、攻撃部署について以下のように規定している。

第二百二十七　攻撃は、通常（は）大単位部隊の建制諸隊のみにては行うを得ず。必ずや若干の補助部隊を要す。補助部隊は、殆《ほとん》ど常に砲兵及戦車より成り、時として機関銃大隊をも増加せらる。

戦車は、特に歩兵が其の前進中に遭遇する各困難を克服するを援助するに適す。

機関銃大隊は、戦線の受動的部分を保持し、以て活動的方面に一層強大なる兵力の集中を行い得しむ。又、攻撃の進出に際しては、火力基地を増援し前進する諸隊の側面を掩

護することを得。（以下略）
フランス軍では、通常は大単位部隊が単独で攻撃を行うことはなく、必ず砲兵部隊や戦車部隊、ときには機関銃大隊が増強されることになっていた。そして、このうちの機関銃大隊は、戦線のこちらから仕掛けない部分を確保し、他のこちらから仕掛ける方面に兵力を集中することを可能にする、とされていた。

第二百二十八　大単位部隊の攻撃部署は、通常（は）左のごとし。

第一線の諸隊は、指揮官が其の攻撃に付与する重要度に対応する正面の地域に、其の目標に面して併《ママ》立して展開せしむ。

第二線には、第一線の諸隊を交代、超越又は増援し、或は会戦の不測の状況に備《ママ》うる為控置せられたる諸隊を有す。

攻撃正面には、第一線に部隊を横に並べ、第二線には第一線を交代したり増援したりする部隊を置く。第二次大戦前のフランス軍の歩兵師団の基本編制は、歩兵三個連隊を基幹とする「三単位師団」だったので、通常は第一線に二個連隊を並べて、第二線に一個連隊を置くことになる。

第二百三十　多数（の）戦車を広正面に分配し、且梯次せしむるは、攻撃に於ける戦車用法の一般の原則なり。

フランス軍の歩兵部隊は攻撃を行う際、戦車部隊や砲兵部隊が増強されることになっていた。写真は第二次大戦緒戦時のフランス軍の主力戦車であったルノーR35。装甲は45㎜とドイツ戦車より厚いが、主砲は歩兵支援用で装甲貫徹力はほぼ無い短砲身37㎜砲で、最大速度もドイツ戦車よりはるかに遅い20km/hという、典型的な歩兵戦車であった

シャールB1bisを捨てて投降するフランス戦車兵。B1bisは大口径の75㎜砲と長砲身47㎜砲を持ち、60㎜という重装甲を備える、当時のあらゆるドイツ戦車を圧倒する強力な重戦車であった。だがそういった強力なフランス戦車も、混乱した上級司令部の命令に右往左往しているうちに、ドイツ軍によって各個に撃破されていった

此の用法は、大なる有形無形の効果を発生し、歩兵の前進を容易にし、敵砲兵及対戦車火器をして其の火力を分散するに至らしむ。（以下略）

ドイツ軍では、第二次大戦前にハインツ・グデーリアンらが戦車部隊を集中的に運用することを提唱し、それに沿って戦車部隊（当初は戦車一個旅団＝二個連隊＝四個大隊）を主力とする装甲師団が編成され、ポーランド進攻作戦前には装甲師団や自動車化歩兵師団を集中した自動車化軍団（のちに装甲軍団に改称）が編成されることになる。

これとは対照的に、第二次大戦前のフランス軍では、戦車を広い正面に分散配置することが教範に明記されていたのだ。

さらにフランス進攻作戦の前には、ドイツ軍は自動車化軍団三個を集中した軍規模のクライスト装甲集団を編成していた。

これに対してフランス軍は、各軍や軍団に戦車大隊（Bataillon de Chars de Combat略してBCC）二個程度を主力とする戦車大隊群（Groupe Bataillon de Chars略してGBC）を直轄部隊として配属していた。これらのGBCは、大隊や中隊等に分割されて第一次大戦と同様におもに歩兵師団の支援に当たったため、戦車部隊を集中運用するドイツ軍に対抗できなかった。

こうした戦車の分散運用も、フランス軍の戦術教範に定められていたことなのだ。

次の「其の二　攻撃準備射撃」では、以下のように定義されている。

第二百三十二　攻撃準備射撃は、攻撃開始時前に行う射撃の全般を言う。（中略）

此の準備射撃は、主として砲兵の任務なれども、歩兵及飛行隊も亦之に参加することあり。

準備射撃の程度及実施期間は、状況に依り差異あり。時には縦長《じゅうちょう》地域に於ける敵の諸機関の破壊及制圧を目的とし、時には単に敵の第一線諸隊の制圧を目的とす。**例外**として、攻撃は準備射撃なくして行わる。この際は、攻撃が奇襲的に行われたり、と称す。（以下後述）

攻撃の開始前に攻撃準備射撃が行われる。この際、縦深にわたる破壊射撃を行うこともあれば、第一線部隊の制圧射撃だけが行われることもある。攻撃準備射撃を行わないのは例外的なことであり、それは奇襲的な攻撃と呼ばれる。

そして、この条項では以下のように規定されている。

準備射撃に関する前記諸点の決定は、敵の編成及我が指揮官の有する戦闘諸手段に関す。有力なる戦車部隊を配属せられ、瞬間的に偉大なる効果を発揮し得る多数の砲兵を有するが如き場合には、攻撃準備射撃を短縮し、或は例外として之を省略し得るものなり。

第一次大戦中の一九一七年十一月、イギリス軍はフランス北東部の街カンブレーの近くで攻勢を発起し、戦車九個大隊に支援された歩兵二個軍団が攻撃準備射撃無しに突如前進を開始して大きな戦果を挙げた。この条項は、そのような状況を考慮したものであろう。

続く其の三「攻撃の実施」を見ると、あらためてフランス軍が計画性を重視していたことがよくわかる。

第二百三十三　攻撃の発進は、指揮官により極めて明確に規定せらるるを要す。

攻撃開始時とは、一般の規定として、攻撃部署の第一線諸隊が発進基地より進出すべき時刻なり。（以下略）

第二百三十四　指揮官は、少なくも《（ママ）》縦長の攻撃の為には、各異の目標に対する前進条件、即ち前進の平均速度、各目標上の停止時間、逐次の目標より運動再開の為の協定竝《ならび》に運動再開を命令すべき担当者の指定、砲兵の移動等を決定す。

此等の処置は、敵が有力にして防御の為（の）多くの余裕あるに従い、益々之を細密に規定すべきものとす。

このように大単位部隊の指揮官は、各部隊の前進の平均速度や各目標での停止時間までも事前に計画することになっていた。それどころか、敵が有力な場合はますます細かく規定すべき、とされている。

さらに「其の四　指揮官の活動」では、最初の条項で以下のように規定されている。

第二百三十九　会戦の各時機に於て、大単位部隊の指揮官は、其の砲兵火力の機動、飛行隊の参戦（第二百九十六及其の以下）竝に、特に其の予備隊たる歩兵及戦車の戦闘加入に依り、主として其の行動を行うものとす。（以下略）

フランス軍の大単位部隊の指揮官は、本書の第三章で述べたように「機動計画（攻撃計画または防御計画）」や「情報計画」「連絡計画」「各部の使用計画」など各種の計画の策定を求められていた。

その一方で、会戦の各段階での、指揮官のおもな行動は、砲兵火力の運用と、飛行隊や予備隊の投入の決心くらいだったのだ。

戦果拡張期

次の第五款「会戦の完結」では、戦果拡張について規定している。

第二百四十　攻撃成功せば、敵の崩壊を完全にし、其の兵力の再建を妨遏《ぼうあつ》（ふせぎ止めること）するため、猶予なく戦果を拡張す。

然れども、実現せらるる突破口は、通常（は）過狭にして、之より予備隊を突入せしむるのみにては、多くの場合、前項の如き成果を獲得するを得ず。

故に指揮官は、とくにその破口《はこう》の各支点を陥落せしめ、以て突破地帯を拡大するに努むべし。

突破口の拡大は、その両端に対する旋回運動により、あるいは攻撃地帯の漸次の延伸により、あるいは両者の併用により獲得せらるるべし。


　この教範では、前述したように、攻撃正面が大きくなれば期待できる成果もますます大きくなるとしている。ただし、通常は最初の突破口が小さすぎて、予備隊を突っ込ませても十分な成果が得られないので、まず突破口の両端に対する旋回運動で突破口を拡大することが求められている。

　これに対してドイツ軍の『軍隊指揮』では、以下のように定められている。


第三百十九　突破攻撃（Durchbruchsangriff）は、敵の正面に於ける連繋を分断し、突破点に於ける敵の翼端を包囲するものなり。（中略）突破地点の側方の敵を牽制、抑留する為、突破を企図する正面幅以上に大なる正面幅に向い攻撃を指向するを要す。爾余《じよ》の敵の正面も亦之を拘束するを要す。

突入の幅（が）大なるにしたがい、益々深く突破の作用を及し得るものとす。此際、予備隊を近く位置せしめ、以て突破側面に向かい招致せらるる敵の予備隊を撃退せしむべし。

突破奏功せば、敵が対応の処置を講ずるに先だち、戦果を拡張するを要す。攻者益々深く進出するに従い、愈々《いよいよ》有効に包囲に転じ、且後方に退避して突破せられたる正面を閉鎖せんとする敵の企図を挫折せしめ得るものとす。故に過早の方向転換を避くべし。


　こちらも突破を狙う正面幅以上の広い正面で攻撃をかけることになっており、突入の幅が大きくなるのにしたがって深く突破の作用を及ぼすことができるとされているが、フランス軍のような突破口両端での旋回運動を求めるのではなく、逆に過早な方向転換を戒めて敵戦線後方奥深く進出することを求めている。

　いうなれば、フランス軍は敵陣地に攻撃部隊のクサビを打ち込み、その根元の幅を広げることによって先端を敵陣地の奥深くまで届かせようとしたのに対して、ドイツ軍は、敵陣地を突破した攻撃部隊の包囲翼を敵戦線の後方奥深くに伸ばして敵部隊を大きく包囲することを狙っていたといえる。同じ敵の正面に対する攻撃でも、独仏両軍の戦術には大きな違いがあったのだ。

　そして、続く条項では以下のように定められている。

第二百四十一（前略）**もし、敗敵《はいてき》が抗戦を断念し、混乱して退却せば、追撃を開始す。追撃は、中断することなく放胆《ほうたん》且激烈なるを要す。**

◆突破攻撃の概念

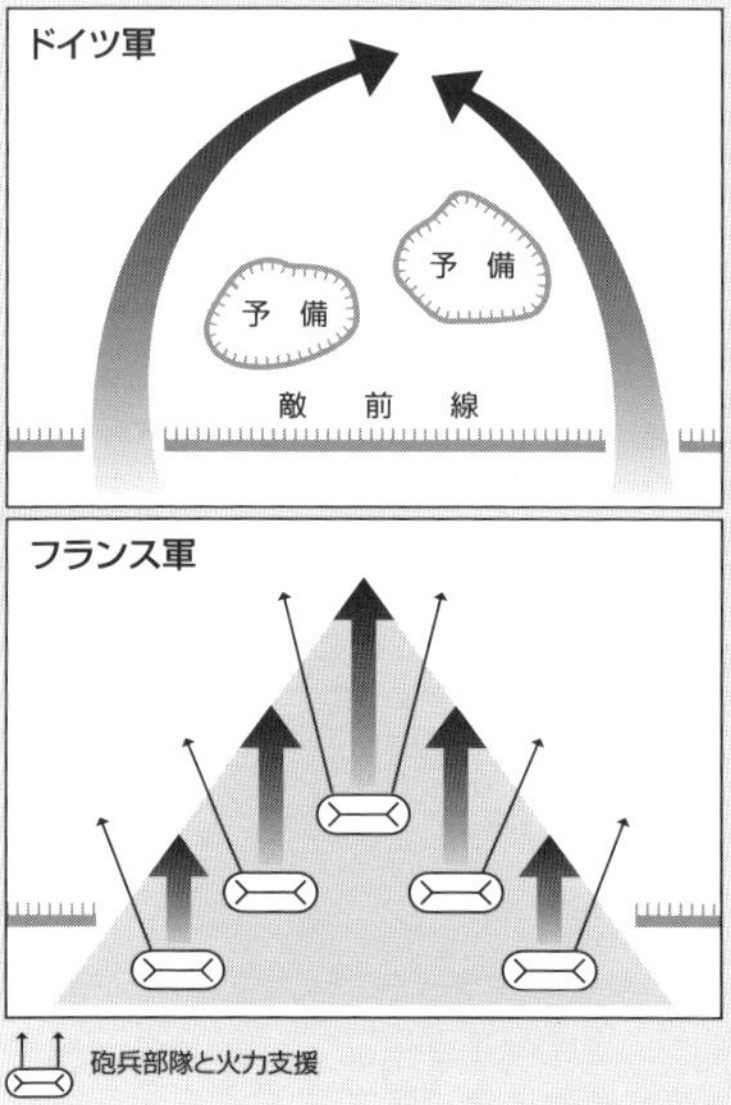

図はドイツ軍とフランス軍の突破の概念の違いを表したものである。
ドイツ軍は作戦速度の優越により敵の反応を上回る速度で突破行動を続ける。そのため突破深度は速度に比例する。
一方、突破部隊翼側の掩護も火力で行い、クサビを打ち込むようなフランス軍の突破は、攻撃正面の幅と突破深度が比例する。

　実は『大単位部隊戦術的用法教令』の第五篇「会戦」の中で、追撃に関する規定はこれくらいしかない。

　これとは対照的にドイツ軍の『軍隊指揮』では、大項目の「章」をまるまる割いて追撃について規定している。しかも、追撃では軍隊の疲労を考慮せず指揮官が一見不可能な要求を行うことまで認めている（第四百十）。

　要するにフランス軍は、敵戦線突破後の戦果拡張をドイツ軍ほど重視していなかったといえる。これは、敵陣地にクサビを打ち込むように攻撃するフランス軍が追撃で得られる戦果と、敵陣地の後方奥深くに包囲翼を伸ばして敵部隊を大きく包囲するドイツ軍が追撃で得られる戦果の違いを反映している、ともいえるだろう。

　そして、この款の末尾の項目では、攻撃が失敗した場合について定めている。

第二百四十二　攻撃成功せざるときは、指揮官は先ず占領地区の領有を確実にし、次《つい》で砲兵の掩護の下に部署の秩序を恢復《かいふく》し、最も損傷せる部隊を後退せしめ且速かに其の改編を実施す。（以下略）

　ここでは占領地区の確保に次いで部署の整理整頓が挙げ

コラム

フランス軍の戦闘群戦法とプラン1919

第一次大戦後半に、ドイツ軍は、小部隊に分かれた突撃部隊を先頭にして、敵の防御拠点を迂回したり、敵の弱点に小さな隙間をこじ開けたりして、敵戦線の後方に滲透していく「滲浸戦術」を大規模に活用し、連合軍部隊はしばしば混乱して麻痺状態に陥った。こうした混乱や麻痺も、突撃部隊による「衝撃（Stoss）」効果の一種といえる。

一方、フランス軍は、これに先立って一九一七年九月に発布された教令で、半小隊（のちに戦闘群と改称）を独立した戦闘単位として正式に採用し、下士官の指揮下で前後左右に柔軟に機動し、戦場の地物を利用して敵の防御砲火を一旦避けたり、そこからわずかなチャンスを掴んで一挙に突撃したりするようになった。この「戦闘群戦法」は、分隊規模の小部隊戦術という点ではドイツ軍の滲透戦術と共通している。

しかし、『大単位部隊戦術的用法教令』（第百十五）での「戦闘の主要なる因子」の定義を踏まえると、最初から「衝撃」による混乱や麻痺を狙っていた滲透戦術とちがって、戦闘群戦法は本質的には各半小隊に配備された軽機関銃の火力を迅速に前進させるための手段にすぎなかったのであろう。

また、この定義から考えるとフランス軍は、ドイツ軍の滲透戦術を、自軍拠点の隙間などを利用して軽機関銃や短機関銃等の火力をうまく前進させた、としか理解できなかったのかもしれない。

ちなみにイギリス戦車軍団参謀長のジョン・F・C・フラー大佐は、滲透戦術による敵部隊の「麻痺」に着目し、まず快速の中戦車部隊をドイツ軍戦線後方の上級司令部や通信施設等に向かって突進させ、次いで重戦車部隊や歩兵部隊、砲兵部隊で指揮系統が麻痺し補給線を切断されたドイツ軍戦線の弱点を攻撃して大突破する攻撃計画『プラン１９１９』を、第一次世界大戦の末期に発案した。

この計画が狙っていた敵部隊の「麻痺」は、既述のようにドイツ軍のいう「衝撃」が引き起こす効果の一部といえる。したがって、フラーは「衝撃」の効果を少なくともフランス軍よりは理解していたといえるだろう。

「プラン1919」を考案したイギリス陸軍のフラー大佐。彼の思想は、後のドイツ、ソ連などの戦車指揮官たちに大きな影響を与えた

られている。これも、フランス軍の計画性の重視のあらわれといえよう。

用兵思想の根本的な相違

『大単位部隊戦術的用法教令』の「攻勢会戦」に関する規定を見ると、フランス軍は第一次大戦中の西部戦線のような「塹壕戦」を念頭に置いていたことが強く感じられる。

そして、ドイツ軍が包囲攻撃や側面攻撃を重視していたのに対して、フランス軍はどう機動しようがいずれは正面攻撃になる、と考えていた。また、ドイツ軍のように敵部隊を大きく包囲して殲滅するのでなく、敵陣地にクサビを打ち込むように攻撃することを考えていた。それ以外にも、攻撃における「衝撃（Stoss）」効果の認識など、フランス軍とドイツ軍は隣り合わせの同じ陸軍国の軍隊でありながら、その考え方には大きな差異があった。

こうした差異の根本には、フランス軍が火力を重視する「陣地戦」志向の軍隊であり、ドイツ軍が機動力を重視する「運動戦」志向の軍隊である、というより本質的なちがいがあったのだ。

ソ連軍の攻撃

攻撃の基本的な考え方

次にソ連軍について見ていこう。まずは『赤軍野外教令』の第五章「戦闘指揮の原則」の攻撃に関する条項からだ。

第百六　軍隊は行軍又は戦闘部署を以て行動す。
行軍部署は、敵と遭遇するに当り、最もに有利なる態勢に兵力を展開し得るのみならず、敵の航空及機械化部隊の攻撃を撃退し得ざるべからず。（中略）
戦闘部署は、打撃部隊と拘束部隊とより成り、数線（二又は三線）に配置せらる。（中略）
戦況、之を要すれば、不意の事変に備うる為、所要の予備を控置す。（以下略）

ソ連軍は「行軍部署」か「戦闘部署」のどちらかで行動する。このうち、「戦闘部署」は大きく「打撃部隊」と「拘束部隊」の二つに分けられ、それを二線または三線に配置する。加えて、戦況の必要性に応じて、所要の予備隊を後方に置いておく。

ここで注意して欲しいのは、打撃部隊や拘束部隊の第二線や第三線は、事態の急変などに対応するための予備隊ではない、ということだ（これについては後述する第百八でも述べられている）。

続いて「打撃部隊」について以下のように規定されている。

第百七　攻撃部署に於ける打撃部隊は、主攻正面に使用せらるべきものとす。

打撃部隊に於ける制圧資材は、其数多きに従い歩兵の攻撃を容易ならしむ。故《ゆえ》に打撃部隊には兵団固有のものたると配属を受けたるものたるとを問わず、制圧資材の大部を之に集結す。歩兵の兵力は、戦車及砲兵支援の下に敵陣地の全縦深を徹底的に突破し得る威力を備えざるべからず。（中略）

狙撃師団の打撃部隊は通常、連隊を一線に併列《（ママ）》し、狙撃連隊は二又は三線を以て攻撃す。

打撃部隊は、主攻正面に投入される。打撃部隊に集中される「制圧資材」とは、具体的には（後述する第百十二で述べられているが）砲兵や飛行機、戦車など敵兵力の制圧能力を持つ資材を指している。

そして狙撃師団（通常は狙撃三個連隊基幹）の場合、打撃部隊の狙撃連隊を一線に並べるが、各狙撃連隊は所属部隊を二線または三線に配置して攻撃する。このように部隊をいくつかの梯団に分けて攻撃する方法は、一般にソ連軍の「梯団攻撃」として知られている。

ところで、第一次大戦の中頃には、数線の塹壕線からなる「陣地帯」を複数持つ「数帯《すうたい》陣地」が一般化した。数帯陣地とは、敵部隊に陣地全体を一挙に突破されるのを防ぐために考えられた陣地形式である。

例えば、その陣地が三つの陣地帯で構成されている場合、攻撃側が第一線に兵力を集中して第一陣地帯を突破してきたら、防御側は予備隊を投入して第二陣地帯で敵の攻撃部隊を食い止める。もし、ここで攻撃側も予備隊を投入して第二陣地帯を突破してきたら、防御側は戦線後方からさらに増援部隊を投入して第三陣地帯で敵の攻撃を食い止めるのだ。

さらに第一次大戦後半のドイツ軍は、第一陣地帯を単なる「警戒陣地」と見なし、その固守にこだわらず柔軟に後退して敵の砲弾を浪費させるとともに、前進してきた敵の攻撃部隊に対して「主抵抗陣地」である第二陣地帯から砲撃して打撃を与え、さらに第二陣地帯やその前で逆襲に出る、といった防御戦術をとるようになった（詳しくは本書の第五章「防御」で述べる）。

こうした防御陣地や防御戦術の発達を踏まえて、ソ連軍では、打撃部隊を二線または三線に分け、さらに必要に応じて予備隊を控置しておく攻撃戦術を採ったのだ。例えば、敵陣地が三つの陣地帯で構成されている場合、まず第一線部隊が第一陣地帯を攻撃して突破する。ここで第一線部隊が激しく消耗しても、無傷の第二線部隊が第二陣地帯を攻撃して突破する。もし、第一線部隊が第一陣地帯をうまく突破できなかったら、第二線部隊が第一線部隊を支援して第一陣地帯を突破する。第二陣地帯以降の攻撃も同様に攻撃し、必要に応じて予備隊も投入する。

打撃部隊を二線、三線、予備隊に分割すると当然のことながら第一線の兵力は少なくなるが、攻撃時には敵陣地の全縦深を突破できるだけの歩兵を集めることになっていたし、戦闘時における資材の補給や集結は指揮官や幕僚の最大の責務とされていた（本書の第一章で述べた第十七参照）。もし、十分な兵力を用意できなかったら、その責任は打撃部隊の指揮官ではなく、より上級の指揮官や幕僚にあるのだ。

一方、「拘束部隊」については、以下のように規定されている。

第百九　攻撃部署に於ける拘束部隊は、敵を次等正面に抑留する為、局部攻撃に依りて敵をして我が主攻方面に兵力を転用し得しめざるを要す。

局部攻撃の為には、通常（は）大なる兵力資材を使用すること無し。此故《これゆえ》に戦闘初期に於ける拘束部隊の任務は攻撃正面竝《ならび》縦深に於て限定目標を与えらるるものとす。（以下後述）

拘束部隊は、主攻方面以外に敵の兵力を釘付けにするため、小兵力で限定された目標に対する局部的な攻撃を行って、敵が兵力を主攻正面に転用できないようにする。

ただし、続いて以下のようにも定められている。

我主攻正面の攻撃に依り敵の配備（が）混乱に陥りたる時は、拘束部隊も亦《また》主攻正面に連繋して決勝的攻撃に移るを要す。

もし、主攻正面の攻撃が成功して敵の配備が混乱したら、拘束部隊も連係して決勝的な攻撃に移行するのだ。

このようにソ連軍では、攻撃部隊を「打撃部隊」と「拘束部隊」の二つに分け、それを二線または三線に配置し、主攻正面と他の正面の二正面で攻撃を発起することが、教範の条文でガッチリと規定されていたのだ。裏返すと、これらの規定に反するような指揮官の「決心の自由」は認められていなかったことになる。

第二線、第三線部隊長の独断専行

とはいえ、ソ連軍の指揮官には「決心の自由」がまったく無かったか、というとそうではない。

第百二十三　戦闘に於ける最大の成果は、各級指揮官の大胆なる積極的精神に俟《ま》つべきもの甚だ多し。ことに独断専行は決定的価値を有するものとす。高級指揮官の指揮技術に対する要求は、各部隊に明確なる任務を与え、適切なる攻撃点を選定し、適時同方面に十分なる制圧資材を集中し、各部隊の協同を律し、部下の独断専行を認めて之を利用し、凡有《あらゆる》部分的成果を支援し之を拡張するに在り。（以下略）

このように、高級指揮官（師団長等の兵団指揮官）は、攻撃点の選定等に関しては「決心の自由」が認められており、下級指揮官の独断専行も認めることになっている。

そして、その下級指揮官の独断専行については、以下のように定めている。

第百八　打撃部隊の第二（三）線は、第一線と同時に戦闘任務を受領す。第二線は、何等新たなる指示又は命令を待つこと無く、独断を以て第一線部隊の戦果を拡張し且第一線を支援するものとす。（中略）第二（三）線部隊長は、好機に投じ断固として第一線の獲得せる戦果を拡張し、若《もし》

◆ソ連軍の梯団攻撃と第一次大戦の各国の陣地攻撃

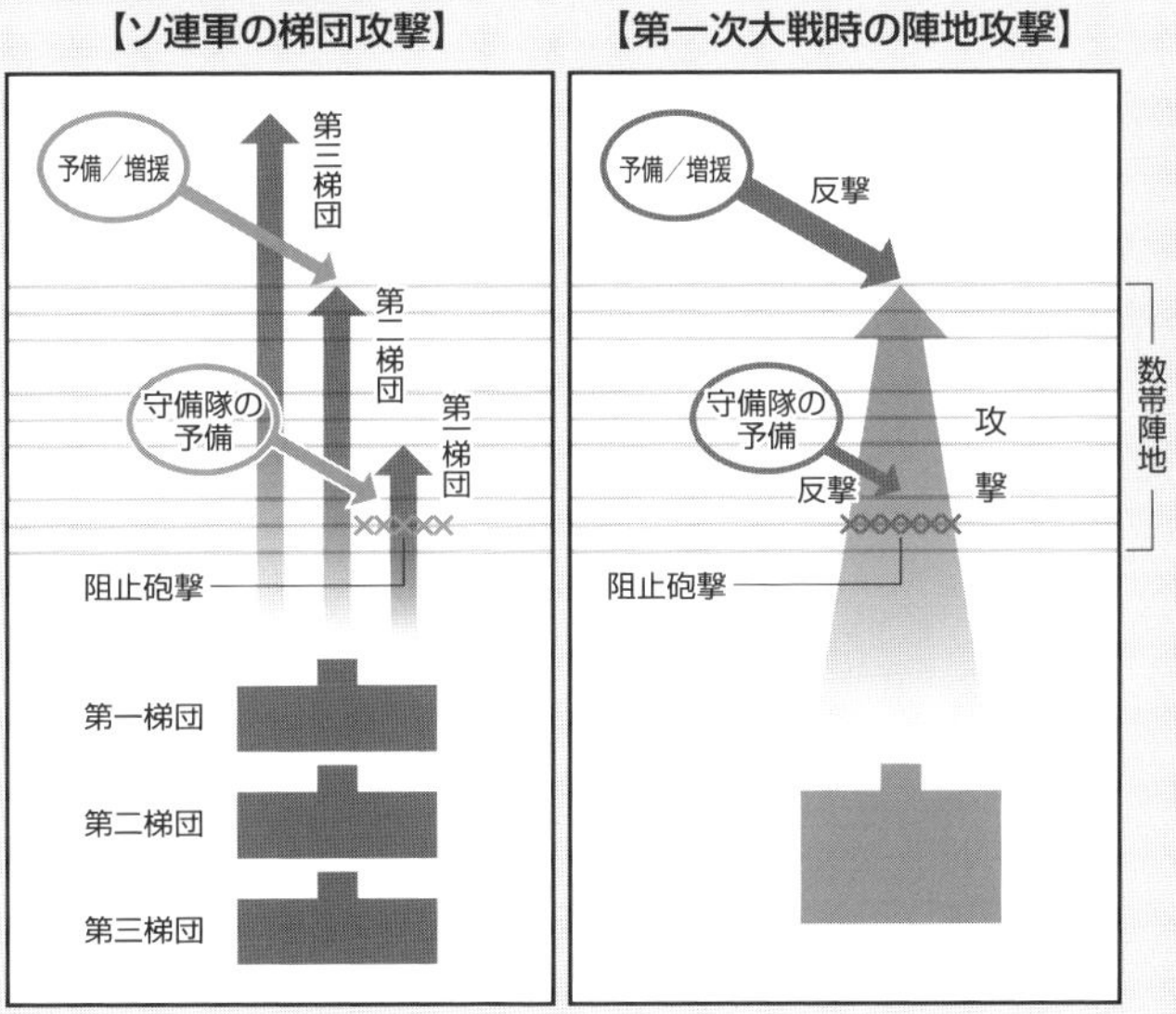

第一次大戦での各国の一般的な攻撃方法では、攻撃部隊は陣地攻撃の際に、敵の阻止砲撃で前後の連携が断たれ、かつ守備隊の反撃により戦力が減衰。最終的には敵予備の反撃によって陣地突破が困難となった。
一方、ソ連軍の梯団攻撃は、阻止砲撃に対しては第二梯団がすかさず前進をすることで、攻撃を続行することもできたし、常に新鋭の戦力を投入するので、敵予備の反撃に対しても対応が可能であった。

くは之を支援することに関し、其責《そのせき》に任ず。（以下略）

なんでも教範の条文でガチガチに縛ってしまうことの多いソ連軍でも、打撃部隊の第二線および第三線部隊の指揮官(例えば狙撃連隊であれば各狙撃大隊長がそれにあたる)は、独断で第一線部隊を支援して戦果を拡張することになっていたのだ。

第一次大戦では、戦場の荒地や鉄条網など敵陣前の障害物を越えて前進する攻撃側よりも、陣地内に整備された交通路や戦線後方の道路網などを使える防御側の方が、予備隊や増援部隊を迅速に投入できたので、攻撃部隊は敵陣地を大きく突破することが困難になり、戦線が膠着する大きな原因となった。

こうした戦訓も踏まえて、ソ連軍では、防御側が予備隊や増援部隊を投入して突破を阻止する前に、第二線や第三線の部隊が各指揮官の独断で第一線部隊をすばやく支援して戦果を拡張することになっていたのである。実際のところ、下級指揮官の独断専行には、敵陣地の突破の成功を左右するだけの「決定的価値」が確かにあったのだ。

一方、ドイツ軍では、既述のように、陣地攻撃において分隊等の小部隊に分かれて敵の拠点をすり抜けて前進する戦術をとることになっていた。このような戦術では、小部隊の各指揮官に高度な判断能力が要求される。

これに対してソ連軍では、独断による戦果拡張の判断を求められるのは、二線ないし三線に分かれた各梯団の指揮官に限られていた。こうした高度な判断能力を求められる指揮官の人数の差は、両軍の各級指揮官の判断能力の差を反映したもの、といえるのではないだろうか。

全縦深同時打撃と包囲殲滅

さて、ここで要点を先に書いてしまうと、ソ連軍の攻撃における最大の特徴は、よく知られているように、敵の戦闘部署の全縦深に対して同時に打撃を加えることにあった。

第百十二　大規模に使用せらるる現代戦制圧資材、特に戦車、砲兵、飛行機及機械化挺進隊の発達は、敵を孤立に陥れて之を捕捉撃滅する為、敵戦闘部署の全縦深に対し同時に攻撃を加うるの可能性を付与するに至れり。（以下後述）

ここでいう「全縦深」とは、敵陣地の全縦深ではなく、敵戦線後方の増援部隊等を含む全縦深を意味している。前述したような数帯陣地に配備されている敵の守備隊や予備隊だけでなく、その後方の増援部隊に対しても同時に打撃を加えることによって、それぞれを孤立させて各個に捕捉、撃滅するのだ。

他国の軍隊では、敵の第一陣地帯の守備隊に対して味方の砲兵が打撃を加えた上で第一線部隊が攻撃をかける、というのが一般的な攻撃方法といえる。

これに対してソ連軍では、敵の第一陣地帯に加えて、第二陣地帯や第三陣地帯の守備隊やその予備、それを支援する砲兵、さらには敵戦線後方の増援部隊等も、味方の遠距離砲兵や飛行機、戦車や機械化挺進隊等で同時に打撃するのだ。

これによって、敵の砲兵が射撃したり、敵の予備隊や増援部隊が逆襲かけたりできなくなる。敵の守備隊は、砲兵支援を受けられなくなり、予備隊や増援部隊が来ることもなくなって、事実上孤立することになる。攻撃する打撃部隊の第一、第二、第三線部隊は、それぞれ敵の第一、第二、第三陣地帯で孤立している守備隊だけを相手にすればよい。これを捕捉して各個に撃破するのだ。

続いて、この条項では敵部隊を包囲するための手段が以下のように挙げられている。


包囲は左の如くして達成せらる。
イ、敵の一翼又は両翼を迂回し敵の側面及背面を攻撃す。
ロ、敵の後方に戦車及車載歩兵を投入して敵主力の退路を遮断す。
ハ、飛行機、機械化部隊及騎兵を以て敵の退却縦隊を襲撃し、敵の退却を阻止す。

ソ連軍は、敵の翼側を迂回して敵の側面や背面に回り込み、敵の後方に戦車や車載（自動車化）歩兵を挺進させて敵の退路を遮断し、さらに飛行機や機械化部隊および騎兵で退却中の敵部隊を襲撃して敵の退却を阻止し、敵を完全に包囲するのだ。

このように、さまざまな手段によって包囲の完壁を期すのは、ソ連軍の攻撃戦術の大きな特徴といえる。

各部隊の主な任務

続いて『赤軍野外教令』では、戦車部隊や砲兵部隊、航空部隊等の用法を規定している。最初は戦車部隊だ。

第百十三　師団戦車大隊は、歩兵支援戦車（ТПП）たるべきものとす。
兵団配属戦車は其性能に依り、或は歩兵支援戦車群を増加する為（に）歩兵に之を配属し、或は敵の縦深深く突入せしむる為（に）之を以て遠距離行動戦車群（ТДД）を構成す。

歩兵支援戦車は、攻撃に在りては原則として中隊又は小隊毎に歩兵指揮官に配属せられ、防御に在りては逆襲竝敵戦車破摧の為大隊編制のまま師団長に直属す。
遠距離行動戦車群は、状況に応じ軍団長又は師団長に直属す。
戦車は、多くの場合、数線の梯隊部署を以て攻撃を行う。

　第二次大戦中の列強各国における戦車運用の基本的な考え方は、フランス軍の戦車大隊群に代表される分散配備による歩兵直協と、ドイツ軍の装甲師団に代表される集中配備による統一運用の二つに大きく分けることができる。

　だが、ソ連軍では、歩兵を直接支援する「歩兵支援戦車群」と、敵戦線奥深くに突入する「遠距離行動戦車群」の両方を運用することにしていた。そして、歩兵支援戦車群用の戦車として使い勝手のよいT-26軽歩兵戦車を驚くほど大量に生産しただけなく、遠距離行動戦車群用の戦車として軽快で車輪による高速走行も可能なBT（БТ）快速戦車を大量生産したのだ。

　このうち、歩兵支援戦車群は、攻撃時には戦車大隊を中隊や小隊に分割して各歩兵部隊に配属するが、防御の際には逆襲や対戦車戦闘のため戦車大隊の編制を崩さずに運用することになっている。一方、遠距離行動戦車群は、基本的に軍団長か師団長が直轄運用することになっている。

　そしてどちらの戦車も、基本的には歩兵と同じく、数線に配備されて「梯団攻撃」を行うことになっている。

　次は砲兵部隊だ。

第百十四　砲兵の戦闘部署は、兵団の任務竝戦闘部署と完全に一致せざるべからず。砲兵の戦闘任務達成の為、臨時砲兵群を編成す。（以下後述）

第二次大戦緒戦時のソ連主力戦車であったT-26軽歩兵戦車。速力は最大28km/hに留まるが、歩兵支援戦車なので問題にはならなかった。主砲はBT-7と同じ長砲身45mm砲で、対戦車戦闘能力も開発当時としては高かった

ソ連軍は第二次大戦前、T-26と並行してBT快速戦車シリーズを大量に生産した。写真はBTシリーズの決定版であるBT-7。装軌（キャタピラ）走行で52km/h、装輪（タイヤ）走行で72km/hという快足を発揮できた

砲兵部隊は、任務ごとに三種の臨時砲兵群に編成される。歩兵支援ПП《ママ》（騎兵支援ПК《ママ》）砲兵群は、歩兵（騎兵）及其配属戦車を支援するを以て任とし、師団砲兵全部及師団配属砲兵を以て編成し、狙撃各連隊（のうち）主として打撃部隊を支援す。（中略）歩兵支援砲兵群の各大、中隊は、夫々《それぞれ》支援すべき歩兵の大（中）隊に配属せらるるものとす。狙撃一大隊の支援に任ずる歩兵支援砲兵群内の部隊を歩兵支援小砲兵群と称す。歩兵支援砲兵群及小砲兵群指揮官は、歩兵指揮官に対し隷属関係を有せざるも、専《もっぱ》ら其戦闘要求を達成することに努むべし。

各師団隷下の砲兵部隊と、その師団に配属された軍団直轄や軍総予備の砲兵部隊で構成される「歩兵（騎兵）支援砲兵群」は、おもに打撃部隊の歩兵（騎兵）や歩兵支援戦車群を支援する。

その歩兵支援砲兵群の各砲兵大隊や中隊は、支援対象である歩兵大隊や中隊に配属される。それらの砲兵部隊の指揮官は、歩兵部隊の指揮官に直接指揮されるわけではないが、その要求に応じることになっている。

この歩兵支援砲兵群の主力は、野砲や中口径の榴弾砲だ。

遠距離ДД《ママ》砲兵群は、軍団砲兵及軍団配属長射程砲兵を以て編成し、敵砲兵との対戦及敵の後方に在る予備隊、司令部、道路集合点、其他の重要目標に対する火力急襲竝特に友軍飛行隊の飛行時に於ける敵高射砲の撲滅に任ずるものとす。

各師団の上級部隊である軍団直轄の砲兵部隊や、さらに上級の軍総予備からその軍団に配属された各種の長射程砲兵部隊で構成される「遠距離砲兵群」は、対砲兵戦や砲兵部隊独自の敵戦線後方に対する火力急襲、敵高射砲の撲滅を担当する。

この遠距離砲兵群の主力は、長砲身のカノン砲だ。

破壊AP《ママ》砲兵群は、大威力砲兵を以て編成し、強度大なる敵築城陣地の破壊を任とす。

「破壊砲兵群」は、敵陣地を守る敵部隊の制圧を目的とする「制圧射撃」ではなく、敵陣地そのものを破壊する「破壊射撃」を担当する。この部隊の主力

203㎜という巨大な口径を持つ、M1931（B4）重榴弾砲。総司令部予備砲兵として、重点突破地域の破壊射撃に使用された

は、大口径の榴弾砲や臼砲だ。

ソ連軍は、このように各種の臨時編成の砲兵群を駆使して、敵の戦闘配備の縦深にわたって打撃を加えるのだ。

次は航空部隊だ。当時のソ連軍では、ここに挙げられているような航空部隊は、いずれも各軍管区や軍、軍団など地上部隊の指揮下に置かれていた。具体的には、前線航空部隊、軍航空部隊、軍団航空部隊である。

第百十六　航空部隊は、歩兵、砲兵及其他の兵種を以て制圧し得ざる目標を破砕する為、使用せらる。
空軍に依る最大の戦果を求めんが為には、最も大なる価値を有する目標に対し同時に攻撃を集中する為、兵力の集団使用を行うを要す。（中略）
空軍部隊と地上部隊との協同は、信頼すべき技術的連絡手段と、一般軍隊指揮官と航空指揮官との個人的諒解とに依りて、始《（ママ）》めて其成果を期待し得るものとす。（以下略）

航空部隊は、他の兵種では制圧できない目標を攻撃する。その際、航空部隊を小分けにして分散使用せず、集中的に使用することになっている。

興味深いのは、地上部隊との協同には、無線機などの技術的な連絡手段だけでなく、指揮官同士の個人的な諒解も必要、としていることだ。

イリューシンIℓ-2襲撃機。愛称の“シュトルモヴィク”はそのまま「襲撃機」の意である。戦車キラーとして知られるが、元々は戦場に向かう敵軍の輸送・行軍を攻撃する、阻止攻撃が主任務であった

続いて、機種ごとに各飛行隊の任務を列挙している。最初に挙げられているのは襲撃飛行隊だ。

第百十七　襲撃飛行隊は、左記任務に服す。
イ、戦場に向かう敵軍の輸送並行軍を妨害し、部隊又は軍後方管区に於て之を撃滅す。
ロ、戦闘間、敵を襲撃して直接、友軍を支援す。
ハ、司令部、有線通信中枢、通信線、無線通信所等を破壊して、敵の通信並指揮組織を崩壊せしむ。（以下略）

ここでは、第一に戦場に向かう敵軍の輸送や行軍の妨害と撃滅が挙げられている。これによって、防御側の増援部隊の迅速な投入を妨害し、その移動速度を戦場の荒地を前進する味方の攻撃部隊よりも遅くすることができれば、敵陣地を突破できる可能性が高くなるからだ。

第二次大戦中の襲

撃機（ロシア語でШтурмовик、アルファベットでShturmovik）の中でもっとも有名なソ連軍のイリューシンIℓ-2（Ил-2）は、なにかにつけて対戦車攻撃がクローズアップされることが多い。しかし、ソ連軍では襲撃機の第一の任務は対戦車攻撃ではなく、前線に向かう敵軍の輸送や行軍の妨害だったのである。

　敵の増援部隊の移動を阻止したら、次は味方地上部隊の陣地突破の支援や敵の指揮通信組織の破壊である。敵の指揮機能を麻痺させることができれば、敵の砲兵部隊が適切な支援砲撃を実施することも、増援部隊をタイミング良く投入することも不可能になるからだ。

　次に述べられているのは駆逐飛行隊で、戦闘機（ロシア語ではИстребитель、アルファベットでIstrebitel。直訳すると駆逐機）を装備している飛行隊のことだ。ソ連軍の戦術教範で駆逐（戦闘）飛行隊よりも襲撃飛行隊が先に挙げられているのは、地上部隊への直接協力が重視されていた証左といえよう。

第百十八　駆逐飛行隊は、空中に在ると地上に在るとを問わず、各種敵飛行機を撃滅するを以て主要なる任務とす。

（以下略）

　駆逐飛行隊のおもな任務は、各種の敵機を撃滅することであり、その手段は空中撃破でも地上撃破でもかまわないことが強調されている。

　ちなみに、この教範が編纂された当時の主力戦闘機のひとつであるポリカルポフI-16（И-16）は、対地攻撃でも威力を発揮する20ミリ機関砲を搭載する型（I-16P／И-16П）や、ロケット弾を搭載できる型も開発されている（もうひとつの主力戦闘機は複葉で運動性に優れたポリカルポフI-15／И-15）。これらの型の一部は「地上攻撃型」と解説されることもあるが、ソ連軍の戦術教範では敵機の地上撃破も戦闘機の主要任務とされていたことを考えると、単なる地上攻撃用ではなく、とくに敵機の地上撃破を狙ったもの、と捉えるべきだろう。

ポリカルポフI-16は空中、地上問わず敵機の撃破を狙った駆逐機であった。写真は20㎜機関砲を主翼に搭載したタイプの試作機であるI-16P

　次に挙げられているのは軽爆飛行隊だ。

第百十九　軽爆飛行隊は、左の如き目標に対し使用せらる。

イ、密集せる軍隊。
ロ、指揮機関即《すなわ》ち司令部及通信中枢。
ハ、補給原点。
ニ、軍用列車、鉄道及兵站線路。
ホ、飛行場に在る敵飛行隊。（以下略）

ここでは、密集する敵部隊に対する爆撃が第一に掲げられており、敵飛行隊の地上撃破は最後に置かれている。敵機を地上で撃破するのは第一に駆逐飛行隊の任務であって、軽爆飛行隊の主任務ではない。また、味方地上部隊の近接航空支援は、前述のように襲撃機の任務であり、軽爆の任務には含まれていない。

最後は、部隊飛行隊と連絡飛行隊だ。

第百二十　部隊飛行隊は、一般兵団の為の捜索、戦場監視、連絡、戦車の誘導及砲兵の射弾観測に任ずるを以て主要任務とす。

連絡飛行隊は、左記任務に服す。
イ、各部隊に命令を伝達し、各部隊より報告を受領す。
ロ、各部隊相互間の連絡を維持す。
ハ、戦場を監視す。

部隊飛行隊とは、偵察飛行隊の一部を狙撃軍団等の編制内に入れたもので、日本陸軍でいえば直協飛行隊が担当していたような任務をおもに担当する。連絡飛行隊は、各部隊間の連絡に加えて戦場監視にも使われる。

このようにソ連軍では、のちのドイツ軍による「電撃戦」と同様に、航空部隊が地上戦に密接に協力することになっていたのである。

なお、ここに重爆飛行隊が挙げられていないのは、総司令部直轄の長距離航空隊に所属しており、基本的には戦略レベルで独立運用されることになっていたことによる。

諸兵種の協同

『赤軍野外教令』では、航空部隊の用法について述べたあと、諸兵種の協同について以下のように規定している。

第百二十二　如何《いか》なる場合に在りても、各兵種相互の協同は、歩兵の戦闘任務に砲兵及戦車の行動を一致せしむるごとく、現地に於て周到なる協調を行うことに依り、始めて其成果を期待得べし。歩兵大隊、砲兵大隊及戦車中隊の三者の間に於て特にしかり。（以下略）

ドイツ軍の『軍隊指揮』では、既述のように、歩兵を中心として、まず歩兵と砲兵の協同、次いで歩兵と戦車の協同について規定している（第三百三十、第三百三十九）。

◆全縦深同時打撃の概念図

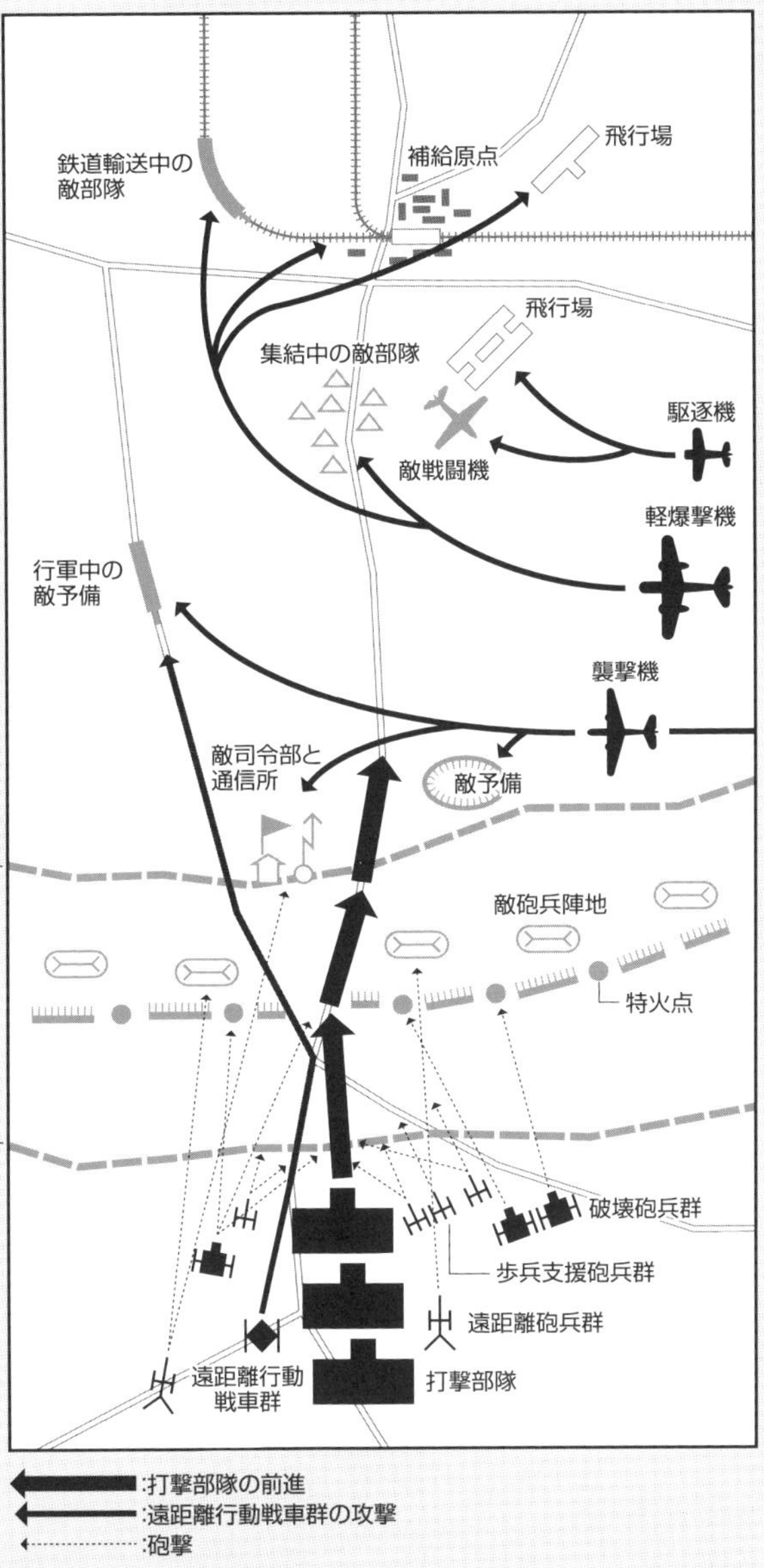

図は全縦深同時打撃の概念を図化したもので、攻撃開始と同時に各部隊は一斉に敵の前線から後方（すなわち全縦深）にわたって火力をもって打撃を行い、敵を制圧する。

これに対して『赤軍野外教令』では、歩兵を中心としているのは同じだが、砲兵や戦車の協同を同列に並べている。言い換えると、ドイツ軍の戦術教範は、歩兵と砲兵の協同、歩兵と戦車の協同、をそれぞれ別々のものとして規定しているが、ソ連軍の戦術教範は最初から歩兵、砲兵、戦車の三兵種による協同を規定しているのだ。

しかも、『軍隊指揮』では、各歩兵連隊（歩兵三個大隊基幹）に砲兵大隊もしくは中隊を配当して直接協同させることになっている（第三百三十二）が、『赤軍野外教令』では、この条項にあるように、歩兵大隊、砲兵大隊、戦車中隊を協同の基本単位としている。言い換えると、ドイツ軍では歩兵三個大隊につき砲兵一個大隊ないし一個中隊と戦車隊（規模の規定無し）が支援に付くことになっていたが、ソ連軍は歩兵一個大隊につき砲兵一個大隊と戦車一個中隊が支援に付くことになっていたのだ。つまり、ドイツ軍よりもソ連軍の方が、歩兵に対する砲兵や戦車の支援が手厚いのである。

これらを見ると、戦車部隊を含む諸兵種の協同に関して、ソ連軍はドイツ軍よりも進んだ部分があったと言えそうだ。

以上、ソ連軍の攻撃の基本的な考え方をまとめると、敵の第一陣地帯から敵戦線後方の増援部隊等までの全縦深を、味方の遠距離砲兵や飛行機、戦車や機械化挺進隊等で同時に打撃する「全縦深同時打撃」を最大の特徴としていた。

攻撃部隊を「打撃部隊」と「拘束部隊」の二つに分け、それを二線または三線に配置し、主攻正面と他の正面の二正面で攻撃を発起する。そして、敵の翼側を迂回して敵の側面や背面に回り込み、敵の後方に戦車や車載歩兵を挺進させて敵の退路を遮断し、さらに飛行機や機械化部隊、騎兵で退却中の敵部隊を襲撃して敵の退却を阻止し、敵を完全に包囲殲滅するのだ。

遭遇戦の位置づけ

次に、ソ連軍における遭遇戦について見てみよう。

ここで『赤軍野外教令』を見る前に、ドイツ軍の『軍隊指揮』の構成を再度確認してみると、第六章「攻撃」の中に「遭遇戦」と「陣地攻撃」が並べられている（本書の第一章中の目次を参照）。ドイツ軍では、遭遇戦が陣地攻撃と並ぶ攻撃の一部として位置づけられていたのだ。

これに対してフランス軍の『大単位部隊戦術的用法教令』では、前述のように、軍隊の活動方法は「攻勢」と「防勢」の二つとされている。このうち「攻勢」は敵を陣地から駆逐して壊滅させることと定義されており、（あとで詳しく再確認するが）不統制な遭遇戦を避けることになっていた。要するにフランス軍では、攻撃とは陣地攻撃を意味していたのだ（第百十四、第二百、第二百一等）。

次に、ソ連軍の『赤軍野外教令』の章立てを見ると、第六章「遭遇戦」では遭遇戦についてのみ規定しており、次の第七章「攻撃」と第八章「防御」で攻撃と防御についてそれぞれ規定している。つまりソ連軍は、ドイツ軍のように遭遇戦を攻撃の一部と見ていたのではなく、遭遇戦を通常の攻撃や防御とは別のものとして位置づけていたのだ

（しかも、第七章「攻撃」には「行軍より行う攻撃」が含まれており、これも遭遇戦と区別されている）。

　これを見るとソ連軍は、根本的にはフランス軍と同じく、攻撃と防御を完全に別のものとして捉える「攻防二元論」的な考え方を持っていたように感じられる。加えてソ連軍は、「攻撃」においては、数帯陣地による防御戦術を踏まえて、部隊を数線に分けて配置する「梯団攻撃」を基本としていた。その点でも攻撃イコール陣地攻撃であったフランス軍に近いといえる。

　ただし、ソ連軍は、フランス軍のように不統制な遭遇戦を避けるつもりはなかった。それどころか、戦術教範で「遭遇戦」に、通常の「攻撃」や「防御」と同じ大項目の「章」を与えるほど重視しており、ここにフランス軍との大きな違いがあったのだ。

遭遇戦の基本方針

　それでは『赤軍野外教令』の第六章「遭遇戦」の中身を見ていこう。この章の最初の条項を見ると次のように規定されている。

第百四十　遭遇戦は、直接行軍より我に向《むかい》て攻撃し来る敵に対して生起するのみならず、最も各種各様の状況において発生す。（以下略）

　ここでは、まず行軍してきた敵が直接攻撃してくる場合を挙げた上で、それ以外にもさまざまな状況で遭遇戦が起きるとしている。

第百四十一　遭遇戦の特色は、行軍部署より迅速に展開し、随時随所に敵に対し迅速なる攻撃を加うるに在り。展開、射撃開始、及攻撃前進発起の時期に関し、敵に機先《（ママ）》を制することは遭遇戦指導の要訣なり。
此故に各級指揮官は、大胆且勇敢にして積極的態勢を占め、断固たる行動を以て敵をして我に追随するの止む無きに至らしむるを要す。

　ソ連軍の遭遇戦における特色は、敵に対して迅速な攻撃を加えることにあった。たとえ行軍してきた敵が直接攻撃してきても、防御に転移するのではなく、敵の機先を制して展開、射撃、攻撃前進を行って、敵を「我に追随するの止むなきに至らしむる」こと。言い換えると、先手先手を打って、敵がこちらへの対応で手一杯になり、受動に陥るように追い込むことが重要とされていた。これによって主導性を確保するのだ。

第百四十二　遭遇戦（の）生起に当たり、状況の判明を期待することは不可能なり。捜索の成果は的確なる能わず。而も敵の運動に伴い情報価値を喪失も亦迅速なり。
敵状不明は遭遇戦の常態なり。
状況の判明を待《まち》て遅疑《ちぎ》逡巡《しゅんじゅん》するものは却《かえっ》て敵に捜索の利便を与え、先制の利を喪失するものなり。（以下後述）

状況が流動的な遭遇戦では、自軍の捜索による成果が的確であることは期待できず、しかも敵の移動にともなって捜索情報の価値も急速に失われていくので、敵状が不明なのも当たり前のこと、と指摘している。そして、敵状の判明を待って逡巡するようでは、敵の機先を制する利点を失うことになる、と戒めている。

では、敵状が不明な中でどうやって攻撃を開始するのか。

遭遇戦に於ける主攻方向は、往々敵を圧倒し得べき地形上の便益のみに基づき採用せらるることあり。
遭遇戦に於ける機動の根本目的は、敵の縦隊を分離し、断固たる行動を以て同時に同一目標に諸兵種の戦力を集中し、以て敵を各個に撃破するに在り。

遭遇戦では、しばしば自軍が敵を圧倒できるような地形かどうかだけを見て（！）決めることがある、というのだ。無茶苦茶にも思えるが、ソ連軍はそれほどまでに主導性の確保にこだわっていた、と理解するべきだろう。

その際、敵の縦隊を分断し、各兵種の戦力を同一目標に集中し、敵を各個撃破する目的で機動するのだ。この戦術行動は「陣地戦」と「運動戦」という二分法で見ると、明らかに「運動戦」に分類される。

ここで再びドイツ軍の『軍隊指揮』を見ると、「遭遇戦に在りては、決心及行動は、通常（は）情況の不確実の裡《うち》に行わるるものとす」（第三百七十二）「遭遇戦に於ては、成果は、敵の機先を制し且敵をして我に追随せしむる者に帰す。有利なる情況を迅速に認識し、不明なる情況に在りても神速に行動し且即時命令を与うるは必須の要件なり」（第三百七十五）と規定されている。遭遇戦では、状況が不確実な中で決心し行動しなければならないこと、敵の機先を制することで成果があげられること、そのためには状況が不明でも迅速に行動して即座に命令を与えることが欠かせない、とされているのだ。

これとは対照的に、フランス軍の『大単位部隊戦術的用法教令』では「至当なる先制は固《もと》より之を保有すべしと雖《いえど》も、統制指導する戦を行うこと肝要にして、不統制なる遭遇戦を避くるを要す」（第二百二）とあり、不統制な遭遇戦を避けることになっている。続いて「初めて参戦する新たなる部隊の使用に適せず。此の種（の）部隊には、必要

なる火力の総《あら》ゆる支援の下に整然たる方式を以て戦場に参加せしむること極めて肝要なり」とあり、初めて参戦する部隊は火力支援の下で整然と戦闘に参加させることが求められている。

これらを見比べると、ソ連軍の遭遇戦における基本方針は、フランス軍よりもむしろドイツ軍に近いことがわかる。

さて、ここでソ連軍の通常の「攻撃」に関して再確認すると、第七章「攻撃」の中で以下のように規定されている。

第百六十三（中略）攻者は主攻方向に最大の兵力資材を集結し、敵に比し該方面に於いて圧倒的優勢を占むること肝要なり。

通常の攻撃では、遭遇戦のように地形だけを見てすぐに攻撃を開始するようなことはせず、主攻方面に兵力資材を集中して圧倒的優勢を占めることが重要、とされている。これを見てもソ連軍は、通常の「攻撃」と「遭遇戦」をまったく別のものと捉えていたことがわかる。

第二次大戦中の戦例を見ると、例えば一九四一年六月に始まったドイツ軍によるソ連進攻作戦「バルバロッサ」の初期に生起した「スモレンスクの戦い（第一次スモレンスク会戦）」では、ソ連西部方面軍に編入された多数の臨時編成の作戦集団（その多くは数個師団基幹）が、ドイツ軍の第2および第3装甲集団（装甲軍団二〜三個基幹）に対して無謀としか思えない攻撃を繰り返している。

その一方で、一九四二年十一月にスターリングラード近くで始まったソ連軍の冬季反攻作戦「ウラン（天王星）」では、ソ連南西方面軍とドン方面軍に所属する計三個軍がルーマニア第3軍に対して、スターリングラード方面軍所属の二個軍がルーマニア第4軍に対して、それぞれ局地的な優勢を確保して攻撃を開始。ルーマニア軍戦線を突破して、スターリングラードのドイツ第6軍を包囲している。

この二つの戦例のうち、「スモレンスクの戦い」でのソ連軍の連続攻撃は稚拙な作戦指導によるもの、「ウラン」作戦でのソ連軍の主攻方面における兵力の優位は弱体な同盟国軍に翼側を任せたドイツ軍の失策によるもの、と見ることもできるだろう。

だが、これらを戦術面から見ると、まず「スモレンスクの戦い」では、ソ連軍が状況を「遭遇戦」と捉えていたため、戦術教範に規定されているとおりに敵状が不明でも迅速に攻撃を開始した、と見ることができる。また「ウラン」作戦では、ソ連軍が通常の「攻撃」を準備し、こちらも戦術教範に規定されているとおり、圧倒的優勢を占めるために兵力を集中した、と見ることができる。

つまり、一貫した戦術思想が無いかのように感じられるソ連軍のこれらの作戦行動も、その時々の状況を「遭遇戦」と捉えていたか、通常の「攻撃」と捉えていたかの差と見れば、いずれも戦術教範に規定されているとおりの一貫した戦術思想に基づく作戦行動といえるのだ。

確かに、ソ連軍の遭遇戦における基本方針は、状況によっては結果的に無理な攻撃となることもありえる。事実、「スモレンスクの戦い」でもソ連軍の各作戦集団は大きな損害を出している。

とはいっても、こと遭遇戦に関しては、ソ連軍とよく似た基本方針を持つドイツ軍を相手に、フランス軍のように不統制な遭遇戦を避けて整然と戦おうとしてもロクな結果にならないことは、ドイツ軍による西方進攻作戦の経過を見ても明らかであろう。

むしろ「スモレンスクの戦い」では、ソ連軍の作戦集団による迅速な攻撃が、ドイツ軍の装甲集団を足止めして、その衝撃力《STOSS》を削ぐという大きな戦果を挙げている。これこそがドイツ軍の西方進攻作戦において、フランス軍の各部隊がドイツ軍のクライスト装甲集団に対してやらなければならなかったことではないのか。

しかも、ソ連軍の場合、たとえそれが結果的に無謀な攻撃となって大損害が出ても、それを吸収できるだけの巨大な動員余力が存在していたのである。

要するに、ソ連軍の遭遇戦に関する基本方針は、戦理上から見ても決して無茶苦茶なものとは言い切れないし、現実に劣勢な状況下でもその後の戦局に大きな影響を与える戦果を挙げているのだ。

遭遇戦の指導と各部隊の用法

続いて、ソ連軍の遭遇戦における具体的な戦い方を見ていこう。

第百四十三　遭遇戦は、各種戦闘資材の協調に依り、敵を包囲且殲滅する如く指導せられざるべからず。
之が為、左の如く攻撃を指導するを要す。
イ、飛行機を以て敵の行軍縦隊を攻撃す。
ロ、機械化及騎兵兵団を以て敵行軍縦隊の背面及側面を攻撃す。
ハ、一般兵団は迅速なる展開と戦闘加入とに依り敵の側面及背面を攻撃す。（以下後述）

ソ連軍は遭遇戦において、前述の第百四十二と併せて、敵の縦隊を分断し各個に包囲殲滅することを狙っていた。

◆「遭遇戦」と「攻撃」、独ソ戦に見る二つの戦例

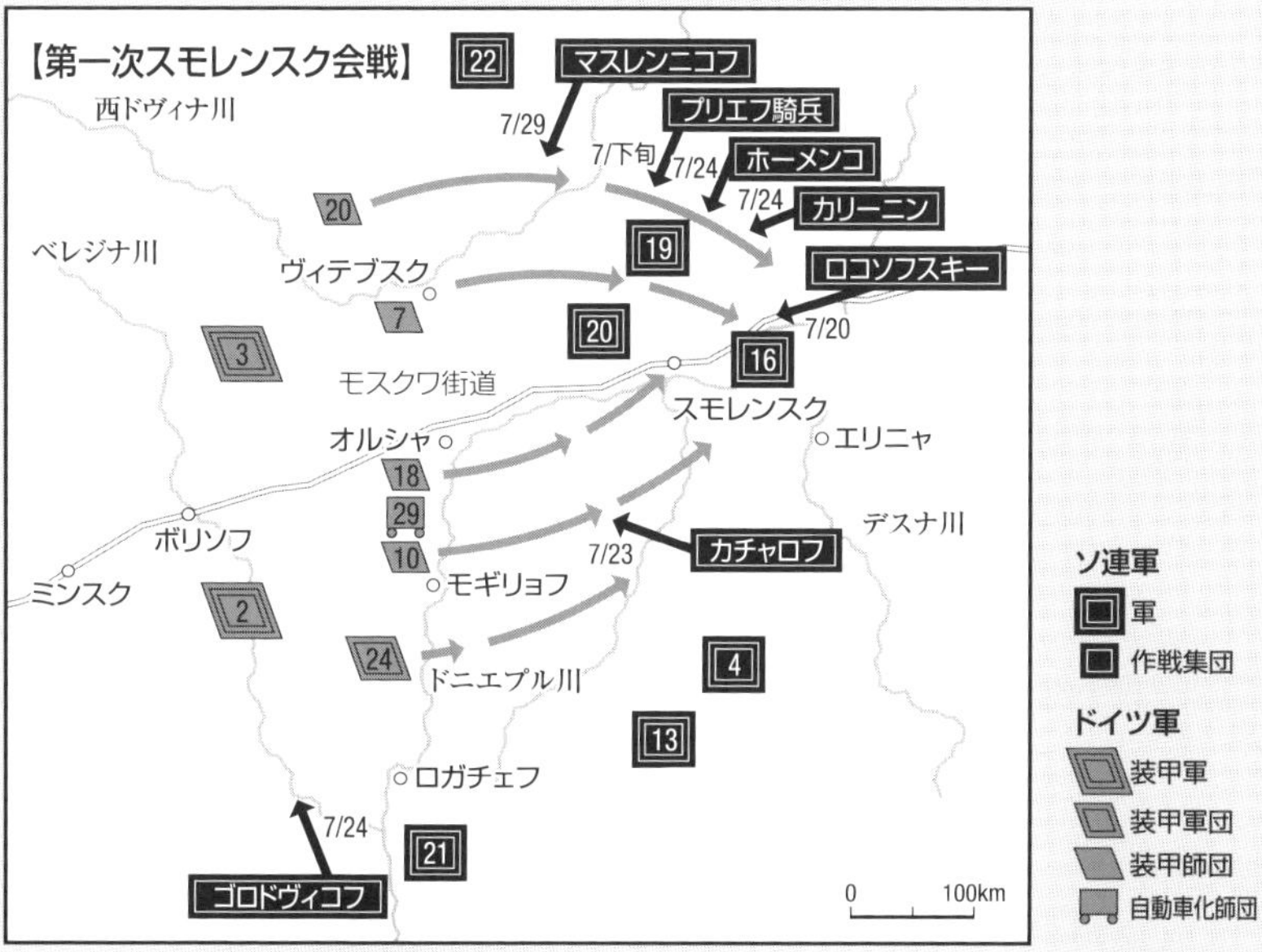

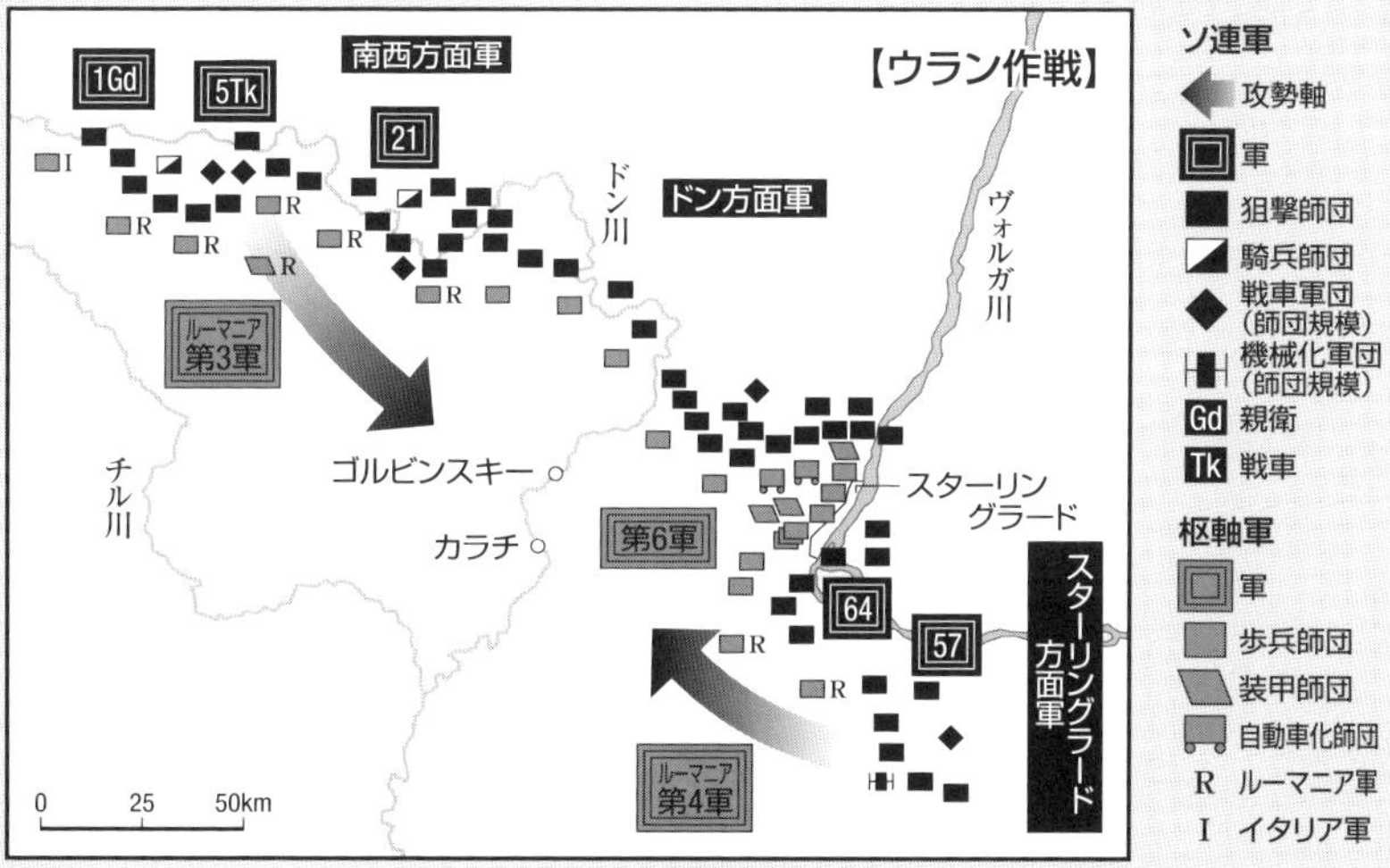

ソ連軍の「遭遇戦」と「攻撃」の違いが明確に分かる戦例。第一次スモレンスク会戦では、前進するドイツ軍装甲師団に対し、ソ連軍は次々と作戦集団をぶつけている。一方、ドイツ第6軍包囲殲滅を企図した「ウラン」作戦では、敵を圧倒するに足る戦力を集めて戦線を突破、二重包囲を行った。前者は「遭遇戦」の、後者は通常の「攻撃」といえる。

そのために、まず飛行機が行軍中の敵の縦隊を攻撃し、次いで機械化兵団や騎兵兵団が敵の背面や側面に回り込み、一般（歩兵）兵団が可能な限り迅速に展開して敵の背面や側面を攻撃するのだ。

広正面の行軍部署を以て前進中の一般兵団指揮官は、敵状捜索に依りて得たる情報、敵の前進路の重要性の比較、主攻撃指向の為の地形の便否《べんぴ》を顧慮し、敵の各縦隊（の）撃破の為、順位を決定し、重点方向に対し主力各縦隊の攻撃を集中する共に、一部を以て他の方面の敵を拘束し、飛行隊を以て其前進を妨害す。

　主力である一般兵団の指揮官は、敵の縦隊撃破のため順位を決定し、重点方向に主力の攻撃を集中する。この順位の決定については、一般兵団の指揮官に「決心の自由」が認められていたのだ。

　もっとも、遭遇戦においては、迅速に攻撃を始めることが大前提であって、敵状がよくわからないのが当たり前とされており、地形の有利不利だけを見て攻撃を始めることもあるのだから、「決心の自由」といったところでたかが知れている。むしろ、そのような前提を踏まえた上で、これに関する「決心の自由」を認めていた、ともいえそうだ。

第百四十四　敵の遭遇戦加入前、行軍中に於て之を混乱に陥《おとしい》るることは極《きわめ》て肝要なり。

飛行隊は、先《まず》以て此目的のため使用せらる。

敵行軍縦隊に対する空中攻撃は、各個撃破を可能ならしむべき第一歩なり。

此際、襲撃飛行隊の機関銃、爆弾及毒物を以てする地上襲撃と、軽爆飛行隊の爆撃及毒物雨下とは、最も大なる効果を挙げ得るものとす。

飛行隊は敵の人馬、砲兵、砲兵廠（段列）及輜重を反復攻撃して敵の戦闘力を破摧し、後方補給作業を破壊すると共に、敵砲兵を撲滅す。（以下略）

　ここでは、地上部隊による遭遇戦が始まる前に行軍中の敵を混乱させることが極めて重要であり、飛行隊による敵行軍縦隊への攻撃は敵の各個撃破を可能にする第一歩、と強調されている。

　その際、もっとも効果が大きいとされているのは、襲撃機や軽爆撃機による銃爆撃や毒物の散布だ（ソ連を含む各国の毒ガスなどの化学兵器に対する考え方については２３２ページのコラムを参照のこと）。

　このように、ソ連軍の遭遇戦では、飛行隊が地上兵団を密接に支援することになっていたのである。

　ところが、現実のソ連空軍は、独ソ戦の開戦時にドイツ空軍の奇襲によって膨大な航空機を地上で撃破されたため、とくに緒戦では味方の地上兵団を十分に支援できなくなってしまった（逆に、制空権を握ったドイツ空軍は、味方の地上兵団を自在に支援できるようになった）。

このため、例えば前述の「スモレンスクの戦い」では、ソ連軍の地上兵団は遭遇戦的な状況の中で教範の規定どおりに攻撃を繰り返したものの、教範に定められているような飛行隊の支援を十分に受けることができなかったのである。ここに、独ソ戦の緒戦で快進撃を続けるドイツ軍の装甲部隊を、遭遇戦的な状況下で迎え撃ったソ連軍の苦戦の一因があったのだ。

第百四十五　敵と遭遇を予期して行軍を部署することは、極めて重大なる価値を有す。（以下略）

地上部隊は、あらかじめ敵との遭遇戦を予期した行軍部署をとる。もし、行軍中に敵と遭遇したら、その行軍部署から迅速に展開して敵を攻撃するのだ。

第百四十六　機械化兵団は、高級指揮官の第一に撃滅を企図する敵縦隊の主力に対し打撃を加うる如く使用せらる。戦闘加入に決する迄、機械化旅団は、常に迅速に前方に進出し得る準備を整へつつ独立せる諸道路又縦隊路に依り前進す。

戦闘加入に当《あた》りては、機械化旅団は、偵察飛行隊又誘導機の誘導の下に迅速に前方に進出し、戦闘飛行隊と協同して敵歩兵（騎兵）の主力及砲兵を襲撃す。（以下略）

機械化兵団は、高級指揮官が第一に撃滅を狙う敵縦隊の主力にぶつけることになっている。そのため、機械化旅団は、迅速に前方に進出できるように道路や縦隊路を使って前進することになっている。

なお、これに協同する「戦闘飛行隊」とは、戦闘機を主力とする駆逐飛行隊ではなく、遭遇戦において敵部隊を襲撃する飛行隊、すなわち襲撃飛行隊や軽爆飛行隊を指している。

第百四十七　騎兵兵団は、主攻撃を加うべき敵縦隊若《も》くは敵集団の側面及背面を攻撃す。

騎兵は、有力なる歩兵部隊の正面に衝突し、若くは機械化部隊の攻撃を受くる虞《おそれ》ある正面を避くるを要す。（以下略）

一方、騎兵兵団は、主攻撃を加える敵の縦隊あるいは敵の集団の側面や背面を攻撃することになっており、敵の有力な歩兵部隊の正面や、敵の機械化部隊に攻撃される恐れのある正面を避けることになっている。

第百四十八　狙撃師団は、一道路に沿いて前進中（に）遭遇戦加入の為、其主力を展開し得る最大の兵団なり。

然れども、之に適する道路あるときは、狙撃師団は二又は三縦隊を以て前進するを要す。蓋《けだ》し、数縦隊を以てする前進は、展開及主攻方面に対する兵力の集結を迅速ならしむるの利あるを以てなり。（以下略）

狙撃師団は、一本の縦隊で前進していても遭遇戦への加入時に主力が展開可能なもっとも大きな兵団、とされている。それでも、行軍部署からの展開や主攻方面への兵力の集結が迅速になるので、道路さえあれば二本や三本の縦隊で前進することになっている。ここでもやはり迅速さが重視されているのだ。

第百四十九　砲兵主力は、各縦隊の任務竝地形の状態を顧慮し、最も有利に之を使用し得る方面に任りて前進す。（中略）前衛に対しては速《すみやか》に其進路を開拓し、行軍中の敵の縦隊を破摧し、敵の展開を妨害し、友軍主力の戦闘加入を支援し得る如く、有力なる砲兵（長射程砲を含む）を配属す。状況に応じ、縦隊（の）全砲兵の半部までを前衛に配属することを得。尖兵には連隊砲を配属す。（以下後述）

前衛には、最大で縦隊の全砲兵の半分を配属して、行軍中の敵の縦隊を破砕し、敵の展開を妨害し、味方主力の戦闘加入を支援することになっている。ソ連軍は、砲兵の実に半分を前衛に投入してまで主導性を確保したかったのである。

主力砲兵は、展開に当《あた》り歩兵を超越して前進す。此際、任務を受領せる砲兵中隊は、直《ただち》に支援すべき歩兵大（中）隊に対し連絡班を派遣す。

一方、主力の砲兵部隊は、味方の歩兵部隊を超越前進して展開し、各砲兵中隊は歩兵大隊や歩兵中隊等を支援する。ソ連軍では、遭遇戦においては、砲兵の主力を歩兵の前方に展開させることになっていたのだ。

遭遇戦の戦い方

続けて遭遇戦の戦い方をさらに詳しく見てみよう。

第百五十一　敵（が）若《も》し長射程砲の射撃を開始し、道路に依る縦隊の前進を妨害するに至らば、縦隊指揮官は、縦隊を疎開し遮蔽路に沿い大隊毎の縦隊を以て前進せしむ。遮蔽接近路あるときは、大隊以下に部隊を分散すること無し。

敵の長射程砲の射撃で、縦隊のまま道路沿いに前進するのがむずかしくなったら、疎開して大隊ごとの縦隊で前進する。もし、敵から遮蔽された接近経路がある時には、大隊以下に分散することはない。

第百五十二　遭遇戦を予期する場合に於ける縦隊の運動は、為し得る限り敵に対して遮蔽せざるべからず。現代の発煙資材は、敵の空中視察に対し各縦隊の行動を秘匿する為、広汎なる煙機動を行い、若くは事実（では）縦隊無き方面に縦隊の前進を装いて敵を欺騙することを得るに至れり。

　縦隊の運動は、可能なかぎり敵の目から遮蔽することになっている。例えば、地形を利用して茂みや森の中、稜線の反対側などを移動するわけだ。また、煙幕による遮蔽や、それを利用した欺騙も行う。

第百五十五　敵に先じて有利なる地線を占領し、戦術上の要点を奪取することは、特に重大なる意義あり。（中略）特に砲兵の為、有利なる観測所を獲得することに努むるを要す。本件は、師団捜索大隊、若くは特に派遣せらるる諸兵連合の先遣支隊（ПО）の任とす（中略）

　敵（が）若し我に先《さきん》じて有利なる地線を占領せるときは、前方に派遣せられたる諸隊は、前衛の到着を待つこと無く独力を以て之を攻撃し、該地線より敵を駆逐す。

　遭遇戦では、敵の先手を打って有利な地線や戦術上の要点を確保することが重要、とされている。具体的には、師団捜索大隊や先遣支隊が砲兵観測所（例えば小高い丘）の確保に努める。また、敵が有利な地線を占領している時は、これらの部隊が前衛の到着を待たずに独力で敵を攻撃して排除することになっている。

　一方、ドイツ軍の『軍隊指揮』を見ると、捜索隊が、捜索地域内における優勢を得るために、敵の先手を打って要点を占領することを推奨しているが、捜索に必要な戦闘を除いて基本的には戦闘を避けることになっている（本書の第三章で述べた第百二十四、第百二十五参照）。

　つまり、同じ要点の確保でも、ドイツ軍は捜索隊に対して捜索任務の範囲を超える「要点の確保」を求めていなかったが、ソ連軍は師団捜索大隊や先遣支隊に対して独力で敵を排除して「有利な地線を確保」することまで求めていたのである。

　これらを見ると、ソ連軍はドイツ軍以上に敵の先手をとること、すなわち主導性の確保を重視していた、といえそうだ。

第百五十六　前衛は、独力を以て勇敢に行動し、敵主力の展開に先《さきだ》ち、敵の前衛及先遣支隊を撃滅することに努めざるべからず。（中略）

前衛を撃破せば、高級指揮官は主力を挙げて敵の主力縦隊を攻撃す。（中略）

敵（が）若し遭遇戦に於て防御に転移せば、前衛は行軍部署より直に敵警戒部隊を攻撃して之を撃滅し、次《つい》で敵陣地帯の前縁を偵察す。

前衛は、敵の前衛や先遣支隊の撃滅に努めることになっている。敵の前衛を撃破したら、主力を投入して敵の主力縦隊を攻撃するのだ。

もし、敵が防御に転移したら、前衛はそのまま敵の警戒部隊を撃滅して敵陣地帯を偵察する。これ以降は「遭遇戦」ではなく、通常の「攻撃」になるわけだ。

次の条項では、遭遇戦における各部隊の具体的な行動が記されている。

第百五十七　前衛砲兵は最初の配置の便否を問うことなく、且砲兵捜索の成果を待たずして速《すみやか》に陣地に進入し、臨時観測所を設定して直《ただち》に射撃を開始し、我が歩兵及戦車の行動を妨害する敵を制圧す。（中略）

砲兵大隊は、射撃開始命令受領後、十分を経過せば、各中隊の射撃を開始せざるべからず。（中略）

戦車は、砲兵火力の掩護の下に、敵の警戒部隊を突破して前衛の側面及背面を襲撃す。

歩兵は、速に重火器（重機関銃、大隊砲）を第一線に推進して射撃を開始す。大隊は、蔭蔽地に沿いて敵に近接し敵の不意に乗じて展開し、砲兵及機関銃火力の支援の下に攻

【ソ連軍行軍部署と各部隊の主な編組】

（師団の編制は1939年頃）

- 捜索大隊
- 前衛
  - 狙撃連隊 ※1
  - 軽砲兵大隊（師団軽砲兵連隊より）
  - 戦車中隊（師団戦車大隊より）
  - 107㎜カノン砲中隊（軍団より）
- 側方支隊
  - 狙撃大隊長指揮の狙撃中隊
  - 対戦車砲小隊
- 戦車大隊
- 師団司令部
- 狙撃連隊（1個大隊欠）
- 師団軽砲兵連隊（1個大隊を前衛に配属）※2
- 狙撃大隊
- 師団榴弾砲連隊 ※3
- 狙撃連隊
- 後衛（狙撃中隊）※4

※1＝編制内に連隊砲中隊を持つ。
※2＝3個大隊編制。1個大隊は76.2㎜師団野砲2個中隊、122㎜軽榴弾砲1個中隊（1個中隊は火砲4門）
※3＝2個大隊編制。155㎜榴弾砲24門。
※4＝図中には未記入。

①敵先遣隊を排除して、緊要地形を占領する捜索大隊。
②敵の縦隊を攻撃する襲撃機大隊。
③捜索大隊を支援し、爾後、拘束部隊となる前衛。
④打撃部隊となる、2個狙撃連隊と戦車大隊の縦隊主力。展開する砲兵のうち155㎜榴弾砲大隊1個は、拘束部隊にも火力支援を行う。
⑤側衛から側面の警戒につく側方支隊／固定側方警戒部隊。なお図中の（－）は編制欠如。（＋）は増強、（－＋）は編制欠如とともに増強も受けていることを表す。
※開放翼＝味方部隊が存在しない部隊の端。

左の図は遭遇戦の戦闘要領で、一本の道路を使用した狙撃師団の敵との接触から戦闘開始までを描いている。緊要地形の奪取や先頭部隊（前衛）による拘束と主力による打撃など、普遍的な遭遇戦の原則どおりといえる。ただし緊要地形を遮二無二に奪取すること、砲兵の過半を前方に出していること、拘束部隊と打撃部隊を明確化することなどが、ソ連軍の特徴といえる。

◆狙撃師団による遭遇戦の戦闘要領

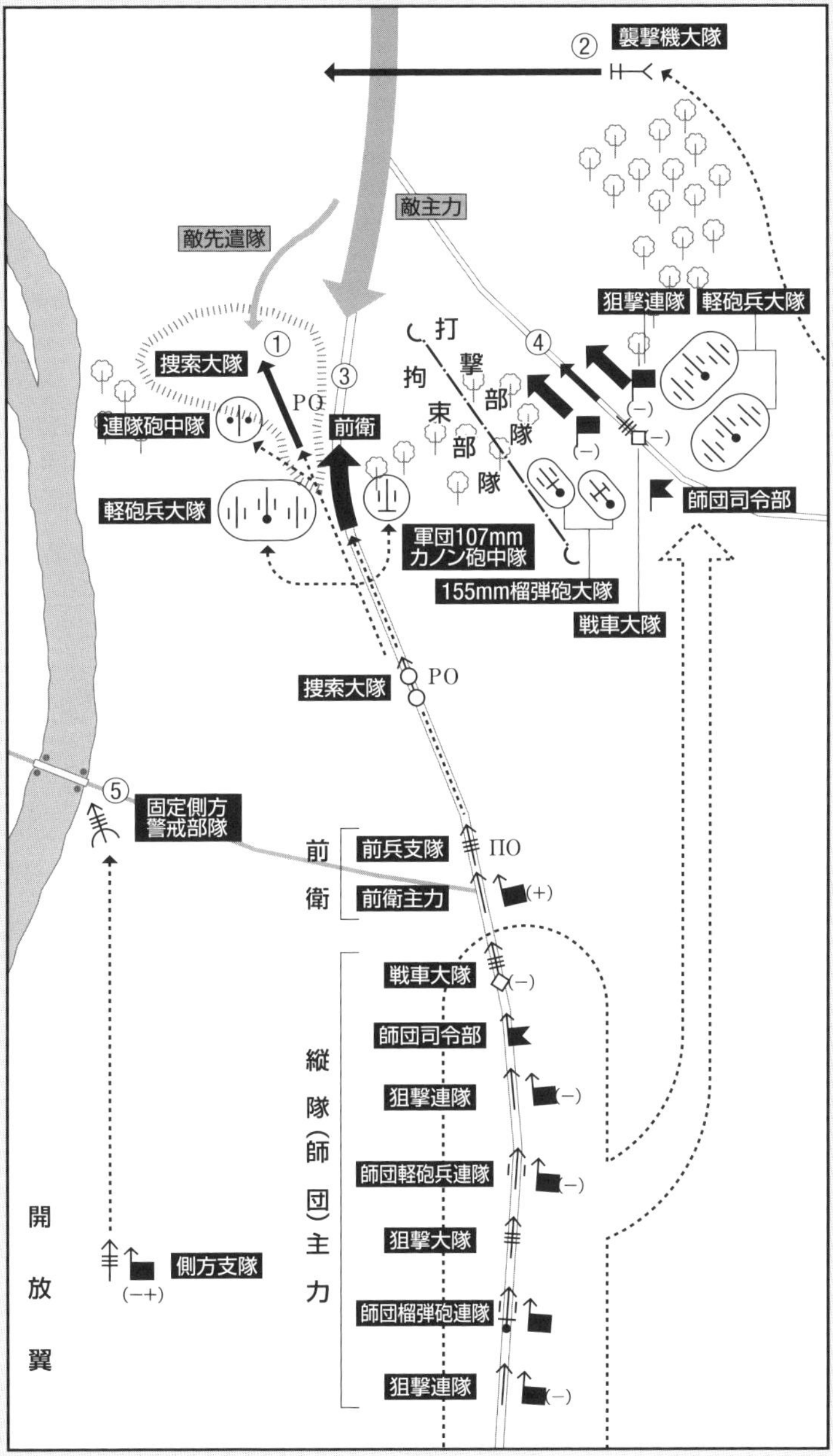

②
襲撃機大隊
敵主力
敵先遣隊
①
捜索大隊
③
前衛
PO
連隊砲中隊
軽砲兵大隊
軍団107mm
カノン砲中隊
打撃部隊
拘束部隊
④
狙撃連隊
軽砲兵大隊
(−)
師団司令部
155mm榴弾砲大隊
戦車大隊
捜索大隊
PO
⑤
固定側方
警戒部隊
前衛
前兵支隊
IIO
前衛主力
(+)
縦隊(師団)主力
戦車大隊
師団司令部
狙撃連隊
師団軽砲兵連隊
狙撃大隊
師団榴弾砲連隊
狙撃連隊
開放翼
側方支隊
(−+)

撃に前進し、敵の翼を包囲且迂回せざるべからず。（中略）
敵の前衛は、敵主力の到着までに之を撃滅せざるべからず。

前衛に配属された砲兵部隊は、直ちに射撃を開始して味方の歩兵や戦車を掩護する。各砲兵中隊は、上級の砲兵大隊が命令を受けてから十分以内に射撃を開始することになっている。単に「迅速」ではなく「十分」と具体的な数字を決めているところがソ連軍らしい。

戦車部隊は、その砲兵の掩護下で敵の警戒部隊を突破して、敵前衛の側面や背面を襲撃。歩兵部隊は、大隊砲や重機関銃等の支援火器を展開させ、歩兵は隠蔽地沿いに敵に接近して展開。味方の火砲や機関銃の支援下で攻撃前進を開始し、敵の翼側を包囲迂回する。

こうして、敵の主力が到着する前に、敵の前衛を撃滅するのだ。

第百五十八　高級指揮官（は）**若し敵が戦闘前進**（接敵）**部署を以て前進中なる事を発見せば、敵の配置**（が）**最も濃密なる部分を包囲攻撃する如く決心し、隠密且好機に投じて其打撃部隊を敵の側面に指向し、蔭蔽地を利用して之を攻撃発起位置に誘導す。**
此際、攻撃目標たる敵集団の正面に対しては、前衛を指向し、之を該方面に拘束するを要す。

高級指揮官は、敵が（行軍部署ではなく）戦闘前進ないしは接敵部署で前進中だったら、敵の配備がいちばん分厚いところの包囲を狙う。そのために、前衛を「拘束部隊」として敵集団の正面にぶつけて釘付けにし、主力の「打撃部隊」を森などの蔭蔽地を利用して移動させて敵の側面から攻撃を発起するのだ。

第百六十　敵兵（が）**退却を開始せば、速に断固たる追撃を開始す。此際、敵の退路を遮断して完全に之を撃滅する目的を以て敵の退却縦隊に対し併行追撃を行うを要す。**（以下略）

敵が退却を始めたら、敵の退路を遮断して完全に撃滅するために追撃を開始する。

攻撃の基本方針

次に、ソ連軍では「遭遇戦」とハッキリ区別されていた通常の「攻撃」について見てみよう。『赤軍野外教令』の第七章「攻撃」の最初の条項は、以下のようなものになっている。

第百六十二　防御する敵に対する攻撃は、各種の状況に於て生起す。即ち、攻撃前（に）**敵の陣地帯に向かい長距離**

の接敵を行うことあり。直接、敵と相対峙せる状況より生起することあり。遭遇戦に於て防御に転移せる敵に対し行わるることあり。退却又は戦闘離脱の際、某地域に於て逐次抵抗を行う敵に対し行わるることあり。又、河川を渡河して行わるる場合あり。就中《なかんずく》、渡河攻撃を以て最も複雑なりとす。

　ここでは、攻撃がさまざまな状況で生起することが具体例とともに記されている。そして、これ以降の条項では、まず攻撃全般について述べたあと、続いて其一「行軍より行う攻撃」を基本として、其二「対峙状態より行う攻撃」、其三「築城地域に対する攻撃」、其四「河川を渡河して行う攻撃」について述べている。

　では、順番に見ていこう。まずは攻撃全般についての規定からだ。

第百六十三　防御力は、地形の特性、敵が陣地設備に使用せる時間の大小、及《および》敵の有する火力、及技術資材の如何に依りて差違あり。
防御力は、假令《たとえ》之が準備に費やせる時間（が）大ならざる場合に在りても尚且偉大なるものたるを失わず。
故に、攻者は主攻方向に最大の兵力資材を集結し、敵に比し該方面に於て圧倒的優勢を占むること肝要なり。

　敵の防御力は、地形や敵が陣地の構築に費やせる時間の大小、敵の火力等で差が出てくるものだが、たとえ準備時間が無い場合でも陣地の防御力はやはり大きい。したがって、攻撃側は主攻方面に兵力資材を集中し敵に対して圧倒的優勢を占めることが重要、とされている。

　その一方で、遭遇戦においては、既述のように、行軍部署から迅速に展開して攻撃を開始し、敵の機先を制することが重要とされている。繰り返しになるが、ソ連軍では通常の「攻撃」と「遭遇戦」で、それぞれの基本方針がまったく異なっていたのだ。

第百六十四　攻撃は、凡有《あらゆる》戦闘資材の協調に依り、同時に敵防御配備の全縦深を制圧するの主義に依りて指導せらるべきものとす。之が為、
イ、航空部隊を以て敵の予備及後方を攻撃す。
ロ、砲兵を以て敵の戦術配置の全縦深を破摧す。
ハ、遠距離行動戦車群を以て敵の戦術配置の全縦深を突破す。
ニ、支援戦車を伴う歩兵を以て敵陣地に突入す。
ホ、機械化及騎兵兵団を敵の後方深く投入す。
ヘ、広汎なる煙の利用に依り我が機動を秘匿し、且敵を欺瞞して次等地区に之を牽制す。
斯くして敵を防御配備の全縦深に亙りて拘束し、之を包囲

殲滅するを要す。

若し、（敵に）開放翼有るときには、主力は之を迂回して背後より敵を攻撃す。此際、敵の正面に対しては一部の兵力を以て勇敢なる攻撃を行わざるべからず。

これも繰り返しになるが、ソ連軍は、敵陣地帯後方の予備等も含む防御配備のすべてを同時に制圧する「全縦深同時打撃」を目指していた。

具体的には、航空部隊で敵の予備や後方、すなわち指揮通信組織や兵站組織などを攻撃して予備隊の迅速な投入や安定した補給等を妨害し、砲兵部隊で敵の戦術配置（戦線後方の予備隊など作戦レベル以上の部隊配置を含まない）の全縦深を破砕して、味方の戦車部隊や歩兵部隊等の攻撃を支援する。さらに遠距離行動戦車群で敵の戦術配備の全縦深を突破し、歩兵支援戦車とともに歩兵部隊が敵陣地に突入し、機械化兵団や騎兵兵団を敵後方奥深くに投入する。この際、煙幕を展開して各部隊の機動を秘匿し、欺騙により敵の注意を別の地区に引き付けることになっている。

もし、敵の翼側が開放されて（開放翼になって）いたら、主力を迂回させて背後から敵を攻撃する。その際には、一部の兵力で敵の正面を攻撃して敵兵力を拘束する。

こうして敵部隊を第一線から戦線後方奥深くまで拘束、分断し、これを各個に包囲して殲滅するのだ。

実例を挙げると、第二次大戦直前の「ノモンハン事件」では一九三九年八月の攻勢で日本軍の第二十三師団主力を両翼から包囲して壊滅させ、第二次大戦中の独ソ戦では一九四二年十一月に始まった「ウラン」作戦で、スターリングラードのドイツ第6軍を両翼から包囲して最終的には降伏に追い込んでいる。いずれも戦術教範どおりの会心の攻撃といえる（もっとも、とくに「ノモンハン事件」ではソ連軍も少なくない損害を出している）。

これを見ると、ソ連軍の攻撃戦術は、例えば敵陣地に攻撃部隊のクサビを打ち込み、その根元の幅を広げることで先端を敵陣地の奥深くまで届かせようというフランス軍の攻撃戦術とは明らかに異なる（『大単位部隊戦術的用法教令』第二百二十四、第二百四十等を参照）。敵の包囲殲滅を目指しているという点ではドイツ軍と同じだ。

次の項目では、敵陣地帯に対する捜索に関して以下のように定めている。

第百六十五　敵陣地帯に対する捜索は、適時其配備竝兵力配置を偵知するを以て主眼とす。

捜索に依りて偵知すべき事項（は）左の如し。

イ、陣地帯内部に於ける梯隊配備

ロ、障碍地帯（地域）の所在
ハ、警戒部隊の配備
ニ、主陣地帯の配備
ホ、予備隊の配備
ヘ、後方陣地帯の存否
ト、補給路の方向（中略）
捜索機関は、尚為し得る限り適確に敵の防御配備竝砲兵の兵力配置を判定し、開放翼又は配備無き地区を偵知し、且陣地帯内部の状況、守備部隊の編組及技術的陣地設備の強度竝素質を明らかにす。（以下略）

　敵陣地の捜索では、敵の防御配備等を判定して、開放翼の有無を探り、陣地帯内部の状況を明らかにする。これによって初めて、第百六十四に定められている全縦深の同時打撃が可能になるのだ。

第百六十六　一般兵団の捜索は、飛行機、騎兵、捜索大隊、斥候群及視察（とくに指揮官の視察）機関に依りて実施せらる。（中略）
捜索機関の派遣竝視察は、常に限定せる目的を以てせられざるべからず。即ち、不明なる事項又は状況の判明十分ならざる事項を確《たしか》め、或は既に入手せる情報の確否を点検するが如き是なり。（中略）限定せる目的に努力を集中する事無く、徒《いたずら》に全正面に亙り同一程度に注意を分散するが如き捜索は、何等効果無きものとす。

　狙撃師団など一般兵団の捜索は、飛行機や騎兵、捜索大隊や斥候、指揮官の視察などによって行われる。
　ここでは、限定された捜索目的に努力を集中することが強調されている。この辺りは、さまざまな情報を集めることになっていた日本軍の『作戦要務令』とは対照的だ（本書の第三章の日本軍の項参照）。

行軍より行う攻撃

　続いて其一「行軍より行う攻撃」を最初の条項から見ていこう。

第百六十九　行軍を以て敵陣地帯に近接して行う攻撃に在りては、前衛は左の如き任務に服す。
イ、障碍物及其掩護部隊の清掃
ロ、敵戦闘警戒部隊の掃蕩
ハ、敵陣地帯第一線の偵察竝攻撃の為の主力の展開掩護
前衛には強大なる砲兵（為し得れば歩兵一大隊に砲兵二大隊の比率）を配属する（中略）
前衛は、敵警戒部隊の敗残部隊に膚接して前進し、假令《たとえ》局

部的なりとも一挙に敵主陣地帯に突入することに努むべし。

（以下略）

前衛は、敵の鉄条網等の障害物とその処理を妨害する敵部隊を排除して敵の警戒部隊を掃討する。そして、敵陣地帯の第一線を偵察するとともに主力の展開を掩護する。

その際、敗走する敵の警戒部隊に密着して前進し、たとえ一部でも敵の主陣地帯にそのまま突入するよう努めることになっている。敵に密着する理由としては、敵が味方撃ちを避けて防御砲火を弱めたら敵の主陣地帯に突入しやすくなること、などが考えられる。

第百七十　前衛と敵警戒部隊との戦闘間、主力は師団の攻撃地域内に於て、爾後任意の方向に対し攻撃を開始し得る事を顧慮し、遮蔽せる位置に兵力を集結す（敵陣地帯前線より三乃至四粁）。（中略）

敵、若し陣地帯外に出撃を企図せば機動戦を以て之を破摧し、其背後に膺接して主力を以て敵陣地帯内に闖入《ちんにゅう》すべし。

（以下略）

主力は、敵から遮蔽された敵陣地帯前縁の三～四キロ前方に集結する。ここで、もし敵が陣地帯の外で野戦を挑んで来たら機動戦で撃破し、退却する敵部隊に密着して敵の陣地帯に侵入することになっている。敵が陣内に戻って防御態勢を整える前に敵陣内に侵入してしまうのだ。

第百七十二　攻撃計画は、其側面攻撃たると突破たるとを問わず、常に敵の兵力資材を捕捉撃滅するを以て目的とし、決して圧迫を主とすべからず。

攻撃成功の最大の要件は、敵の不意に乗ずるに在り。此故《これゆえ》に軍隊の凡有《あらゆる》準備行動は極力之を秘匿するを要す。

攻撃計画は、側面攻撃だろうが突破だろうが、単に敵を押し込んで下げるのではなく、あくまでも敵の兵力や資材すなわち物的な戦闘力の撃滅を目指すことになっている。ドイツ軍の滲透戦術のように、敵の混乱や麻痺といった心理的な打撃を狙うわけではないのだ。

そして、攻撃においては敵の不意に乗じること、すなわち「奇襲性」を重視している。ただし、主攻方面で敵に対して圧倒的優勢を占めることも重視しているので、兵力資材の集中などの準備行動を極力秘匿することも求められている。

実際、第二次大戦中の（とくに後半の）東部戦線では、ソ連軍は兵力集中の秘匿や欺騙に相当の力を注いでおり、枢軸軍側の協力者（スパイ）を摘発したり航空偵察を妨害したりしたため、枢軸軍はソ連軍戦線後方の情報を得ることが次第に困難になっていった。

◆攻撃の数値基準

		軽易な陣地	相当設備された陣地	堅固な陣地	備考
攻撃正面	師団	4,000m（1連隊／1師団）	3,000m（1$\frac{1}{2}$大隊／1師団）	2,000m（1大隊／1師団）	カッコ内は（敵／自軍）となる。（1大隊／1師団）は、敵の1個大隊に自軍の1個師団を投入することを意味する。
	連隊	2,000m（1大隊／1連隊）	1,500m（1$\frac{1}{2}$中隊／1連隊）	1,000m（1中隊／1連隊）	
	大隊	1,000m（1中隊／1大隊）	800m（1$\frac{1}{2}$小隊／1大隊）	500m（1小隊／1大隊）	
火砲数（1km正面）		30〜40門（約3個大隊）	60門（約5個大隊）	70〜100門（約8個大隊）	師団砲兵の門数は76.2mm野砲×24、122mm軽榴弾砲×12、152mm榴弾砲×24
戦車数（1km正面）		30〜40両（約1個大隊）	60両（約1個大隊+α）	60〜100両（約1〜2個大隊）	戦車大隊の戦車数は51両

表は、昭和16年に日本軍が「赤軍野外教令」等からまとめた小冊子『ソ軍戦闘法図解』を基に作成した。これを見ると攻撃時の兵力は、主力となる歩兵で見た場合、敵の3倍を最下限としていることが理解できる。徹底的な物的戦力の優越が、ソ連軍の攻撃のカギであった。

東部戦線全体の兵力比を見ると、一九四四年六月に始まる「バグラチオン」作戦以前はせいぜい二対一程度のはずなのに、ドイツ軍側から見た戦記の中には、いつも圧倒的な兵力のソ連軍に攻撃をしかけられているように感じられるものがある。こうした記述も、ソ連軍の兵力の集中（これについては本書の第五章でも触れる）に加えて、その秘匿がうまくいっていたことの証左といえよう。

第百七十三　敵の開放翼及兵団（の）接合部は、取て以て乗ずべき最大の薄弱部なり。故に手段を尽くして之を探知し、好機に投じて之を攻撃するを要す。（中略）

第百七十四　敵に開放翼無き時は、高級指揮官は突破を行う。

兵力を密かに集中したら、次は敵部隊の端となる開放翼や兵団の接合部を探知して攻撃する。もし、敵に開放翼がなかったら突破を行う。これも、まず「包囲攻撃」を狙い、次いで「側面攻撃」、その次に「突破攻撃」を狙っていたドイツ軍に近い。

そして、次の条項では、主攻正面で必要とされる支援兵力や攻撃正面の幅が数値等で具体的に規定されている。

第百七十五　主攻正面には、徹底的に敵に優越する兵力資材を集結するを要す。（中略）

急遽、防御に転移せる敵に対する攻撃に当たりては、打撃部隊第一線（の狙撃）一大隊は、砲兵一大隊と戦車一中隊、又は砲兵二大隊を以て支援せらる。此場合に於ける大隊の戦闘正面は約六百米とす。

（味方の）砲兵及戦車の支援（が）更に有力なる時は、戦闘正面は約千米まで之を拡大し得べし。

固有編制其儘《そのまま》の師団（の）打撃部隊の正面幅は二千乃至二千五百米にして、砲兵一連隊（と）戦車一大隊を増加せら

れたる師団に在りては三千乃至三千五百米に達するものとす。（以下略）

　これを見ると、ソ連軍の兵力集中の度合いがかなり具体的にイメージできるだろう。

遠距離行動戦車群と砲兵の用法

　行軍に続いて行われる攻撃においては、遠距離行動戦車群は以下のように運用される。

第百八十一　遠距離行動戦車群は、敵陣地突破の為（の）決定的価値を有するを以て、特に之が使用は厳に当時の状況に適合せざるべからず。（中略）

遠距離行動戦車群の任務は、敵陣地帯の後方に突入して敵の予備隊、司令部及主力砲兵群を剿滅《そうめつ》し、敵主力の退路を遮断するにあり。

遠距離行動戦車群の襲撃は、多くの場合、歩兵及歩兵支援戦車群をして其の敵陣地帯第一線通過に当《あた》り生起すべき防御火網の混乱を利用し得しむる如く計画せらるべきものとす。（以下略）

　遠距離行動戦車群は、敵陣地帯の後方に突入し、敵の予備隊や司令部、砲兵主力を叩くとともに敵の退路を遮断する。その襲撃は、多くの場合、歩兵支援戦車群に支援された歩兵が敵陣地帯の第一線を通過する時に生じる敵の防御火網の混乱を利用して行われる。

　こうした運用法は、第一次大戦中に開発されたイギリス軍の中戦車Mk.Aホイペットの流れを汲む中戦車やのちの巡航戦車に近い。事実、遠距離行動戦車群の主力となるBT快速戦車は、イギリス軍の巡航戦車Mk.Ⅲ（A13）等に大きな影響を与えている。

　一方、砲兵部隊は以下のように運用される。

第百八十六　砲兵は左記任務に服す。

イ、準備砲撃時期

敵砲兵の制圧、暴露せる対戦車防御資材の撲滅、其存在の予想せらるる地区の制圧、観測所及独立掩体、特に戦車の制圧し得ざるべき坧堵《こと》火点（大型のトーチカ、一種のピルボックス）の破壊、竝戦車の攻撃を受けざるか又は戦車の近接を許さざる地区に於ける機関銃火網の制圧。

ロ、遠距離行動戦車群の襲撃時期

対戦車資材の撲滅、又は対戦車火力の減殺を目的とする火力随伴、及新たに発見せる敵砲兵の制圧。

ハ、支援戦車を伴う歩兵の突撃時期

歩兵の前進を援助する目的を以て、対戦車資材及敵機関銃の制圧、完全に敵を撃滅するに至るまで攻撃戦闘の全経過に亘り火力又は陣地変換を以て歩兵に随伴。

　このように砲兵の任務は、三つに分けられた時期ごとに定められている。すなわち、最初の準備砲撃時期では敵砲兵の制圧、遠距離行動戦車群の襲撃時期では敵の対戦車資材の撲滅、支援戦車を伴う歩兵の突撃時期では（支援戦車を狙う）敵の対戦車資材や機関銃の制圧が、それぞれ第一に挙げられている。ここでいう「対戦車資材」とは、具体的には対戦車砲などを指している。

砲兵連隊に配備された長砲身のM1931/37 122mmカノン砲（A-19）。遠距離からの火力支援や対砲兵戦などに主用された

第百八十七　砲兵の準備砲撃は、攻撃正面一粁に対し火砲三十乃至三十五門以上を有し（遠距離砲兵を含まず）而も狙撃一師団に対し戦車二大隊を有する場合に於て之を一時間半に短縮することを得。戦車の数（が）十分ならざる時は、準備砲撃は三時間に亘り実施せらるべく、（また）敵防御陣地帯の強度大なる時は、其の所要時間を著しく延長す。（以下略）

　砲兵の準備射撃に関しても、このように具体的な数値等を挙げて規定されている。

　支援の戦車部隊の規模が大きい時（通常は狙撃一個師団に戦車一個大隊）に砲撃時間を短縮できるとされているのは、敵の対戦車資材を撲滅ないし制圧しきれずに味方戦車の損害が多少増えても、残りの戦車で敵の堅固なトーチカを破壊したり機関銃火網を制圧したりできるからであろう（前述の第百八十六のイ参照）。

第百八十八　遠距離行動戦車に対する砲兵火力の随伴は、敵陣地帯の全縦線に亘る移動弾幕射撃を以て最も確実なりとす。弾幕の躍進並び集中射撃の移動は、現地の状況に応ずる戦車の実際的速度を基礎として決定せらる（中略）移動弾幕射撃は、砲兵一大隊に対し正面幅又は縦長（側面掩護）三百乃至四百米を担任せしむる場合に於て、始《ママ》めて戦車に対し信頼すべき掩護を与え得るものとす。（以下略）

　遠距離行動戦車が敵陣地帯の奥に突入したら、これにあわせて砲兵の弾幕を敵陣地帯の奥へ移動させていく「移動弾幕射撃」を行う。これについても、具体的な数値のかた

ちで細かく規定されている。

第一次大戦では、とくに連合軍側の攻勢時における移動弾幕射撃が時刻を基準として弾幕を前進させたために、しばしば味方歩兵の前進と乖離して攻勢失敗の大きな要因となった。この条項で、戦車の実際の速度を基礎として決定される、と記されているのは、こうした戦訓を踏まえたものだろう。

歩兵支援戦車と歩兵部隊の用法

一方、歩兵支援戦車は以下のように運用される。

第百八十九　歩兵支援戦車と歩兵支援砲兵との協同は、通常（は）歩兵支援小砲兵群が支援すべき歩兵大隊（の）支援戦車の前方に在る敵の対戦車資材又は其存在を予想する地区に対し火力を指向することに帰著《きちゃく》す。

歩兵大隊を支援する戦車中隊は、砲兵火力の掩護の下に防者の機関銃火網を制圧す。

（以下略）

第百九十　連大隊砲、特に迫撃砲、重機関銃及軽機関銃は、全力を挙げて戦車の襲撃を支援せざるべからず。（中略）

歩兵支援砲兵は歩兵支援戦車の前方にある敵の対戦車資材を砲撃し、歩兵支援戦車はその掩護下で敵の機関銃火網を制圧する。また、狙撃連隊の連隊砲や大隊砲、さらには迫撃砲や機関銃も戦車の襲撃を支援する。これを見ると、ソ連軍の攻撃戦術は、さまざまな兵器が他の兵器を支援するように組み立てられていることがよくわかる。

第百九十一　歩兵支援戦車は直接、突撃歩兵と同行して其進路を開拓す。（中略）

歩兵支援戦車の小部隊指揮官竝各車長は、絶えず歩兵指揮官の目標指示に注意し、歩兵の前進を妨害しつつある敵火点の制圧に任ぜざるべからず。（以下略）

歩兵支援戦車は、敵陣地に突撃する味方の歩兵に同行して、歩兵の前進を阻止する敵の火点、具体的には敵の機関銃巣等を制圧する。典型的な、戦車による歩兵の直接支援だ。

第百九十三　狙撃大隊は、敵の不意に乗じて展開する目的を以て、砲兵火力の掩護の下に蔭蔽《いんぺい》して、成るべく近く敵の第一線に近接す。（以下略）

第百九十四　歩兵は展開後、砲兵、迫撃砲、重機関銃等の火力を利用し、駈歩躍進又は匍匐前進を以て逐次蔭蔽地を躍進し、努《つとめ》て速《すみやか》に突撃発起位置に向《むか》い前進して、所定の時刻迄に諸準備を完成す。（以下略）

◆敵第一陣地帯突破時の兵力部署図

── 相当設備された陣地に対する攻撃 ──

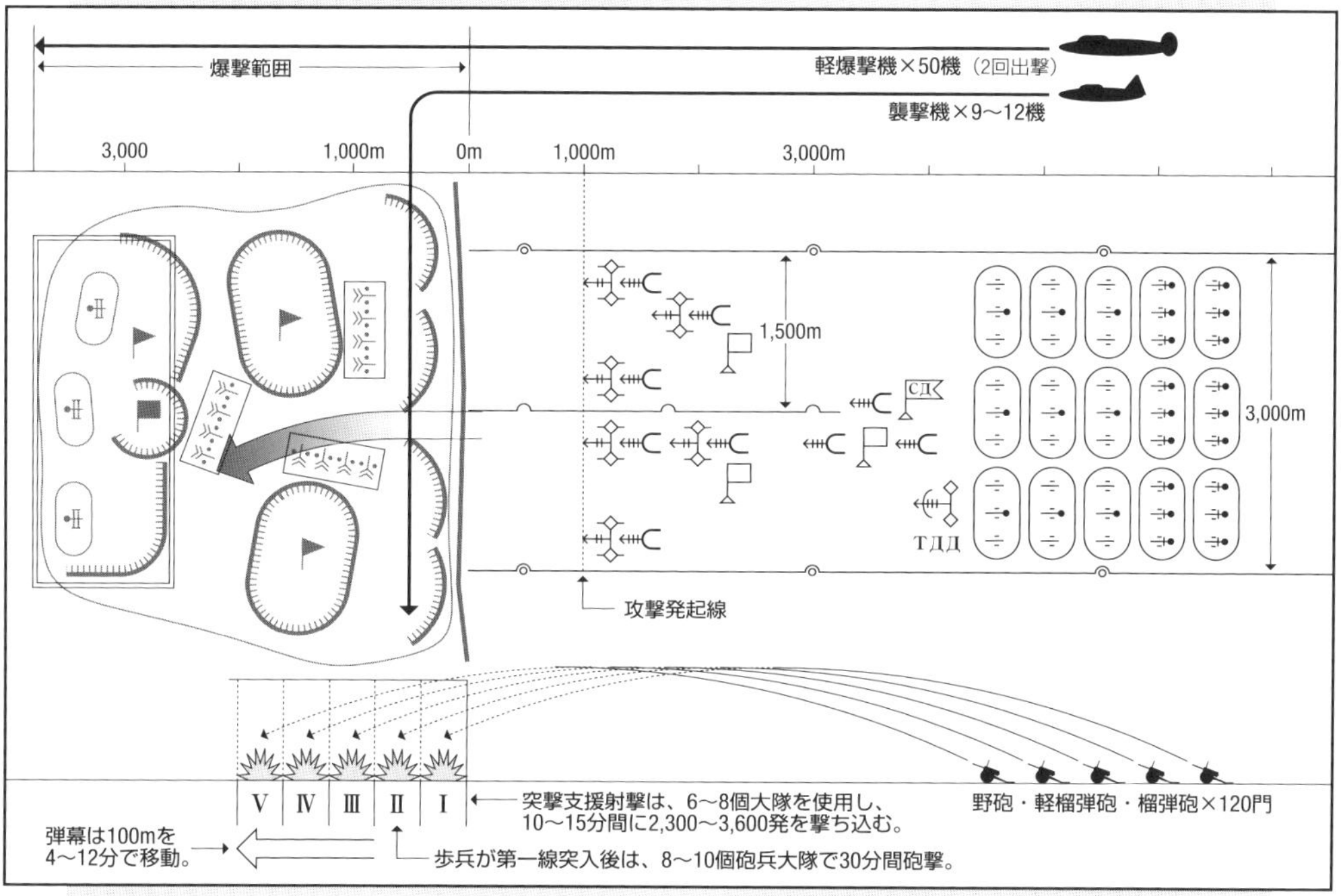

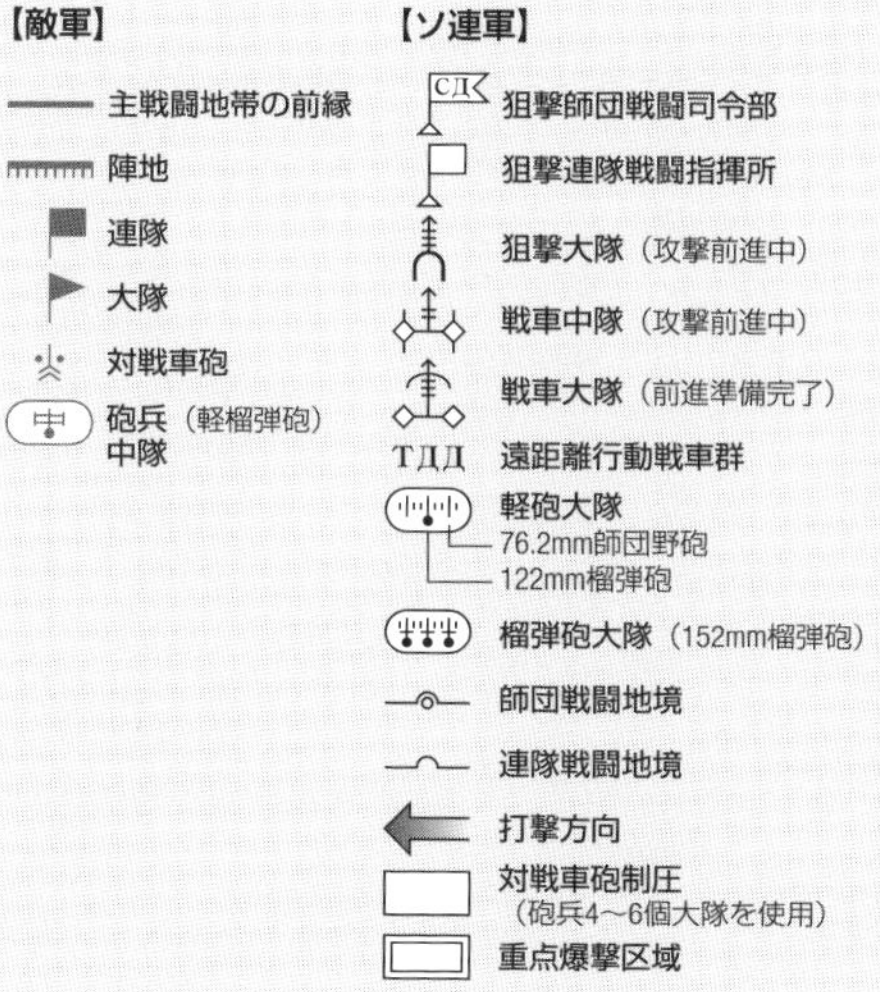

上図は、狙撃師団による「相当設備された陣地に対する攻撃」の特に第一陣地帯突破の兵力部署と突破要領を示したものである。師団は225ページの表にあるように正面3,000mに展開し、敵1個連隊を攻撃する。打撃方向は敵陣の弱点である陣地の接合部。この攻撃には、戦車3個大隊（うち1個大隊は遠距離行動戦車群）、歩兵支援砲兵群として15個の砲兵大隊（師団野砲および榴弾砲）と、敵陣地帯後縁部（指揮機関・砲兵など）の爆撃のため50機の軽爆撃機、9〜12機の襲撃機（敵陣地の前縁への攻撃任務）が支援する。

第百九十六　歩兵支援戦車の攻撃前進は通常、歩兵の突撃前進の信号となるものとす。（中略）戦車無き時は、所定の時刻（に）砲兵の射程延伸と共に歩兵大隊長又は中隊長の信号（煙火《えんか》）を以て突撃を開始す。

狙撃大隊（歩兵大隊のこと）は、砲兵の掩護下で蔭蔽されたまま敵の第一線に接近して展開し、さらに自前の迫撃砲や重機関銃等の掩護下で、駆け足による躍進や匍匐前進で突撃発起位置に向かう。

そして、通常は歩兵支援戦車の攻撃前進を契機にして、また戦車がいない時には歩兵大隊長または中隊長の発煙信号や発火信号を合図にして、突撃を発起する。ソ連軍の歩兵は、後述する日本軍のように味方砲兵による突撃支援射撃の最終弾の弾着ではなく、味方戦車の前進開始とともに突撃してくるのだ。

第百九十八　敵陣地帯に発生せる突破孔は、凡《すべ》て縦深に向かう攻撃の発展の為（に）利用せざるべからず。各級指揮官は、其発見せる突破孔が假令《たとえ》所命の方向に一致せざる場合に於ても随所に之に向《むかい》て突進し、其戦果を拡張せざるべからず。假令、小兵力を以てするも、尚抵抗を継続する敵の側面及背面に向い攻撃するは極めて有効なり。（以下略）

敵陣地に突破口ができたら、たとえそれが命令で指示されている方向と一致していなくても突進して戦果を拡張することになっている。この際、小兵力でも敵抵抗拠点の側面や背面に回り込んで攻撃することが強く推奨されている。

ちなみにドイツ軍では、既述のように、敵戦線の一部を奪取した歩兵部隊は側面を気にせず敵戦線後方の砲兵部隊に向かってまっすぐに突進しろ、としている（第三百六十四）。この点に関しては、ドイツ軍よりソ連軍の攻撃法の方が柔軟だったといえそうだ。

第二百一　歩兵及戦車の戦闘部署は、一挙に敵陣地帯の全縦深を突破して完全に敵を撃滅し、敵砲兵を其陣地に捕捉し得ざるべからず。

歩兵は、陣地帯の突破に当たり交代せらるること無し。第二線は第一線を交代するものにあらず。之を強化し且攻撃力を培養するものとす。（以下略）

戦車や歩兵は、敵陣地帯の全縦深を一挙に突破し、後方の砲兵陣地で敵の砲兵部隊を捕捉する。

この時、もし歩兵の第一線部隊に大きな損害が出ても、これを一旦後退させてから第二線部隊を投入するのではなく、そのまま第二線部隊が畳み掛けるように攻撃を続ける。これがソ連軍の「梯団攻撃」なのだ。

第二百三　陣地帯に拠る敵を撃滅せば、直《ただち》に包囲圏を逸脱

跨乗歩兵を乗せ、炎上するドイツ戦車の後方を横切るT-34中戦車。快速で大火力のT-34は、歩兵支援戦車と遠距離行動戦車の性格を併せ持っていた

せる敵に対して追撃を開始し、後方機関及輜重を捕捉するを要す。（中略）包囲圏を逸脱せる敵の殲滅は、一に執拗なる追撃に依らざるべからず。（以下略）

陣地帯の敵を撃滅したら、こちらの包囲網から外れた敵の追撃を開始し、輜重部隊や他の後方機関を捕捉する。そして、残敵を殲滅するため執拗に追撃することが強調されている。

その他の攻撃方法

最後に、その他の攻撃方法について見ておこう。とはいっても、それぞれの条項数は少ない。まずは「其二　対峙状態より行う攻撃」からだ。

第二百六　対峙状態より行う攻撃に在りては、攻者は一層詳細に敵陣地帯、陣地帯前縁の経始、火網組織、人工障碍物、砲兵及予備隊の配置を探求し、其敵の配備の接合部を査定することを得べし。（以下略）

第二百七　準備の秘匿は成功の主要なる条件なり。（以下略）

「対峙状態より行う攻撃」では、敵陣地帯の配備やその接合部等をより一層詳細に捜索することになっている。

次は「其三　築城地域に対する攻撃」だ。

第二百十二　現代戦に於ては、攻者は単に個々の築城地域のみならず、特に堅牢なる鉄筋「コンクリート」製永久築城設備を有する大築城地帯の突破を行わざるべからざる場合あり。（中略）

攻撃兵団に対する砲兵増加の標準（は）大となり、大口径火砲及中型竝大型戦車、爆撃飛行隊、技術部隊等を必要とするに至る。築城地域竝地帯に対する地上及空中捜索は特に周到に実施せられざるべからず。（以下略）

「築城地域に対する攻撃」では、通常の攻撃よりも砲兵が増強されるだけでなく、敵の鉄筋コンクリート製トーチカを破壊できる大口径火砲や、それを搭載する大型戦車、大型爆弾を投下できる爆撃飛行隊なども増強される。

そしてソ連軍では、第二次大戦前に陣地突破用の戦車として、七六・二ミリ砲を搭載する多砲塔のT-28中戦車や

コラム

各国軍の毒ガス使用への態度

一九二五年、スイスのジュネーヴで調印された毒ガスなどの使用を禁止する『ジュネーヴ毒ガス議定書（窒息性ガス、毒性ガス又はこれらに類するガス及び細菌学的手段の戦争における使用の禁止に関する議定書）』を、フランスは一九二六年に、ロシアは一九二八年に、ドイツは一九二九年にそれぞれ批准していた。

ところが、ドイツ軍の『軍隊指揮』には以下の様な条項がある。

第二百六十四（前略）撒毒《さんどく》は特に其縦深を大ならしめ得るとき守勢的掩蔽を有効に支援するものとす。瓦斯《ガス》量十分ならざる際は巧《たくみ》に選定せる個々の遠隔せる地点に撒毒せば有効なことあり（以下略）。

第三百四十四　毒瓦斯は砲兵及予備隊の戦闘に資する外《ほか》、側面に於ける阻絶の設置若《もしく》は補強の為《ため》有利なり（以下略）。

第五百二（前略）瓦斯就中《なかんずく》撒毒は敵の追及を困難ならしめ得るものとす。

毒ガスや毒物の使用をとくに特別扱いすることなく、通常兵器と同様に使用法等に言及しているのだ。

また、敵側の使用に関しても、次のように淡々と記述している。

第四百十九　敵の撒毒地帯は之《これ》を迂回し且《かつ》後続部隊の為標識すべし。該地帯は自動車搭載部隊を以《もっ》て之を突進することを得。容易に消毒し得る場所（道路、植物なき地区）に速《すみやか》に通路を設くべきものとす。

ただし、この『軍隊指揮』の冒頭には、こう記されている。

本教令は軍備に制限なき国軍の兵力、兵器及装備を想定せるものとす。

独逸陸軍軍隊の教育及運用に方《あた》り、本教令の規定を適用するに方りては、平和関係、各種法令及国際条約に依る制限に顧慮するを要す。

つまり、この教令は条約などの軍備制限が無いことを想定して記述されたものであり、これを実際に適用する際には条約などを考慮するよう明記されているのだ。しかし、具体的に何をどのように考慮するのかは定かではないし、教範の記述内容を見ると毒ガスの使用を当然のものとして考えている、と周辺国に疑われてもしかたないように思える。

一方、フランス軍の『大単位部隊戦術的用法教令』には、冒頭に「緒言」として以下のように記している。

佛国の加入せる国際契約に敬意を表する佛国政府は、戦争の初期、先ず同盟国と協力して敵国政府より戦闘兵器とし

て毒瓦斯を使用せざることの契約を得るに努むべし。若し、此《こ》の契約を得る能はざるに於ては、佛国政府は状況に依り行動するの《（ママ）》自由を留保すべし。（なお、一九二二年の『大部隊戦術的用法教令草案』にも同様の「緒言」が掲げられている）。

ジュネーヴ毒ガス議定書に敬意を表するフランス政府は、戦争初期にまず同盟国とともに敵国に圧力をかけて毒ガスの相互不使用の条約を結ぶように努力すべきだが、もし、その確約が得られない場合には、状況によっては毒ガスを使用する自由を保つべし、と述べているのだ。言い換えると、敵国との間で毒ガスの相互不使用の確約が得られない場合には、条約に反して毒ガスを使うこともありえる、と明確に威嚇しているわけだ。

この緒言が、フランスの第一の仮想敵国であると同時に、第一次大戦中には優れた化学工業を活用して毒ガスを先制使用したドイツを念頭に置いていることは間違いあるまい。

一方、『赤軍野外教令』を見ると、本文の前に一九三六年版の施行を命じる国防人民委員命令第二四五号が掲載されており、その最後に化学的攻撃手段、すなわち毒ガス等の使用方針について述べている。

四、本教令に示す化学的攻撃手段を労農赤軍が実際に適用するは、敵先《ま》ず我に対して之を適用せる場合にのみ限るものとす。

つまり、ソ連軍は毒ガス等の先制使用を禁じており、敵が使用した後に限って使用することになっていたのである。

第一次大戦中のロシア軍は、化学工業が遅れていたこともあってドイツ軍の毒ガス攻撃によって甚大な損害を蒙ったが、この教範が発布された頃にはソ連軍の化学戦能力もそれなりに向上していたはずだ。それでも国防人民委員がわざわざこのような命令を出しているわけで、ソ連軍は（少なくとも教範上は）化学戦を積極的に望んでいなかったことがわかる。

日本は、ジュネーヴ毒ガス議定書を一九七〇年まで批准しなかったが、日本軍の『作戦要務令』には、第四部に「瓦斯用法」として「通則」以下五章を割いている。

その基本方針は次のようなものであった。

第二　瓦斯を使用するは報復手段として予め之を許されある場合に限るものとす。

その使用を報復のみに限定していたのである。これを見る限り、日本軍もソ連軍と同様に（少なくとも教範上は）化学戦を積極的に望んでいなかったことがわかる。日本は列強各国に比べると化学工業が遅れていたので、自然なことといえよう（ただし日中戦争では使用していた）。

このように、各国群の戦術教範中の毒ガスなどの化学兵器の使用に関する記述にも、大きな差異があったのだ。

T-35重戦車を完成させていた。

最後は其四「河川を渡河して行う攻撃」だ。

第二百十九　渡河は、夜暗を利用して奇襲的に実施せらる。
（以下略）

第二百二十一　準備砲撃の掩護の下に、水陸両用戦車（が）先ず泳行《えいこう》し、次《つい》で先遣部隊たる歩兵の一部（が）軽渡河材料を以て敵岸に前進し、我砲兵の撲滅し得ざる直接河岸に在る敵火点を制圧す。

続いて第一梯団（前衛）は努めて広正面を以て速《すみやか》に渡河し、敵機関銃火力及砲兵観測に対し渡河地区を掩護する為の地歩を獲得す。（中略）

主力は、第一梯団の掩護の下に渡河し、所定の計画に従い攻撃を行う。（以下略）

ソ連軍の渡河攻撃は暗夜に行われる。具体的には準備砲撃の掩護下で、まず水陸両用戦車が上陸し、次いで歩兵の先遣部隊が折り畳み舟艇等で上陸して、敵の火点を制圧するのだ。

ソ連軍では、第二次大戦前にイギリスのヴィッカーズ社が開発した軽水陸両用戦車L1E1（A4E11）をベースにした小型浮航戦車T-33を開発しており、その発展型のT-37やT-38を狙撃師団隷下の捜索大隊の戦車中隊や戦車大隊の捜索小隊などに配備していた。これらの水陸両用戦車は、捜索や偵察だけでなく、渡河攻撃時には先頭に立つことになっていたのだ。

ソ連軍は渡河のために浮航戦車も開発していた。写真はフィンランド軍に鹵獲され、テストを受けているT-37。主武装は7.62mm機関銃、装甲は最大10mmと戦闘能力は低い

続いて第一梯団（前衛）が、敵の側防機関銃や砲兵観測所から主力の渡河地区を掩護できるように、なるべく広い正面で渡河して地歩を確保し、主力の渡河を掩護する。

最後に、第一梯団の掩護のもとで主力が渡河する、という手順であった。

「陣地戦」志向と「運動戦」志向

さて、これまで述べてきたように、『赤軍野外教令』では「攻撃」と「遭遇戦」が切り離されており、通常の「攻撃」では敵陣地帯の攻撃を主眼としている。その意味では、ソ連軍は、フランス軍と同じ「陣地戦」志向の軍隊のよう

に思える。たしかに、ソ連軍による敵陣地帯の突破の局面だけを見ると「陣地戦」以外のなにものでもない。

しかし、ソ連軍の攻撃戦術は、敵陣地外翼への迂回や包囲、あるいは遠距離行動戦車群による敵陣地帯後方への突入や退路の遮断など、陣地攻撃においても「運動戦」的な要素が多分に含まれていた。また、遭遇戦においては、機動によって敵の縦隊を分断し諸兵科の戦力を集中して各個撃破する、という「運動戦」そのものを基本としていた（第百四十二、第百四十三等を参照）。これらの点では、むしろドイツ軍や日本軍のような「運動戦」志向の軍隊に近い。

これらを踏まえると、ソ連軍は、「陣地戦」志向の軍隊と「運動戦」志向の軍隊、という二分法の枠に収まりきらない性格を持つ軍隊だったといえるだろう。

日本軍の攻撃

通常の攻撃と陣地戦等の位置づけ

最後に日本軍の攻撃について見てみよう。

日本軍の『作戦要務令』を見ると、第二部の第一篇「戦闘指揮」で戦闘指揮の原則等を述べた上で、第二篇「攻撃」で遭遇戦、陣地攻撃、夜間攻撃について規定している。次の第三篇は「防御」、第四篇は「追撃及退却」で、第五篇は決戦を避ける場合の「持久戦」について規定している。

続いて、第六篇「諸兵連合の機械化部隊及大なる騎兵部隊の戦闘」で機械化部隊や騎兵の大部隊の戦闘について、第七篇「陣地戦及対陣」で堅固な数帯陣地での陣地戦や対陣状態について、第八篇「特殊の地形に於ける戦闘」で山地や河川等での戦闘について、それぞれ規定している。これらは一種の例外的な戦闘として、通常の「攻撃」や「防御」と区別されているのだ。

このうち、第六篇で規定されている機械化部隊や騎兵の大部隊の戦闘については、『作戦要務令』の第一部が施行される前に、日本初の常設の機械化兵団である独立混成第一旅団が解隊されており、大規模な騎兵部隊は騎兵旅団が四個だけ（うち二個は同一の騎兵集団に所属）だったから、通常の戦闘と区別されていても不思議はない（ちなみにソ連軍の『赤軍野外教令』では、これまで述べてきたように、機械化部隊や騎兵の大部隊も一般の歩兵師団と区別されずに一体で記述されている）。

また、陣地戦については、第七篇「陣地戦及対陣」の冒頭で以下のように定義されており、通常の「攻撃」に含まれる「陣地攻撃」と明確に区別されている。

第二百七十五　数帯に設備せられたる堅固なる陣地の攻防此の種（の）戦闘を陣地戦と称すに在りては、各種且多量の戦闘資材を要し、戦闘の状態も自ら複雑なるものとす。（小書きは原文ママ）

　そもそも歩兵の機動力を重視する「運動戦」志向の日本軍にとって、どっしりと腰を落ち着けて戦う陣地戦や対陣状態は例外的な状況であり、その意味では別扱いも当然といえよう。

　最後の特殊地形での戦闘については、他国の戦術教範でも通常の戦闘と区別されているものが多く、とくに珍しいことではない。

戦闘指揮の基本方針

　では、第二部第一篇「戦闘指揮」の第一章「戦闘指揮の要則」の最初の条項から見ていこう。

第一　戦闘に方《あた》り攻防何《いず》れに出《い》づべきやは、主として任務に基づき決すべきものなりと雖《いえど》も、攻撃は敵の戦闘力を破摧し之を圧倒殲滅する為（の）唯一の手段なるを以て、状況真に止むを得ざる場合の外、常に攻撃を決行すべし。敵の兵力（が）著しく優勢なるか、若くは敵の為一時機先を制せられたる場合に於ても、尚手段を尽くして攻撃を断行し、戦勢を有利ならしむるを要す。

状況（が）真に止むを得ず、防御を為しあるときと雖も、機を見て攻撃を敢行し敵に決定的打撃を与うるを要す。

　このように日本軍では、状況が本当にやむを得ない場合以外は、常に攻撃を行うことが大原則とされていた。条文中にあるように、たとえ敵の兵力が著しく優勢だったり、敵に機先を制されたりしても、手段を尽くして攻撃を断行することが求められていたのだ。これが日本軍の戦闘指揮の基本方針だったのである。

　第二次大戦中の日本軍はしばしば無謀としか思えない攻撃をかけて大損害を出しているが、こうした過剰ともいえる攻勢主義は、まさに『作戦要務令』のこの条項に起因している、と言いたくなるところだ。

　だが、ちょっと待ってほしい。

　ここで日本陸軍の第一の仮想敵であったソ連軍の『赤軍野外教令』を見ると、通常の「攻撃」では、主攻方面で敵に対して圧倒的優勢に立つことが重要とされている（第百六十三）。また、通常の「攻撃」と区別されていた「遭遇戦」

では、敵の機先を制して迅速な攻撃を行い、敵がこちらへの対応で手一杯になるように追い込むことが重要とされている（第百四十一）。

傍点を付した部分を見ればわかるように、『作戦要務令』に定められている「戦闘指揮の要則」の最初の条項は、『赤軍野外教令』に定められている「攻撃」や「遭遇戦」の基本方針に見事に対応しているのだ。

よく考えてみれば、そもそも『作戦要務令』は、序章で述べたように、極東ソ連軍への対抗を念頭に置いた「陸軍軍備充実計画」いわゆる「一号軍備」に対応して制定されたものであり、その軍備計画で改善されるはずの「装備」や「編制」とセットになる「戦術」がソ連軍の戦術を意識していたのは当然といえる。

そして日本軍が満州に置いていた関東軍の兵力は、とくに「第二次五カ年計画」以降急速に増強された極東ソ連軍の兵力に大きく凌駕されつつあり、こうした無理のある方針を戦闘指揮の根本に据えざるをえない事情があったのだ。

指揮官の決心と戦闘指導

次の条項では、指揮官の戦闘指導について以下のように規定している。

第二　指揮官は、決心に基《もとづ》き戦闘指導の方針を確定し、之に準拠して軍隊を部署し、且戦闘の終始を指導するものとす。（以下後述）

指揮官が自らの「決心」に基づいて戦闘指導の方針を一旦確定したら、それに準拠して戦闘の始まりから終わりまで指導するものとされている。

しかし、常識的に考えれば、指揮官の決心が常に正しい、などということはありえない。人間は間違いを犯すものだし、ましてや戦場での錯誤を完全には防げないことくらい、日本軍の教範の執筆陣も重々承知していたはずだ。

であるならば、この規定は、指揮官が戦闘中に指導方針をみだりに変えることはマイナスが大きく、仮に多少の錯誤があったとしても当初の方針を貫徹したほうがトータルではプラスが大きい、との判断に基づくものであろう。

また、前述のように日本軍がソ連軍に対してきびしい劣勢に立たされる中、なお手段を尽くして攻撃を続行するためには、当初の方針を堅持することの重要性を、これでもかと強調する必要があったのだろう。

とはいうものの、このように教範の条文で明確に規定してしまうと、例えば戦闘中に状況が大きく変化した場合、それに応じて戦闘の指導方針を柔軟に変化させることがむずかしくなるし、そもそも当初の状況認識が根本的にまちがっていた場合に、のちのより正しい認識に応じて方針を大きく変更することも簡単ではなくなってしまうだろう。

　例えば第二次大戦直前に生起した「第二次ノモンハン事件」で、ハルハ河右岸の攻撃を担当した安岡支隊の指揮官である安岡正臣中将は、航空偵察による敵の退却報告などを踏まえて「追撃思想をもってする攻撃」を決心し、安岡支隊は事前の捜索もせずに薄暮から夜間攻撃になだれ込んで、主力の戦車二個連隊と歩兵一個連隊がバラバラに戦闘を始めることになった。

ノモンハン事件において、出撃前の打ち合わせをする八九式中戦車の乗員たち。安岡支隊の戦車第三、第四連隊は突出して進撃しソ連陣地に突入、歩兵の掩護を受けられず大損害を被った

　ところが、実際にはハルハ河右岸のソ蒙軍は野戦陣地を構築して防御の態勢をとっており、とくに日本軍の戦車部隊は大きな損害を出すことになった。安岡支隊長が追撃戦的な指導方針を改めたのは攻撃開始から実に四日目の夜のことであり、結果的に安岡支隊はハルハ河右岸のソ蒙軍の撃滅に失敗している。

　このように日本軍は、状況やその認識の変化に対応して戦闘の指導方針を柔軟に変えることができず、当初の方針をかたくなに変更しない傾向があった。その背景には『作戦要務令』のこのような規定が存在していたのである。

攻撃の主眼と重点

　続いて、この条項では戦闘指導の主眼が簡潔に記されている。

戦闘指導の主眼は、絶えず主導の地位を確保し、敵を致して意表に出で、其の予期せざる地点と時期とに於いて徹底的打撃を加え、以て速やかに目的を達成するに在り。

　このように日本軍は、主導性の確保や敵の意表を突く奇襲性、それらによる速戦即決を重視していた。

『作戦要務令』の他の条文を見ると、本則に続いて「……而して……」あるいは「……と雖《いえど》も……」などと別の場合や逆の場合を示して、本則にこだわり過ぎることを戒めるような書き方が少なくない。

しかし、この条項ではそうした留保が一切無く、迷いが微塵も感じられない。ここからも、主導性や奇襲性の重視と速戦即決が、日本軍の確固たる基本方針だったことが感じられる。

第三　戦闘部署の要訣は、決戦を企図する方面に対し、適時必勝を期すべき兵力を集中し、諸兵種の統合戦闘力を遺憾なく発揮せしむるに在り。此の際、他の方面に対しては、決戦方面の戦闘を容易ならしむる為、最小限の兵力を使用するものとす。

所望の時期、所望の地点に兵力を集中するには、軍隊の大なる機動力を必要とす。（以下略）

次いで、決戦方面への兵力の集中と、その前提となる高い機動力の必要性が明記されている。この条文を見ても、日本軍が機動力を重視する「運動戦」志向の軍隊だったことがよくわかる。

次に第二編「攻撃」の中身を見てみよう。冒頭の「通則」の最初の条項では以下のように定められている。

第五十二　攻撃の主眼は、敵を包囲して之を戦場に殲滅するに在り。

攻撃は、敵の意表に出づるの度愈々《いよいよ》大なるに従い、其の成果益々大なり。

攻撃に任ずる軍隊は、常に剛健なる意志を以て、専心《せんしん》敵に向かい勇進するを要す。

日本軍の攻撃は、敵の包囲殲滅を主眼としており、敵の意表を突く「奇襲性」を重視していた。第一の仮想敵であったソ連軍も敵の包囲殲滅と奇襲性を重視しており（第百十二、第百七十二等）、この点に関してはよく似ている。

第五十三　攻撃の重点は状況、特に地形を判断し、敵の弱点、若くは敵の苦痛とする方向に之を指向すべし（中略）特に翼、配備の間隙及兵団の接続部竝に素質劣れる部隊、敵の予期せざる正面等は、通常（は）攻撃の重点を指向するに適するものとす。

軍事上、敵の弱点を攻撃するのは当たり前のことであり、敵の翼側や兵団の接続部、敵の予想外の正面を狙うのもごく一般的なことといえる。注目したいのは「素質劣れる部隊」という記述だ。

ここで昭和八年（一九三三）五月に陸軍参謀総長名（当時は閑院宮載仁親王《かんいんのみやことひと》）で配布された『対ソ戦闘法要綱』を

見ると、ソ連軍は各「兵団の価値」すなわち戦力に「著しい差異がある」ことが指摘されている。

『作戦要務令』にある「素質劣れる部隊」とは、こうしたソ連軍における部隊の質のバラツキを踏まえたものと思われる。日本軍は、ソ連軍には「素質劣れる部隊」が含まれており、そこが弱点という認識があったのだ（さらにいえば、日本軍の「精兵主義」とは、まずはソ連軍の「素質劣れる部隊」への優越を目指したもの、ともいえるのではないか）。

第五十四　包囲は、側面に用うる兵力（が）大なると果敢なる正面攻撃に依り敵を拘束し、他を顧《かえり》みる遑《いとま》なからしむるとに従い、其の成果（は）益々大なる

◆戦例に見る日本軍の攻撃 ——ノモンハン 昭和14年7月1日〜3日——

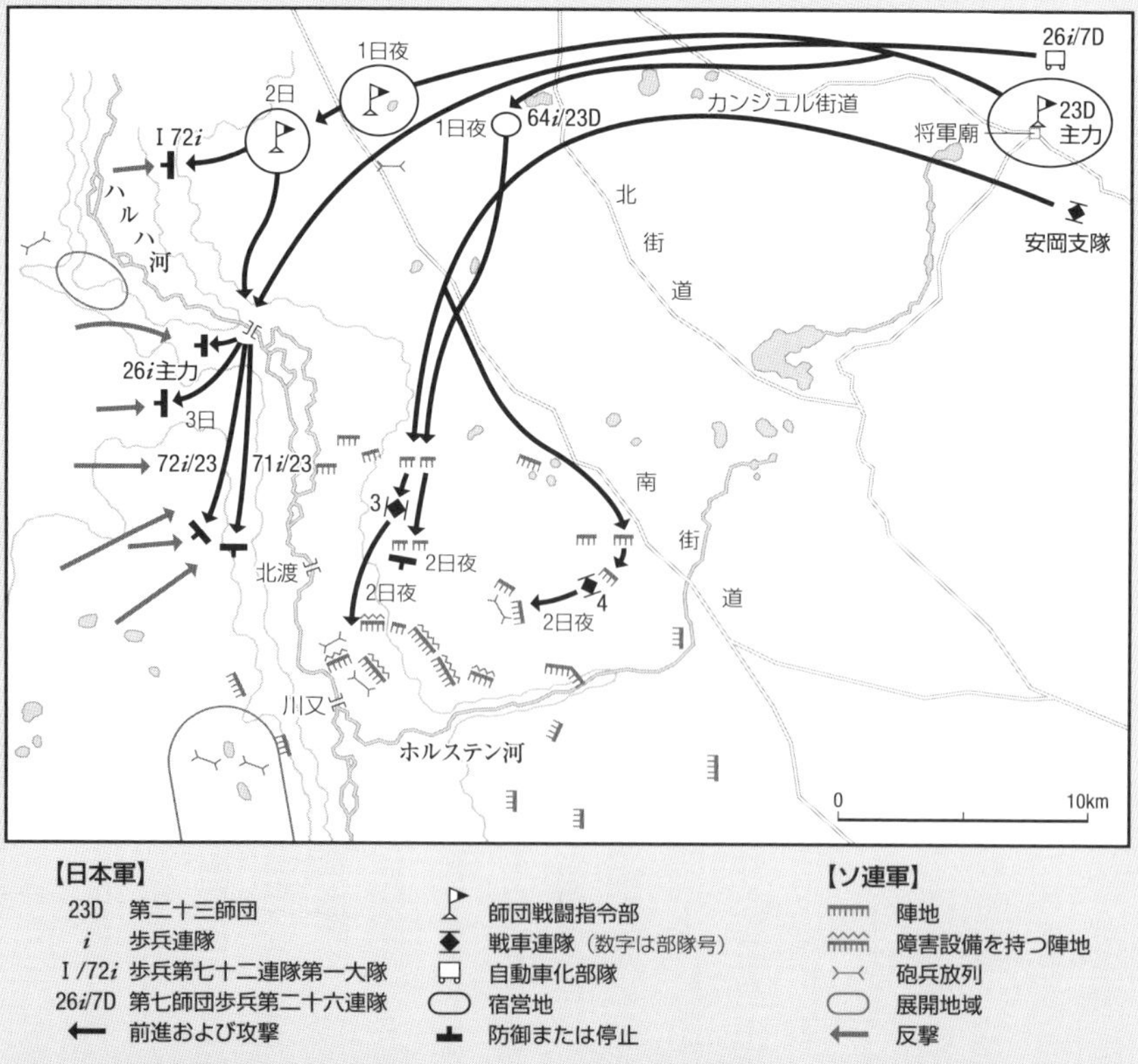

ノモンハンでの日本軍の攻勢作戦は失敗に終わったが、その構想は『作戦要務令』どおりである。攻撃全般は敵の翼側に指向され、重点目標のハルハ河右岸に存在するソ連軍部隊には、戦車を主力とする部隊（安岡支隊）を充て、第二十三師団主力は、退路遮断による包囲殲滅を目的としている。また安岡支隊でも、歩兵第六十四連隊をもって正面から拘束し、二つの戦車連隊で両翼から包囲、かつホルステン河を利用して所在の敵を殲滅しようとしているのが理解できる。

ものとす。（中略）
同時に両翼を包囲するか、又は一翼と背後とを包囲するを得ば、其の成果（は）更に大なり。故に状況（が）之を許す限り断固放胆なる包囲を実行するに躊躇《ちゅうちょ》すべからず。（中略）
高級指揮官の部署に依る包囲の外（ママ）、各級指揮官も亦勉（ママ）めて局部的包囲を実施するを要す。

　ここに規定されているように、日本軍では状況が許す限り包囲を実行することになっていた。それも大兵団による大掛かりな包囲だけでなく、前線の各級部隊による小規模な包囲も奨励されていた。

　一方、正面攻撃については、以下のように規定されている。

第五十五　正面攻撃の要は、敵を突破し其の成果を包囲に導くに在り。之が為、特に重点方面に於ける各部隊の戦闘正面を収縮し、且縦長《じゅうちょう》区分を大にし、成るべく強力なる戦車及砲兵火力等を統合使用し、以て先ず神速《しんそく》に且深く敵陣を突破するを要す。
正面攻撃に在りても、各級指揮官は各種の手段を尽くし、局部的包囲を実施するを要す。

　日本軍において、正面攻撃とは、敵を突破して包囲するためのものだったのである。正面攻撃の方法自体はごく常識的なもので、他国と比べてもとくに変わったものではない。ただし、正面攻撃においても、前線の各級部隊による小規模な包囲が奨励されていたのが特徴といえる。

　では、側面や背面への攻撃については、どのように考えていたのだろうか。

第五十六　状況に依り、全力を以て敵の側面（や）時として背面を攻撃することあり。小なる部隊に於て特に然り。
此の場合に於ては、極力我が企図を秘匿し、神速に行動し、兵力の如何《いかん》に拘らず果敢に敵を急襲し速やかに目的を達成すること緊要なり。

　敵の側面や背面に全力攻撃を実施する基準については「状況に依り」としか書かれていない。しかも、企図を秘匿してすばやく行動し敵を急襲すること、言い換えると高い機動力や奇襲性を重視することは、すでに述べた他の攻撃方法と共通している。要するに、側面攻撃や背面攻撃については大したことが書かれていないのだ。

　以上をまとめると、日本軍では、正面攻撃は包囲のために行われるものであり、状況により敵の側面や背面を全力で攻撃することもありえるが、攻撃の主眼はあくまでも敵を包囲して殲滅することにあった。日本軍は、ドイツ軍やソ連軍と同じく「包囲殲滅」を基本としていたのである。

ソ連軍の機甲部隊等への対処

第二編「攻撃」の「通則」の最後の条項は以下のようなものになっている。

第五十七　戦闘開始に先だち、敵機甲部隊の攻撃を受くる《ママ》に方りては、所要の兵力を以て速かに反撃を加え、爾後に於ける本来の任務遂行に支障なからしむること緊要なり。然れども、既に本来の任務に向《むか》い戦闘を開始するときは、最小限の兵力を以て之に対《たい》せしむるを通常とす。（以下後述）

この項目も『赤軍野外教令』の規定を想定したものであろう。事実、『赤軍野外教令』では遭遇戦の場合、機械化兵団は、第一に撃滅を狙う敵縦隊の主力に打撃を与えることになっている（第百四十六）。その機械化兵団に攻撃される側の日本軍は、主力ではなく、最小限の兵力でこれに対処するわけだ。

敵機甲部隊に対する反撃の為には、機を失せず熾盛《しじょう》なる歩、砲兵火力を集中して、まずその基幹たる部隊を破摧するか、あるいは敵を混乱に導き各個撃破を図るを可とす。

状況により、之に対して戦車を使用するを可とすることあり。（以下後述）

敵の機甲部隊に反撃する場合、歩兵や砲兵の火力を集中し、敵の基幹部隊を破砕するか、敵を混乱させて各個撃破を狙うことになっている。

また、状況によっては戦車を投入することもありうる（後述するが、戦車は基本的には重点方面での歩兵支援に投入されることになっていた）。

付け加えると『赤軍野外教令』では、敵戦車に襲撃された時には、縦隊内の全ての砲兵と戦車を投入してこれを撃退することになっている（第百五十三）。当時、とくに師団レベルでは砲兵火力でも戦車兵力でも日本軍を大きく上回っていたソ連軍の方が、日本軍よりも徹底した砲兵や戦車の投入を規定していたのである。

そして、この条項の最後には以下のように記されている。

何れの場合に於ても、敵の機甲部隊と連繫し、飛行部隊(が)攻撃し来ること多きに注意するを要す。

『赤軍野外教令』では、敵が遭遇戦に加入する前に、飛行隊で敵を攻撃して行軍中に混乱させることを非常に重視している（第百四十四）。この条文もそれを踏まえたものであろう。

戦闘のための前進

次に第二編「攻撃」の第一章「戦闘の為の前進」を見ると、最初の条項は以下のようなものになっている。

第五十八　軍は、戦闘を予期して前進するに方《あた》り、通常（は）各師団に作戦地域を配当し、必要なる軍の直属部隊、就中《なかんずく》戦車、砲兵、飛行機等を配属し、若くは各師団をして其の行動を区処《くしょ》せしめ、要すれば第二線兵団を控置して、所望の目標に向《むか》い前進するものとす。

日本軍には、列強各国軍のような軍団結節がなく、軍のすぐ下に（軍団ではなく）師団が置かれていた。そして通常は、軍が各師団に作戦地域と必要な軍の直属部隊を割り当て、必要に応じて第二線兵団を後方に置いておく。

第五十九　師団長は軍命令に基づき、彼我一般の状況、特に予想する戦場附近の地形、道路網等の関係を判断し、師団の目標を定め、之に対する前進を部署す。

前進の部署は、戦闘指導に関する考慮に基きて之を定め、機動容易にして敵に対し適時態勢の優越を期し得ざるべからず。之が為、兵力の運用に便なる如く、通常（は）諸兵連合の数縦隊に区分し前進するものとす。（以下後述）

各師団長は、軍の命令に基づいて道路網などの状況を考慮し、師団ごとに目標を定めて前進する。

前進時の部署は戦闘を考慮して決定し、機動を容易にして敵に対して適時に有利な態勢をとれるようにする。具体的には、最初から数本の諸兵種連合の縦隊に分かれて前進するのだ。

而して、地形広闊《こうかつ》にして優勢なる敵機甲部隊、飛行機等の攻撃を受くる虞（が）特に大なるときは、之が反撃及爾後の展開に便なる如く、各縦隊（梯団）の長径を短縮し、之を適宜の関係位置に配置し、必要なる対抗手段を整え、緊密なる連繋を保ちて前進するを可とす。（以下後述）

この条文も、ソ連軍の『赤軍野外教令』の規定を意識したものだろう。前述のようにソ連軍では、遭遇戦の加入前に、飛行隊で敵部隊を攻撃して行軍中に混乱させることを重視していたし、機械化兵団は最初に撃滅を狙う敵縦隊の主力に打撃を加えることになっていた。

これに対応して『作戦要務令』では、開けた地形で敵の機甲部隊や飛行機に攻撃される恐れが大きい場合、攻撃前進時に各縦隊の長さを短くして連繋を保って前進することを推奨している。裏を返すと、日本軍はそれだけソ連軍の機甲部隊や航空部隊の攻撃を恐れていたのだ。

そして、この条項の末尾には以下のように定められている。

暗夜を利用して前進し、天明後（に）戦闘を開始せんとする場合に於いても、また前二項に準ず。

『作戦要務令』では（本書の第二章「行軍」で述べたように）行動の秘匿や敵の有力な機甲部隊等に活動の隙を与えないためには夜間行軍が有利、としている（第一部第二百六十三）。

対するソ連軍も、『赤軍野外教令』で「夜間行動」に独立した大項目の「章」（『作戦要務令』の「篇」に相当）を割り当てており、その冒頭で「**夜間行動は現代戦に於ける常態なり**」と定めているほど夜間行動を重視していた。したがって、日本軍が暗夜を利用して前進している時に、ソ連軍との間で遭遇戦が生起することも十分にありえたわけだ。

この条文も、こうした事情を踏まえたものと思われる。

遭遇戦の戦い方

次に遭遇戦について見てみよう。第二編「攻撃」の第二章「遭遇戦」では、最初の条項で以下のように定められている。

第六十七　遭遇戦の要訣は先制に在り。之が為、敵に先立ちて戦闘を準備し、有利の状態に軍隊を展開し、戦闘の初動より戦勢を支配すること緊要なり。

このように『作戦要務令』では、遭遇戦において、敵を先制することの重要性が強調されている。具体的には、敵に先立って戦闘を準備して有利な状態に展開し、戦闘の初動から主導性を確保するのだ。

対するソ連軍の『赤軍野外教令』では、遭遇戦においては（繰り返しになるが）敵の機先を制して迅速な攻撃を行い、敵がこちらへの対応で手一杯になるように追い込むことが重要とされている（第百四十一）。ソ連軍も日本軍と同じく、遭遇戦における先制を重視していたのだ。

では、日本軍はどのようにして敵（その中でも第一の仮想敵であったソ連軍）の機先を制するつもりだったのであろうか。

第六十八　我が予期を以て敵の不期に当《あた》るは、先制獲得の第一要件なり。之が為、師団長以下予め各種の処置を講じ、適時適切なる情報を得ることに勉むるを要す。

ここでは、各師団長以下に、適時に適切な情報を得るよう努力することを要求している。具体的には、入念な捜索で敵を発見するなどして、あらかじめ遭遇戦を予期し、それを予期していない敵にあたる。現代風にいうと「情報優勢」を確保することで敵の機先を制することになっていたのだ。

しかし、その「情報優勢」を確保するためには、各師団の捜索部隊の充実や地上部隊に直接協力する偵察機の性能向上など、具体的な手段の充実が欠かせない。そのため、『作戦要務令』が制定される一年前の昭和十二年から、従来の騎兵連隊（騎兵二個中隊基幹）に代わって半機械化の捜索隊（乗馬、装甲車各一個中隊基幹）を隷下に持つ、新しい編制の師団（歩兵師団）が編成され始めている。また、同年に決定された『陸軍航空本部航空兵器研究方針』に沿って、新機種の直協偵察機（キ三六、九八式直協機として制式化）の開発も始められている。

とはいうものの、『赤軍野外教令』でも、あらかじめ敵との遭遇戦を予期した行軍部署をとることには大きな価値がある（第百四十五）とされており、日本軍が「我が予期を以て敵の不期に当る」のはそう簡単なことではなかったはずだ。

そのためもあってか、次の条項では以下のように定められている。

第六十九　遭遇戦に在りては、各種の手段を尽くすと雖も、状況明確ならざるを常態とし、且先制獲得の好機は瞬時に経過すべきを以て、地形を精密に観察し、或は刻々変化すべき敵情に関し多くの情報を待ちて始《ママ》めて処置せんとするが如きは、多くは失敗に終わるものとす。故に各級指揮官は、機を失せず其の企図を確定し、断乎たる決意を以て迅速に処置せざるべからず。

ここでは、遭遇戦では、さまざまな手段を尽くしても状況がはっきりしないのが当たり前、とされている。

その上で、先制のチャンスは瞬時に通りすぎてしまうの

◆師団偵察部隊の強化

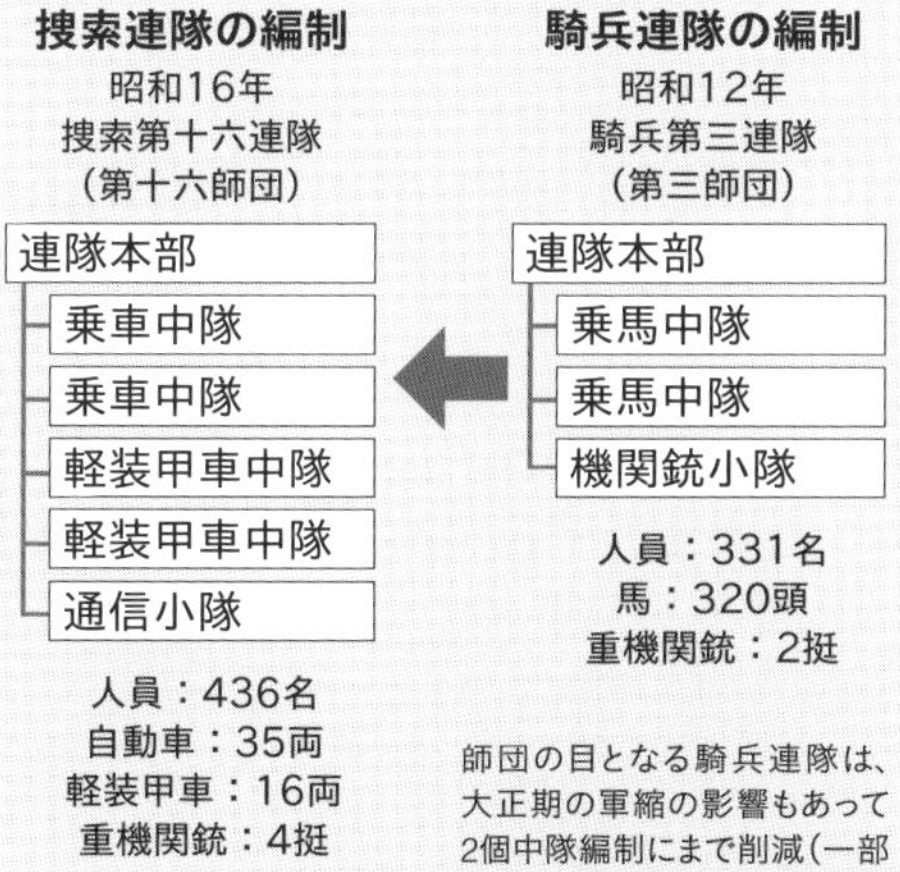

師団の目となる騎兵連隊は、大正期の軍縮の影響もあって2個中隊編制にまで削減（一部の部隊は大隊編制）された。その後、情報収集能力の強化のために増強され、優良装備師団では、小型の機甲部隊である捜索連隊となった。

で、情報が集まるのを待って処置するようでは失敗することが多いから、各級指揮官は機を失せずに迅速に処置しなければならない、としている。

つまり、ひとつ前の条項（第六十八条）では、遭遇戦に先立って適時適切な情報を得ることを求めていながら、その次の条項（第六十九条）では、遭遇戦では手を尽くしても状況がはっきりしないのが当たり前、といっているのだ。これでは日本軍の指揮官の中に捜索を含む情報活動を軽視する者が出てきてもしかたないのでは、と思うのは筆者だけであろうか。

一方、『赤軍野外教令』でも『作戦要務令』と同様に、遭遇戦では敵状不明が当たり前とされており、敵状の判明を待って逡巡するようでは敵の機先を制する利点を失うことになる、と指摘している。その上で、敵状が不明な中でも自軍が敵を圧倒できるような地形かどうかだけを見て主攻方向を決めることがある、としているのだ（第百四十二）。ソ連軍は、それほどまでに迅速な攻撃を求めていたのである。

言い換えると、遭遇戦において、ソ連軍は迅速な攻撃のみを強く求めていたのに対して、日本軍は適時に適切な情報を得ることを求めた上で、さらに情報が無くても迅速に処置することを求めていたのである。この辺りに、ソ連軍の割り切りのよさを感じるとともに、それとは対照的な日本軍の煮え切らなさを感じる。

ちなみにドイツ軍の『軍隊指揮』でも、遭遇戦では敵の機先を制することや、そのために状況が不明でも迅速に行動して即座に命令を与えることを求めている（第三百七十五）が、遭遇戦の項では捜索に関してはとくに触れていない。一方、フランス軍の『大単位部隊戦術的用法教令』では、そもそも不統制な遭遇戦を避けることになっている（第二百一）。

つまり、最初から不統制な遭遇戦を避けることになっているフランス軍を別にすれば、日本軍もソ連軍もドイツ軍も、戦術教範の遭遇戦に関する条項で敵の機先を制することの重要性を指摘しており、そのために迅速に行動することを求めていたのだ。加えて、日本軍だけは遭遇戦の項で適時適切な情報を得ることを求めていたのである。

このように日本軍が遭遇戦に先立つ情報集収を重視していた理由としては、ソ連軍の捜索部隊の能力の低さが挙げられる。

第三章「捜索」で述べたように、『赤軍野外教令』では、各部隊の戦闘による捜索、ないしは戦闘そのものによって敵状を明らかにすることが重視されていた。ソ連軍では捜索部隊の指揮官に高度な能力を求めず、極論すれば捜索隊は戦うだけで、敵陣前の障害物や撃ち返してくる敵の重火器の配置といった情報は、師団の幕僚等が視察して上級指揮官に精確に報告すればよいと考えていた。日本軍は、『赤軍野外教令』の翻訳や研究などを通じて、こうしたソ連軍の捜索能力の低さを掴んでいたと思われる。

おそらく、日本軍の教範の執筆陣は、こうしたソ連軍の捜索能力の低さに乗じて情報優勢の確保を狙ったのであろうが、同時に遭遇戦における先制の利も大きいと考えていたので、このような煮え切らない記述になったのではないだろうか。

遭遇戦での各部隊の用法

次に遭遇戦における各部隊の用法を見てみよう。

第七十（前略）師団長は、機を失せず、各縦隊（梯団）に適当なる前進の方向を指示して、包囲の態勢を成形せしむるを要す。（中略）
各級指揮官は、独断専行を要する場合特に多きを以て、百方手段を尽くし、上級指揮官の意図を満足せしむる如く行動すること必要なり。（以下略）

このように日本軍は、遭遇戦において師団レベルで敵を包囲することを狙っており、その過程で各級指揮官に独断専行を求めていた。

第七一　飛行機、騎兵、其の他捜索に任ずる部隊は、各々其の任務に応じ広く前方及側方を捜索して、敵情、就中《なかんずく》其の兵力の分配、到達地点及時刻等を迅速に報告（通報）し、以て指揮官、特に師団長をして適時適切なる部署を為し得しむると共に、我が行動を秘匿することに勉むべし。
前項の外《ほか》、騎兵は敵に先だち要地を占領するを有利とすることあり。又、屡々《しばしば》敵の司令部、砲兵等を奇襲して偉功を奏することあり。

飛行機や騎兵などの捜索部隊は前方や側方を広く捜索し、指揮官、とくに師団長に敵情を迅速に報告する。これによって本隊は、前述したように適時に適切な情報を得て、「我が予期を以て敵の不期に当る」のだ。

また、騎兵は、敵より先に要地を占領したり、敵の司令部や砲兵などを奇襲して大きな成果を挙げたりすることもある、としている。

第七十二　遭遇戦に於ける前衛の行動は、本隊の戦闘に特に大なる関係を有す。故に前衛司令官は、縦隊指揮官の企図に基き、又要すれば独断を以て前衛を部署し、機を失せず戦闘の初動を有利ならしむることに勉《(ママ)》むべし。此の際、戦闘の支撑《しとう》たるべき要地は従い戦闘を惹起し、又は正面過広となるも、之を占領するに躊躇すべからず。（以下略）

前衛の指揮官は、上級指揮官の企図にそって、必要があれば独断で部署を定めて、緒戦を有利に進めることに努める。具体的には、たとえ戦闘が起きたり戦闘正面が広くなりすぎたりしても、躊躇せずに味方の戦闘行動を支える要地（これを支撑点《しとうてん》と呼ぶ）を占領するのだ。

第七十三　師団長は適時、本隊（の）砲兵を挺進せしめ、所要に応じ速《すみや》かに前衛等の戦闘に加入し、先制の獲得を確実ならしむるを可とす（以下略）

このように、師団本隊の砲兵を前に出して前衛などの戦闘を支援する用法も、『赤軍野外教令』で前衛に最大で砲兵の半分を配属することになっている条項（第百四十九）を考慮したものと思われる。

第七十四　師団長は、敵の弱点を捕捉し神速に之を攻撃せんとするか、若くは前衛等の既に獲得せる利益を確保或いは増大せんとするが如き場合に於いては、各縦隊及逐次到着する本隊の各部隊をして直ちに戦闘に加入せしむるを要す。然れども、状況（が）之を要せざるときは、全隊を統一して戦闘に参与せしむるに勉めざるべからず。（以下略）

師団長は、基本的には全部隊を統一して戦闘に参加させることになっている。ただし、敵の弱点を迅速に攻撃しようとする場合や、前衛などの戦果を確保あるいは拡張しようとするような場合には、逐次到着する各部隊をすぐに戦闘に投入することもある。

つまり、原則とともに例外的な状況についても規定しているわけだが、まず例外的な状況を先に記述しているところに注意したい。

第八十一　師団長は、戦車を重点方面に於ける歩兵の決戦に参加せしむるを通常とす。然れども、要点を争奪し、或は敵の展開を混乱に陥れ、或は砲兵、司令部を急襲する等、苟《いやしく》も戦勢を左右すべき好機は、之を捕捉する為、有力なる戦車を挺進せしむるを有利とす。

戦車部隊は、基本的に重点方面で歩兵部隊を直接支援する。ただし、大きなチャンスがあれば、戦車部隊を挺進させて、戦場の要点を奪取したり、敵の展開を混乱させたり、敵の砲兵や司令部を急襲することもありうる。

第八十二　戦車をして歩兵に直接協同せしむる場合に於《お》いては、適時敵の重火器等を攻撃せしむるを通常とし、該戦車は其の攻撃目標の状態、地形等に応じ、歩兵の正面若《も》しくは

側方より之を使用す。（中略）
有力なる戦車を遠く挺進せしむるに方りては、之が支援の為、機動性を附与せる他部隊を配属するを有利とすることあり。

　戦車部隊は、歩兵直協では敵の重火器などを攻撃する。戦車部隊を遠く挺進させる際には、機動性の高い他の部隊を配属することがある。具体的には、自動貨車（トラック）などに乗る乗車編制の歩兵部隊や工兵部隊などだ。

　実例を挙げると、対米英蘭戦初頭のマレー作戦では、戦車第六連隊の中戦車一個中隊と軽戦車一個小隊に、安藤部隊（歩兵第四十二連隊基幹）の歩兵一個中隊と工兵一個小隊を増強した、いわゆる島田戦車隊が挺進攻撃を実施して、スリム付近の長隘路を迅速に突破している。

マレー半島を進撃する戦車第六連隊の九五式軽戦車。マレー戦では日本軍戦車の速力と打撃力が勝利に大きく貢献した

第八十三（中略）師団砲兵は、成るべく之を統一して使用するを可とするも、正面広大なるか地形（が）蔭蔽隔絶《いんぺいかくぜつ》し、特に各方面に於て不期の戦闘を惹起するが如き場合に於ては、戦闘の初期より所要の砲兵を第一線歩兵部隊に配属するに躊躇すべからず。

　師団砲兵はなるべく統一して使用することになっている。ただし、各方面で不期遭遇戦が生起するような状況では、戦闘初期に必要な砲兵を第一線の歩兵部隊に配属することを奨励している。つまり、ここでも原則と同時に例外的な状況を規定しているわけだ。

第九十一　砲兵は、攻撃前進の初期に在りては主として敵砲兵及遠距離より射撃する敵機関銃等を射撃し歩兵の前進を容易ならしめ、次で其の主なる火力を専《もっぱ》ら敵の歩兵に集中して直接我が歩兵を支援し、一部の火力を以て敵の砲兵を制圧し、或は敵の後方部隊の増援を妨害するを要す。（以下略）

　砲兵部隊は、当初は歩兵部隊の機動の支援、次いで歩兵部隊の攻撃の直接支援が主で、敵砲兵部隊の制圧や敵後方部隊の増援の妨害はあまり重視されていない。

第九十七　飛行部隊（は）地上の戦闘に直接協同するに方

りては、適時敵の重要なる部隊、就中機甲部隊、包囲行動中の部隊、有力なる砲兵、敵側の要点等を攻撃し、地上の戦闘を有利ならしむるものとす。此の際、飛行部隊の行動をして、克《よ》く戦機に投せしむると共に、地上部隊は機を失せず其の戦果を利用すること特に緊要なり。

『赤軍野外教令』では機種ごとに各飛行隊のおもな任務や目標を細かく規定しているが（この章のソ連軍の項を参照）、『作戦要務令』では『赤軍野外教令』のようにガチガチに規定するようなことはしていない。全般的な目標を列挙したうえに、抽象的な文言でチャンスに投入し、その戦果を地上部隊が利用することを求めているだけだ。

これを、日本軍はソ連軍ほど飛行部隊による地上戦への協力を重視していなかったと見ることもできるだろうし、なんでも教範の条文でガチガチに縛ってしまうというソ連軍の傾向を見ることもできるだろう。

第九十九　前線に在る歩兵（が）敵前至近の距離に近迫するや、其の指揮官は彼我の状況、特に歩、砲兵の射撃及戦車活動の効果、其の他敵に対し獲得し得べき利益を看破し、機を失せず突撃を決行するを要す。
此の際、戦車は躍進し砲兵は射程を伸延して、我が突撃に対する敵の妨害を排除し、且敵の増援を遮断し、突撃の奏功を容易ならしむること肝要なり。（以下後述）

この条項では、前線の歩兵部隊が敵の至近距離に迫ったら、指揮官は彼我の状況等を判断して機を失せずに突撃を決行しろ、とごく抽象的なことしか書かれていない。また、歩兵部隊を支援する戦車部隊や砲兵部隊に関しても、敵の妨害を排除して増援を遮断しろ、といったごく一般的なことしか書かれていない。つまり、攻撃においてもっとも重要といえる突撃発起時期の具体的な判断基準や手順等が、戦術教範に明記されていないのである。

ただし、日本軍では、将来の高級指揮官や参謀の教育を担当する陸軍大学校での参謀旅行や各部隊の演習などで、教官や統裁部（演習等を運営するために設けられる部署）がさまざまな状況を設定し、参謀としての判断や指揮官の決心を求めて、その結果を判定していた。

筆者は、本書の第二章「行軍」で、日本軍では戦術教範に「判断の基準」を示すことについて、さらには戦術教範を定める目的そのものについて、他国軍と根本的に違う考え方を持っていたように感じられる、と記した。その理由の一つをここに見ることができるのではないだろうか。

つまり、誤解を恐れずに端的に言えば、日本軍では戦術上の判断基準等の重要事項を、教範に文章のかたちで明記

◆遭遇戦の一例

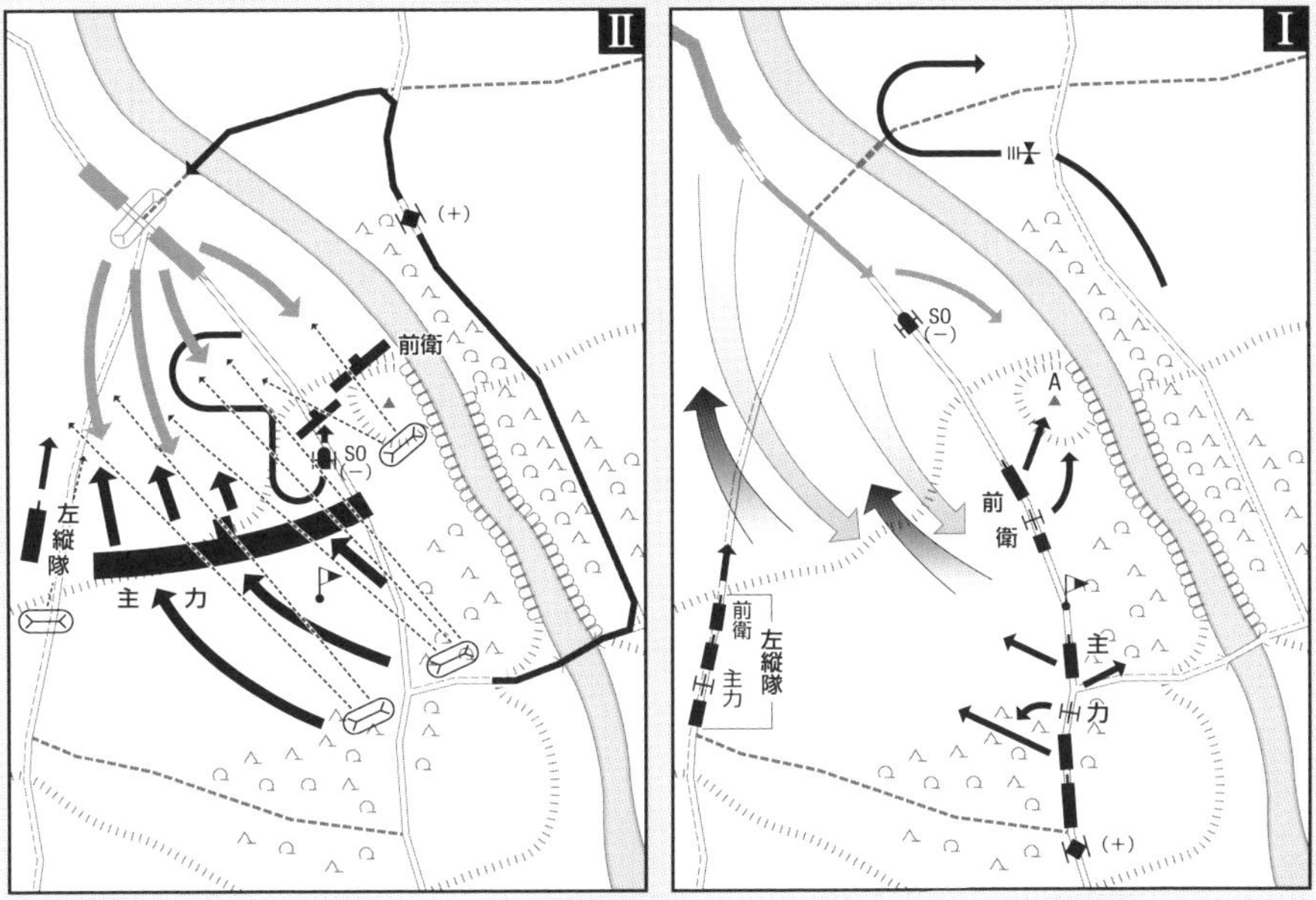

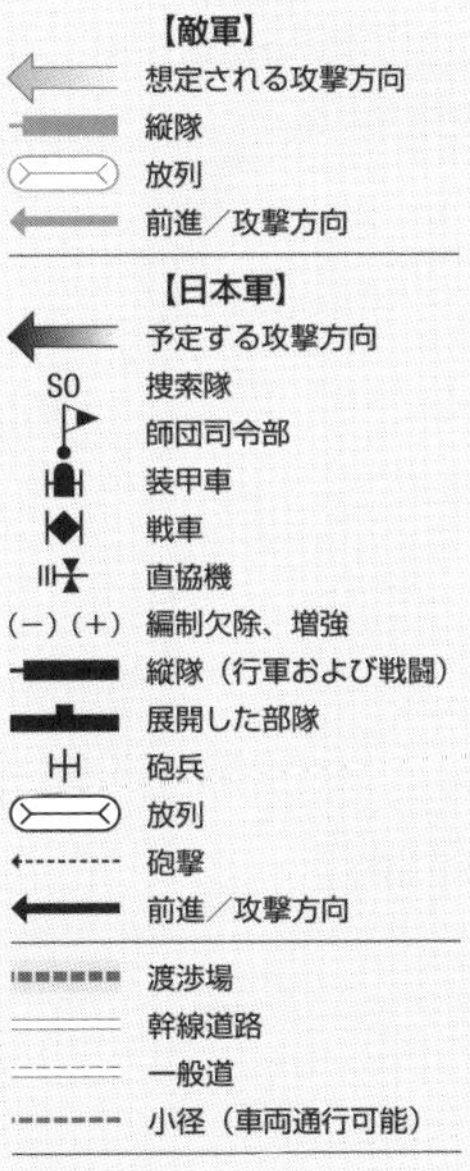

【師団の軍隊区分】

捜索隊：師団捜索連隊主力
（2個乗車中隊欠）基幹

前　衛：歩兵1個連隊
（野砲兵1個大隊配属）基幹

左縦隊：歩兵1個連隊
（野砲兵1個中隊配属）基幹

主　力：その他の師団諸部隊
（戦車1個中隊配属〈戦車中隊には捜索連隊の乗車2個中隊を配属〉）

図は、日本軍が理想と考えた遭遇戦の状況を図示したものである。

Ⅰ、直協機および捜索隊によって敵情を偵知し、部隊が展開を開始した状況である。敵軍（ソ連軍と想定）も日本軍も攻撃は包囲を狙う。したがって包囲運動の旋回軸となるA高地を、敵に先駆けて前衛が奪取する。また砲兵はいち早く砲撃準備を整える。

Ⅱ、敵と接触した捜索隊は、後退しながら敵の展開を妨害。その後、支援を形成する前衛と主力の間隙を埋める。主力は左に大きく翼を伸ばして攻撃前進を開始する。また左縦隊は、独断で、敵の翼側をかすめるように敵の後方へ突進する。各砲兵は、敵の展開を妨害または味方の機動を掩護する砲撃を行う。一方、当初は乗車歩兵中隊を配属され追撃に使用される予定だった戦車隊は、川の対岸を進み、事前に分かっていた渡渉場を渡って敵の砲兵部隊を目標とした挺進攻撃を行う。

するのではなく、教官の口伝などのかたちで教育していたのである。

遭遇戦の最終段階

最後に、この条項の末尾と、敵の第一線部隊の撃破時の規定にも触れて、遭遇戦に関する説明を終わろう。

比隣《ひりん》部隊（が）突撃に移りたるときは、各部隊は機を失せず之に協力し突撃を実施すべし。

敵に近迫せるも突撃を実施するに至らずして日没となりたる場合に於ては、薄暮を利用して突撃を敢行するに勉むべし。

隣の部隊が突撃に移行したら、各部隊はこれに協力して突撃を実施することになっている。また、敵に迫っても突撃できずに日没を迎えたら、夕暮れ時の薄明かりを利用して突撃を行うよう努力することになっている。

第百二　第一線部隊は、当面の敵を撃破するや直ちに之を急追し、師団長は機を失せず予備隊等を以て包囲を完成し、或は突破孔《(ママ)》両側の敵を席巻し、又は地障に圧倒して一挙に之を殲滅するを要す。何《いず》れの場合に於ても、速やかに敵の退路を遮断するの著意《ちゃくい》を必要とす。（以下略）

第一線部隊が当面の敵を撃破したら、師団長は予備隊を投入するなどして敵を包囲し、あるいは突破口両側の敵を席巻し、または地形障害に敵を押し込んで、これを一挙に殲滅することが求められている。

陣地攻撃の準備

次に、日本軍の陣地攻撃や夜間攻撃、機械化部隊の戦闘などについて、どのように定められていたのかを見てみよう。まずは陣地攻撃からだ。

『作戦要務令』第二部第二編「攻撃」の第三章「陣地攻撃」を見ると、冒頭の第一節「攻撃準備」の最初の条項で以下のように定められている。

第百五　防御陣地を占領せる敵に対しては、機動に依り成るべく陣地外に決戦を求むるを可とす。故に高級指揮官は、全般の状況に鑑み、敵陣地を迂回すべきや、或は之を攻撃せざるべからざるやを考慮するを要す。（以下後述）

防御陣地に籠もっている敵に対しては、状況に応じた機動、例えば敵陣地後方に迂回するような動きを見せることなどによって、なるべく陣地の外で決戦を強要することが推奨されている。

繰り返しになるが、この規定を見ても日本軍が機動力を生かして戦う「運動戦」志向の軍隊だったことがわかる。
だが、それでも敵陣地を攻撃せざるを得ない場合には、以下に注意するよう求めている。

陣地攻撃に在りては、攻者は通常、敵情、地形を捜索し、攻撃の時期、方向及方法を選ぶ為に要する時間の余裕を有するを以て、予め綿密なる計画を定め、且十分なる準備を整え、統一せる攻撃を行うを要す。然れども、時日を遷延《せんえん》し、敵をして陣地を強固にし、或は新《あらた》に兵力を招致するの時間を得しめざるに著意すること、亦必要なり。

陣地攻撃では、あらかじめ綿密な計画を立てて、十分に準備を整えてから攻撃する必要がある。ただし、当たり前の話だが、こちらが攻撃の準備に時間をかければかけるほど、敵に防御を固める時間を与えることになる。だから、陣地攻撃でもいたずらに時間をかけることはできないのだ。

第百九　敵陣地の状態、特に強度は攻撃計画に大なる影響を与うるものとす。故に敵陣地及其の前後に於ける地形の偵察は、状況の許す限り師団長の統一せる計画に基き、各部隊（が）協力して迅速に成果を挙ぐるに勉めざるべからず。（以下後述）

敵陣地やその周辺の地形偵察は、師団長レベルの統一計画の下、各部隊が協力して行うことになっている。こうして収集された情報をもとに、師団司令部等で攻撃計画が立案されるわけだ。

捜索は、攻略を企図する敵陣地の全縦深に亘り極力細密に行うものにして、主陣地帯の位置は之を確知すること緊要なり。而して、為し得れば其の状態、兵力、配備、特に砲兵の配置を偵知するに勉めざるべからず。（以下後述）

敵陣地に対する捜索では、その中核である主陣地帯の位置を確実に掴むことがとくに重要とされている。それというのも、もし敵のやや強固な警戒陣地を主陣地帯と誤認した場合、その警戒陣地の突破に予備隊まで投入してしまい主陣地帯の攻撃時に兵力が不足する、といった問題が発生しかねないからだ。

さらにこの条項では、可能ならば敵主陣地帯の状態、兵力や配備、とくに砲兵の配置を探ることになっている。そもそも陣地防御の根幹とは、その「陣地」自体の防御力と「砲兵」の火力なのだから、当然のことといえる。

付け加えると、この条項もソ連軍のソ満国境陣地帯の攻撃を意識していたはずだ。

確実なる敵情は、敵の警戒部隊を駆逐したる後、始《（ママ）》めて之を知り得るを通常とす。故に前衛等は、敵の小部隊の如きは適時之を駆逐して敵情を捜索することに勉むべし。（中略）敵（が）若し有力なる部隊を以て警戒陣地を占領せる場合に於ては、師団長の統一せる部署を以て先ず警戒陣地を攻略したる後、主陣地帯に対する捜索を行うを要すること少なからず。（以下略）

すでに述べたように、第一次大戦後半以後の陣地防御では、主陣地帯の前方地域すなわち「前地」に、前哨地帯を設定して小規模な警戒部隊を配置したり、警戒陣地や前進陣地を構築して有力な警戒部隊を布陣させたりする。

これに対して『作戦要務令』では、味方の前衛部隊等で敵の警戒部隊を駆逐し、敵情を捜索することを求めている。ただし、敵が有力な警戒部隊を置いている場合には、まず師団レベルの企図に基づいて敵の警戒陣地を攻略し、その後であらためて主陣地帯を捜索することも多い、とされている。

ちなみに、ドイツ軍の『戦闘指揮』では、敵の前進陣地をあえて攻撃せず、諸兵種連合の小攻撃群に分かれて、その側面をすり抜けて敵主陣地帯に向かって滲透することになっている（第三百九十一）。

また、フランス軍の『大単位部隊戦術的用法教令』では、攻撃前の「触接」時に、味方の前衛が敵戦線の薄弱な部分、すなわち敵の前哨と前哨の隙間などから滲入することになっている（第二百十八）。

つまり独仏軍とも、攻撃部隊が敵の主陣地帯に向かって迅速に滲透ないし滲入することになっていたのだ（この「滲透」と「滲入」の違いは、独語と仏語の違いに加えて、訳者が原文に日本語の「透る」と「入る」に近いニュアンスの違いを感じたためかもしれない）。

これに対して『赤軍野外教令』では、まず味方の飛行機や騎兵、捜索大隊等による捜索によって、敵の警戒部隊や主陣地帯の配備を偵知することになっている。次いで、有力な砲兵を配属された味方の前衛部隊が、敵の警戒部隊を掃蕩するとともに敗走する敵部隊に密着して前進し、たとえ一部でもそのまま敵主陣地帯に突入することが推奨されている（第百六十五、第百六十九）。

これらの規定を見ると、陣地攻撃においては、ソ連軍がもっとも攻撃的、次いで独仏軍が積極的であり、意外なことに、敵の警戒陣地を攻略したのちにあらためて敵の主陣地帯を捜索する日本軍がいちばん慎重に感じられる。

とはいえ『作戦要務令』では、その次の条項で以下のように定められている。

第百十　敵の警戒陣地を攻略することなく攻撃を準備する場合に於ては、警戒陣地を攻略したる後、更に所要の準備を整え主陣地帯に対する攻撃を実行するを通常とするも、状況（が）之を許せば、警戒陣地の攻略に引続《ひきつづ》き主陣地帯を攻撃するを有利とす。

つまり、状況さえ許せば、敵の警戒陣地の攻略に引き続いて主陣地帯を攻略することもありうるのだ。

ただし、どちらの方法を採るかの「判断の基準」については「状況之を許せば」としか記されておらず、例によってハッキリしない。おそらく、ここに記されている主陣地帯の攻撃方法に関しても、具体的な「判断の基準」を戦術教範に具体的な文言として明記するのではなく、訓練や演習などを通じて教育していたのであろう。

その他の部隊の用法

次に、陣地攻撃時に歩兵を支援する各部隊の用法を見てみよう。まずは戦車部隊からだ。

第百十四　戦車は、歩兵の為最も緊要とする時期及地点、若くは敵の最も苦痛とする時期及地点に対し、為し得る限り多数集結し、勉めて同時に之を使用すべきものとす。（以下後述）

戦車は、味方の歩兵がもっとも必要とする時期や地点、もしくは敵側がもっとも苦痛を感じる時期と地点に、可能なかぎり集中して同時に投入される。

一方、フランス軍の『大単位部隊戦術的用法教令』では、多数の戦車を広正面に分散配置し、いくつかの梯団に分割して投入することになっていた（第二百三十）。

日本軍は、第一次大戦後にフランス製の軽戦車ルノーFT（日本軍側呼称ルノー甲型）やルノーNC（同ルノー乙型）を輸入しているが、その用法はフランス軍とはやや異なる方向に進んだのである。

之が為、敵陣地最前線の奪取に方り、緊要なる地点に於ける障碍物を破壊すると共に、直後の重火器を攻撃せしめ、或は陣地内の攻撃、就中砲兵の協同（が）適切を期し難き地点に於ける障碍物、重火器群等を蹂躙《じゅうりん》して歩兵の突撃を支援せしめ、又要すれば適時敵陣地深く突進し、砲兵、司令部等を急襲せしむ。（以下後述）

戦車は、敵陣地の最前線では、重要地点に設置された鉄条網などの障害物を破壊するとともに、すぐ後方の歩兵砲など敵の重火器を攻撃する。防御陣地に設置される障害物は、単体だと攻撃側の工兵等に簡単に処理されてしまうので、ふつうは防御火器と組み合わせて配置されているからだ。

　続いて敵陣内では、味方の砲兵支援がむずかしい場所で敵の障害物や重火器などを踏みつぶして味方歩兵の突撃を支援する。また、必要に応じて敵陣地後方奥深くの砲兵や司令部などを急襲する。


　状況により、此等任務の若干を連続遂行せしむること少なからず。此の際、所要に充《み》たざる戦車（が）敵陣地深く孤立突進するは、通常効果なきものとす。

　戦車の兵力（が）大なるときは、歩兵に直接協同する戦車群、及挺進して縦深に於ける戦闘を担当する戦車群に区分し、重畳して使用することあり。（以下後述）

　通常は、少数の戦車を敵陣深く突進させても効果が無い、とされている。その一方で、戦車が多数あれば、歩兵直協任務の戦車群と挺進任務の戦車群に分割して使用することもある、とされている。

　当時、日本軍で戦車部隊の主力として配備が進められていた九七式中戦車（チハ）は、歩兵支援を主任務として開発されたが、自動貨車等に乗車する歩兵にも随伴できる速力を持ち、挺進任務にも使用することができた。

　こうした用法は、ソ連軍が戦車部隊を、歩兵部隊の直接支援を主任務とする「歩兵支援戦車群」と、敵陣地奥深く

ノモンハンの平原を進撃しソ連陣地に向かう九五式軽戦車隊。日本軍では敵陣攻撃時、戦車は出来る限り多数を集中させて投入することになっていた

◆軍隊区分
—主要な戦闘部隊のみ—

右攻撃隊
指揮官:歩兵団長
　歩兵第一連隊
　　右第一線:第一大隊
　　左第一線:第二大隊
　　左突進隊:第三大隊
　　予備隊:歩兵第三連隊第三大隊
　野砲兵第一連隊第二大隊
　野砲兵第一連隊第九中隊(10cm榴弾砲)
　工兵第一連隊第一中隊

左攻撃隊
指揮官:歩兵第二連隊長
　歩兵第二連隊
　　右第一線:第一大隊
　　左第一線:第二大隊
　　予備隊:第三大隊
　　戦車隊:配属戦車連隊第二、第三中隊
　　工兵第一連隊第二中隊

師団砲兵隊
　指揮官:野砲兵第一連隊長
　野砲兵第一連隊(第二大隊、第九中隊欠)
　配属重砲兵1個中隊(10cmカノン砲)

師団予備隊
　歩兵第三連隊(第三大隊欠)

師団長直轄
　師団捜索隊
　配属戦車連隊主力(第二、三中隊欠)
　工兵第一連隊主力(第一、二中隊欠)

◆師団による陣地攻撃の一例

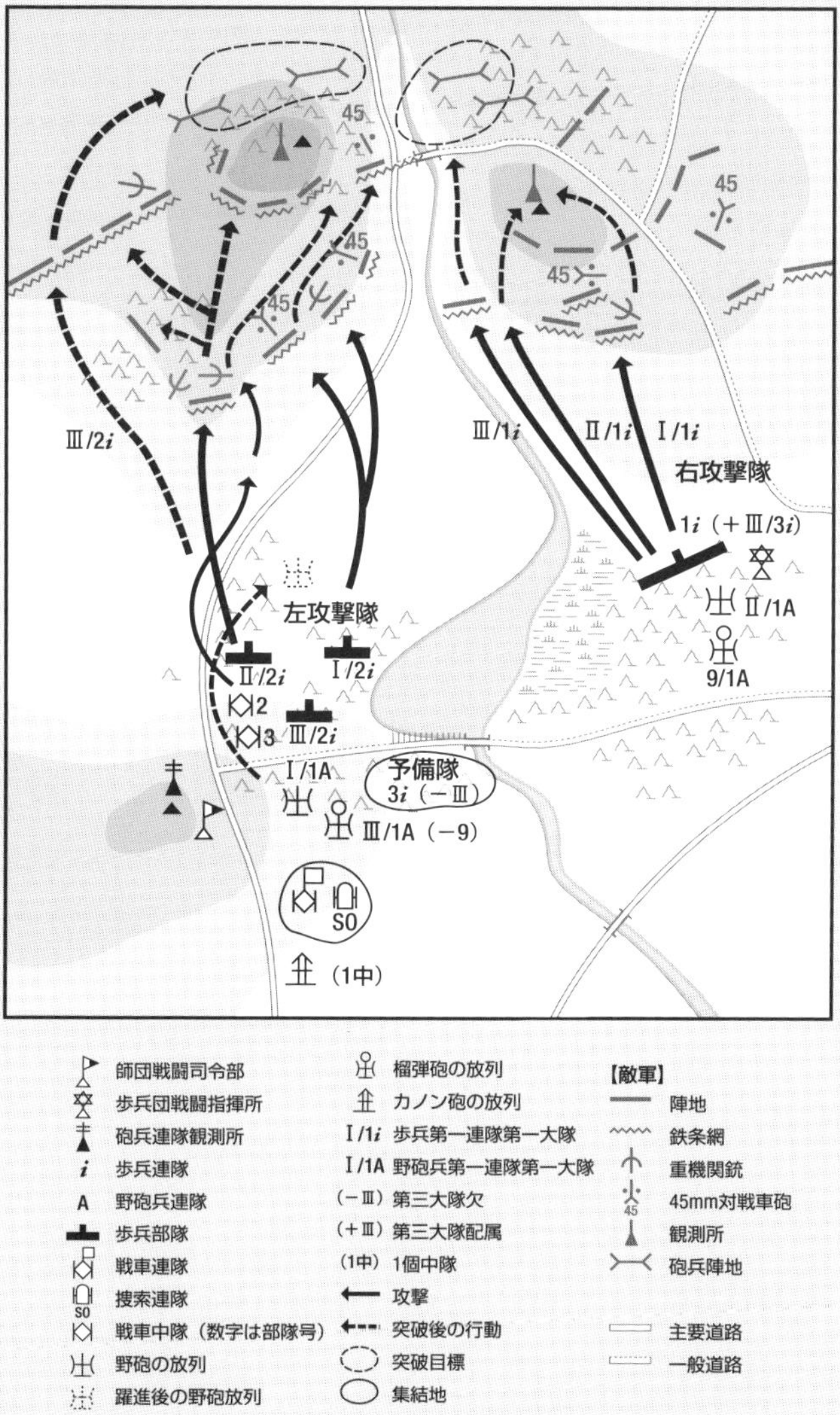

図と表は、日本軍の師団による敵陣地攻撃の一例および、そのための軍隊区分（任務に合わせた臨機の編成）である。主要道路の走る左翼を主攻、その主攻方面に側面から脅威を及ぼす川の東岸地区への攻撃を助攻とした。戦場の地形は中央の川によって東西に分断されている。このため助攻である「右攻撃隊」は、歩兵団長（師団隷下の歩兵連隊を統括する役職で、作戦の際には独立の支隊指揮官などに任じられた）の指揮のもと砲兵の一部を分属させてある。「師団砲兵隊」は、左翼の高地付近まで味方が進出した場合に適切な掩護を行えるように、野砲1個大隊が躍進する。また「師団長直轄」となっている部隊のうち配属戦車連隊と捜索連隊は、陣地攻略後に追撃隊を編成して使用する予定である。

の司令部等の襲撃や敵の退路の遮断を主任務とする「遠距離行動戦車群」に分けて運用するかたちに近い。

ただし、ソ連軍は、日本軍のように主力の九七式中戦車一車種を両方の任務に使いまわすのではなく、比較的低速で歩兵支援用のT‐26軽歩兵戦車と、高速で車輪による走行も可能な遠距離行動用のBT快速戦車の二本立てで開発し、歩兵直協が主任務の師団戦車大隊と、遠距離行動が主任務の独立の戦車旅団等に、それぞれ主力として配備していた。

戦車は、通常（は）之に課すべき任務及地形により其の行動する区域を定む。而して、歩兵に直接協同せしむる場合に於ては、多くは其の正面に使用し、該正面に於ける歩兵の指揮官に配属するを通常とし、爾余の場合に於ては師団長（が）直轄使用するを通常とす。

なお、戦車は、歩兵直協任務では歩兵部隊の指揮官が指揮し、これ以外の挺進任務等ではより上級の師団長が直接指揮することになっていた。

続いて、砲兵部隊の用法について見てみよう。

第百十五　砲兵陣地は、敵陣地の全縦深に亘り威力を発揚し得る如く、状況の許す限り敵に近く配置すること必要なり。（以下略）

このように砲兵は、可能な限り前方に配置することが求められている。

日本軍の各師団に配備されていた火砲の大部分を占める輓曳《ばんえい》または駄載《ださい》式の火砲は、もともとの「運動戦」志向に加えて、輓馬や駄《だ》馬《ば》の馬格が貧弱な中で、運動性を優先して重量の軽減を重視した反面、射程が比較的短いものも見受けられる。しかし、ここに定められているような用法ならば、短射程のハンデをある程度抑え込めるだろう。

第百十六　陣地攻撃に於ては、砲兵は為し得る限り周到なる準備を整え、統一指揮の利を収むること緊要なり。然れども、地形、戦闘正面等の関係に依り全砲兵統一指揮の利を収《おさ》め難《がた》きか、又は敵陣地内の攻撃に在りて直接協同に専任せしむべき場合に於ては、所要の砲兵を第一線歩兵の指揮官に配属するを有利とす。（以下略）

陣地攻撃では、砲兵は基本的に統一運用される。ただし、統一運用の利益が少ない時、または陣内戦闘での歩兵直協に専念する時には、分割して歩兵部隊の指揮官に配属する。

最後は飛行部隊だ。

第百二十一　飛行部隊（は）地上の戦闘に直接協同するに方り、其の取るべき行動は、状況により異なると雖も、通常（は）敵の戦車、有力なる砲兵、敵陣地の要点等を攻撃して、第一線部隊の戦闘を容易ならしめ、或は重要なる第二線部隊、機甲部隊、交通の要点等を攻撃して、地上部隊の戦果拡張を容易ならしむるものとす。

既述の「遭遇戦」における規定（第九十七）もそうだったが、ここでも『赤軍野外教令』のように機種ごとに各飛行隊のおもな任務や目標を細かく規定するようなことはしていない。

陣地攻撃の方法

では、いよいよ陣地攻撃の具体的な手順を見ていこう。

第百十七　展開を命ぜられたる各部隊は、秩序と連繫とを保ち、所要の警戒を為し、且成るべく遮蔽しつつ攻撃準備の位置に就くものとす。（以下略）

第百二十五　夜暗を利用し敵に近接して攻撃準備の位置に就き、払暁《ふつぎょう》より攻撃を実行するを有利とすること屢々なり。（以下略）

攻撃部隊は、なるべく敵に見えないようにして攻撃準備位置につく。そのためには、夜の暗さを利用しつつ敵に接近し、払暁から攻撃を開始することがしばしば有利である、とされている。事実、日本軍は、『作戦要務令』制定の前年に始まった支那事変でも、夜間に接敵して黎明《れいめい》から天明《てんめい》にかけて攻撃を開始する戦法を多用している。

第百三十五　突撃の為には、適時熾勢《しせい》なる火力を以て敵を制圧し、障碍物を排除し、側防機能を制圧若くは破壊し、且突撃の部署をして克く状況に適応せしむること緊要なり。（以下後述）

このように『作戦要務令』では、突撃時には火力で敵を制圧し、敵陣前の障害物を排除し、突撃部隊の側面を射撃してくる敵の側防火器等を制圧または破壊することがとくに重要とされている。日本軍は、少なくとも戦術教範の規定では、決して無為無策のまま敵陣地に突撃するような軍隊ではなかったのである。

突撃の機（が）近づくに至れば、我が火力を最高度に発揚して敵を萎靡《いび》沈黙に陥らしむを要す。之が為、師団長は所要に応じ、砲兵に新たなる任務を課し、歩、砲兵の各部隊は各種の方法を尽くして重要なる地点に於ける火力の優越を期せざるべからず。

重ねて書くが『作戦要務令』では、重要地点において火力の優勢を確保しなければならない、と規定しているのだ。

ただし、以下のようにも規定されている。

第百四十　突撃支援の為、十分なる砲兵の援助を期待し得

大陸戦線で八九式重擲弾筒を構える日本軍の歩兵。重擲は使い勝手の良い歩兵小隊用の軽迫撃砲として貴重な支援火力となった

ざること少なからず。此の場合に於ても、歩兵は自ら各種火器の威力を最高度に発揚し、敵を圧倒しつつ敵陣地に近迫し突撃を決行すべし。（以下略）

同時に『作戦要務令』では、砲兵支援が不十分なことも多いので、歩兵は自前の火器（歩兵砲や重機関銃、擲弾筒等）で敵を圧倒しつつ突撃しなければならない、としている。実際、第二次大戦では、砲兵の弾薬不足などから、こうした状況に陥ることが少なくなかった。そのために、敵を十分に制圧できないまま突撃せざるを得なかったり、敵の火力発揮が困難と思われる夜襲を選択せざるを得なかったりしたのである。

第百三十八　突撃の諸準備（が）進捗するや、上級指揮官は状況、特に彼我の状態を克《よ》く観察して部下を指導し、突撃の実施をして統一あらしむるに勉め、且各種の手段を講じて突撃を誘起すること緊要なり。（以下略）

ここには、とくに「彼我の状態」のどこをよく観察すべきなのか、「各種の手段」にはどのようなものがあるのか、についての具体的な記述は無い。おそらく、こういった点に関しても演習などを通じて実地に教育されたのであろう。

第百三十九　突撃の機（が）迫るや、突撃支援の為、砲兵は敵の第一線及後方要点に熾盛なる火力を指向して、其の火網及指揮組織を破壊擾乱《じょうらん》し、歩兵も亦火力を最高度に発揚し、砲兵火力と相俟《あいま》ちて敵を圧倒震駭《しんがい》し、此の間（に）其の第一線歩兵は極力敵に近迫し、砲兵の射程延伸と共に最後の砲弾に膚接して突入すべし。（以下略）

ここでも、敵を「圧倒震駭」させる火力発揮の重要性が強調されている。そして支援砲撃の最終弾が「皮膚に触れるほど接近」して敵陣地に突入するのだ。

第百四十一　突撃に次《つい》で敵陣地内に対する逐次の攻略となるや戦闘の状態は著しく紛糾し、各級指揮官の独断を要すること特に大なり。

敵陣地に突入せる歩兵は、火戦と白兵戦とを併せ行い、死力を尽くして一意所名《いちいしょめい》の目標に向かい突進すべし。（以下、中略のうえ後述）

敵陣地突入後の陣内戦闘では、各級指揮官の独断が求め

られている。
　また、一般に日本軍といえば「白兵突撃」というイメージで捉えられがちだが、『作戦要務令』では至近距離の戦闘となる陣内戦闘でさえ、白兵戦だけでなく火力戦との併用が記されていることに注意されたい。

野戦重砲兵連隊が運用した口径105㎜の十四年式10㎝加農砲。射程に優れ、対砲兵戦に用いられた。牽引には八頭の輓馬か、牽引自動車を使用した

歩兵の指揮官は、適時（に）予備隊を突撃の成功せる方面に進めて第一線の獲《え》たる戦果を拡張し、或は前線に使用して敵の逆襲を撃退し、要すれば突撃部隊の側面を掩護し、以て戦闘の成果を完うすべし。（以下略）

　この条項でも、その次の条項でも具体的な判断基準などは示されず、漠然とした一般論しか記されていない。その理由はすでに述べたとおりだ。

第百四十二　敵陣地内に於ける攻撃（が）進展し、軍隊（の）攻撃目標の後端に進出し得るを予察《よさつ》せば、師団長は機を失せず追撃を実施し得る如く戦闘を指導すること緊要なり。

　この『作戦要務令』の中でも、筆者はとくに次の条項に注目している。

第百四十四　突撃（が）中途に頓挫せる場合に於ても、第一線部隊は百方手段を尽くして速かに其の原因を排除し、突撃を反復すべし。従い、後方部隊無きときと雖も、幹部と兵との勇気に依り、既に占有せる地点を確保し、猛烈なる射撃を為し、気勢を恢復《かいふく》して、更に突撃を復行し、極力其の目的を達することに勉むべし。（以下略）

　この条項では、突撃が途中で頓挫しても、第一線部隊は「百方手段を尽くして」頓挫の原因を排除して突撃を反復することが求められている（例によって、その手段についての具体的な記述は無い）。

　実例を挙げると、ガダルカナル島に上陸した一木《いちき》支隊（歩兵第二十八連隊基幹）先遣隊の主力は、昭和十七年八月二十一日未明に中川（イル川）河口の砂州を越えて突撃を発起したが、敵の熾烈な防御砲火により頓挫した。

　これに対して同支隊長の一木清直《きよなお》大佐は、控置しておいた機関銃中隊や大隊砲小隊を投入するなど「百方手段を尽くして」突撃が頓挫した原因である敵の防御砲火を制圧し、

「その原因を排除」して突撃を反復しようとした。

だが、それでも敵の防御砲火を制圧できず、逆に九時頃には中川の上流を渡河してきた敵の一部に側背を攻撃された。

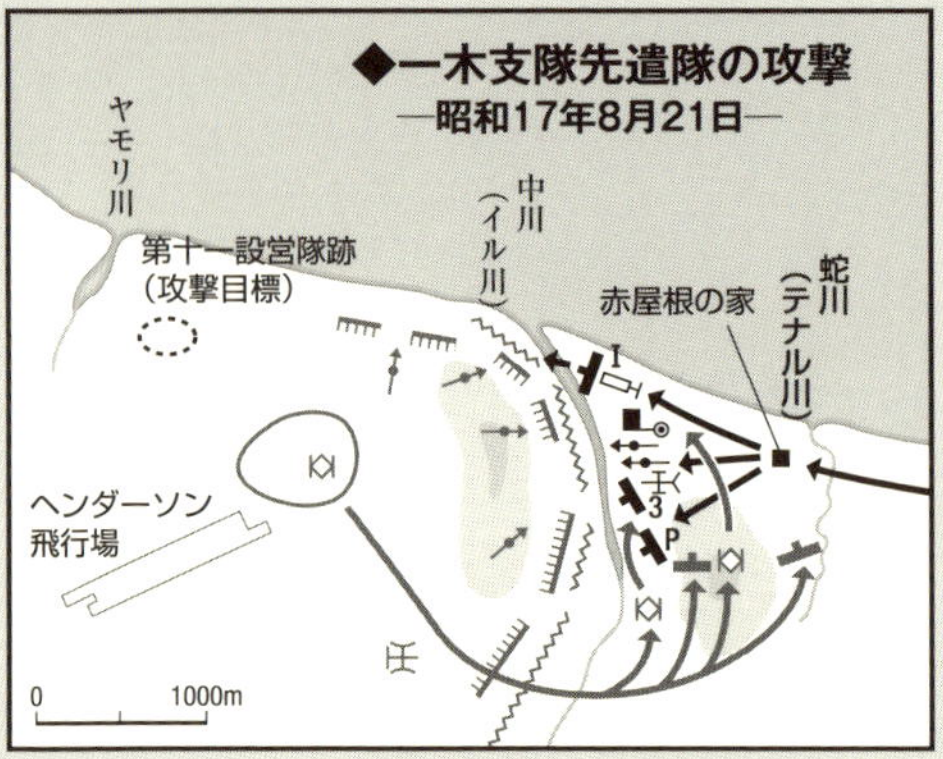

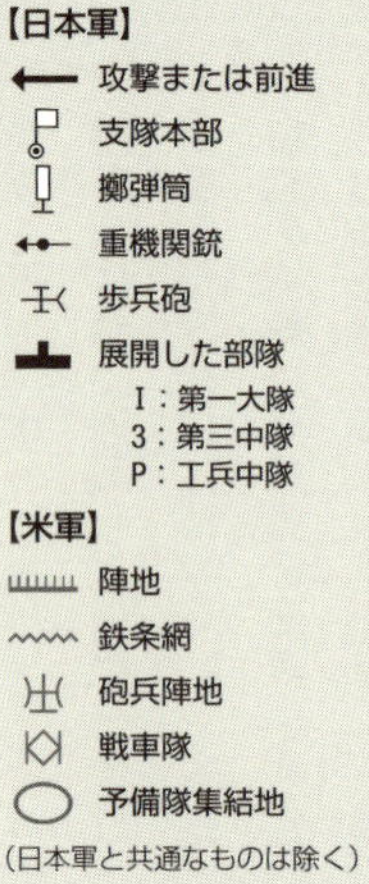

本文中にあるように、一木支隊先遣隊の戦闘は「作戦要務令」に忠実であった。だが圧倒的な米軍の火力装備の前に敗れ去った。

◆一木支隊の攻撃部署

区分	部隊	任務
第一線攻撃部隊	第一大隊（第三中隊欠）	第十一設営隊跡付近を攻撃
第二線攻撃部隊	第三中隊 工兵中隊	第一線攻撃部隊が第十一設営隊跡付近を奪取と同時に超越してヤモリ川付近を奪取・確保
予備隊	軍旗小隊 機関銃中隊 大隊砲小隊	予備隊は支隊本部後方を前進。とくに機関銃中隊および大隊砲小隊は、適時第一線部隊の攻撃に協力すべく準備

一木支隊先遣隊の人員と装備
人員：916名
大隊砲：2門
重機関銃：8挺
擲弾筒：12門

『戦史叢書　南太平洋陸軍作戦〈1〉』をもとに作成

それでも同支隊は「既に占有せる地点を確保」したが、結果的に中川から後方のテナル川までの地域に封じ込められるかたちになった。加えて、午後には第1海兵戦車大隊B中隊所属のM3A1軽戦車六両が川を渡って同支隊の背後を蹂躙。一五時頃には軍旗を奉焼して一木支隊長は自決し、部隊は壊滅した。

これを見ると、一木支隊先遣隊は、『作戦要務令』の規定に沿って、定められたとおりに戦ったことがよくわかる。

右記の条項には、『作戦要務令』がおもに想定していたソ満国境の敵陣地帯を、苦しい状況の中でも突撃を反復して突破しようとするための規定だったが、結果的に無謀な攻撃となる面があったともいえるのではないだろうか。

夜間攻撃の方法

次いで、日本軍が得意と自認していた夜間攻撃について見てみよう。

第百四十六　夜間は、軍隊の協同動作及指揮の統一（が）困難にして、動《やや》もすれば錯誤を生じ易しといえども、企図を秘匿し損害を避け、飛行機、戦車等より受くる各種の妨害を減じ、又弾薬を欠くも戦闘力を発揮し得るの利を有す。

而して、精鋭にして夜間の行動に習熟せる軍隊は、能く其の害を除きて利を収め、特に寡《か》兵を以て衆《しゅう》敵に対し攻撃の奏功を期し得るものなり。

ここでは、夜間攻撃のマイナス面とともに、敵の飛行機や戦車による妨害がやりにくくなることや、視程が限られるために至近距離での戦闘となるため、砲兵や歩兵の弾薬が不足していても白兵による戦闘力を発揮できるなどのプラス面が記されている。

このうち、敵の飛行機や戦車等による妨害については、やはり『赤軍野外教令』に定められている航空部隊や戦車部隊の運用法を意識したものであろう。

第百五十三　夜間攻撃に任ずる歩兵は、準備を周到にし、且不意に敵に肉薄し、白兵を揮《ふる》い、一挙に決戦を求むるを要す。（中略）夜間の突撃は至近の距離より之を始め、各級指揮官は確実に部下を掌握し、神速猛烈に其の攻撃目標に向かい突進すべし。（以下後述）

夜間攻撃においては、主力である歩兵が至近距離から突撃を開始し、不意に敵に肉薄して白兵戦を挑み、一挙に決着をつける戦いを目指すことになっている。

こうした戦い方ならば（おそらく極東ソ連軍を意識していたであろう）飛行機や戦車、砲兵の劣勢もカバーできる、というわけだ。

機械化部隊等の戦闘と陣地戦

最後に、機械化部隊や騎兵部隊の戦闘や陣地戦についても簡単に触れておこう（なお、日本陸軍では、戦車や装甲自動車等を装備する部隊を「装甲部隊」と総称した。また、これに自動車積載または自動車牽引の歩兵部隊や砲兵部隊、工兵部隊等を編合した部隊を「機械化部隊」と呼んだ。さらに「装甲部隊」と「機械化部隊」を総称して「機甲部隊」と呼んだが、こちらは通称である）。

まず、第二部の第六篇「諸兵連合の機械化部隊及大なる騎兵部隊の戦闘」の第二章「攻撃」の冒頭の条項からだ。

第二百五十八　機械化（騎兵）部隊の戦闘に方りては、地形と機動力とを利用し、放胆なる包囲を敢行し、若くは敵の側背に向《むか》い急襲するを有利とす。（中略）既に展開したる後に在りても、状況之を許す限り、予備隊等の機動力を利用し敵を包囲するを可とす。（以下略）

機械化部隊や騎兵部隊の戦闘では、（乗車部隊や乗馬部隊の下車ないし下馬展開後も予備隊等を利用して）包囲や背側からの急襲が推奨されている。そもそも日本軍は、攻撃全般において敵の包囲殲滅を主眼としており、その意味では根本的な差はない。「運動戦」志向の日本軍では、歩兵部隊も騎兵部隊も機械化部隊も、機動力を生かして戦うことに本質的な違いはないのだ。

最後は第七篇「陣地戦及対陣」だ。その第一章「陣地戦」の要則の中では以下のように定められている。

第二百七十六　陣地戦に於ける戦闘の原則は、其の根本に於て運動戦と異なるものなしと雖も、特に敵陣地の施設、戦闘資材等に応じ戦闘の計画及実施を一層組織的ならしむるを要す。然れども、計画に拘泥して錯綜する戦況に処し戦機を逸するが如きことなきを要す。

このように「陣地戦」における戦闘の原則も、根本的には「運動戦」と変わらない（！）とされている。ただし、戦闘の計画や実施をより一層組織的に行うよう求めている。また、その一方で計画にこだわり過ぎて戦機を逸することがないように戒めてもいる。

戦術思想の主導性の喪失

さて、これまで繰り返し述べてきたように、『作戦要務令』に定められている日本軍の攻撃戦術は、『赤軍野外教令』への対応を意識したものが多い。言い換えると、ソ連軍の戦術思想への対応（リアクション）であって、日本陸軍の主体的な戦術思想が感じられないのだ。

つまり、皮肉なことに『作戦要務令』の条文では主導性を確保することの重要性を強調しておきながら、『作戦要務令』の戦術思想の根幹は敵の戦術教範への対応という「受動」に陥っているのだ。

ここに対ソ戦を意識して制定された『作戦要務令』の根本的な問題点があるといえるのではないだろうか。

もっとも、ソ連軍がこの『赤軍野外教令』で打ち出した戦術思想は、のちにヘリコプターによる空中機動や作戦機動グループ（ＯＭＧ）の追加などのアレンジが加えられたとはいえ、全縦深同時打撃などの基本部分は、一九九一年のソ連崩壊まで受け継がれている。これに冷戦期のアメリカ軍が危機感を感じて革新的な「エアランドバトル」を打ち出す大きな要因となるほどの先進的な戦術だったのである。

この時代を先取りしたソ連軍の戦術思想に日本軍が遅れをとっていたといっても、ある意味仕方のない事かもしれない。

第五章 防御

この章では、各国陸軍の戦術教範の中で、防御についてどのように定められていたかを見てみよう。前章ではドイツ軍の『軍隊指揮』から見ていったが、再びドイツ軍から見ていこうと思う。それというのも当時のドイツ軍は、他の列強各国軍と大きく異なる、独特な考え方を打ち出していたからだ。

ドイツ軍の防御

防御と持久抵抗からなる「防支」

『軍隊指揮』発布後の昭和十六年（一九四一）に、日本の陸軍大学校研究部がまとめた『最近に於《お》けるドイツ兵学の瞥見《べっけん》』という本がある。その中に、ドイツ参謀本部発行の軍事雑誌『軍事学展望』の一九三九年度第四号に掲載されたシェルフ中佐（のちに国防軍最高司令部で戦史担当となるWalter Scherffと思われる）の論文の要点を翻訳摘録した『持久抵抗に関する論争』と題する文章が収録されている。それを見ると、冒頭に以下のように記されている。

一九三六年発行の独逸軍の『軍隊指揮』（陸大二五九八年翻訳出版）に持久抵抗なる特殊の《（ママ）》戦法を掲げたことは世界の注視を受けた、（注『軍隊指揮』に於《おい》ては持久抵抗を防御と同格として取り扱い、防御と持久抵抗を併せて防支《ぼうし》（Abwehr）なる部門を収めてある。又、防御に於ける主陣地帯前縁（Hauptkampflinie）に対し、持久抵抗では抵抗線（Widerstandline）がある）（以下略。小書きは原文ママ。以下同じ。なお、引用文中の「二五九八年」は皇紀で、西暦一九三八年）

ドイツ軍の『軍隊指揮』は、通常の「防御」に加えて「持久抵抗」と呼ばれる特殊な戦法を掲げて、世界の注視を受けたというのだ。事実、『軍隊指揮』では、第八章「防支」の中で「防御」と「持久抵抗」について規定している。また、第十章「持久戦」の中で、持久戦における主要な戦闘法として「持久抵抗」を挙げている（ドイツ語では、防御はVerteidigung、持久抵抗はHinhaltender Widerstand）。

この「持久抵抗」とは、一体どのような戦い方なのであろうか。また、なぜ『軍隊指揮』では「持久抵抗」と「防御」を同格に並べて、両者を総称して「防支」と呼んでいるのであろうか。

その答えを的確に理解するためには、まず前提として、第一次世界大戦中の防御戦術の変遷や、戦間期の防御に関する論争の中身などを知っておく必要がある。そのための格好のテキストと言えるのが、この『持久抵抗に関する論争』なのだ。

もう少し詳しくいうと、この『持久抵抗に関する論争』には、ドイツ軍を中心として、第一次大戦前の「防御」に対する考え方から始まり、第一次大戦中の防御戦術の変遷、戦間期の防御に関する論争、それがもたらした教範類の規定の変化、そして筆者であるシェルフ中佐の意見などが記されている。この意見を読むと、当時のドイツ軍の将校が「持久抵抗」について、どのような受け止め方をしていたのか、がよくわかる。

おそらく、他の列強各国の軍隊でも似たような論争が繰り広げられていたように思われるのだが、それについての良い資料が（とくに日本語のものは）なかなか見当たらない。

そこで、この章では、これまでのように戦術教範に沿って話を進めるのではなく、まずはこの『持久抵抗に関する論争』を参照しつつドイツ軍の防御に対する考え方の変化を追ってみようと思う。その変化の過程は、他の列強各国軍の戦術教範の防御に関する規定を理解する上でも、大いに役立つはずだからだ。

持久戦とは何か？

話は第一次世界大戦前までさかのぼる。

当時は、のちの第一次大戦中の西部戦線などに比べると、戦場の広さに対して動員兵力が少なかった（兵力密度が低かった）ために、戦場の端から端まで続くような長大かつ重厚な戦線を形成することができなかった。

このため、ふつうは敵味方双方の軍が戦略的な要点などに兵力を集中し、その場で短い戦線を形成して「会戦」が生起していた（例えば日露戦争中の遼陽会戦や奉天会戦などを思い起こしてほしい）。

一般に、この頃の「防御」とは、死力を尽くして防御陣地を確保することを意味していた。防御側が敵の攻撃を粉砕して退却させれば「勝ち」、逆に防御陣地を保持できずに退却すれば「負け」というわけだ。

また、このような通常の「防御」とは別に、時間の余裕などを得るため、決戦を避けて敵を牽制したり抑留したりする「持久戦」という戦い方もすでにあった。戦いの帰趨《きすう》に決着をつける戦い、すなわち「決戦」を避けるという意味では、この「持久戦」は「決戦」の対極に位置する概念といえる（ちなみに『持久抵抗に関する論争』では「持久戦」を原語でHinhaltendes Gefechtと記している。ちなみに第二次大戦後のドイツ連邦軍では「Gefecht」を、諸兵種連合部隊である「師団～旅団レベルの戦闘」（複戦闘とも訳される）と定義している）。

持久戦において決戦を避けるのは、時間を稼ぐだけでなく、味方の戦力を温存するという目的もあるのだが、この頃はどちらかというと「戦力の温存」よりも「時間を稼ぐ」ことが重視されていたように思われる。

ただし、現代の軍隊、例えば陸上自衛隊における「遅滞行動」のように、敵の攻撃に対して適宜《てきぎ》後退しつつ必要な時間を稼ぐこと、すなわち「土地と時間を交換する」ことが明確に意識されていたわけではなかった（275ページのコラム参照）。

ただ、いずれにしても第一次大戦前のドイツ軍では、通常は命令に基づいて持久的な戦闘を行うことは無く、命令書に「持久戦」という言葉を使うことも避けていた。仮に持久的な戦闘を行うことになっても、それは指揮官の計画や企図の腹案にとどめられ、実際の命令では単なる「防御」すなわち死力を尽くした固守を（場合によっては「攻撃」すらも）命じ、必要があれば時間的な制限を付加したのである（つまり時間が来たら退却する）。

こうした手法が採られた理由としては、その後退がたとえ意図的なものであったとしても、一部の高級指揮官や参謀等を除く大部分の将兵にとっては後退とは負けを意味していたこと、そして「負けた」と思っている将兵を予定した後方陣地で踏み止まらせて、再び死力を尽くして陣地を固守させるのは、士気や統率などの面から困難だったからであろう。

もっとも、ドイツ軍は、第一次大戦の後半になると、もっとも前方（敵側）の第一陣地帯を単なる「警戒陣地」と見なして、その固守にこだわらなくなった。具体的にいうと、第一陣地帯から柔軟に後退して敵の砲弾を浪費させるとともに、前進してきた敵の攻撃部隊に対して「主抵抗陣地」である第二陣地帯から砲撃して打撃を与え、さらに第二陣地帯やその前で逆襲に出る、といった戦術をとるようになったのだ。戦力を温存するために敵の砲撃を避けて後退する将兵は、その後の逆襲のための戦術的後退を「負けた」と受け取ることはなかったのである。

このように、防御陣地を単に固守するのではなく、防御陣地内で部隊を柔軟に移動させて防御する方法を「遊動防御」（ドイツ語ではBewegliche Verteidigung。訳語は『持久抵抗に関する論争』に従った。以下同じ）と呼ぶ。

また、ドイツ軍は、第一次大戦後半の一九一七年三月に、連合軍と対峙する西部戦線の中央部を、後方に用意した堅固な陣地帯である「ジークフリート線」まで意図的に後退させる「退避戦術」(Ausweichtaktik。この行動はあくまでも「taktik」すなわち「戦術」であることに注意)を実行した。

この大規模な後退も、「遊動防御」における後方陣地帯への戦術的後退を拡大したものと捉えれば、それほど違和感は無いだろう(この後退を、戦線突出部の直線化による予備兵力の捻出を目的とした「戦略的後退」の萌芽と捉えることもできるが、原語では「退避戦術」と称されており、やはり戦略的なものと捉えられていなかったのであろう)。

さらに『持久抵抗に関する論争』によると「此の戦法(遊動防御や退

◆ドイツ軍の防御戦術の変化(1917年)

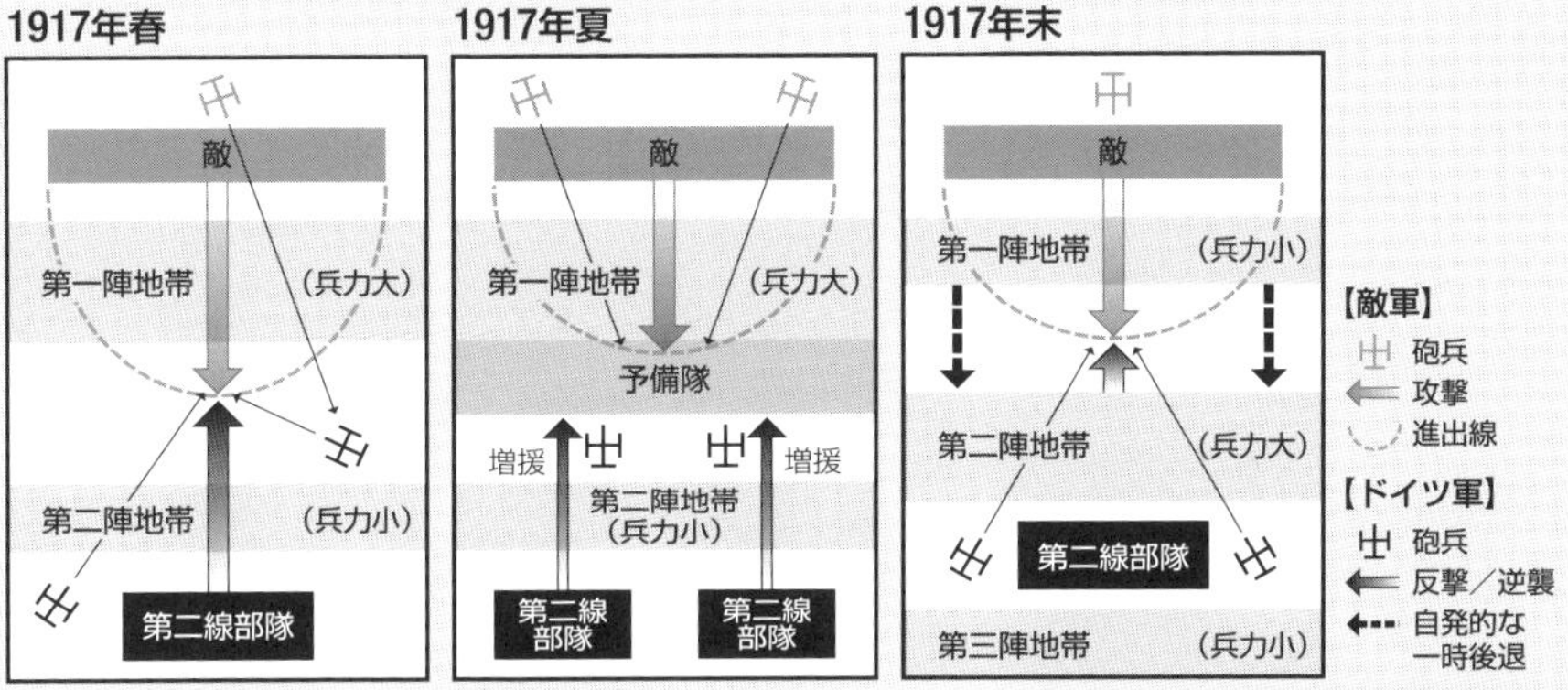

(上)第一次大戦において、一線陣地から始まった防御陣地は、複数の陣地線を連ねた「数線陣地」となる。次いで「陣地帯陣地」へと縦深を増し、その陣地帯陣地での戦術も図のように変化した。ドイツ軍では当初、第一陣地帯の兵力を大きくし、第二線部隊は、第一陣地帯を突破した敵を逆襲するために投入された。しかし、連合軍が第一陣地帯と第二陣地帯の間に弾幕を張って逆襲を阻止するようになると、予備隊を第一陣地帯の直後に配置するようになった。だがこれも連合軍の準備砲撃のためにうまくいかなくなり、1917年末には第一陣地帯の兵力を減らし、攻撃を受けたら一時的に後退させたのちに逆襲に出るなどの柔軟な「遊動防御」に戦術を改めた。

(右)地図にあるように、ジークフリート線(連合軍側呼称「ヒンデンブルク線」)への後退は、その規模から、「戦略的後退」といえるものであったが、ドイツ軍は「退避戦術」と認識していた。

避戦術）の目的は、軍隊を敵の優勢な砲火から免《まぬが》れしめ、土地を失うことを忍んでも人員と資材との犠牲を減少しようとするもの」だが、これを「持久的な戦闘と捉えるのは間違い」だという（カッコ内は筆者補う。以下同じ）。

その理由として、「持久防御」では、のちの決戦の為に優勢な兵力の投入を避けるのに対して、「退避戦術」や「遊動防御」の場合は、最後の予備隊の投入を避けるわけではないことを挙げている。「退避戦術」や「遊動防御」では、最終的には防御陣地の保持に死力を尽くすのだから、本質的には「持久戦」ではなく、頑強な「防御」である、というのだ。

まとめると、第一次大戦中のドイツ軍では、指揮官の企図としての「持久戦」はあっても、部隊の行動としての「持久戦」は無く、実際の命令では頑強な「防御」しかなかった（場合によっては「攻撃」もありえる）、というのが『持久抵抗に関する論争』の筆者であるシェルフ中佐の見方なのである。

「持久戦闘」の導入

第一次大戦後、ドイツ軍は、一九二一年に新しい戦術教範である『連合兵種ノ指揮及戦闘』を発布した。いわゆる『ゼークト教範』である。

その『ゼークト教範』は、第十一章「特殊戦」の中で「持久戦」についてやや詳しく規定しているが、第一次大戦前と同じく、指揮官が持久的な戦闘を意図しても、指揮下の部隊に戦闘目的を知らせるべきではない、としていた。つまり、各部隊は相変わらず、持久的な戦闘においても単なる「防御」を命じられることになっていたのだ。

こうした規定に対して、ドイツ軍の内部では「指揮官が部下に対して戦闘目的を秘すことは、上下間の信頼を無くす」といった批判や「持久戦においても戦闘の目的を明示し、各部隊がそうした戦法にも習熟すべきである」といった意見があった。

これらを受けて、一九二七年には国軍統帥部長官（当時はヴィルヘルム・ハイエ大将）の名で以下のような教示が出された。

> 持久戦闘（Hinhaltender Kampf）の目的は、敵を欺騙し且地線毎に撤退しつつ、敵をして常に其の兵力を展開せしめ、且其の砲兵をして展開の余儀なきに至らしむるに在る。
>
> 即ち、其の戦闘は、多くの砲兵を以て遊動的に行い、遠

距離に於て敵をして展開の余儀なきに至らしめ、且多くの重機関銃を用い、而も其の射程を十二分に利用し、敵歩兵をして展開せしめ、且停止に導く（以下略）

このように、「持久戦闘（Hinhaltender Kampf）」では、敵をあざむきながら、丘の稜線などの防御に適した地線ごとに撤退する。そして砲兵による遠距離射撃で敵部隊に展開を強要し、さらに重機関銃の射程を生かして敵の歩兵部隊を停止させるのだ（ちなみに第二次大戦後のドイツ連邦軍では「Kampf」を単一兵種である「連隊～中隊レベルの戦闘」（単戦闘とも訳される）と定義している。ただし「Kampf」は戦い全般の意味にも使用される）。

これを攻撃側から見ると、防御側が後退するたびに火砲を輓馬《ばんば》に繋ぐなどして前進し、攻撃のたびに停止して再展開することを強いられることになる。そのたびに、防御側は相当の時間を稼げるわけだ。この戦い方自体は、現代の軍隊における「遅滞行動」とほとんど変わらない。

ただし、右記の条文を見るかぎり、敵部隊に展開を強いることが強調されており、現代の軍隊における「遅滞行動」のように「土地と時間を交換する」ことが明確に意識されていたわけではなかったように感じられる。

「持久戦闘」を巡る批判と論争

こうして「持久戦闘」の具体的なやり方が明示されると、今度は「持久抵抗」（この頃になるとドイツ軍内では、国軍統帥部長官が教示した公式用語の「持久戦闘」とは別に、「持久抵抗」という言葉が暗黙のうちに認められていたという）においても「主陣地帯前縁」を定めるべきかどうかの議論が巻き起こった。

通常の「防御」では、主陣地帯とその前縁すなわち「HKL」（Hauptkampflineの略）を設定する。防御におけるHKLは、それこそ最後の予備隊を投入してでも、戦闘の最終局面において確保していなければならない線を意味している。

これに対して、「持久抵抗」におけるHKLは、最後の予備隊を投入してまで断固確保することは求められない。そのため、持久抵抗においてもHKLを設定すると、本来の防御においては断固確保すべきHKLの意義が弱まってしまうのではないか、という懸念が出てきたのだ。

その一方で、持久抵抗においても、攻撃側には真面目な防御と思わせる必要があるのだから、同じようにHKLを設定すべき、という反論も出た。

こうして議論が紛糾したため、一九三一年には国軍統帥部長官（当時はクルト・フォン・ハンマーシュタイン・エクォールト大将）から『持久戦闘指揮の準拠』と題された指針が発布された。その指針の第一章には、「持久戦闘」の目的として「自己の戦力を保持することは持久戦闘指揮の真髄であり最大の要望であること」や「此の戦法は敵をして絶えずその人的物的の戦力の消耗を強要することが眼目である」ことなどが記されている（カギカッコ内は『持久抵抗に関する論争』より引用）。

しかし、この記述では、「持久戦闘」の主な目的が、味方の戦力の温存にあるのか、敵の戦力の消耗にあるのか、いまひとつハッキリしない。実際、軍内部では「自己の戦力を保持することと、敵を有効に阻止することは、相反する虫の良い要求である」といった批判も出たという（近代的な「遅滞行動」においては、その相反する要求の両立こそが肝なのだが）。

また、この指針の第三章では「抵抗地帯の戦闘的行為は通常、抵抗と退避との交錯である」とされている。かつて用いられたような時間を区切った「防御」ではなく、「抵抗」と「退避」の繰り返し、とされているのだ。

では、ここでいう「抵抗」とは、通常の「防御」とどこがどのように違うというのか？

◆持久戦闘の概念図 ―1927年～1933年―

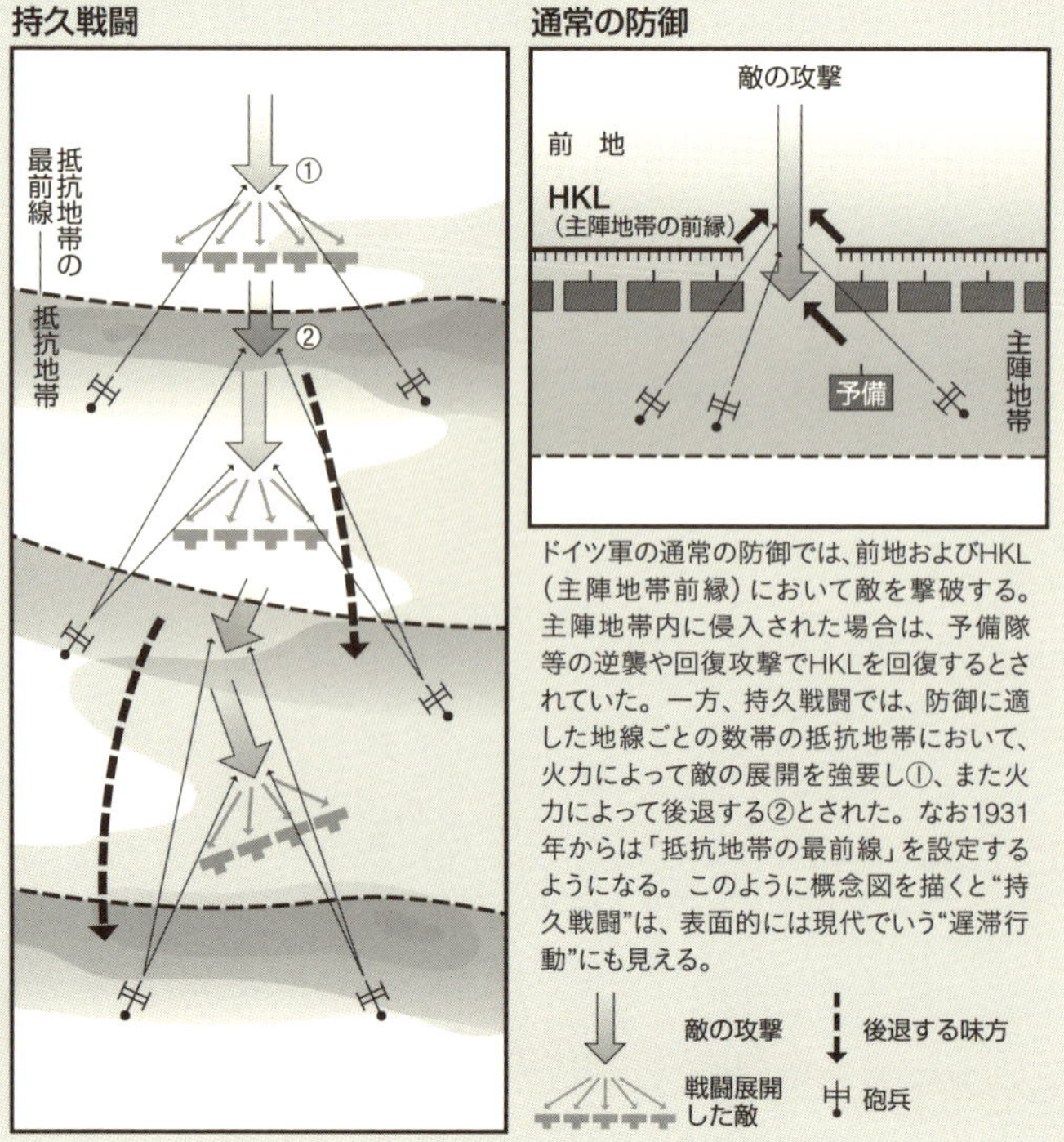

ドイツ軍の通常の防御では、前地およびHKL（主陣地帯前縁）において敵を撃破する。主陣地帯内に侵入された場合は、予備隊等の逆襲や回復攻撃でHKLを回復するとされていた。一方、持久戦闘では、防御に適した地線ごとの数帯の抵抗地帯において、火力によって敵の展開を強要し①、また火力によって後退する②とされた。なお1931年からは「抵抗地帯の最前線」を設定するようになる。このように概念図を描くと“持久戦闘”は、表面的には現代でいう“遅滞行動”にも見える。

この指針によると「抵抗の核心は準備した抵抗地帯（Widerstandzone）に在る重火器である。又、抵抗地帯の内部で歩兵の戦闘は大なる縦深地帯内に於て遊動的に行われる。（中略）敵の弾圧を受けて其の陣地を放棄せねばならぬときは、後方部隊の火力に支援されて撤退し、更に後方に抵抗地帯を構成する」と規定されている。また「各抵抗地帯の最前線は確定するを要す」とされている。

要するに、一般の防御では主陣地帯の「ＨＫＬ」が設定されるのに対して、持久戦闘では「抵抗地帯」（Widerstandzone）の最前線が確定されることになったのである（なお、『軍隊指揮』に規定されている「抵抗線」（Widerstandline）とはまた異なることに注意されたい）。

現代の目から見ると、ただの言葉遊びのようにも感じられるが、当時のドイツ軍内部ではこうした論争が大まじめに行われていたのだ。

ドイツ軍の戦術思想の限界

前述のような指針が発布されると、今度は「斯《か》かる戦法は敵から離脱する適当な時期（タイミング）を発見することが非常に困難」といった批判が出た。演習や戦術教育では、時刻で退避時期を指示したり、「夜に入るとともに第一線を撤収し……」と教示したりしていたが、これに対しても「形式主義」「実戦にそぐわない」といった批判が続出したという。

こうした批判を踏まえて、一九三三年発布の『軍隊指揮』では、とうとう「持久抵抗」が「全く特種《ママ》の戦法」（『持久抵抗に関する論争』より）とされて、一般の「防御」とは完全に別ものとして扱われることになった。

その理由は、『持久抵抗に関する論争』によると、「持久抵抗」を「防御」の中に入れることで、死力を尽くして抗戦すべき「防御」の本来の意義が弱くなることを恐れたからだという。ことここに至ってもドイツ軍は、「持久抵抗」の導入によって、本来の頑強な「防御」が弱体化することを恐れていたのだ。

これを見ると、第一次大戦中に陣地内で部隊を柔軟に移動させる「遊動防御」を繰り広げたドイツ軍でさえ、土地と時間を交換して柔軟に後退する「遅滞行動」の導入には程遠かったことがわかる。

そして冒頭で述べたように、一九三六年版の『軍隊指揮』では、それまで「全く特種の戦法」とされていた「持久抵抗」を通常の「防御」と同格に扱い、両者を「防支」と総称するようになったのだ。

こうした右往左往自体が、ドイツ軍が「持久抵抗」という概念をうまく整理できなかったことを示しているといえる。

これについてシェルフ中佐は、『持久抵抗に関する論争』の中で、「持久抵抗」は、実際にそれを行う個々の部隊レベルでは「防御」と「戦闘中止」の交錯に過ぎないとしている。また、一九三六年版の『軍隊指揮』が規定している「抵抗線」についても、時間を限定した「防御」が認められているのだからＨＫＬを流用できる、と主張している。さらに「持久抵抗」はその目的を達成するための手段として「防御」や「退避」を用いるのだから、手段に過ぎない「防御」などより上位の概念と捉えられる、と指摘している。

同様に、他の多くのドイツ軍人も「持久抵抗」には疑問を持っていたようで、『持久抵抗に関する論争』にも「持久抵抗に対する鬱積《うっせき》して居《お》った各種の疑問が続々発表せられ、軍事界を賑わした」と記されている。

ただし、「持久抵抗」が各種の戦法の中で最も困難な戦法という点に関しては意見が一致しており、軍中央も一九三六年五月の布告で、陸軍長官が臨場した「持久抵抗」の演習はいつも上手くいった例がない、と認めるほどだった。

また「ドイツ装甲部隊の父」として有名なハインツ・グデーリアン将軍も「持久抵抗」には懐疑的で「この戦法は曖昧しごくなもので、私は見学者に満足を与えるような演習をついぞ見たことがない」と戦後の回想録（本郷健訳『電撃戦』より引用）に記している。その第一の理由は、前述したように敵から離脱するタイミングを捉えることが非常に困難だったことによる。

そして一九三八年五月には『軍隊指揮』が一部改訂されることになる。改訂の要点は「持久抵抗」の部で、抵抗線における戦闘を強調し、抵抗線の中間地での戦闘を減じたもので、結果的に「時間を限定した防御」に非常に近いものになった。

以上のような経緯を踏まえた上で、シェルフ中佐は「持久抵抗はヴェルサイユ条約に基《もと》づく独逸軍の兵力の大制限から生まれた已むを得ない特種《（ママ）》の事情に基くことが大きいように考えられる」としている。ご存知のようにドイツ軍は、第一次大戦の講和条約であるヴェルサイユ条約によって兵力をわずか一〇万人に制限されていたが、一九三五年のヒトラーの再軍備宣言とともにこれを破棄した。

現代の目で見ると、ドイツ軍の「持久抵抗」は、少なくとも部隊レベルの実際の行動は「遅滞行動」に近いもので

コラム

現代における防御、遅滞、遅滞行動

陸上自衛隊では、一般的な意味での「防御」や「遅滞」と、戦術教範の中で定めている「遅滞行動」を以下のように区別している。

まず「防御」では、ある地域を最後まで保持することが目的となる。その目的を達成するためには戦力を犠牲にすることもいとわない。これが「防御」だ。

これに対して「遅滞」では、一定の時間を稼ぐことが目的となる。そのためには、戦力を犠牲にすることもあれば、一定の地域を敵に譲ることもある。要は時間さえ稼げれば何をやってもよいのだ。極端なことを言えば攻撃をかけてもよいし、戦力をいくらでも犠牲にしてもかまわないというのであれば、地域ごとに死守命令を与えた防御部隊を置き、それぞれの部隊が全滅するまで時間を稼ぐ、という方法もありうる。

これに対して「遅滞行動」では、決定的な戦闘を避けて味方の戦力を温存しつつ、一定の時間を稼ぐことが目的となる。そのためには一定の地域を敵に譲ることも許されている。この遅滞行動では「戦力の温存」と「時間を稼ぐ」という二つの要素が存在しており、これを両立させることはなかなかむずかしい。ここが指揮官の腕の見せ所なのだ。

これらの近代的な概念規定と、第二次大戦前に制定された各国軍の戦術教範における規定を見比べると、第一次大戦前の「決戦」に対置される「持久戦」という古典的な概念が、やがて「遅滞」や「遅滞行動」といった近代的な概念に発展、整理されていく過程がおわかりいただけることと思う。

また、陸自が、なぜ単なる「遅滞」と「遅滞行動」を区別するに至ったのかも、同時にご理解いただけることだろう。

◆陸上自衛隊の防勢的戦術行動との対比

□:重視される項目

	陸上自衛隊					ドイツ軍
	後退行動	防御	遅滞	遅滞行動		持久抵抗
戦闘力	戦闘を避けて温存する	犠牲にせざるを得ない	犠牲にする場合もしない場合もある	本格的な戦闘を避けて温存する	←	本格的な戦闘はせず。または戦闘を避けて温存する
地域	犠牲にせざるを得ない	一定要域を確保する	犠牲にする場合もしない場合もある	一定(無限ではない)地域を敵に譲る	←	状況に応じて一定地域を敵に譲る
時間	犠牲にせざるを得ない	概念上は永久、実際は一定期間の時間を稼ぐ	一定期間の時間を稼ぐ	一定期間の時間を稼ぐ	←	一定期間の時間を稼ぐ

ドイツ軍の「持久抵抗」と、現代の「遅滞行動」(表では陸上自衛隊)が、概念的には非常に近かったことがわかる。ただし「持久抵抗」は「遅滞行動」と違って、“地域”と“時間”を交換することが明確に意識されてはいなかった。なお“後退行動”は、戦闘力の温存という意味では『軍隊指揮』で規定されている“退却”よりも、第一次大戦中の“退避戦術(Ausweichtaktik)”に近い。

あり、近代的な「遅滞行動」に発展する可能性も少なからずあったように感じられる。ところがシェルフ中佐は、ヴェルサイユ条約という特殊な事情によるもの、と片付けてしまっているのだ。

そして、シェルフ中佐は「要するに持久戦と持久抵抗を区別することは困難である。従って『軍隊指揮』に持久抵抗を採用したことは稍々《やや》形式に硬直した感が無いでもなく、攻勢的作戦方針に転向した今日では之を削除しても別段の支障は起こらぬものと考えられる。但《ただ》し、此の場合『軍隊指揮』の中の防御には、弱勢を以《もっ》てする限定時間内の防御を増補する必要があろう」と結んでいる。ヴェルサイユ条約を破棄して攻勢的作戦方針に転向したので、持久抵抗に関する規定を削除しても支障は無い、と結論づけているのだ。

要するに、第二次大戦前のドイツ軍における兵学論争では、275ページのコラム内の「防御」「遅滞」「遅滞行動」の表のように、各種の防御行動の概念を明快に整理することができなかったのである。

ここにドイツ軍の戦術思想の限界を見るのは筆者だけではあるまい。

防支の基本的な考え方

では、いよいよ、ドイツ軍が一九三六年版の『軍隊指揮』の中で「防御」や「持久抵抗」についてどのように規定していたのか見ていくことにしよう。

前述したように『軍隊指揮』では、第八章「防支」の中で、通常の「防御」に加えて「持久抵抗」についても規定している。そこで、まず「防御」や「持久抵抗」の具体的なやり方を見る前に、その両方を包含する広い概念である「防支」について、ドイツ軍がどのような考え方を持っていたのかを見てみようと思う。

そもそもドイツ軍は、何度も述べているように「運動戦」志向の軍隊であった。それは『軍隊指揮』の第六章「攻撃」の冒頭で、次のように定められていることからもわかる。

第三百十四　攻撃は、運動、射撃、衝撃（Stoss）及之《およびこれ》が指向の方向により効果を発揮するものとす。（以下略）

攻撃は、第一に「運動」によって、次いで「射撃」や「衝撃」によって効果を発揮する、と規定されているのだ。言い換えると、ドイツ軍では、攻撃における最も重要な要素は「運動」だったのである。

これに対して第八章「防支」では、冒頭で次のように規定されている。
第四百二十七　防支は主として火力に依り効果を求むるものとす。故に防者は、為し得る限り射撃効力を強大ならしむるを要す。（以下後述）

　このように「防支」は、おもに「火力」によって効果を求めるもの、とされているのだ。

　続いて、この条項では以下のように記されている。

此際《このさい》、攻者に比し、特に戦場に関して知ること一層詳細なること、地形の利用の度（が）一層良好なるを得ること、工事に依りて地形を補強し併せて掩護の施設を行うこと、竝《ならび》陣地に潜伏しある火器の効力（が）運動しつつある攻者に比し優越なることは防者の利とするところなり。

　ここでは防御側の利点として、攻撃側に比べて戦場をよく知っており、地形をよりうまく利用できること、工事（例えば隘路口に障碍物を敷設して敵前での処理を強いるなど）によって地形を補強し、さらに待避壕などの掩護施設を構築できること、陣地に隠匿《いんとく》配備した火器の効果が「運動しつつある」攻撃側を上回ること、などが挙げられている。

　要するにドイツ軍は、「運動」して攻撃してくる敵に対して、地形や陣地を利用して「火力」で防支するわけだ。

　この「火力」を中心とする防支という考え方は、それを行う地形の選定基準にも表れている。

第四百二十九　防支の為の地形は、主として情況に依りて定めらる。
砲兵及歩兵の重火器の為の良好なる観測は、勉（ママ）めて強大なる射撃効力を発揮する為、通常（は）最も緊要なる条件なり。然れども、歩兵をして敵の観測より免れしむる地形を求むるを主とすることあり。又、戦車攻撃に対し、河川、沼地及急斜面の如き天然の障碍に依る掩護の必要を主眼とすることあり。（以下略）

　防支を行う地形は情況に応じて決定されるが、通常は火力発揮のために砲兵等の着弾観測に向いた場所を重視して選ぶことになっている。ただし、敵の砲兵観測から味方の歩兵を隠したり（稜線を挟んで敵と反対側の斜面に陣地を構築する「反斜面陣地」はその典型）、敵戦車の攻撃に対して沼地などの行動しにくい地形を選んだりすることもある。

　それでも、地形の利用においては「火力」の発揮をもっとも重視することになっていたのだ。

　そして、射撃の基本方針について以下のように定めている。

第四百三十二　弾薬の状況（が）之を許し、且近距離（での）射撃開始に依りて敵を奇襲するを要せざれば、既に最大遠距離に対し射撃効力を求むるを要す。爾後、敵をして其前進に伴い、益々熾烈なる防支火力を蒙らしむべし（以下略）

弾薬が豊富で、敵を引き付けてから奇襲的に射撃を開始する必要が無いのであれば、最大距離から射撃を始めることになっている。そして、敵の前進にともなって、ますます熾烈な火力を指向することになっている。

これらの規定を見るかぎり、意外なことに第二次大戦前のドイツ軍では、まず拠点陣地の歩兵部隊が敵の攻撃部隊を拘束し、次いで後方に控置しておいた装甲部隊が機動力を生かして敵の攻撃部隊の側背から打撃する、といった「機動防御」をほとんど考慮していなかったように感じられる。

実際、「防支」の総則部分で予備隊に触れているのは次の条項だけで、その用法も「機動防御」とはほど遠いものになっている。

第四百三十三（前略）依託なき翼の掩護の為には、通常（は）予備隊を必要とす。其他に於ては、強大なる予備隊の控置に依り防支正面の火力を薄弱ならしむべからず。

ここでは、防御を依託できる障碍地形等のない翼側の掩護には予備隊が必要、としているだけで、これ以外の場合では強力な予備隊を控置して正面の火力を低下させるようではいけない、と規定している。

これでは、後方に強力な装甲部隊を控置して、突進してきた敵部隊に痛烈な「機動打撃」を加えることなどできないだろう。

防御の基本的な考え方

では、機動防御を考えていなかったドイツ軍は、（持久抵抗ではない）通常の「防御」について、一体どのように考えていたのであろうか。

第八章「防支」の総則部分に続く「防御」の最初の条項では以下のように定められている。

第四百三十八　軍隊（が）其中に在りて防御を行う地域は、其「陣地」なり。
各陣地の最も重要なる部分を「主戦闘地帯」とし、最後まで之を保持すべし。
主戦闘地帯の前方に在る「前進陣地」及「戦闘前哨」も亦《また》陣地に属す。（以下略）

このようにドイツ軍は、通常の「防御」においては、固定的な「陣地防御」を考えており、その陣地の中でもっとも重要な「主戦闘地帯」を最後まで保持することを求めていたのだ。

第四百三十九　凡《およ》そ陣地は、敵をして之を攻撃せざるを得ざらしめ、若は攻撃を断念せしむるを得ば、其目的を達成せるものとす。（以下略）

ドイツ軍では、この章の冒頭でも述べたように、少なくとも第一次大戦前までは、一般に「防御」といえば死力を尽くして防御陣地を固守することを意味していた。

しかし、第一次大戦後半になると、固定的な陣地防御においても、第一陣地帯の固守にこだわらず、陣地内で部隊を柔軟に移動させて防御する「遊動防御」を実施するようになった。そして、第二次大戦前に制定された『軍隊指揮』でも、以下のように規定している。

第四百四十二　主戦闘地帯の防御の為には、全兵力の縦長区分を大ならしむるを必要とす。大なる縦長区分は、敵火を分散せしめ、我が火力を後方より濃密ならしめ、優勢なる敵火に対し局部的退避を許し、且攻者が主戦闘地域に侵入することあるも防御を継続し得しむるものとす。（以下略）

この条項を見ると、優勢な敵の砲火に対しては局部的な退避を許し、主戦闘地域内でも防御戦闘を行うなど、基本的には第一次大戦後半の「遊動防御」と同様の方針を採っていたことがわかる。

要するに、第二次大戦前のドイツ軍の防御方法は、基本的には第一次大戦後半の防御方法と同じものだったのである。

防御の実施

次に、具体的な「防御」のやり方を見てみよう。

第四百五十六　前進陣地は、戦闘前哨前方の要点の(ママ)過早に攻者の手に帰するを妨げ、我が砲兵前進観測所の利用を可能ならしめ、敵に対し陣地の位置を欺瞞し、且之をして過早の開進を為さしむべきものとす。一般に前進陣地は、主戦闘地帯に在る砲兵（の）一部の効力範囲内に在る如く選定すべきものなり。（中略）**前進陣地（の）守備部隊は、各個撃破に陥ることなく適時撤退すべきものとす。**（以下略）

まず「前進陣地」を、通常は「主戦闘地帯」の前方で、かつ主戦闘地帯に展開する味方砲兵の一部の射程内に配置する。

この「前進陣地」の主な役目は、「戦闘前哨」（後述）の前にある要点を攻撃側に奪取されるのを遅らせて、味方砲兵が前進観測所を使えるようにすることや、主戦闘地帯等の位置を欺瞞して敵部隊に過早な開進すなわち展開準備などを強要することだ。

　この条項でも真っ先に「前進観測所の利用」が挙げられており、やはり防御においては「火力」の発揮が重視されていることがわかる。

　そして、この前進陣地の守備隊は、敵に各個撃破されないよう適時撤退することになっている。

第四百五十七　戦闘前哨は、主戦闘地帯の守兵に戦闘準備を整うる時間の余裕を与え、其配置に依り主戦闘地帯より攻撃地帯の視察を補足し、且攻者に対し主戦闘地帯の位置を偽騙す。（中略）

戦闘前哨は、通常（は）之を主戦闘地帯（を）占領（している）歩兵部隊より出し、且之に隷属す。（中略）

戦闘前哨は、主戦闘地帯の射撃を妨害せず、且自ら危殆とならざる如く撤退するを要す。（以下略）

　主戦闘地帯の前方に置かれる「戦闘前哨」は、通常は主戦闘地帯を守る歩兵部隊から分派されて、主戦闘地帯の守備隊が戦闘準備を整える時間を稼いだり、主陣地帯の位置を欺瞞したりする。

　そして、最後は主戦闘地帯からの味方の射撃を邪魔しないように、また敵に撃破されないように、撤退することが求められている。

　つまり、前述の前進陣地の守備隊も、戦闘前哨も、敵に撃破されないように撤退することになっているのだ。

第四百五十八　主戦闘地帯の防御は、諸兵種の計画的に準備せる射撃動作を基礎とす。（中略）

主戦闘地帯の全地域は、遠距離に至るまで勉《ママ》めて間隙を生ぜざる如く之を火制せざるべからず。（中略）

敵（が）主戦闘地域に近接するに従い、益々火力を濃密ならしめざるべからず。

主戦闘地帯に突入せる敵に対しても、亦各兵種の射撃及び協同（が）確実なるを要す。

　このように「主戦闘地帯」の防御は、計画的な射撃を基礎とすることが明記されている。具体的には、火力によって遠距離までくまなく制圧できるようにし、敵部隊が接近するにしたがってますます強力な火力を発揮できるようにしなければならない。また、主戦闘地帯内に敵が突入してきても、それを協同して確実に射撃できることが求められている。

これを見てもわかるように、「主戦闘地帯」の防御の根幹は、やはり「火力」なのである。

各部隊の用法

　続いて、防御における各部隊の具体的な用法を見てみよう。まずは砲兵部隊からだ。

第四百五十九　砲兵は、既に接敵前進中の敵に対し、前進陣地に在る其放列位置、要すれば主戦闘地帯の前方に在る放列位置より戦闘を行う。

　砲兵は、こちらに向かって前進してくる敵部隊に対して、前進陣地や主戦闘地帯の前方から砲撃する。ドイツ軍では砲兵の放列位置を、前進陣地や主戦闘地帯の前に出すことになっていたのだ（「砲列」ではなく「放列」が正しいので注意）。

第四百六十　師団砲兵の大部は、主戦闘地帯の前方遠近に対し集中火を注ぎ得ざるべからず。砲兵指揮官は該集中火を勉めて永《ママ》く指導するを要す。（中略）師団長は、既に防御の開始より、若《もし》くは其経過中（に）歩兵に直接協同すべき砲兵部隊、若は歩兵に配属する部隊を決定す。師団長は、砲兵指揮官の直接隷下に十分有力なる砲兵を残し、最後まで火戦に決定的の《ママ》影響を与え得ざるべからず。（以下略）

　師団砲兵の大部分は、主戦闘地帯の前方に火力を集中できるようにする。

　師団長は、防御戦闘の開始時や戦闘中に、歩兵を直接支援する砲兵部隊や、歩兵部隊に配属する砲兵部隊を決めるが、砲兵指揮官の手元にも十分な砲兵部隊を必ず残しておき、最後まで決定的な火力戦闘を実施できるようにしなければならない、とされている。

　これを見てもわかるように、師団レベルにおける「防御」の根幹は、師団砲兵の「火力」なのである。

　次は歩兵部隊だ。

第四百六十二　歩兵は、勉めて速《すみやか》に、且猛烈に射撃を開始す。其射撃動作は、重軽火器の射撃計画を基礎とす。友軍

ドイツ軍師団砲兵が使用していた15cm重榴弾砲sFH18。師団砲兵の火力が師団の防御の根幹であった

砲兵（が）薄弱なる際も、重機関銃及情況に依り迫撃砲は既に遠距離に対し敵の近接を制圧するを要す。（中略の上、以下後述）

歩兵部隊は砲兵部隊に比べると火器の射程は短いのだが、それでもなるべく早くから射撃を開始することになっている。そして味方砲兵の火力が小さい時でも、比較的射程の長い重機関銃や、情況によっては迫撃砲によって、敵部隊の接近を制圧することが求められている。

攻者（が）主戦闘地帯に近接せば、其縦深に亘る歩兵の防御開始せらる。（中略）強大なる敵火に対しては、之を蒙ること少なき地域に一時退避するを許すことあり。

それでも敵部隊が主戦闘地帯に接近してきたら、敵の砲火を避けて一時的に退避するなど柔軟な防御戦闘を展開する。これこそが第一次大戦中にドイツ軍が編み出した「遊動防御」の真骨頂だ。

第四百六十三　主戦闘地帯の一部を失う時は、火力を以て侵入せる敵を撃滅するに第一の努力を払わざるべからず。然《しか》らざる場合、歩兵及其の支援部隊（の）突入地点の附近に在る一部は、敵が其獲得せる地区に地歩を占め工事を為すに先だち、直《ただち》に逆襲（Gegenstoss）して敵を撃退するを要す。（中略の上、後述）

もし、主戦闘地帯の一部に敵の侵入を許したら、まず火力でこれを撃滅する。でなければ、敵が地歩を占めて防御工事を始める前に、付近の歩兵やそれを支援する工兵等で直ちに「逆襲」をかけて撃退するのだ。

MG34機関銃を三脚に据え付けて防御に当たるドイツ兵。MG34は二脚を装着すれば攻撃を支援する軽機関銃として、三脚を装着して安定させれば射程の長い防御用重機関銃として使用できる汎用機関銃だった

以上の処置（が）失敗するか、若《も》しくは大規模の突入なるときは、軍隊指揮官は反撃（Gegenangriff）に依り失地を回復すべきや、或《あるい》は主戦闘線を転移すべきやを決す。（中略）

主陣地帯の一部に侵入した敵をすぐに撃退できなかったり、大規模な突入を許したりした場合、軍隊指揮官すなわち諸兵種連合部隊の指揮官は、前述の「逆襲」より規模の大きい「反撃」（一般に「回復攻撃」とも呼ばれる）を行うか、最終的に確保していなければならない主戦闘線を後

方に下げるかを決心する。
　次は工兵部隊だ。
第四百六十六　工兵は、前地に於ては阻絶の設置に使用せらるるものとす。主戦闘地帯に於ては、障碍物、連絡、偽工事其他の構築に使用す。歩兵にして困難なる任務を解決するを要するときは、工兵を歩兵隊に配属するを適当とすることあり。（以下略）
　工兵は、「前地」すなわち主戦闘地帯の前方の地域では阻絶、すなわち交通を阻止するバリケードの設置を行い、主戦闘地帯では障碍物等の構築を行う。また、歩兵にはむずかしい作業等のために、歩兵部隊に工兵を配属することもありうる。

戦車は防御の際には予備として控置され、最後の切り札として用いられる。写真は第505重戦車大隊のⅥ号戦車E型ティーガーⅠ。強力な戦闘力を持つティーガーは独立した重戦車大隊に配属され、いざという時の「火消し役」として運用された

　続いて戦車部隊だ。
第四百六十七　戦車は、之を攻撃的に使用すべし。戦車は、軍隊指揮官の手裡《しゅり》に在る決勝をもたらす予備隊にして、反撃及び敵戦車の制圧の為、特に適当なり。（以下略）
　戦車部隊は、とくに反撃や敵戦車の制圧に適しており、攻撃的に使用することになっている。具体的には、上級の軍隊指揮官の手元に予備兵力として控置され、「ここぞ」という時に投入されて敵の攻撃を粉砕し、防御戦闘の勝利を決定づけるのだ。
　ただし、これは第二次大戦後半に東部戦線で展開された「第三次ハリコフ戦」のような装甲部隊の機動力を生かした本格的な「機動防御」ではなく、あくまでも「陣地防御」の中での予備隊の用法に過ぎないことに注意されたい。その一方で、こうした用法がのちの本格的な「機動防御」へと発展していった、と考えることもできるだろう。
　最後は飛行隊と防空部隊だ。
第四百六十九　飛行隊は、防御を支援することを得。駆逐機は、敵の空中捜索を妨害す。其兵力（が）十分なる際は、近接中の地上の敵を攻撃し得るものとす。爆撃機は、特に敵の飛行場及下車点を攻撃せしむ。（以下略）
　駆逐機は、敵の直協偵察機等による味方陣地などの空中捜索を妨害するとともに、兵力に余裕があれば味方陣地に

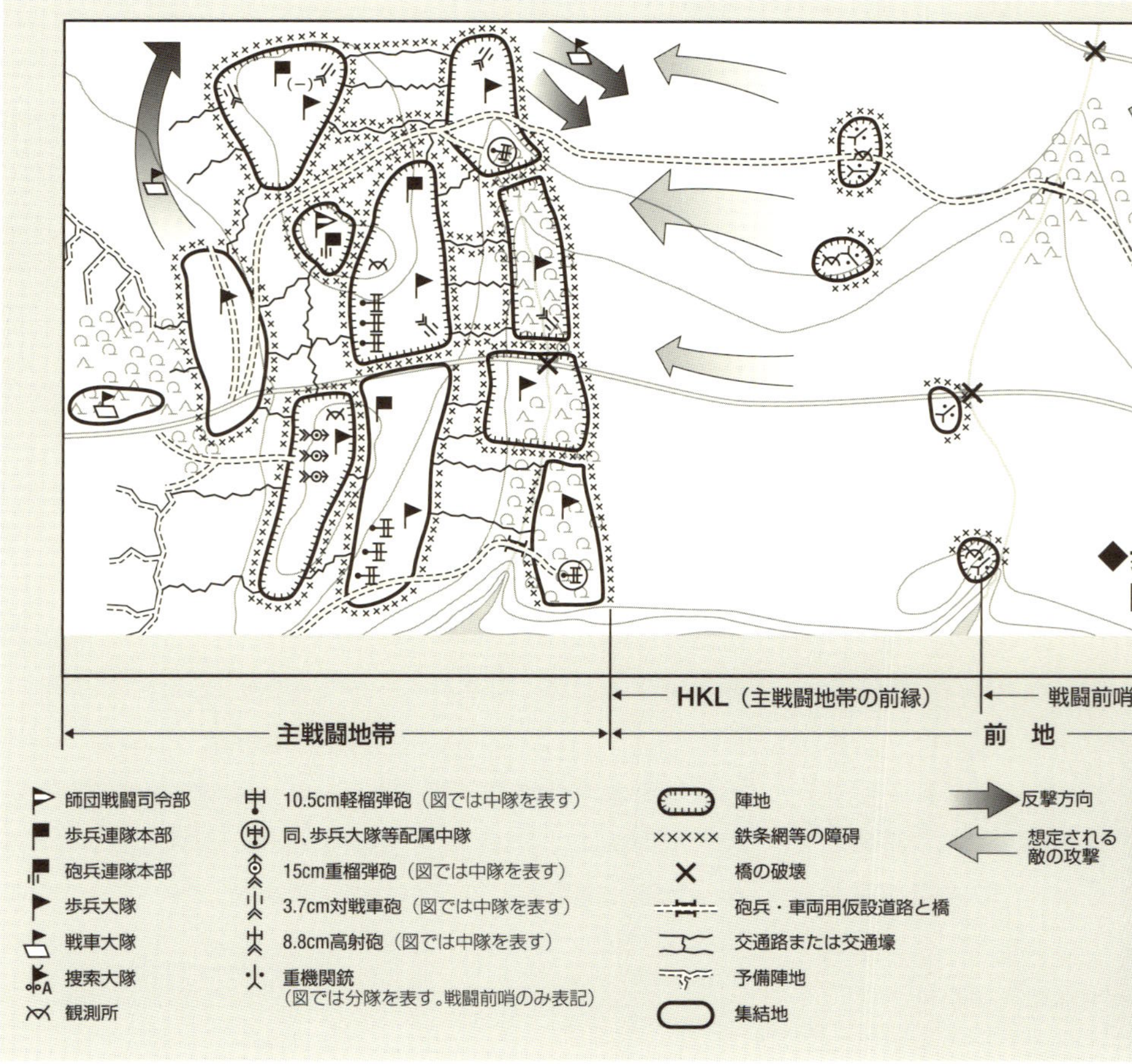

図は、歩兵師団の防御配置の一例である。砲兵は主戦闘地帯内の前方および前進陣地に配置され、敵の開進地点である十字路を火砲の射程内である前地に入れている。砲兵や車両部隊は後方に迅速に移動できるよう仮設道路を設けている。また主戦闘地帯内の陣地はおおむね大隊単位で拠点化され、その間を交通路・交通壕でつなぐことで柔軟な移動と逆襲を行える。さらに戦車が行動しやすい地形には対戦車地雷等が設置される。なお戦車は、敵の砲兵の射程外で待機し、敵の突破力が大きい場合等はすかさず反撃に出る。

接近する敵部隊も攻撃する。また、爆撃機は、敵の直協偵察機等が離着陸する飛行場や、鉄道等からの敵部隊の下車点などを攻撃する。

第四百七十　防空部隊は、敵の近接間、特に敵の空中捜索を妨害すべきものとす。之が為、一部を遠く前進せしめ、要すれば主戦闘地帯の前地に推進す。（以下略）

　防空部隊は、駆逐機と同様に、まず敵の空中捜索を妨害することになっている。そのためには、高射砲の一部を必要に応じて前地に配置することもある。

　要地の防空部隊ではない野戦防空部隊は、野戦砲兵と同様に、主戦闘陣地の前方に配置されることもありえるのだ。そして第二次大戦では、ドイツ軍は八・八センチ高射砲を対戦車射撃に投入したり、二センチ高射機関砲を対歩兵射撃に投入したりもしている。

防御の終局

　最後に防御の終局について見てみよう。

第四百七十一　後方陣地へ防御を移転するときは、戦闘中止、後退及防御の再興に関し、事前に規定するを要す。（中略）**軍隊指揮官は、機を失せず決心し、且敵をして我が企図を阻止し得ざらしむる如く処置するを要す。**（以下略）

　後方陣地に下がる時には、戦闘中止や後退等の手順について、あらかじめ規定しておくことになっている。そして指揮官は、後退を敵に阻止されないタイミングで後退を決心することが求められている。

第四百七十二　敵の攻撃（が）頓挫するに方り、防者の兵力（が）十分なる時は、攻勢に転ずるものとす。（以下略）

　敵の攻撃が頓挫して、味方の兵力が十分にある時には、もちろん攻勢に転じることになっている。

第四百七十四　戦闘の勝敗決せずして終了するか、若《もしく》は作戦休止となるや、攻防両者は真面目なる戦闘を為すことなく相対峙し、且陣地戦の戦況に近似するに至ることあり。然るときは、従来の陣地を保持すべきや、或は一層後方の新陣地を選定すべきや、を決定するものとす。（以下略）

　もし、戦闘の決着がつかず、互いに陣地を構築して対峙する「対陣」に近い状態になったら、今の防御陣地を保持するのか、後方に新しい防御陣地を設定するのか、を決心する。

　以上、『軍隊指揮』における「防御」をまとめると、ドイツ軍は、主戦闘地帯の前方や地帯内の一部までの火力による敵部隊の撃破と、優勢な敵砲火に対しては局部的退避を許す柔軟な陣内戦闘による敵部隊の撃退を基本としていたといえる。

防御と持久抵抗の違い

次に「持久抵抗」について見てみよう。まずは通常の「防御」と「持久抵抗」の違いからだ。

『軍隊指揮』では、第二章「指揮」の中で以下のように規定されている。

第四十一（前略）防御（Verteidigung）に於ては、敵の攻撃を失敗に帰せしむべきものなり。之が為、一定の地域に於て攻撃を迎え、該地域を最後まで保持すべし。（中略）持久抵抗（Hinhaltender Widerstand）に在りては、真《しん》面目《めんもく》の戦闘に陥ることなく、敵に勉めて大なる損害を与えつつ之を拒止《きょし》すべきものにして、之が為、適時（に）敵の攻撃を避け、且地域を放棄するを必要とす。

これまで述べてきたように、ドイツ軍における「防御」は、ある地域を最後まで保持し、これによって敵の攻撃を失敗させるもの、であった（ただし局部的な退避は行う）。

これに対して「持久抵抗」では、本格的な戦闘を行うことはなく、敵の攻撃を避けたり地域を明け渡したりして、敵部隊に可能な限り大きな損害を与えつつ拒止することになっている。

ここでいう「拒止」の具体的な中身については、第八章「防支」の中に記されている。再度、同章中の小見出し「防御」の最初の条項を見ると、次のように定められている。

第四百三十八　軍隊（が）其中に在りて防御を行う地域は、其「陣地」なり。

各陣地の最も重要なる部分を「主戦闘地帯」とし、最後まで之を保持すべし。（以下略）

これに対して、同章中の小見出し「持久抵抗」の二番目の条項では以下のように規定されている。

第四百七十六　持久抵抗は、一抵抗線に於て之を行う。情況に依り、他の抵抗線に於て更に之を継続す。之が為には、抵抗を継続しつつ、若《もし》くは戦闘することなく新抵抗線に退避するものとす。（以下後述）

防御は「陣地」で行うが、持久抵抗は「抵抗線」で行う。そして、防御では陣地内の「主戦闘地帯」を最後まで保持するが、持久抵抗ではその時々の状況に応じて、抵抗を続けながら、あるいは戦うことなく後方の新しい「抵抗線」に退避する、とされている。

抵抗線の防御は、敵をして早くより且強大なる部隊を以て、多大の時間と損害とを払う攻撃準備を為す（こと）の已《や》むを得ざらしむべきものなり。（以下後述）

抵抗線における防御では、敵の強大な部隊に早くから展開を強要して時間を浪費させるとともに、その過程でこちらの攻撃によって損害を与えるものとされている。つまり、「時間を稼ぐこと」と「敵に損害を与えること」の両方が目的として挙げられているのだ。

続いて、現在の抵抗線と次の抵抗線の間、すなわち中間地区における防御について、次のように規定している。

抵抗線間の地区（中間地区）の防御は、敵の追及《（ママ）》を遅滞せしめ、以て次の抵抗線の設備に要する時間の余裕を得べきものなり。

中間地区における防御は、敵の前進を遅らせて、次の抵抗線の準備に必要な時間を稼ぐもの、とされている。つまり、こちらでは「時間を稼ぐこと」だけが目的として挙げられているのだ。

まとめると、通常の「防御」は、敵の攻撃を失敗させることが目的であり、そのために陣地内の主戦闘地帯を最後まで保持する。これに対して「持久抵抗」は、時間を稼ぐことや敵に損害を与えることが目的であり、状況に応じて後方の新しい抵抗線に退避する。

ここに通常の「防御」と「持久抵抗」のもっとも大きな違いがあったのだ。

二種の持久抵抗

繰り返しになるが、『軍隊指揮』では、第六章の「攻撃」と対になるかたちで、第八章の「防支」が置かれており、この章には「防御」と「持久抵抗」という二つの小見出しが置かれている（ちなみに第七章は「追撃」）。

その「持久抵抗」の最初の条項では以下のように定められている。

第四百七十五　持久抵抗は、敵（が）優勢なる為已《や》むなく之を行うか、若《もしく》は自発的に行うものとす。後者の場合には、敵が優勢なる兵力を以て追随し来るときに於てのみ、其任務を遂行し得。（以下後述）

持久抵抗は、優勢な敵に対してやむを得ず行うか、優勢な敵が追ってくる時に自発的に行われることになっている。加えて、以下のように規定されている。

持久抵抗は、戦闘の開始の為、若は戦闘間に於ける応急手段として、屢々《しばしば》有利に利用せらるることあり。持久戦に於る持久抵抗の意義に関しては、第十章を参照すべし。

持久抵抗は、戦闘を開始するため、もしくは戦闘間における応急手段としても、しばしば利用されることがある、とされている。これこそが「防支」の一部としての「持久抵抗」なのだ。

また、第十章「持久戦」を見ると以下のように規定されている。

第五百三十一（中略）我が兵力を愛惜《あいせき》し、而《しか》も敵に為し得る限り多大の損害を被らしむること肝要なり。（以下略）

第五百三十二　持久抵抗は、持久戦に於ける最も主要なる戦闘法なり。

当時のドイツ軍には、味方の戦力を温存したり時間の余裕を得たりするために、「決戦」を避けて敵を牽制したり抑留したりする「持久戦」という戦い方もあった。そして『軍隊指揮』では、この持久戦における主要な戦闘法として、「持久抵抗」を挙げているのだ。

つまり、『軍隊指揮』における持久抵抗には、「攻撃」に対置される「防支」の一部である「持久抵抗」と、「決戦」に対置される「持久戦」の中で主用される「持久抵抗」、の二種があったのだ。

抵抗線の構成

では、いよいよ「持久抵抗」の具体的な中身について詳しく見てみよう。まずは持久抵抗が行われる「抵抗線」の構成からだ。

第四百七十七　抵抗線は、遠くまで敵の近接地区を観測し得、且砲兵の威力を発揮し得るか、抵抗線の前に堅固なる地障（が）存するか、若《もし》くは敵が展開の為（に）通過するを要する隘路（が）存するときは有利なり。（以下後述）

抵抗線は、接近してくる敵に対して効果的な砲撃を浴びせられる見晴らしのいい場所か、敵の障碍になる地形（例えば森林）、敵が通過しなければならない隘路のある場所などに設定すると有利、とされている。

抵抗線を森林内に置く時は、観測及砲兵の威力の関係は、抵抗者、攻者共に不利なり。然れども、攻者は其運動を阻害せられ且其の優勢の真価を十分発揮し得ざるに比し、抵抗者は一層良く地形を利用し得るものとす。

抵抗線内及其後《およびそのうしろ》に存する蔭蔽地は、抵抗者をして戦闘の中止及び撤退を容易ならしむ。（以下後述）

抵抗線を森林内に置くと、砲兵観測や砲兵射撃が行いにくくなるので、抵抗側も攻撃側も不利になる。加えて、攻撃側は運動しづらくなり、兵力の優位を活かしにくくなるのに対して、抵抗側は森林を利用して抵抗できる。もし、抵抗線の内部やその後方に攻撃側から見えない場所があれば、抵抗側が戦闘を中止して撤退するのも容易になる。

各種の阻絶は、抵抗線及中間地区の防御を支援す。工事に依り地形を堅固にするは例外に属す。偽工事を利用するに勉むべし。

抵抗線の前方や中間地区にはバリケードを設置する。ただし、原則的には地形を補強するような築城工事を行うことは無く、通常は偽工事で本格的な防御陣地があるかのように敵を欺騙《ぎへん》することになっている。前述のように第四百七十六では「中間地区の防御は、次の抵抗線の設備に要する時間の余裕を得るため」とされているが、その「設備」とはバリケードや偽工事からなる簡単なものなのだ。

第四百七十八　抵抗線の位置は、軍隊指揮官（が）之を命ず。

抵抗線（の）相互の距離は、地形、視度、我が企図竝《ならび》敵の行動に依り差あり。

通視し得る地形に於ては、敵砲兵をして陣地変換の已むなきに至らしむる程度に之を大ならしめざるべからず。森林内に於ては、往々僅小《（ママ）》なることあり。

抵抗線の位置は、軍隊指揮官が指示する。

抵抗線と抵抗線の間の距離は状況によって異なるが、見通しの良い地形においては、敵の砲兵が陣地変換を行わないと次の抵抗線を砲撃できないくらいの距離をとらなければならない。ただし、見通しが利かず砲兵観測の困難な森林内では、これよりも短くなることがままある。

第四百七十九　抵抗線は、通常（は）同時に砲兵及歩兵重火器の観測所の位置を示すものとす。放列陣地は近く抵抗線の後方に在るものとす。（以下後述）

軍隊指揮官は、通常は抵抗線全体の位置とともに、味方の砲兵や歩兵砲等の観測所の位置も指示する。火砲が展開する陣地は、抵抗線のすぐ後方に置かれる。

抵抗線前の地形（が）開豁《かいかつ》しあるときは、抵抗線に於ける部隊の使用は、一般に観測所及放列陣地の警戒に止むるものとす。（以下後述）

抵抗線の前方が開けた地形の場合、抵抗線に配備する部隊は、味方の観測所や砲兵陣地等の警戒兵力にとどめる。したがって、抵抗線の戦闘では、砲兵等の火力にほぼ全面的に依存することになるわけだ。

抵抗線（が）堅固なる地障、若は隘路の後方に在るときは、此利益を利用し且一層永く抵抗を為す為《（ママ）》、比較的強大なる

兵力を以て之を占領すべし。（以下後述）

逆に抵抗線の前方に障碍となる地形や隘路がある場合、これを利用して長時間抵抗するため、抵抗線に比較的大きな兵力を配置することになっている。

通視不良なる地形に在りては、通常（は）比較的強大なる兵力を以て抵抗線を占領するを要す。森林内に於ては、抵抗線の守備歩兵は、通常（は）抵抗の主体なり。

抵抗線付近が見通しの悪い地形の場合も、抵抗線に比較的大きな兵力を配置する。そして、とくに砲兵の火力発揮がむずかしい森林内では、砲兵ではなく歩兵が主力になる。

第四百八十　抵抗線及中間地区の防御の継続時間及防御の強度は、情況に依り異なるものとす。（以下略）

各抵抗線やその中間地区で防御をする場合、その継続時間や防御の頑強さ（例えば予備兵力をどこまで注ぎ込むか）などは、当然のことながら状況によって異なる。

第四百八十二　軍隊指揮官は、為し得《う》れば次の抵抗線への撤退の時期を命ず。

通視不良なる地形及正面大なる際は、撤退時期の決定を下級指揮官に委《ゆだ》ぬる（ママ）か、若は敵の強大なる部隊が通過せば撤退を始む（ママ）べき一般の線を示すに止むることあり。

軍隊指揮官は、できれば次の抵抗線への撤退時期を自ら命じることになっている。

ただし、見通しが悪かったり、正面幅が広かったりする場合には、撤退時期の決定権を下級指揮官に委任するか、敵の大部隊がそれを越えたら撤退を開始する線をあらかじめ示しておくこともありえる。

持久抵抗の実施

続いて、持久抵抗の具体的な実施方法を見てみよう。

第四百八十七　敵との距離、我が軍の兵力、速力若は機動力及地形（が）之を許せば、既に抵抗線の遠き前地に於て敵の前進運動を妨害すべきものとす。

いくつかの条件がそれを許すならば、抵抗線のはるか前方の地域（前地）から敵の前進を妨害することになっている。

第四百八十八　抵抗線の前方に於て、戦闘前哨は歩兵重火器及数門の火砲を以て、又蔭蔽《いんぺい》地に於ては軽機関銃及小銃兵も亦《また》敵の接近を困難ならしめ、且防御の方法及抵抗線の位置を敵に対し欺騙す。（以下後述）

抵抗線の前方では、戦闘前哨が重機関銃や歩兵砲あるいは少数の砲兵を用いて戦う。また、見通しの利かない地形では、射程の短い軽機関銃や小銃も使って射撃し、敵の接近をむずかしくさせる。

この際、本格的な防御ではないことを敵に悟られないようにするとともに、抵抗線の正確な位置を敵に掴まれないよう欺騙する。

抵抗線の前方に使用せられたる総《すべ》ての部隊は、漸次抵抗線に後退し其守兵に増援するか、若は後刻（に）之を収容する為、抵抗線の後方に使用せらるるものとす。

抵抗線の前方に展開させた味方部隊は、漸次後退させて抵抗線の守備隊を増強するか、のちに抵抗線の守備隊を収容するために抵抗線のさらに後方に置かれる。

第四百八十九　抵抗線の防御は、砲兵の行う敵の近接に対する適時の妨害射撃及抵抗線の前方に使用せられたる部隊に対する支援射撃に依り開始せらる。（中略）通常、射撃は当初より敵歩兵に指向せられざるべからず。（以下略）

抵抗線での防御は、味方の砲兵部隊による、敵部隊の接近に対する妨害射撃と、抵抗線の前方に展開させた味方部隊に対する支援射撃から始まる。通常、これらの射撃は、敵の砲兵等ではなく、最初から敵の歩兵部隊を狙うことが強調されている。

第四百九十　歩兵は、主として其重火器を以て抵抗線の防御に参与す。（中略）抵抗線の近き前方、若は其内に存する地物の掩蔽（が）之を許せば、機関銃及小銃兵をも使用すべし。

一方、味方の歩兵部隊は、おもに歩兵砲などの重火器を使って抵抗線での防御に参加するが、至近距離または森林等の地物に掩蔽された状態ならば、歩兵砲よりも射程の短い機関銃や小銃も加わって射撃する。

つまり、歩兵部隊は白兵戦ではなく、砲兵部隊と同様に「火力」による防御を展開するわけだ。

第四百九十一　抵抗線に於ける戦闘中止は、真面目（ママ）の戦闘を行うことなく、薄暮まで抵抗線を維持し得ば最も容易なり。此際、離脱せる部隊は、残置部隊の掩護の下に、通常直《ただち》に次の抵抗線に後退するものとす。（以下略）

抵抗線での戦闘の中止は、本格的な戦闘に巻き込まれることなく夕暮れ時まで抵抗線を維持できれば最も簡単、とされている。つまり、夜の訪れとともに戦闘を中止して、夜闇に紛れて敵部隊から離脱するのだ。

このとき、離脱する部隊は、味方の残置部隊の掩護のもと、通常は中間地区での防御を行わずに、そのまま次の抵抗線まで直ちに後退することになっている。

兵術思想の未整理と未熟

　さて、いまさら改めて言うまでもないことだろうが、戦争全体の帰趨を決定づける「決戦」やそれを避ける「持久戦」といったマクロな戦い方と、その手段である「攻撃」や「防御」あるいは「持久抵抗」といったミクロな戦闘法では、そもそも次元が異なっている（ついでに言うと、戦略＞作戦＞戦術という「戦いの階層《レベル・オブ・ウォー》」構造とも別次元の問題である。「決戦」を志向するか「持久戦」を志向するかで、戦術レベルだけでなく戦略レベルや作戦レベルでの方針もおのずから変わってくるからだ。例えば短期決戦戦略や持久作戦になる、といった具合だ）。

　ところが、『軍隊指揮』の構成を見ると、第六章「攻撃」に対置される第八章「防支」の中で、通常の「防御」と「持久抵抗」を並列するとともに、それらとは別に第十章「持久戦」の中で主要な戦闘法として「持久抵抗」を挙げている。つまり、マクロな戦い方と、その手段であるミクロな戦闘法という、それぞれ次元の異なる事柄が入り組んだ構成になっているのだ。

　このような構成を見ると、当時のドイツ軍では、持久抵抗を含む兵術概念の整理がうまくできていなかったように思われる。

　後知恵でいうと、まず上位の概念である「決戦」や「持久戦」というマクロな戦い方を規定したうえで、下位の概念である「攻撃」や「防御」あるいは「持久抵抗」といったミクロな戦闘法を列挙し、これを適宜組み合わせて「決戦」や「持久戦」を遂行することでそれぞれの目的を達成すべし、という構成にすべきだったのではないか。

　また、当時のドイツ軍の内部では、（既述のシェルフ中佐の論文のように）「持久戦と持久抵抗を区別することは困難」だとか「持久抵抗は、その目的を達成するための手段として防御や退避を用いるのだから、手段に過ぎない防御などより上位の概念と捉えられる」といった意見が出ていた。

　これを見てもドイツ軍では、「持久戦」というマクロな戦い方と、その主要な手段である「持久抵抗」との次元の違いが、きちんと認識されていなかったように感じられる。

　重ねて後知恵で言えば、正しくは「持久戦は、その目的を達成するための手段として持久抵抗を用いるのだから、手段に過ぎない持久抵抗などより上位の概念」と言うべきだったのではないか。

　さらに付け加えると、当時のドイツ軍内には（既述のように）「持久抵抗は、実際にそれを行う個々の部隊レベルでは防御と戦闘中止の交錯に過ぎない」という意見や、「ヴェルサイユ条約を破棄して攻勢的作戦方針に転向したので、持久抵抗に関する規定を削除しても支障は無い」という意見もあった。

確かに、この「攻勢的作戦方針への転向」を「持久戦の放棄」と捉えれば、持久戦の主要な手段としての持久抵抗は不要になるだろう。

しかし、最終的には「決戦」を目指す場合でも、状況によっては一時的な応急策として、味方兵力の温存や時間稼ぎを目的とする「持久抵抗」を行う機会もありえるはずだ。例えば、決戦場に主力部隊の進出が遅れた時に、先遣部隊が主力部隊の到着まで時間を稼ぐ、といったこともありえるだろう。

だが、もし仮に「持久抵抗」に関する規定をすべて削除してしまうと、防勢時には「防御」と「退却」以外の戦術的な選択肢が無くなってしまう。しかし、味方の兵力を温存して時間を稼ぎたい時も死力を尽くす防御を行ったら兵力を消耗してしまうし、かといって退却ばかりしていては十分に時間を稼げないだろう。

こういう時こそ「持久抵抗」を行うべきではないのか。

だからこそ『軍隊指揮』では、第十章の「持久戦」とは別に、第八章「防支」の中で通常の「防御」と「持久抵抗」を並列して規定しているのではないのか。

ちなみに現代の軍隊、例えば陸上自衛隊では、「決戦」と「持久戦」という概念規定は無く、防勢的な行動に関しては「戦闘力」「地域」「時間」という三つの要素を基準に、「防御」と「遅滞行動」、それに通常は行われない単純な「遅

◆『軍隊指揮』の章立ての混乱

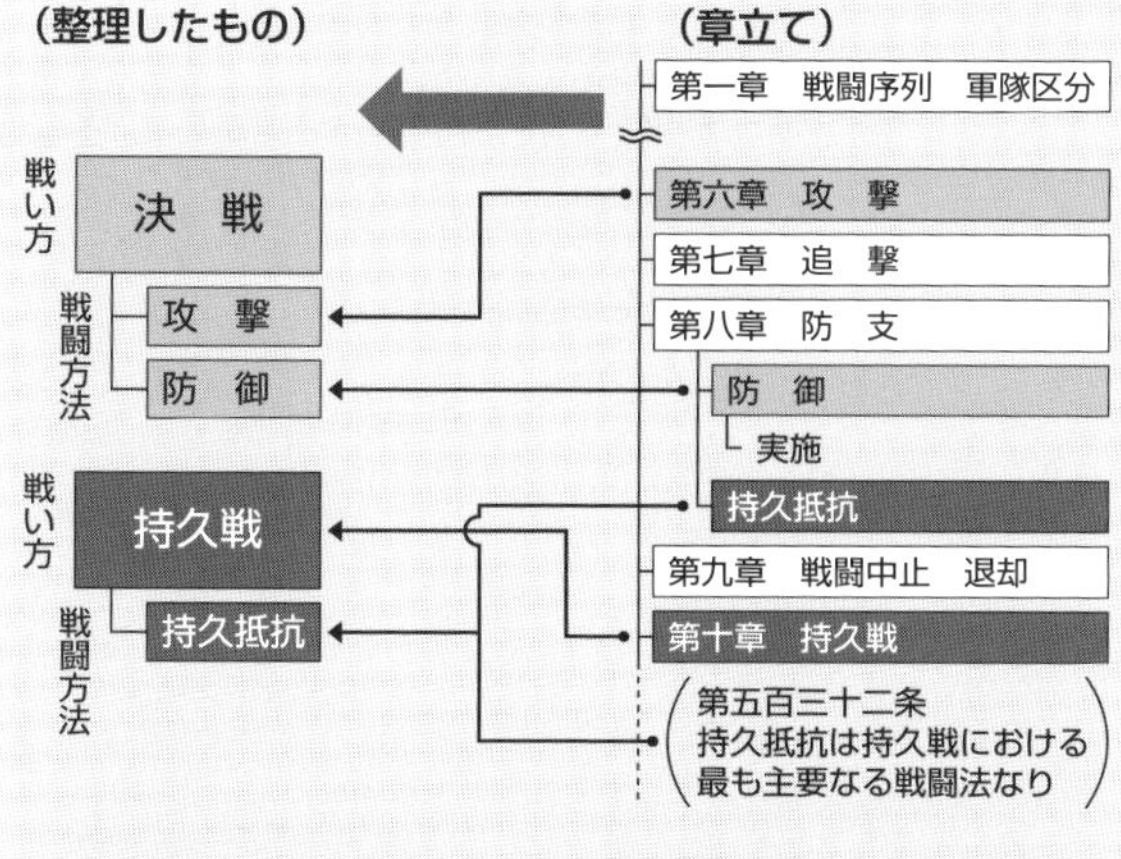

『軍隊指揮』の章立ては、「持久抵抗」が「防支」の章の項目に加えて、「持久戦」の章のなかにも存在するという複雑な構成になっている。しかし本文中にあるように、戦い方と戦闘法という二つの階層に分けて考えると、持久抵抗の位置づけと目的が明確になる。

滞」という三種（「後退行動」を含めれば四種）の行動にスッキリと分類整理している（275ページのコラム参照）。

これに対して、当時のドイツ軍は、「決戦」と「持久戦」という（ある意味）古典的な概念規定から脱却できず、これを前提としたために「防支」という（現代の目から見ると）奇妙な概念をひねり出すことになり、マクロな戦い方である「決戦」に対置される「持久戦」と、ミクロな戦闘法である「攻撃」に対置される「防支」の両方の中で「持久抵抗」を規定する、という非常にややこしいことになったのではないだろうか。

さらに言えば、そもそも「持久抵抗」という戦闘法自体が、近代的な「遅滞行動」という概念に到達できなかった大戦前のドイツ軍の兵術思想の遅れを象徴しているようにさえ感じられるのは、はたして筆者だけであろうか。

フランス軍の防御

防勢の位置づけ

次に、フランス軍の戦術教範の中で防御についてどのように定められていたのかを見ていくことにしよう。

まず『大単位部隊戦術的用法教令』の第二篇「活動手段及活動方法」中の第二章「活動方法」を再度見ると、軍隊の活動方法を大きく「攻勢」と「防勢」の二つに分けて、それぞれの基本概念を規定している。

まず「攻勢」については、同章の第一款「攻勢」の最初の条項で以下のように定められている。

第百八　攻勢は、最も優良なる活動方法なり。（中略）**攻勢のみ、独《ひと》り決戦的の《(ママ)》成果を獲得せしむ。**

攻勢はもっとも優れた軍隊の活動方法であり、攻勢だけが「決戦的な成果」すなわち戦いの帰趨を決定づけるような成果が得られる、としているのだ。

逆に「防勢」については、同じ章の第二款「防勢」の最初の条項で次のように定められている。

第百十一　全般又は局地的の《(ママ)》防勢は、指揮官が其の活動地帯の全部又は一部において攻勢を取る《(ママ)》能《あた》わずと認むるとき、一時的に採用する態度なり。（以下後述）

防勢とは、指揮官が攻勢に出ることができないと認めた時だけ、あくまでも一時的に採用されるもの、とされているのだ。さらに、この条項では以下のように規定されている。

防勢は、決戦的の《（ママ）》成果を得る能はず。故に之を余儀なくせしめし劣勢（が）消滅せば、指揮官は攻勢に出《い》で、以て敵軍をして立つ能はざるに至らしむるを要す。

　防勢では、戦いを決定づけるような成果を得ることはできないと規定されており、味方の劣勢が解消したら攻勢に転じることが求められている。

　ここでドイツ軍の戦術教範である『軍隊指揮』を見ると、第八章「防支」の小見出し「防御」の中で次のように定められている。

第四百七十二　敵の攻撃（が）頓挫《とんざ》するに方《あた》り、防者の兵力（が）十分なる時は、攻勢に転ずるものとす。（以下略）

　こちらでは、敵の攻撃が頓挫した時点で、味方の兵力が十分にあるならば攻勢に転じるものとされている。

　フランス軍では、味方の劣勢が解消したら攻勢に転じることになっていたのに対して、ドイツ軍では味方の兵力が十分な時だけ攻勢に転じることになっていたのである。言い換えると、ドイツ軍よりもフランス軍の方が、味方の兵力がより少ない段階で早期に攻勢に転じることになっていたのだ。

　そもそもフランス軍は、これまで何度も述べてきたように、火力を中心とする「陣地戦」志向の軍隊であった。また、第二次大戦前にドイツ国境近くに「マジノ線」と呼ばれる要塞線を構築したこともあってか、どちらかというと重厚な陣地を構える防勢的な軍隊というイメージが強い。

　しかし、フランス軍は、陣地戦における攻勢を決して軽視していたわけではない。それどころか、陣地戦における

写真は1938年10月、マジノ線のロションヴィエ要塞で訓練を行うフランス歩兵。マジノ線のイメージがあるため防御的な軍隊と思われがちなフランス軍だが、実はドイツ軍よりも攻撃精神旺盛な軍隊だった

防勢でも、ドイツ軍より早いタイミングで攻勢に転ずることになっていたのだ。その意味では、ドイツ軍よりも攻勢志向の強い軍隊だったとさえ言える（付け加えると、本書第一章のコラムでも述べたが、「マジノ線」の第一の機能は、自軍の動員完了まで比較的小さな兵力で動員作業を掩護することにあった。敵の攻撃を粉砕することで勝利を得るために構築されたものでは無かったのである）。

ちなみに第一次大戦前のフランス軍では、日露戦争の戦訓等を踏まえて、たとえどんなに大きな損害を出しても攻勢を続行して勝利を目指す、いわゆる「徹底攻勢（offensive à outrance）」主義が主流となっていた。そして第一次大戦の勃発直前には、このような極端な攻勢志向に基づいて、ドイツ国境方面での攻勢を念頭に置いた『第十七号計画』を策定し、第一次大戦が勃発すると実際に国境方面で攻勢に出て大損害を出している。

こうした手痛い戦訓も踏まえて、第二次大戦前のフランス軍では、指揮官の判断で一時的に防勢をとることも許されるようになったのだから、これでも以前に比べれば攻勢志向は弱まっているとさえ言えるのだ。

これに対して同時期のドイツ軍は、早期の攻勢転移に慎重だっただけでなく、「攻撃が行き詰まった時には、兵力配分や火力運用の変更、あるいは新しい兵力が投入されない限り打破できないから、そうした方策をとれない時には、攻撃を中止する方が正しい」（『軍隊指揮』第三百二十五）と戦術教範に明記するなど、無理な攻撃の続行にも慎重であった。

単一陣地の徹底的防守

話をフランス軍の『大単位部隊戦術的用法教令』に戻そう。第二篇「活動手段及び活動方法」の第二章「活動方法」の第二款「防勢」を見ると、三番目の条項に以下のように記されている。

第百十三　概して一陣地の防御に依る防勢は、逐次《ちくじ》に数陣地上に編成せられ、且移動せらるることあり。此の防勢は、著しく敵の前進を遅滞せしめ、尚時間をも得しむものなり。但《ただ》し、地域の喪失は肯定せざるべからず。（以下後述）

ここでは、単一の陣地による防勢は、逐次複数の陣地による防勢となり、それらの陣地を移動しつつ行われることが多い、とされている。事実、第一次大戦中の西部戦線の防御陣地は、当初の「一線陣地」から「数線陣地」へ、さらには各陣地線が深い縦深を持つ「数帯陣地」へと発展した。そして、たとえ敵の攻撃部隊に第一陣地帯を突破されても、後方の陣地帯で防御が続けられたのだ。

こうした「数帯陣地」による防御の場合、『大単位部隊戦術的用法教令』では、敵の前進を遅らせて時間を稼ぐことができる一方で、地域の喪失は受け入れなければならない、とされている。

こうした表現を見ると、当時のフランス軍では、現代の軍隊――例えば陸上自衛隊における「遅滞行動」――のように、敵の攻撃に対して適宜後退しつつ時間を稼ぐこと、すなわち「土地と時間を交換すること」が、ある程度意識されていたことがうかがえる。

そして、このような戦闘行動は、より具体的には以下のようなかたちをとる。

逐次抵抗の防御に在りては、時として敵の攻撃準備完了に先だち、後方の逐次の陣地に撤退することあり。或は、時として陣地の占領部隊が、単に初期の抵抗を行い、徹底的の戦《(ママ)》闘を避けて退却することもあり。然《しか》れども、斯《か》くの如き作戦は、其の実施(が)頗《すこぶ》る困難にして、特に装甲兵器に対して然り。(以下後述)

複数の陣地で逐次に抵抗する防御方法では、敵が攻撃準備を完了する前に後方の陣地に撤退することもある。また、陣地を守っている部隊が初期の抵抗だけを行ない、徹底的な戦闘を避けて退却することもある。しかし、このような作戦は非常に困難であり、とくに敵側に(後退する味方部隊を迅速に追撃できる戦車や装甲車等の)装甲兵器がある時はとくに難しい、としている。

ここで再びドイツ軍の『軍隊指揮』を見ると、第八章「防支」の中の小見出し「持久抵抗」の最初の条項で次のように規定されている。

第四百七十六　持久抵抗は、一抵抗線に於て之を行う。情況に依り、他の抵抗線に於て更に之を継続す。之が為には、抵抗を継続しつつ、若《もし》くは戦闘することなく新抵抗線に退避するものとす。(以下後述)

ドイツ軍の「持久抵抗」は「抵抗線」で行われる。そして状況に応じて、抵抗を続けながら、あるいは戦うことなく後方の別の「抵抗線」に退避するものとされている。

つまり、フランス軍とドイツ軍の両軍の戦術教範にもよく似た戦闘方法が規定されていたのだ。しかも、面白いことにドイツ軍でも、フランス軍の『大単位部隊戦術的用法教令』の条文と同じように「斯《か》かる戦法は敵から離脱する適当な時期(タイミング)を発見することが非常に困難」といった意見が出ていた(『持久抵抗に関する論争』より)。

こうした問題点に対するフランス軍の回答は、前述の条項（第百十三）の最後に記されている。

故に、之を行うは特別の必要、又は状況に依るべく、選定せる一陣地の徹底的防守を以て通則と為すべきものとす。

つまり、「逐次抵抗の防御」を行うのは特別の必要や状況に限定されており、通常はひとつの陣地を徹底的に防守することになっているのだ。これこそが、フランス軍の防勢における基本方針だったのである。

続いて同篇の第三章「活動の諸要素」を見ると、第一款「火力」の二番目の条項に以下のように記されている

第百十六　防勢に於て連続且深大《しんだい》にして、予め準備し設備せられ、且地形の編成に適応せしめられたる火力組織は、敵に対し恐るべき阻止威力を呈《てい》す。斯くの如き正面は、多数且強大にして集結に長時日を要する兵力、資材を使用するにあらざれば突破せらるることなし。

防勢においては、切れ目が無く、かつ縦深が深く、あらかじめ準備されて設備が整った、地形をうまく利用した火力組織が、敵に対して恐るべき阻止威力を発揮する。このため、敵が強大な兵力と多数の資材を長期間かけて集中しないかぎり、味方の陣地が突破されることは無い、と断言しているのだ。

これは恐らく、第一次大戦中にフランス軍が、巧妙に構築された敵の陣地帯をなかなか突破できなかった戦訓を反映したものであろう。

まとめると、フランス軍は、「逐次抵抗の防御」を（装甲兵器の存在とあわせて）非常にむずかしいものと考えていた一方で、「一陣地の防御」には絶大な自信を持っていたのである。

防勢会戦の三つの形態

次に、フランス軍の防勢会戦の具体的なやり方について見てみよう。

『大単位部隊戦術的用法教令』の第五篇「会戦」を見ると、第一章「会戦の概況」の冒頭の条項で次のように定められている。

第二百　会戦の目的は、敵の有形及無形上の威力を打破するに在り。攻勢は、敵を其の陣地より駆逐し、其の配備を破摧し、且其の兵力の壊滅を遂行す。防勢は、敵の攻撃を撃退して地歩を保全し得しむ。（以下略）

ここの条項で、「攻勢」とは敵を陣地から駆逐して壊滅させること、「防勢」とは敵の攻撃を撃退して地歩を確保

することと、と規定されている。つまり、防勢においては、敵を撃退して退却させれば「勝ち」、逆に味方が退却して敵に地歩を譲れば「負け」、というわけだ。

第二百四　防勢会戦を行う為、指揮官は、抵抗陣地と称する一陣地を決定し、此の陣地上に於て其の全手段を以て戦闘す。（中略）

同陣地は、原則として、多少濃密にして且状況に依り任務を異にする前哨組織に依り掩護せらる。（以下後述）

　防勢会戦では「抵抗陣地」と呼ばれる一陣地を決定して戦うことになっている。要するに「陣地防御」であり、（第二次大戦後半の東部戦線でドイツ軍がしばしば見せたような）機動力を生かして敵の攻撃部隊を打撃する「機動防御」はまったく考慮されていなかったことがわかる。

若し敵が抵抗陣地内に進入せば、逆襲に依りて之を駆逐すべく、若し此の逆襲に拘《かかわ》らず敵が同陣地の奪取に成功せば、抗戦は後方の陣地上にて再興せらる。（以下略）

　もしも、敵が抵抗陣地に進入したら、逆襲して敵を駆逐するが、敵に陣地を奪取された場合は、後方の陣地で抗戦を再開することになっている。なお、これは最初から逐次の抵抗を意図したものではなく、敵に抵抗陣地を奪取されたのちに、やむを得ず選択されるものであることに注意してほしい。

　次に同篇の第三章「防勢会戦」を見ると、防勢の形態についてさらに細かく規定している。

第二百四十七　防勢の一般特性は、第二篇に定義せるも、其の形態は状況に依りて次の三者中何《いず》れかの一たるべし。

退却意志なき防勢　敵の如何に拘らず与えられたる陣地を固持す。

退却機動　故意に企図する後退にして、其の目的は敵に逐次の抵抗を加え、敵（が）触接するに至るや之を退避し、以て時間の余裕を得、又は選定せる陣地に敵を誘致せんとするに在り。

退却　敗戦後、後衛の掩護の下に、主力を敵の圧迫より免れしめんとするものなり。

此等三箇の形態中、第一のものは常規と認むべきも、他の二者は特別の状況に応ずる例外たるに過ぎざるものとす。

　フランス軍では、防勢を次の三つの形態に分類していた。

・退却意志無き防勢＝例え敵がどんなに優勢でも、その陣地を固守する。
・退却機動＝時間稼ぎや敵の誘致を目的とする自発的な退却。敵に逐次抵抗し、触接されたら退避する。
・退却＝敵に強制される退却。戦いに敗れて、味方の後衛部隊の掩護の下、主力部隊を敵の圧迫から逃れさせる。

前述のように『大単位部隊戦術的用法教令』では、軍隊の活動を「攻勢」と「防勢」の二つに分けている。そして、この条項では、このうちの「防勢」を、「退却意志なき防勢」「退却機動」「退却」の三つに分けた上で、後者二つを例外としているのだ。スッキリと整理されたシンプルな概念規定といえる。

これに対してドイツ軍の『軍隊指揮』では、「攻撃」に対置される「防支」の中で通常の「防御」と「持久抵抗」を同格に並べた上で、それらとは別に「持久戦」の主要な手段として「持久抵抗」を挙げている。繰り返しになるが、「決戦」や「持久戦」というマクロな戦い方と、その手段である「攻撃」や「防御」あるいは「持久抵抗」といったよりミクロな戦闘法が入り組んだ構成になっているのだ。

これに対して『大単位部隊戦術的用法教令』は、そもそも「決戦」と「持久戦」という捉え方をしておらず、軍隊の活動を「攻勢」と「防勢」の二つに分けて捉えている。そして、このうちの「攻勢」だけが決戦的な成果を得られるとしているのだ（逆にいうと、「防勢」では決戦的な成果は得られず、そもそも「決戦」にはならない、ということだ）。

◆フランス軍とドイツ軍の防御における兵術概念の違い

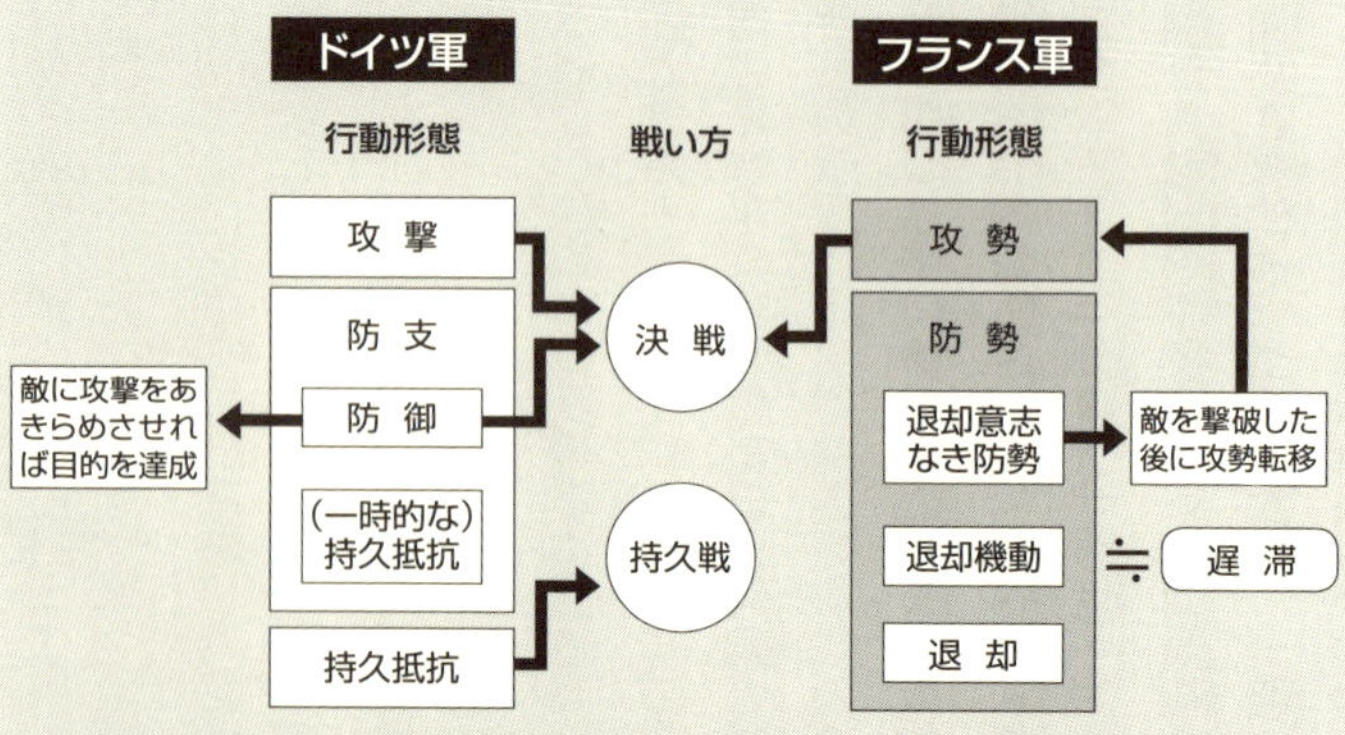

図は、フランス軍とドイツ軍の兵術概念を、ドイツ軍の「決戦」と「持久戦」を基準として比べたものである。ドイツ軍が防御においても決戦が成り立つと考えていたのに対し、フランス軍は、敵を撃破してもなお攻勢に転移しなければ決戦は成立しないとしていた。またフランス軍は、ドイツ軍の思想にある持久戦の概念は持っていない。同軍は、ドイツ軍よりも攻勢志向の強い軍隊だったといえる。その一方で、フランス軍の「退却機動」は現代の「遅滞」に近い考えだった。なお、前述したようにドイツ軍では「防支」のなかの「一時的な持久抵抗」と「持久抵抗」を明確に区分していたわけではないが、本図では便宜的に整理した状態で表した。

さらにもう一つ。ドイツ軍の『軍隊指揮』の第八章「防支」の小見出し「持久抵抗」の最初の条項をもう一度見てみよう。

第四百七十六　持久抵抗は、一抵抗線に於て之を行う。（中

略）抵抗線の防御は、敵をして早くより且強大なる部隊を以て、多大の時間と損害とを払う攻撃準備を為す（こと）の已むを得ざらしむべきものなり。（以下略）

このように「持久抵抗」において、「抵抗線」で行なわれる防御は、敵の大部隊に時間を浪費させ損害を与えるような攻撃準備を強要するもの、とされている。つまり、「持久抵抗」は、時間稼ぎと敵の消耗の両方を目的としていたのだ。

これに対してフランス軍の「退却機動」は、前述のように時間稼ぎや敵の誘致が目的とされており、敵に損害を与えることは考えられていなかった。ここに「持久抵抗」との大きな違いがあったのだ。

ここで『持久抵抗に関する論争』を改めて見てみると、その中に以下のような一文がある。

仏軍が賞用《ママ》する退却機動（Manoeevre en retraiti）（注 昭和十三年陸軍大学校訳一九三六年発布仏軍大単位部隊戦術的用法教令参照）**を独軍の持久抵抗と同一視するのは適当ではない。又仏軍も退却を防勢の一つと見て居り、又持久抵抗と持久戦との間に何等の差別も認めていない。**

確かに、根本の目的が異なるフランス軍の「退却機動」とドイツ軍の「持久抵抗」を同一視するのは適当ではない。また、フランス軍が「退却」を「防勢」の一部と見ていたことも間違いない（『大単位部隊戦術的用法教令』第二百四十七）。

しかし、「持久抵抗と持久戦との間に何等の差別も認めていない」というのは、ちょっと違うのではないか。正確には「フランス軍はそもそも『持久抵抗』や『持久戦』といった概念規定をしていない」というべきだろう。

確かに、ドイツ軍は戦争の帰趨を決定づける「決戦」以外の戦い方もあることを認識しており、フランス軍は「決戦」的な成果が得られる「攻勢」以外の戦い方もあることを認識していた。そして、それらの戦い方を、ドイツ軍は「持久戦」とその主要な手段である「持久抵抗」として、フランス軍は「防勢」とその中の「退却機動」として、それぞれ規定していたのだ。

要するにドイツ軍とフランス軍の戦いの捉え方にはよく似た部分も見受けられるのだが、その整理の仕方、すなわち兵術概念の構造は大きく異なっていたのだ。

退却意思無き防勢

次に、『大単位部隊戦術的用法教令』の第五編「会戦」

の第三章「防勢会戦」で規定されている「退却意志無き防勢」「退却機動」「退却」という三つの形態を順番に見ていこう。まずは「退却意志無き防勢」からだ。

第三章「防勢会戦」の第一款「退却意思なき防勢」を見ると、其の一「一般特性」で以下のように定められている。

第二百四十八　敵の如何に拘らず、与えられたる地区を固持すべき防御は、天然又は人工の障碍物に依り掩蔽せらるる抵抗陣地上に編成せられ、左の如く戦闘を指導す。（以下後述）

フランス軍における防御は、河川や崖あるいはバリケードや地雷など、天然や人工の障碍物に掩蔽された「抵抗陣地」で行われることになっている。

その抵抗陣地での防御は、以下のような手順で実施される。

先《ま》ず前進部隊及長射程砲兵の火力活動と破壊作業とに依り、敵を最も遠距離に遅滞せしめ、次に歩砲の火力に依り敵の諸隊を離解せしめ、以て其の攻撃を失敗せしむるに努め、最後に攻者が障碍物を超過せんとするとき、歩砲全火器の火力を之に集中す。
戦闘は、要すれば抵抗陣地の内部にて予備隊の参加により継続せらる。（以下後述）

まず本隊から分派された前進部隊と長射程砲兵による射撃や破壊活動によって、敵の前進を遅らせる。ここでいう「破壊活動」とは、敵の交通網の利用を妨害するために行われるもので、具体例を挙げると、敵が進撃してきそうな橋を設置した爆薬や砲撃で破壊したり、進撃路上に倒木を設置したりすることを指している。その上で、敵の工兵等による橋の修理作業や倒木の撤去作業などを、味方の前進部隊や長射程砲兵の射撃で妨害するのだ。

1940年、アルデンヌ地方で220㎜カノン砲Mle1917の砲弾を装填するフランス兵。砲弾は1発104kgもあった。防御戦闘時、この砲は主に長射程を活かし、遠距離の妨害射撃に使用された

次に、味方の砲兵や歩兵の火力で、敵の歩兵とそれを支援する工兵等を分離したり、敵の主力である歩兵を散開させたりすることで、敵の攻撃を失敗させる。この段階では、敵部隊を直接撃破することが目的ではなく、あくまでも「敵

の諸隊の離解」が目的だ。

　最後に、敵が味方陣地前に設置された鉄条網などの障碍物を越えようとする時、味方の歩兵や砲兵の全火力を集中する。ここでは敵部隊を直接撃破するのだ。

　これらの条文を見ると、フランス軍は陣地防御において、単に障碍物を重視していたのではなく、障碍物と火力の連携を重視していたことがわかる。

　ちなみにドイツ軍は、フランス軍ほど障碍物と火力の連携を重視しておらず、むしろ「火力一辺倒」的な傾向が強い（『軍隊指揮』第四百二十七など。詳しくは本書のこの章のドイツ軍の項を参照）。

抵抗陣地の選定

　つぎに、防御陣地の具体的な構成を見ていこう。

　第一款「退却意思なき防勢」の其の二「防御陣地」では、冒頭の条項で以下のように定めている。

第二百四十九　防御陣地は、本質として一の抵抗陣地を有し、抵抗陣地は多くの場合、前哨組織に依り掩蔽せらる。

　フランス軍の防御陣地は、通常は「抵抗陣地」とそれを掩護する「前哨組織」で構成される。

　このうちの「抵抗陣地」については、其の二「防御陣地」中の「1、抵抗陣地」の冒頭で以下のように規定されている。

第二百五十一　**抵抗陣地は防御陣地の主要なる部分を構成す。**（中略）

抵抗陣地の選定は、次の主要なる両条件に適応するを要す。

◆フランス軍とドイツ軍の防御における火力発揮概念の違い

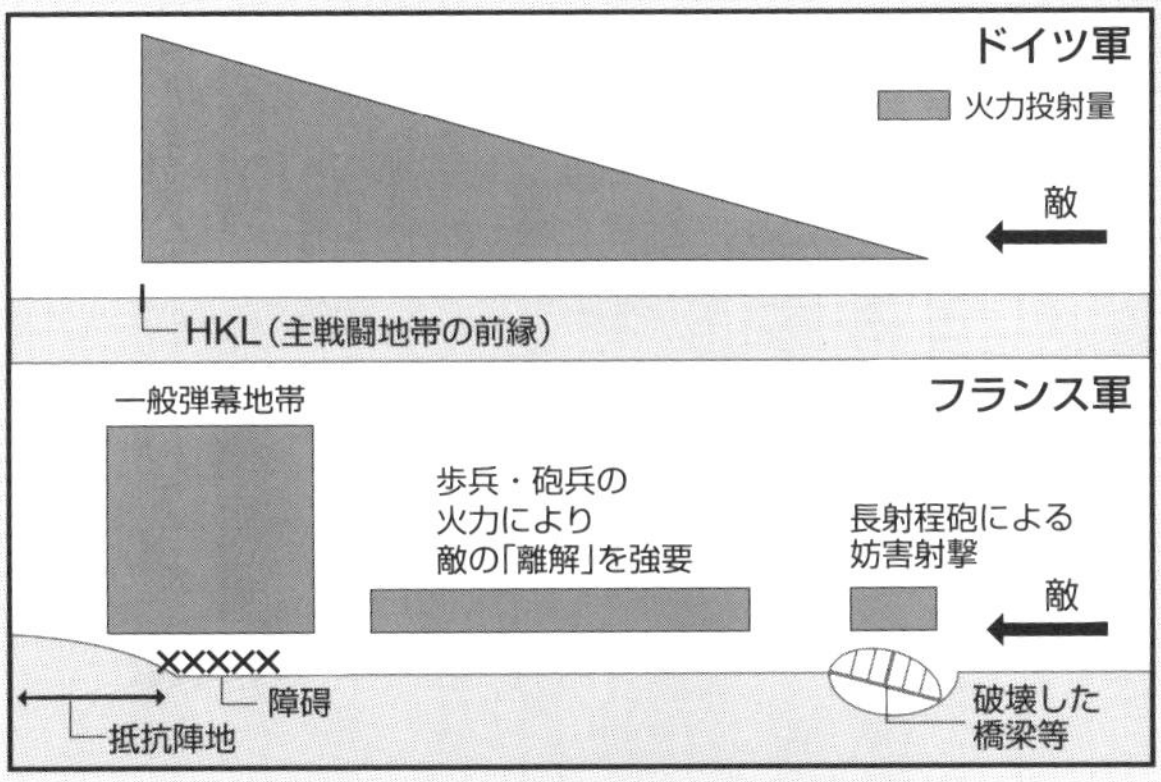

ドイツ軍の防御火力がHKLに近づくにしたがい投射弾量が増えるのに対し、フランス軍では、遠距離での敵の前進の妨害から始まり、歩砲火力による敵の「離解」の強要、そして抵抗陣地前面での一般弾幕射撃に区分される。ただし、その主体となるのは、障碍物と連携した一般弾幕射撃である。

指揮官が敵の攻撃を破摧せんと決したる地域上に一般弾幕と称せらるる全兵器の火力幕を構成し得ること。

此の弾幕は濃密、連続的にして、縦深あるを要す。之は、防御すべき陣地上、又は其の掩護する地区上に梯次《ていじ》せる歩砲の火器及対戦車火器の連合せる火力網に依り形成せらる。

（以下後述）

防御陣地の主要部分である「抵抗陣地」では、指揮官が敵の攻撃を破摧すると決定した地域に、「一般弾幕」と呼ばれる全兵器による火力スクリーンを形成する。

このように特定の地域に火力を集中して敵の攻撃を破摧する火力運用は、例えば陸上自衛隊で「キル・ゾーン」（略してKZ）と呼ばれている現代的な火力運用に似ている。

これに対してドイツ軍の防御陣地は、敵が接近すればするほど火力が大きくなるように構成することになっていた（『軍隊指揮』第四百五十八）。この火力運用の違いが、仏独両軍の陣地防御における大きな相違点だったのである。

話を条文に戻すと、続いて抵抗陣地を選定する際のもう一つの条件が記されている。

フランス歩兵連隊の主力対戦車火器であったオチキス25㎜対戦車砲Mle1934。口径は小さいが、ドイツ軍の3.7㎝対戦車砲Pak36を上回る威力を持っていた。これら対戦車火器は対戦車障碍物などと組み合わせて用いられた

オチキス8㎜重機関銃Mle1914を使用する射撃チーム。同機関銃はフランス軍の主力重機として防御戦闘の要となった

攻者の侵入、特に其の装甲兵器に対し、破壊工事と併用せられ、且弾幕射撃に依り掃射せらるる天然、又は人工の障碍物の存在に依り防者を掩護すること。（以下略）

攻撃側の侵入、とくに装甲兵器（戦車や装甲車等）の侵入に対して、味方が弾幕射撃で掃射できる天然または人工の障碍物によって掩護されていることが挙げられている。具体的には、橋を爆破した河川や対戦車地雷、コンクリート製の対戦車障碍物（「龍の歯」などと呼ばれる）などが考えられる。これを見ても、フランス軍の陣地防御では障

碍物と火力の連携が重視されていたことがわかる。

第二次大戦前のフランス軍が、特定地域に火力を集中する運用法や、障碍物と火力を連携させる防御法を採っていたのは、おそらく第一次大戦後半にドイツ軍が多用した突撃部隊による滲透戦術や、連合軍が多用した戦車と歩兵の協同による塹壕突破戦術などの戦訓を反映したものであろう。

味方の抵抗陣地に対する敵の歩兵の滲透や戦車の突進を、自然または人工の障碍物で阻止するとともに、対戦車火器を含む全兵器による火力スクリーンで撃破する、というわけだ。

これに対してドイツ軍の陣地防御では、敵の火力が強大な時には損害を局限するために守兵が一時的に退避することも許されていた（『軍隊指揮』第四百六十二）。また、防御陣地内の「主戦闘地帯」に敵の侵入を許したら、これを火力で撃滅するか、歩兵等で直ちに逆襲して撃退することになっていた。そして、敵をすぐ撃退できなかったり大規模な突入を許したりした場合には、指揮官は大規模な反撃を行うか、最終的に確保すべき「主戦闘線」を転移する（要するに後退する）か、を決心することになっていた（同第四百六十三）。

つまり、フランス軍は障碍物と火力スクリーンを組み合わせて特定の狭い地域で敵部隊を撃破する防御方法を採用していたのに対して、ドイツ軍は主戦闘地帯の内部でも守兵が柔軟に移動する「遊動防御」と呼ばれる懐《ふところ》の深い防御方法を採用していたのである。ここに仏独両軍の陣地防御におけるもっとも大きな相違点があったのだ。

前哨組織の任務

続いて、フランス軍の「前哨組織」について見てみよう。

第二百五十二　抵抗陣地は通常、前哨組織に依り掩蔽せらる。

前哨は左の任務を有す。

敵の接近を監視し、且指揮官に情報を提供す。

敵歩兵の重火器の火力竝に装甲兵器の侵入に対し、抵抗陣地の戍兵《じゅへい》（守備隊の将兵のこと）を防護す。

戍兵に戦闘準備を整うる為（の）所要の時間を与う。

状況に依りては、抵抗陣地に課せらるる任務にも参加す。

（以下後述）

抵抗陣地を掩蔽する「前哨」の主な任務は、敵の接近を監視し、敵が歩兵砲や戦車等で味方の抵抗陣地を直接攻撃するのを防ぎ、抵抗陣地の守兵が戦闘準備を整えるための時間を稼ぐことにある。

此等の任務は、原則として二箇の梯隊、即ち監視梯隊及抵抗梯隊に分担せしめらる。但し、状況に依りては、単なる監視に任ずる単一の梯隊のみを設くることあり。（中略の上、以下後述）

前哨の各任務は、原則的に「監視梯隊」と「抵抗梯隊」で分担するが、「監視梯隊」のみを置くこともある（一般に「梯隊」とは、部隊を縦方向に長く梯子形に配置したときの各隊を指す）。

抵抗梯隊の位置は、敵に通視を許すべき諸観測所を包含し、良射界を有し、監視梯隊を収容し、且自らは抵抗陣地の火力、殊《こと》に特定の砲兵部隊（訳者注：抵抗陣地の戦闘参加の為、特に指定せられある砲兵）の火力に依り支援せられ得るを要す。（以下後述）

このうち「抵抗梯隊」を置く場合には、観測所を置くことができる良好な視界や射界を確保でき、後退してくる「監視梯隊」を収容でき、同時に後方の抵抗陣地から味方の砲兵部隊が支援砲撃を行える位置に置く。

前哨は、状況に依り次の目的にて抵抗陣地の任務に加わることあり。

抵抗陣地の前方にて、重要なる地点（観測所、一般弾幕の及ばざる地域を一時的に射撃し得べき支撐点《しとうてん》等）を一時保有し置かんとするとき。

敵の攻撃気勢を分散せしめんとするとき。（以下略）

これらの任務は、本来は抵抗陣地の任務なのだが、前哨がそれを担当することもありうる。

ちなみにドイツ軍の防御陣地は、最後まで保持すべき「主戦闘地帯」と、その前方の「前進陣地」や「戦闘前哨」で構成されることになっていた（『軍隊指揮』第四百三十八）。このうち「前進陣地」の主な役目は、戦闘前哨の前方にある要点を攻撃側に奪取されるのを遅らせて味方砲兵の観測所に使えるようにすることや、主戦闘地帯等の位置を欺瞞して敵部隊に過早な展開準備を強要することであった（同第四百五十六）。また、「戦闘前哨」は、主戦闘地帯の守兵が戦闘準備を整える時間を稼いだり、主戦闘地帯の位置を欺瞞したりすることになっていた（同第四百五十七）。

これを見ると、フランス軍の「抵抗陣地」や「前哨組織」と、ドイツ軍の「前進陣地」や「戦闘前哨」とでは、それぞれの役割が微妙に異なっていたことがわかる。とくにフランス軍の「前哨組織」では、抵抗陣地の位置を欺瞞したり敵部隊に過早な展開準備を強要したりすることが考えられていなかった。

　これは、フランス軍の抵抗陣地では、ドイツ軍のように主戦闘地域に近づくほど火力が大きくなるようなことはないので、陣地前縁の位置を欺瞞する必要性が低く、敵部隊に過早な展開を強要して時間を稼ぐよりも、むしろ障碍物と火力スクリーンを連携させて敵部隊を撃破することを重視していたからであろう。

防御計画の作成

　次に、フランス軍の大きな特徴である計画性の重視についても触れておこう。

「退却意思なき防勢」の其の三「防御の編成及び準備」の冒頭の条項には以下のように定められている。

第二百五十四　防勢は、指揮官の主動《ママ》性を制限すと雖《いえど》も、指揮官は状況（が）之を許す限り防御の予測を遠大に進むべき絶対的の責務を有す。
此等の予測は防御計画に既述せらる（第十九）（以下後述。第十九に関しては本書第三章のフランス軍の項を参照）

　一般に、防勢では、攻勢とちがって主導権を握ることがむずかしいが、それでも指揮官は防御戦闘の展開を予測して「防御計画」を策定しなければならない。

此の計画は、指揮官の作戦の思想に従い作らるるものにて、其の基礎は敵に禁制すべき攻撃方向の選定に在り。其の選定に方《あた》りては、該方向が敵に与え得べき諸利益及防御指揮官が爾後の攻撃再興の為（に）保留すべき活動の自由を考慮すべきものとす。（以下略）

　この防御計画は、敵がその方向への進撃によって得る利益（例えば後方の遮断や包囲など）やその後の反攻などを考慮して、敵に進撃させてはならない方向をベースにして作成される。

　これは本書の第三章などでも述べたことだが、フランス軍では計画性を非常に重視していた。これは攻勢時だけでなく、主導権を握ることがむずかしい防勢時でも変わらないのだ。

　しかし現実には、敵に主導権を握られて、その対応で手一杯の状況になると、その先を予測して計画を立てる余裕が無くなってくる。事実、一九四〇年のドイツ軍による西方進攻作戦では、フランス軍は敵に先手先手を打たれて受け身にまわってしまった。その結果、フランス軍がどうなったのかは改めていうまでもあるまい。

退却機動と退却

次に、時間稼ぎや敵の誘致を目的として自発的に退却する「退却機動」について見てみよう。

第二款「退却機動」の冒頭では、以下のように定められている。

第二百七十三　退却機動は、成るべく遠距離射撃の活動に有利にして断絶地又は障碍物に掩護せらるる諸陣地に占拠せる逐次の梯隊の行動に依り実施せらる。各梯隊は、原則として近接戦闘を避け、且地形甚《はなは》だしく蔭蔽せるか又は断絶せる場合を除き、主として夜暗中に大距離躍進に依り、次の梯隊の位置に向かい退却す。（以下略）

この「退却機動」は、なるべく遠距離から射撃できるような、崖などに断絶された地形や障碍物に掩護されている陣地に入っている、いくつかの梯隊によって逐次実施される。そして各梯隊は、原則的には近接戦闘を避けて、おもに夜間を利用して後方の次の梯隊の位置まで一挙に後退することになっている。

第二百七十四　退却機動間（に）各部隊は、逐次の各陣地上に斉一に分置せらるべきものにあらず。（中略）

此等陣地の各々《おのおの》の占領兵力は、指揮官が敵に課せんとする阻止時間に応じて差異あらしめ、且自己に与えられたる猶予期間、地形及敵情に依る防御の難易に従いて決定せらるるを要す。

各陣地に配備される部隊の兵力は一定ではなく、敵を阻止しなければならない時間や地形、敵情などに応じて決定される。

この条項を見ても、当時のフランス軍では、現代の軍隊における「遅滞行動」のように、敵の攻撃に対して適宜後退しつつ時間を稼ぐこと、すなわち「土地と時間を交換すること」が、ある程度明確に意識されていたことがうかがえる（逆にドイツ軍では「土地と時間を交換する」ことが明確に意識されていなかった）。

最後はやむを得ず行われる「退却」についてだ。

第三款「退却」には以下のように定められている。

第二百七十五　攻勢又は防勢会戦が失敗に終《お》わり、退却の止むなきに至るときは、指揮官は、後衛の掩蔽の下に其の主力を敵と離脱せしむ。（中略）

後衛は、敵より接近せらるるに先だち、其の火網を設備し得る為、戦線より相当の遠距離に展開せしめらる。（中略）

夜暗は、交戦諸隊の離脱を行う為に有利に使用せらる。（以下略）

会戦が失敗に終わってやむを得ず退却する時、主力を後衛で掩護しつつ敵から離脱させる。その後衛は、敵部隊が接近して来る前に戦線の後方遠くに展開させて、その火網を準備させておく。そして敵から離脱する際には、夜間を利用すると有利、とされている。

陣地の死守を教範に明記

ところで、「退却意思なき防勢」で最初に挙げた第二百四十八には以下のように記されている。

此の陣地（抵抗陣地のこと）**上にて各防者は最後迄《まで》抵抗し、退却するよりも寧《むし》ろ現地に死するを要す。**（以下略）

このようにフランス軍は、「退却意思なき防勢」において文字通りの「死守」を要求していたのだ。

さらに『大単位部隊戦術的用法教令』では、この第五編「会戦」に続いて、第六篇「軍の会戦」、第七篇「軍団の会戦」、第八篇「歩兵師団の戦闘」……と指揮階層ごとにそれぞれ細則を定めているのだが、この中の「軍の会戦」の第二章「軍の防勢」の第一款「退却意志なき防勢」で、以下のように定めている。

第三百十九　防勢会戦に於ける軍の任務は、軍団及師団に課せらるる任務とは根本的に異なれり。

軍団及師団は、其の防御力に委せられたる単一の抵抗陣地を退却の意思なく固守するの《ママ》任務を有するのみなり。

軍は、防勢会戦に、其の兵力、資材の重要度に比例せる潤度を与え得べく、又之を与うるを要するものなり。

軍司令官は、前項の目的を達成する為（中略）**抵抗陣地の突破せらるる場合を顧慮し、其の後方に編成せる逐次陣地の設備に依り、防御の縦長及自在性を増加す**（以下略）

つまり、防勢会戦において、自発的な退却である「退却機動」や通常の「退却」を選択できるのは上級の軍司令官だけであり、その下の軍団長や師団長は命令に従って単一の抵抗陣地を「死守」するだけなのだ。事前に、抵抗陣地を敵に突破される場合を考えて、その後方にもあらかじめ陣地を用意しておくのは、軍司令官の任務であり、軍団長や師団長の任務ではないのである。

一般にフランス軍は、第二次大戦初期に比較的短期間で降伏したこともあってか、どちらかというと軟弱な軍隊というイメージが強いように思われる。

しかし、すでに述べたように、第一次大戦前はたとえどんなに大きな損害を出しても攻勢を続けて勝利を目指す「徹底攻勢」主義の軍隊であり、実際に第一次大戦初期には独仏国境方面で無謀な攻撃に出て大損害を出している。

そして第二次大戦前のフランス軍も、戦術教範の条文に「死守」を明記するような軍隊であり、軍団長や師団長には「退却機動」や「退却」を許さず、ただ命令に従って単一の抵抗陣地を「死守」することを求めていたのだ。

第一次大戦時の1915年、シャンパーニュ地方のアルゴンヌの森を、小銃に着剣して突撃するフランス兵。1915年9月、フランス軍はシャンパーニュ地方で大攻勢を発起したが、ドイツ軍の猛反撃に遭い、死傷者約20万人という大損害を出した

ソ連軍の防御

防御の基本的な考え方

次に、ソ連軍の防御について見てみよう。

『赤軍野外教令』の第八章「防御」では、冒頭の項目で次のように規定している。

第二百二十四　防御は次の場合に於て之を行う。
イ、決勝方面に兵力を集結する為、他の正面の兵力を節約せんとする場合（以下後述）

驚くべきことに、ソ連軍の戦術教範に防御の目的として真っ先に挙げられているのは、決勝方面、すなわち戦いの帰趨を決定づける方面に兵力を集中するために、それ以外の方面で兵力を節約することなのだ。

もっとも、この教範では冒頭の第一章「綱領」の三番目の条項で以下のように定められており、最初から重点方面に兵力資材を集中することを求めている。

第三　至る所、敵に対し優勢を占むることは不可能なり。戦勝の獲得を確実ならしむる手段は、重点方面に兵力資材を集結して、該方面に決定的優勢を占むるにあり。次等方面に於ける兵力は、単に敵を抑留し得るを以《もっ》て足《た》れりとなす。

そもそもソ連軍では、重点方面で決定的な優勢を得るため、それ以外の方面では敵を拘束できる程度の兵力にとどめることになっていたのだ。

これは、本書の第四章でも述べたことだが、一般に、第二次大戦中のソ連軍の攻勢といえば、戦線の至る所で津波のような大兵力で攻勢をかけてくるイメージが強い。とくにドイツ軍側から見た独ソ戦後半の戦記では、常に圧倒的な兵力のソ連軍に攻撃されているように感じられるものが見受けられる。

しかし、実際の独ソ両陣営の兵力比は、一九四四年六月に始まる「バグラチオン」作戦以前は、せいぜい二対一程度の優勢に過ぎなかった。それでも、ソ連軍側が圧倒的な兵力で攻勢をかけているようにドイツ軍に感じられたのは、決勝方面への兵力の集中と、他方面での兵力の節約が巧みに行われていたことを反映しているといえる。これもソ連軍の高等統帥が優れていた証拠の一つといえよう。

話を教範の条文に戻すと、第二百二十四では前述の「イ」に続いて次の四つが防御の目的として挙げられている。

ロ、攻勢に必要なる兵力を集結し得る迄、時間の余裕を得んとする場合

ハ、決勝方面に於ける攻撃の成果を待つ為、次等正面に於て時間の余裕を得んとする場合

ニ、某地域（地区、地線及道路）を保持せんとする場合

ホ、防御に依りて敵の攻撃力を破摧し、爾後、攻勢移転《（ママ）》を行わんとする場合（中略の上、以下後述）

二番目に挙げられているのは、攻勢に必要な兵力を集中するための「時間稼ぎ」、その次に決勝方面以外での「時間稼ぎ」が挙げられており、そのあとに特定の「地域の確保」と、敵の攻撃力の破摧による「攻勢転移」（現在ではこちらのほうが一般的だろう）が挙げられている。

ここでドイツ軍の『軍隊指揮』を見ると、防御では、陣地を保持して敵の攻撃を断念させれば、その目的を達成できるものとされている（第四百二十八、第四百三十九）。つまり、ドイツ軍における防御の主目的は「地域の確保」であり、『赤軍野外教令』でいうと右記の「ニ」が主眼とされていたわけだ。

一方、フランス軍の『大単位部隊戦術的用法教令』を見ると、防勢とは攻勢に出られない時に一時的に採用するものであり、劣勢が解消したら攻勢に転じることになっている（第百十一）。また、防勢の基本とされている「退却意志なき防勢」では文字通りの「死守」を要求している（第二百四十八）。つまり、フランス軍における防御の主目的は「攻勢転移」とそれに先立つ「地域の保持」であり、『赤軍野外教令』でいうと右記の「ホ」や「ニ」が防御の主眼とされていたことになる。

要するに、ソ連軍とドイツ軍やフランス軍では、防御の

主目的がかなり異なっていたのである。

こうした差異が生じた理由としては、ひとつにはそれぞれの軍隊で主戦場に想定されていた地域の特性の差があげられる。ソ連軍が主戦場として想定していたであろう東欧や満州との国境方面の地積は、ドイツ軍が主戦場と想定していたフランスやポーランドとの国境地域、あるいはフランス軍が主戦場に想定していたドイツとの国境方面に比べると広漠としており、自軍の兵力を集中する決勝方面をどこに置くかの選択の幅が広く、機動の自由が大きかったのだ。実際、第一次大戦中の西部戦線では膠着した塹壕戦が長く続いたのに対して、広大で相対的に兵力密度の低い東部戦線では西部戦線ほど膠着した状態にはならなかった。

こうした戦訓を反映してか、この条項の末尾では以下のように規定している。

他方面に於ける攻勢、若《もし》くは爾後の攻勢移転を伴う防御、特に敵の側面に向かう攻勢を伴うものは、敵を完全なる壊滅に導き得るものとす。

このようにソ連軍の戦術教範では、防御正面以外での攻勢や防御後に転移する攻勢、とくに敵の側面に対する攻勢によって敵を壊滅させることができる、としていた。

以上をまとめると、独仏両軍の防御は、（死守を含む）陣地の保持による敵の攻撃の撃退ないしは早期の攻勢転移を主眼としていたのに対して、ソ連軍の防御は、広大な戦域の中で決勝方面に兵力を集中するために他の方面で兵力を節約することを主眼としていた、といえる。

言い換えると、独仏両軍の視点が眼前の防御陣地での行動に限定されていたのに対して、ソ連軍は複数の方面からなる広大な戦域全体を視野に入れており、その中の決勝方面での攻勢とそれ以外の方面での防御を連動させることを考えていたのだ。

このように、ある方面での「作戦」と他の方面での「作戦」を協調《シンクロナイズ》させて、よりマクロな「戦略」レベルでの勝利を目指す、という考え方は、第二次世界大戦前にソ連軍で言語化された「作戦術」の概念を反映したものといえよう。ここにソ連軍の防御戦術の最大の特徴があったのだ。

防御陣地の構成

次に、ソ連軍の防御陣地の具体的な構成を見てみよう。

第二百二十五　現代戦に於ける防御は、全縦深に対して同時に攻撃を企図する優越せる敵の攻撃力に対抗し得ざるべからず。（以下後述）

ソ連軍の攻勢は、敵の全縦深を同時に攻撃する「全縦深同時打撃」を基本としていた（本書第四章のソ連軍の項を参照）。これを自軍の防御にも適用して、敵の全縦深同時打撃に対抗できることを求めていたのだ。

第二百二十六　現代戦の防御に於《お》いて第一に具備すべき要件は対戦車防御組織なり。（以下略）

このようにソ連軍は、防御において第一に必要なものは対戦車防御組織である、としていた。

この教範が発布されたのは一九三六年であり、第二次大戦初期にドイツ軍が装甲部隊を主力とする「電撃戦」の威力を世界に見せつける前のことだ。この時点で対戦車防御組織をこれだけ重視していることに、ソ連軍の防御陣地の先進性が感じられる。

次いで防御陣地の具体的な構成を、敵との接触を絶《た》って離れている場合や退却中に陣地占領を行う場合と、敵と戦闘中（触接中）に防御に転移する場合に分けて、それぞれ以下のように定めている。

第二百二十七　敵と離隔しある場合、又は退却中（に）陣地占領を行う場合に於ける防御は、通常（は）左の如き要素より成る。

イ、陣地帯前方に於ける技術的又は化学的障碍地帯

障碍地帯は、少数の歩砲兵より成る前進部隊を以て守備す。

陣地帯の第一線と障碍地帯前縁との離隔は、地形の状態に依り差違《（ママ）》あるも通常（は）約十二粁とす。

ロ、直接戦闘警戒部隊及有力なる警戒部隊占領地区

陣地帯の前縁より一乃至三粁を離隔す。

ハ、主陣地帯（師団打撃部隊を含む）

ニ、後方陣地帯

主陣地帯より十二乃至十五粁に設備す。（以下後述）

戦闘の経過中（敵と触接中）防御に転移する場合に於ては、通常（は）前方障碍地帯を設くること無く、且主陣地帯は爾後の企図並《ならび》防御の利便を顧慮《こりょ》して之を選定す。

まず味方の陣地帯前方に、地雷などの技術的な、あるいは毒ガスなどの化学的な「障碍地帯」を設定し、少数の前進部隊を配置して守らせる。次いで陣地帯の前縁近くに、有力な「直接戦闘警戒部隊」を置く。そして逆襲に用いられる師団レベルの「打撃部隊」を含む「主陣地帯」を置く。最後に、主陣地帯の後ろに「後方陣地帯」を設定する。なお、敵との戦闘中や触接中に防御へと移行する場合には、前方の「障碍地帯」は置かれない。

これが、第二次大戦前のソ連軍の防御陣地の基本的な構

成であった。

次いで『赤軍野外教令』では、部隊規模に応じて、それぞれが担当する地域の正面と縦深を具体的な数値のかたちで記している。右記の陣地帯の間隔もそうだが、これがソ連軍の教範の大きな特徴であった。

第二百二十九　防御に在りては、狙撃（通常の歩兵のこと）軍団及師団は某正面の陣地帯を担任し、狙撃連隊は数個の大隊地区より成る連隊守備地域を担任す。

狙撃師団の守備する陣地帯は、正面八乃至十二粁《キロ》、縦深四乃至六粁。狙撃連隊の守備地域は、正面三乃至五粁、縦深二粁半乃至三粁。狙撃大隊の守備地区は、正面一粁半乃至二粁半、縦深一粁半乃至二粁とす。（中略の上、以下後述）

続いて、陣地帯前縁の形状や位置などを欺瞞《ぎまん》するため、以下のような処置を求めている。

陣地帯前縁の経始《けいし》、兵力配置、対戦車地区の所在及陣地帯の縦深に関し、敵を欺瞞する為、左の如く処置するを要す。

イ、陣地帯前縁の経始は一定の型《（ママ）》式に陥ることなく、所に依り或《あるい》は高地の前方斜面を利用し、或は其反対斜面を利用して、特種の地形又は地物に拠《よ》る事を避く。（以下後述）

防御陣地は、敵から見えない反対側の斜面を利用する反斜面陣地だけでなく、ところによっては敵側の前方斜面も利用するなど、一定のパターンに陥ることを戒《いまし》めている。

ロ、陣地帯前縁の経始を欺瞞する為、特に敵の攻撃に便なる地区に有力なる警戒部隊を配置して、陽《よう》に陣地帯第一線を装い、之に突入せる敵を主陣地帯第一線の十字火を以て捕捉する如くす。（以下後述）

陣地帯前縁の位置等を欺瞞するために、有力な警戒部隊を配置して、あたかも陣地帯の第一線のように擬装し、もし敵部隊が突入してきたら本当の陣地帯第一線からの十字砲火で捕捉できるようにしておく。

ハ、敵の為、遮蔽《しゃへい》近接路、有利なる砲兵陣地竝観測所を得難く、歩兵及戦車の展開を遮蔽するに便なる地帯無き地線に陣地帯の前縁を設定す。

ニ、自然的対戦車障碍に富み、技術的障碍の設置（が）容易なる地線に沿い、第一線を設定す。（「ホ」以下略）

また、陣地帯の前縁は、敵がこちらから見えない経路から接近したり、適切な位置に砲兵陣地や観測所を置いたりできない場所や、敵の歩兵や戦車の展開を隠すことができる地形（例えば茂みや窪地）の無い場所に設定する。加えて、崖などの自然の対戦車障碍が多く、味方が地雷原などの障碍を容易に設置できる畑などに沿って、陣地帯の第一線を配備する。
陣地帯の設定に関して、ここで初めて地形の利用が出てくるわけだ。この順番を見る限り、ソ連軍は、地形の利用よりも、陣地帯前縁の形状や位置等の欺瞞を重視していたことが感じられる。

各部隊の配備

次に陣地帯への各部隊の配置を見ていこう。まずは歩兵部隊だ。

第二百三十一　陣地帯に於ける歩兵（対戦車砲を属す）の配備は、敵砲兵に対して各大中隊の配備地区の判定を困難ならしめ、敵戦車に対して自然的竝人工的障碍物の発見を困難ならしむることを顧慮して決定せらる。（中略）歩兵は、斜面の前方或は後方に於て、縦深横広《おうこう》に分散配置せらる。（以下略）

陣地帯に配備される歩兵部隊（対戦車砲を配属）は、敵砲兵が配備地区を見分けにくく、敵戦車が崖などの障碍物を発見しにくいことを考慮して、稜線の前方斜面や後方斜面に広く分散配備される。

次は砲兵部隊だ。

第二百三十二（中略）防御に於ては、砲兵は縦深に亘り数線配備を採るものとす。（中略）歩兵支援又は遠距離砲兵の陣地選定に当りては、努《つとめ》て自然的竝人工的対戦車障碍物、地雷竝発見困難なる障碍を以て之を掩護することに努めざるべからず。（中略）各砲兵陣地は、戦車を射撃する為、八百米の直接射界を有せざるべからず。（以下略）

雪の積もる森林地帯で45㎜対戦車砲53-Kを構えるソ連兵

砲兵部隊は、可能な限り各種の障碍物等で掩護するようにした上で、数線に縦深配備される。この時、各砲兵陣地は、対戦車射撃を考慮して距離八〇〇メートルで直接射撃できる射界を確保することになっている。

第二百三十三　各兵団の固有竝配属戦車は、共に打撃部隊の編成に入るものとす。（中略）若し、時間の余裕あらば、戦車の逆襲発起位置に、遮蔽して各戦車を配置し得る如く特別の戦車壕を準備するを要す。

各兵団、例えば狙撃師団隷下の戦車大隊や、軍団や軍などから配属される独立の戦車旅団等は、逆襲のために「打撃部隊」に編入されることになっている。そして、時間の余裕があれば、逆襲開始位置に戦車を隠せるように戦車壕を掘っておく。

防御陣地の特徴

ここでソ連軍の防御陣地そのものの大きな特徴を挙げておこう。

第二百三十一（前略）大隊守備地区は全周に対し独立して防御し得るを要す。

第二百四十六　狙撃大隊長は、其地区の守備に任じ、常に完全に包囲せられたる場合を顧慮して、防御戦闘を準備すべし。

このように、ソ連軍の狙撃大隊の守備地区は独立した全周防御陣地となっており、大隊単位で完全に包囲されることも予期して防御戦闘を準備することになっていた。

こうした全周防御陣地は、第一次大戦後半にドイツ軍が多用するようになった滲透戦術への対抗を主眼としたものだろう。これならば、敵歩兵の小部隊に大隊守備地区の隙間等から後方に滲透されても、大隊単位で抵抗を継続できるというわけだ。

実際、のちの第二次大戦中の独ソ戦では、ドイツ軍部隊

◆狙撃大隊の陣地編成の基本

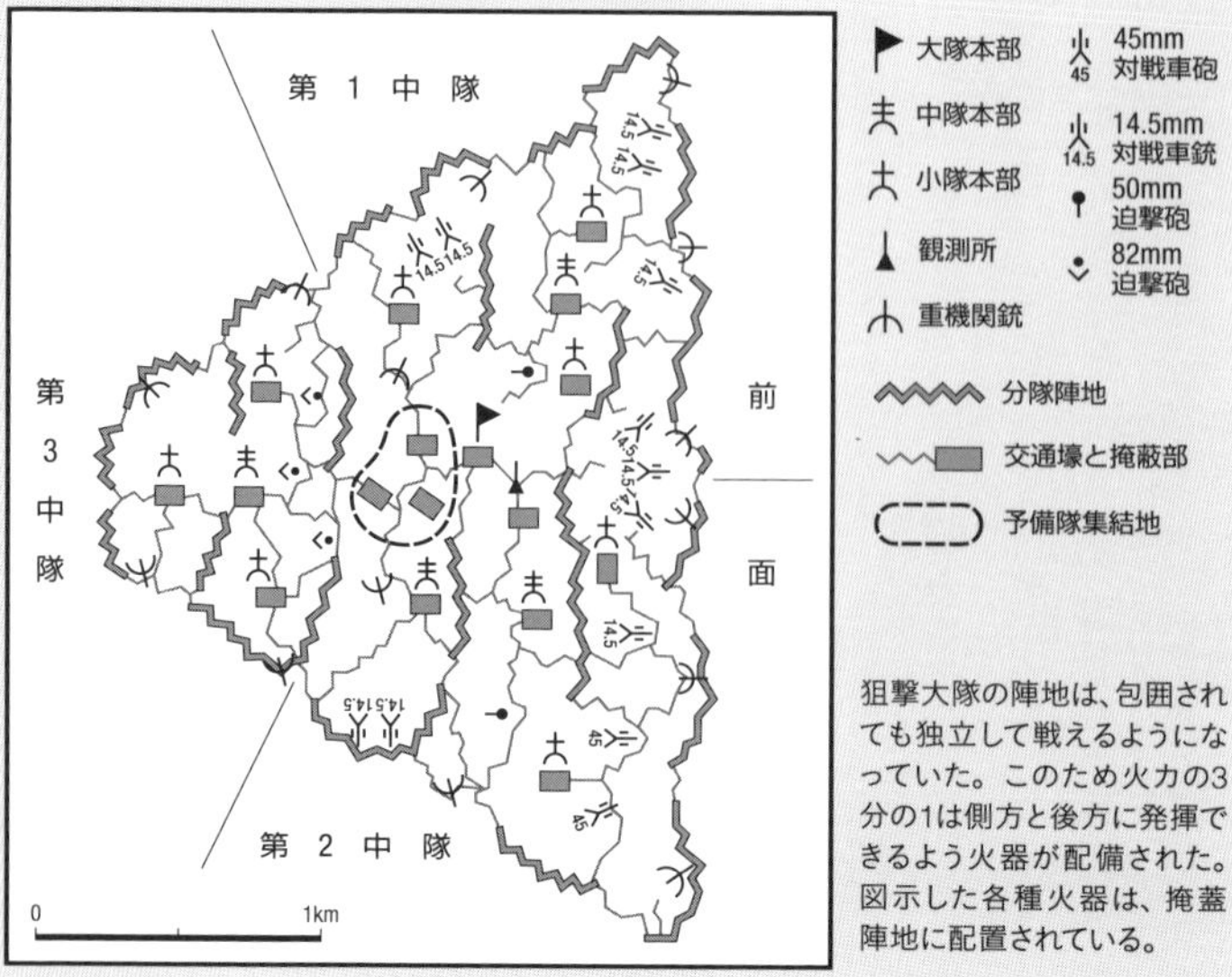

狙撃大隊の陣地は、包囲されても独立して戦えるようになっていた。このため火力の3分の1は側方と後方に発揮できるよう火器が配備された。図示した各種火器は、掩蓋陣地に配置されている。

◆狙撃師団の主陣地帯編成の一例

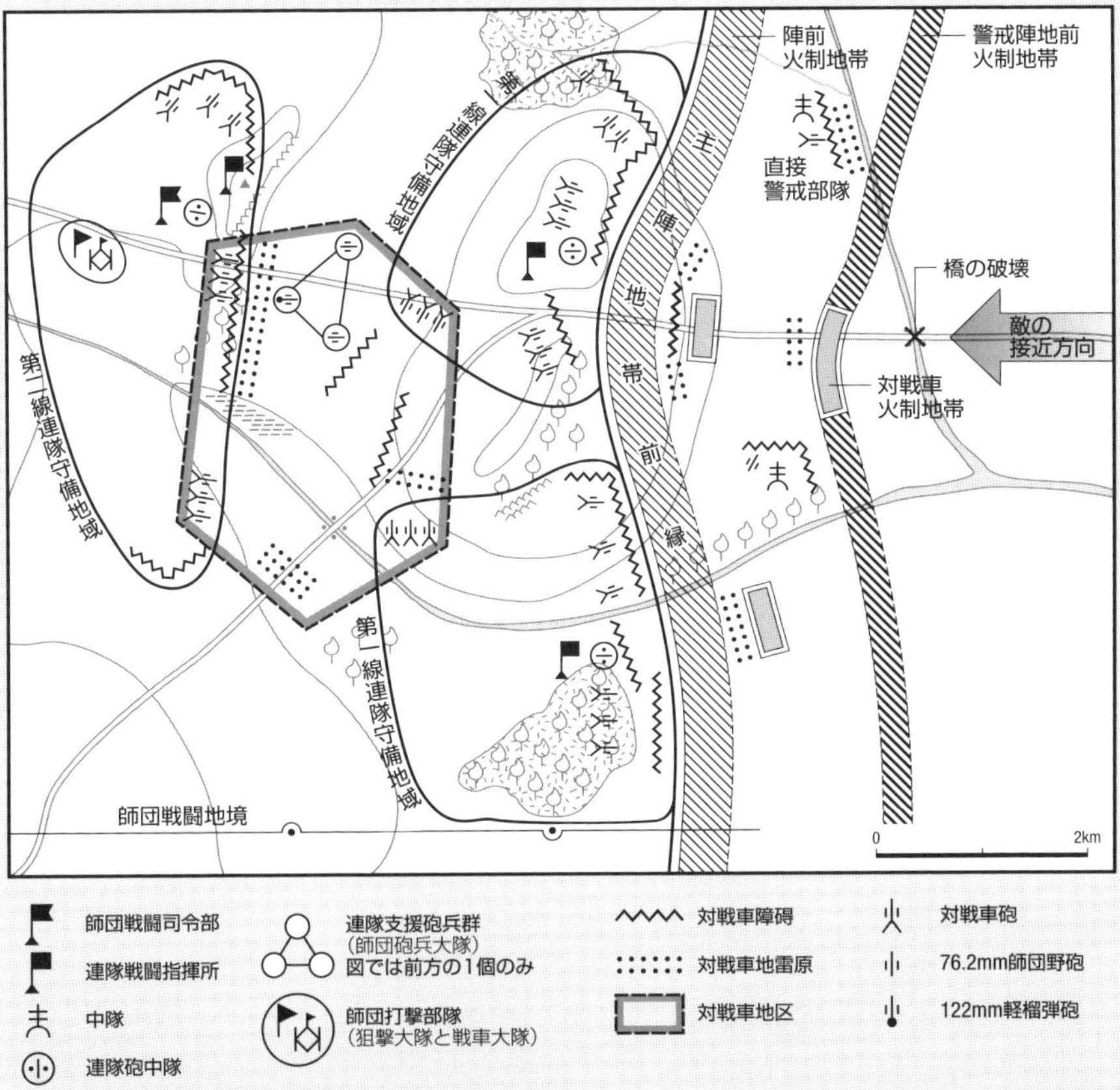

ソ連軍の防御でもっとも重視されていたのは対戦車戦闘であった。このため設けられたのが「対戦車地区」という概念である。これは敵が戦車を大量に使用し、陣内に敵戦車が突入してしまうことを前提として考案されたものだ。具体的には、陣地内に設けられた対戦車火器とその火網を包括した地区で、これが防御の骨幹となる。また対戦車地区だけでなく、主陣地帯の前方にも対戦車火制地帯を設けるなどして戦車の撃破に努めた。なお陣前火制地帯は、主陣地帯前縁から約600mの幅をもって設定され、この場所では1平方m正面に毎秒5発の銃砲弾が投射されることを最下限としていた。

がソ連軍部隊を包囲しても、しばしば文字通り最後の一個大隊まで頑強に抵抗を継続して簡単に降伏しなかった。その背景には、戦術教範のこうした規定が存在していたのである。

　ソ連軍の防御陣地の特徴はもう一つある。

第二百三十　陣地帯第一線、打撃部隊竝砲兵陣地の位置は、対戦車防御の便を考慮して之を選定す(戦車の近接困難なる地区地物の利用、側防陣地の配置等)。（以下後述）

　このように、陣地帯の第一線はもちろんのこと、逆襲用の打撃部隊や砲兵陣地の位置に関しても、対戦車防御を考慮して選定されることになっている。例えば、陣前に崖や沼地など敵の戦車が通過しにくい地形がある場所を選ぶわけだ。

陣地帯内部には、対戦車地区を設定して之に打撃部隊を配置し、之に依りて砲兵陣地竝戦闘司令部を掩護す。

対戦車地区は、之を環状配置とし、其相互間の間隙は、対戦車砲の有効なる直射火力を以て火制し得る如く配備せざるべからず。

　さらに陣地帯の内部には「対戦車地区」を設定することになっており、ここに打撃部隊を配置して、後方の砲兵陣地や司令部を守ることになっている。

対戦車砲兵は、陣地帯第一線に在りては夫々《それぞれ》対戦車障碍物を以て掩護せられ、陣地帯内部に在りては対戦車地区の内部に之を配置す。対戦車砲の一部を反対斜面の掩護下に分散配置するは有利なり。

対戦車壕、地雷地域及其他の障碍物は、敵の正面視察に遮蔽せる対戦車砲の火制下に在らしむるを要す。（以下略）

　対戦車砲兵は、陣地帯の第一線では対戦車地雷などの障碍物で掩護され、陣内では「対戦車地区」の内部に配置される。敵の戦車を落とす対戦車壕や対戦車地雷などの障碍

パックフロントに備えられた76.2mm野砲ZIS-3の放列。ZIS-3は師団砲兵用の野砲であったが、初速が速かったため対戦車砲としても優秀だった

ソ連軍が主用した14.5mm口径の対戦車銃、デグチャレフPTRD1941。対戦車砲に比べると威力には劣ったが、対戦車陣地に大量に配備されてドイツ戦車の装甲の薄い箇所を狙った

物は、それらに阻止された敵戦車を射撃できる対戦車砲と組み合わせて配備され、その対戦車砲は正面の敵から見えないように配置される。

これを見ると、第二次大戦中の東部戦線でよく見られたソ連軍の対戦車陣地、いわゆる「パックフロント」とほぼ同じものが、極めて具体的なかたちで一九三六年発布の戦術教範に規定されていたことがわかる。

そして、例えば一九四三年夏のクルスク戦で、ソ連軍は「パックフロント」を中核とする陣地防御で、強力な重戦車や重駆逐戦車を含むドイツ軍の中でも選りすぐりの優秀な装甲部隊を集中した攻撃に対抗している。

つまり、第二次大戦前にソ連軍が編み出していた防御陣地は、その時点ではまだ存在していなかった（！）強力な機甲部隊に対抗できるほど先進的なものだったのである。

防御部隊の戦闘部署

続いて、陣地防御の具体的なやり方について見ていこう。『赤軍野外教令』では、まず第五章「戦闘指揮の原則」の中で、以下のように定めている。

第百六　軍隊は行軍又は戦闘部署を以て行動す。（中略）**戦闘部署は、打撃部隊と拘束部隊とより成り、数線（二又は三線）に配置せらる。**（中略）**戦況、之を要すれば、不意の事変《じへん》に備うる為、所要の予備を控置す。**（以下略）

ソ連軍は、行軍を行う「行軍部署」か、攻撃や防御を行う「戦闘部署」によって行動することになっており、このうち「戦闘部署」では、指揮下の部隊を「打撃部隊」と「拘束部隊」の二つに分ける。そして戦況上の必要があれば、イレギュラーな事態に備えるための「予備」をとっておく。

これに対して、例えばドイツ軍では、おもな任務を担当する「主力」に加えて、さまざまな事態に備えるための「予備」を基本的には常に確保しておく、という考え方を採っていた。

話をソ連軍に戻すと、まず攻撃時については「打撃部隊」と「拘束部隊」を以下のように用いる。

第百七　攻撃部署に於ける打撃部隊は、主攻正面に使用せらるべきものとす。（以下略）

第百九　攻撃部署に於ける拘束部隊は、敵を次等正面に抑《よく》留《りゅう》する為、局部攻撃に依りて敵をして我が主攻方面に兵力を転用し得しめざるを要す。（以下略）

攻撃時には、「打撃部隊」を主攻方面に投入し、それ以外の方面では「拘束部隊」で正面の敵を拘束して味方の主攻方面に転用できないようにする。

　これに対して防御時には「打撃部隊」と「拘束部隊」を以下のように用いる。

第百十　防御部署に於ける拘束部隊は、其火力を以て陣地前に敵歩兵及戦車の攻撃力を破摧するを以て任とす。
敵戦車及歩兵にして、遂に第一線に突入し来らば、拘束部隊は不断の火力障壁を構成し、局部的逆襲を反覆《（ママ）》して敵を混乱に陥れ、以て打撃部隊の逆襲を容易ならしむ。
防御部署に於ける打撃部隊は、逆襲を以て拘束部隊を突破せる敵を破摧し陣地を回復す。
状況有利なる場合に於《お》ては、打撃部隊の戦果を拡張し、混乱せる敵に対し全線攻勢に転ずるを要す。

　まず「拘束部隊」が、味方陣地の前方で敵の歩兵や戦車の攻撃力を火力で破摧する。それでも敵の戦車や歩兵が陣地帯の第一線に突入してきたら、「拘束部隊」は途切れることなく火力スクリーンを構成し、局部的な逆襲をかけて敵を混乱させ、味方の「打撃部隊」の逆襲を助けることになっている。

　また「打撃部隊」は、「拘束部隊」を突破して陣地帯に突入してくる敵に対して、逆襲をかけてこれを破摧し陣地を奪回する。そして状況が有利に進展した場合には、そのまま「打撃部隊」の戦果を拡張して攻勢に転移することが求められている。

　つまり、ソ連軍では、（本書の第四章でも述べたが）指揮下の部隊を最初から主な任務ごとに「拘束部隊」と「打撃部隊」の二つに区分しておき、それらを指揮官の自由裁量ではなく教範に規定されているとおりに用いるのだ。

　これに対して、例えばドイツ軍の『軍隊指揮』では、敵が主戦闘地帯に突入してきたら、直ちに付近の歩兵やその支援部隊（工兵等）で逆襲をかけることになっている（第

東部戦線の平原を突進するT-34戦車隊と歩兵部隊。防御に成功して戦況が有利になった場合は、戦車隊などの打撃部隊の戦果を拡張し、攻勢に転じることになっていた

四百六十三)。そして、その逆襲が失敗するか敵の突入が大規模な場合には、予備等を投入して反撃を行うか、思い切って主戦闘線を下げるか、を指揮官が判断することになっている。

言い換えると、ドイツ軍では、敵の主戦闘地帯への侵入と味方の逆襲失敗というイレギュラーな事態に対して、あらかじめ確保しておいた「予備」を投入して反撃するか、あるいは後退するかを指揮官が決定するのだ。

つまり、ドイツ軍では、「予備」のおもな任務を、ソ連軍の「拘束部隊」や「打撃部隊」のように教範で最初から決めつけるようなことをせず、指揮官の裁量でさまざまな事態に用いて柔軟に対処していくのである。

これとは対照的に、教範の条文でガチガチに規定してしまうソ連軍のやり方を、硬直していると批判することはたやすい。

しかし、こうしたやり方も、ドイツ軍のように下級指揮官の能力に多くを期待できない中、自軍指揮官の能力の限界を見切って、その中である程度の成果を挙げるために現実的な方策を採った、と見ることもできるだろう。なぜならば、無能な指揮官の裁量にまかせて何もできなくなるよりは、教範の規定どおりに行動させる方が、大抵の場合まだマシだからだ。

陣地防御の手順と各部隊の用法

次に、陣地防御の具体的な方法について見てみよう。

第二百二十五(中略)防者は、陣地帯の前方に於《おい》て敵歩兵の攻撃を破摧するのみならず、左の如く防御を行わざるべからず。

イ、敵戦車の陣地帯内部に対する進入を阻止す。

ロ、戦車の突破に当たりては対戦車資材を以て之を撃破すると共に、歩戦を分離せしめ、遮蔽《しゃへい》せる機関銃及小銃火を以て歩兵の前進を阻止す。

ハ、陣地内に進入せる戦車に対しては、砲火及戦車を以てする逆襲に依り之を撃破す。

ニ、歩兵、戦車、共に陣地内に進入せば、火力を以て之を撹乱《かくらん》し、逆襲を以て之を撃破す。

まず敵歩兵の攻撃を、味方陣地帯の前方で粉砕する。また、敵戦車の陣地帯内部への侵入を阻止し、突破されそうになっても対戦車砲などで撃破するとともに、敵の戦車と歩兵を分離して、機関銃や小銃で敵歩兵の前進を阻止する。さらに敵の歩兵や戦車に陣内に侵入されたら、火力で混乱

マキシム機関銃として知られる水冷のPM1910重機関銃。防御時には歩兵部隊の遠距離射撃を担当した

させた上で逆襲して撃破するのだ。

すでに述べたように、敵歩兵の陣地帯前方での撃破や、敵戦車の陣地帯内への侵入阻止、また突破してくる敵戦車の撃破や敵歩兵の前進阻止、歩戦の分離などは「拘束部隊」の火力によるもの。最後の逆襲は「打撃部隊」によるものだ。

このうち、陣地帯の前方で敵歩兵を破摧する方法は、陣前の障碍物と火力スクリーンを組み合わせて敵部隊を捕捉撃破するフランス軍に近い（『大単位部隊戦術的用法教令』第二百五十一参照）。また、陣内戦闘のやり方は、主戦闘地帯に侵入してきた敵を火力で撃破するか、直ちに逆襲して撃退することになっていたドイツ軍とよく似ている。

続いて、各部隊の用法を見てみよう。まずは歩兵部隊だ。

第二百三十一（前略）防御に於ける歩兵の戦闘力は、畢竟《ひっきょう》敵歩兵に対する殲滅的近距離火力に在り。従《したがっ》て歩兵は、決勝の瞬時に至るまで其火力資材を保全することに努め、小銃及軽機関銃手は過早に其位置を暴露することを避けざるべからず。（中略）従て、遠距離に対する射撃は、陣地帯内部よりする重機関銃の任とす。（中略）

歩兵の戦闘力は近距離火力にあるので、小銃や軽機関銃は勝負どころまで射撃せずに位置を隠しておき、遠距離射撃は重機関銃に任せることになっている。

次は砲兵部隊だ。

第二百三十二　歩兵支援砲兵群と歩兵との協同は、防御に於《お》ても攻撃に於《お》けると同様なり。（以下略）

攻撃時の「歩兵支援砲兵群」と歩兵との協同について規定した条項を見ると、以下のように定められている。

第百十四（中略）歩兵支援ПП（騎兵支援ПК）砲兵群は、歩兵（騎兵）及其配属戦車を支援するを以て任とし、師団砲兵全部及師団配属砲兵を以て編成し、狙撃各連隊（のうち）主として打撃部隊を支援す。（以下後述）

本書の第四章で述べたことの繰り返しになるが、各師団隷下の砲兵部隊と、その師団に配属された軍団直轄や軍総予備の砲兵部隊で構成される「歩兵支援砲兵群」は、おもに「打撃部隊」の歩兵やそれに配属された戦車を支援する。歩兵支援砲兵群の各大、中隊は、夫々《それぞれ》支援すべき歩兵の大

（中）隊に配属せらるるものとす。

狙撃一大隊の支援に任ずる歩兵支援砲兵群内の部隊を歩兵支援小砲兵群と称す。歩兵支援砲兵群及小砲兵群指揮官は、歩兵指揮官に対し隷属関係を有せざるも、専《もっぱ》ら其戦闘要求を達成することに努むべし。（以下略）

歩兵支援砲兵群は、大隊や中隊単位に分割されて砲兵支援の対象である歩兵大隊（中隊）に配属される。各歩兵大隊に配属された砲兵群を「歩兵支援小砲兵群」と呼ぶ。

これらの砲兵群の指揮官は、歩兵部隊の指揮官の恒常的な指揮下（隷下）にあるわけではなく、一時的な配属にすぎないが、その要求に応じることになっている。

第二百三十三　各兵団の固有竝配属戦車は、共に打撃部隊の編成に入るものとす。（以下略）

これも本書第四章の繰り返しになるが、狙撃師団隷下の戦車大隊や軍団や軍などから配属される独立の戦車旅団等は「打撃部隊」に編入され、逆襲に用いられる。

各部隊の行動

次に各部隊の防御時の行動を、おもな指揮結節ごとに見ていこう。最初は軍団だ。

第二百四十九　軍団長は多くの場合、単に予備隊を部署するるのみとし、若し敵の突破（が）大なる危険を呈《てい》するに至らば、軍団予備（や）上級兵団より増加せらるる兵力（軍予備）竝状況（が）比較的緩《かん》なる正面に在る師団の部隊にして適時抽出使用し得る兵力を以て打撃兵団を編成し、之を以て突破せる敵を逆襲して之を撃破し、陣地帯を回復するを要す。（以下略）

軍団長は、予備隊を部署する。基本的には、ソ連軍では予備隊を確保するのは戦況上必要な場合のみだが、軍団（および軍などの上級兵団）レベルは例外で、多くの場合に予備を確保することになっていたのだ。

そして、敵に突破されそうな場合には、軍団や軍の予備隊と他の正面の師団から引きぬいた部隊で軍団レベルの「打撃兵団」を臨時に編成し、突破してきた敵部隊を逆襲して味方の陣地帯を奪回するのだ。

第二百四十八　師団長は、敵主力に対し、師団砲兵の阻止射撃を集中して歩戦を分離せしむることに努む。

敵戦車（が）陣地帯内部に突破し来る時は、師団長は其機動的対戦車予備隊を之に指向すると共に自己の戦車を以て敵戦車を襲撃す。敵の戦車を撃退し、其歩兵を混乱に陥れ得たる時は、師団長は各連隊の逆襲を統一し、自らも亦《また》機

を失せず其打撃部隊を以て逆襲を行い、喪失せる陣地を回復す。（以下略）

師団長は、敵主力部隊の歩兵と戦車が分離するように、師団砲兵の阻止射撃を集中する。そして敵戦車が陣地帯内部に突入してきたら、師団の対戦車予備隊や戦車で襲撃する。これによって敵の戦車を撃退して歩兵を混乱させたら、隷下の各連隊の逆襲を統一し、師団レベルの「打撃部隊」で逆襲して味方の陣地を奪回するのだ。

第二百四十七　連隊長は、敵の主力集団に対して砲兵火力を集中し、拘束部隊たる大隊の戦闘を指導す。

敵戦車（が）我が第一線を通過して突破し来る時は、連隊長は之に対し機動的戦車予備隊（配属せられある場合）を指向す。

敵歩兵（が）若し陣地帯内部に突破し来らば、連隊長は全火力を挙げて其の前進を阻止し、連隊打撃部隊及び戦車を以て之を逆襲す。（以下略）

連隊長は、敵の主力集団に対して、連隊に配属された砲兵部隊の火力を集中するとともに、隷下の「拘束部隊」である狙撃大隊の戦闘を指揮する。

もし、敵戦車が味方第一線を突破してきた場合、機動的戦車予備隊が配属されているのならば、これで襲撃する。また、敵歩兵が味方陣地内に突破してきたら、「拘束部隊」の火力で前進を阻止するとともに、連隊レベルの「打撃部隊」と配属された戦車で逆襲する。

第二百四十六　狙撃大隊長は其地区の守備に任じ（中略）

第一線大隊の主要なる任務は、敵の歩兵及戦車に対し、重軽歩兵火器及対戦車砲の全火力を挙げて之を圧倒し、以て能《よ》く其守備地区を確保するに在り。

大隊長は、常に之を支援する砲兵と連絡を保持し、機関銃及砲兵の火力を併せて敵歩兵を戦車より分離することに努むべし。

狙撃大隊長は、支援の砲兵や自前の機関銃で敵の歩兵と戦車を分離させるとともに、大隊の守備地区を確保する。

さらに条文内の順番は前後するが、以下のように定めている。

大隊長の其打撃部隊を以てする逆襲は、短切に実施せられざるべからず。

狙撃大隊長は、大隊レベルの「打撃部隊」で短時間の逆襲をかけるのだ。

さて、すでにお気づきの読者もおられるだろうが、右記の条項の番号を見ればわかるように、『赤軍野外教令』には、ここに記した順番とは逆に、狙撃大隊長↓連隊長↓師団長

↓軍団長の順番で記載されている。つまり、上級部隊の行動をブレークダウンして下級部隊の行動を規定するのではなく、下級部隊から上級部隊に向かって具体的な行動をボトムアップするかたちで記述してあるのだ。これは、例えばフランス軍の『大単位部隊戦術的用法教令』とはまったく逆の書き方であり、『赤軍野外教令』の大きな特徴といえよう。

さらに特徴的なのは、狙撃大隊、連隊、師団と各部隊のスケール（規模）こそ違うものの、各部隊の行動は基本的には相似形になっていることだ。例えば、各狙撃大隊の行動をスケールアップしたものが連隊の行動であり、各連隊の行動をスケールアップしたものが師団の行動になっている（唯一の例外が軍団の行動で、既述のように、予備隊を編成して敵の突破に備えることになっている）。

つまり、下級指揮官から見ると、上級指揮官の判断や上級部隊の行動が、自分の判断や指揮下の部隊の行動をそのままスケールアップしたものとして容易に理解し把握できるようになっているのだ。

こうした構造も、ドイツ軍のように下級指揮官の能力に多くを期待できない中で、ある程度の成果を挙げるための方策の一つ、と見ることもできるのではないだろうか。

移動防御と退却

最後に「移動防御」と退却について見てみよう。

第二百五十六　移動防御は、某種《ぼうしゅ》の作戦構想に依り、假令《たとえ》若干の地域を犠牲とするも、之に依りて時間の余裕を得、且兵力の潰滅を避けんとする場合、之を行う。（以下後述）

ソ連軍の「移動防御」とは、地域を失うことと引き換えに、兵力を温存しつつ時間の余裕を得る目的で行われる。これは、近代的な軍隊における「遅滞行動」の概念とほとんど変わらない。

これに対してドイツ軍は、「決戦」と「持久戦」という概念規定から脱却できず、近代的な「遅滞行動」という概念に到達することができなかった。

一方、フランス軍は、防勢の一形態とする「退却機動」において、敵の攻撃に対して適宜後退しつつ時間を稼ぐこと、すなわち「土地と時間を交換すること」がある程度明確に意識されていた。

つまり、独仏ソ三軍のうち、近代的な「遅滞行動」にもっとも近い概念を持っていたのはソ連軍であり、次いでフランス軍がこれに肉薄しており、ひとりドイツ軍だけが大きく遅れをとっていたのだ。

話をソ連軍の「移動防御」に戻すと、その具体的なやり方は以下のとおりだ。

移動防御は、決戦を避けて、隠密なる離脱と新陣地の占領とを反覆《はんぷく》する累次《るいじ》の防御戦闘に依りて成立す。（中略）
某線より某線への退却は、交互に逐次之を行うか、後衛の掩護の下に実施せらる（中略）
移動防御に在りては、屡々《しばしば》展開中の敵に短切なる打撃を加え、或は無謀に前進する敵を邀撃する等、凡有《あらゆる》好機を利用することと肝要なり。

「移動防御」では、まず陣地で防御を行うのだが、決戦を避けて密かに敵から離脱し、次の陣地に後退することを繰り返す。

その後退のやり方は、二つの部隊で交互に下がるか、後衛部隊の掩護の下で一つずつ下がるかたちで行われる。その間に、展開中の敵部隊に対して短時間の攻撃を加えたり、無謀な前進を行う敵を迎え撃ったりするなど、あらゆるチャンスを利用して敵に打撃を与えるのだ。このやり方も、近代的な「遅滞行動」とほとんど変わらない。

この「移動防御」に、ドイツ軍の先を行くソ連軍の用兵思想の先進性を感じるのは、筆者だけはなかろう。

最後は退却についてだ。

第二百五十七　兵団の退却は、上級指揮官の命令ある場合に限り、之を行うことを得。但《ただし》、兵団指揮官が、与えられたる任務に基《もと》き、一層有利なる態勢を以て敵と戦闘する為、自己の独断に依り、単に兵団の一部のみを後退せしむるは、此《この》限りに非《あら》ず。（中略）

ソ連軍では、上級指揮官の命令が無い限り、独断で退却することを禁じていた。

とはいっても、フランス軍のように教範の条文に「死守」を明記するようなことはしていない（『大単位部隊戦術的用法教令』第二百四十八）。それどころかソ連軍では、各兵団の指揮官が、与えられた任務の範囲内でより有利な態勢を作るために、独断で兵団の一部を後退させることを認めていたのである。

ソ連軍というと、教範の条文の中で具体的な数値のかたちで指揮官の行動をガッチリと規定してしまうイメージが強い。これについては実際そのとおりなのだが、防御時の部分的な後退に関しては（少なくとも教範の規定上は）意外に柔軟だったことがわかる。

以上、ソ連軍の防御をまとめると、基本的には行軍や攻撃と同じく、教範の条文でガチガチに規定してしまうやり方といえる。しかし、その中には対戦車防御の重視や「移

◆後退方法の一例

図は、狙撃師団における防御部署からの後退方法の一例である。

Ⅰ 敵と接触中の部隊のおおむね三分の一が、後退掩護のために残置部隊としてその場にとどまり、師団主力として後退する部隊の掩護を行う。また、残置部隊以外の第一線部隊は、第1後退線に下がる。

Ⅱ 残置した掩護部隊は、他の部隊が後退したら、敵との接触を解き、第1後退線に配置された部隊の掩護を受けて第2後退線に下がる。なお「打撃部隊」に所属した戦車大隊は、前進する敵の側背などに限定的な反撃を加える。実際の後退は中隊単位で複数の径路を使用する。

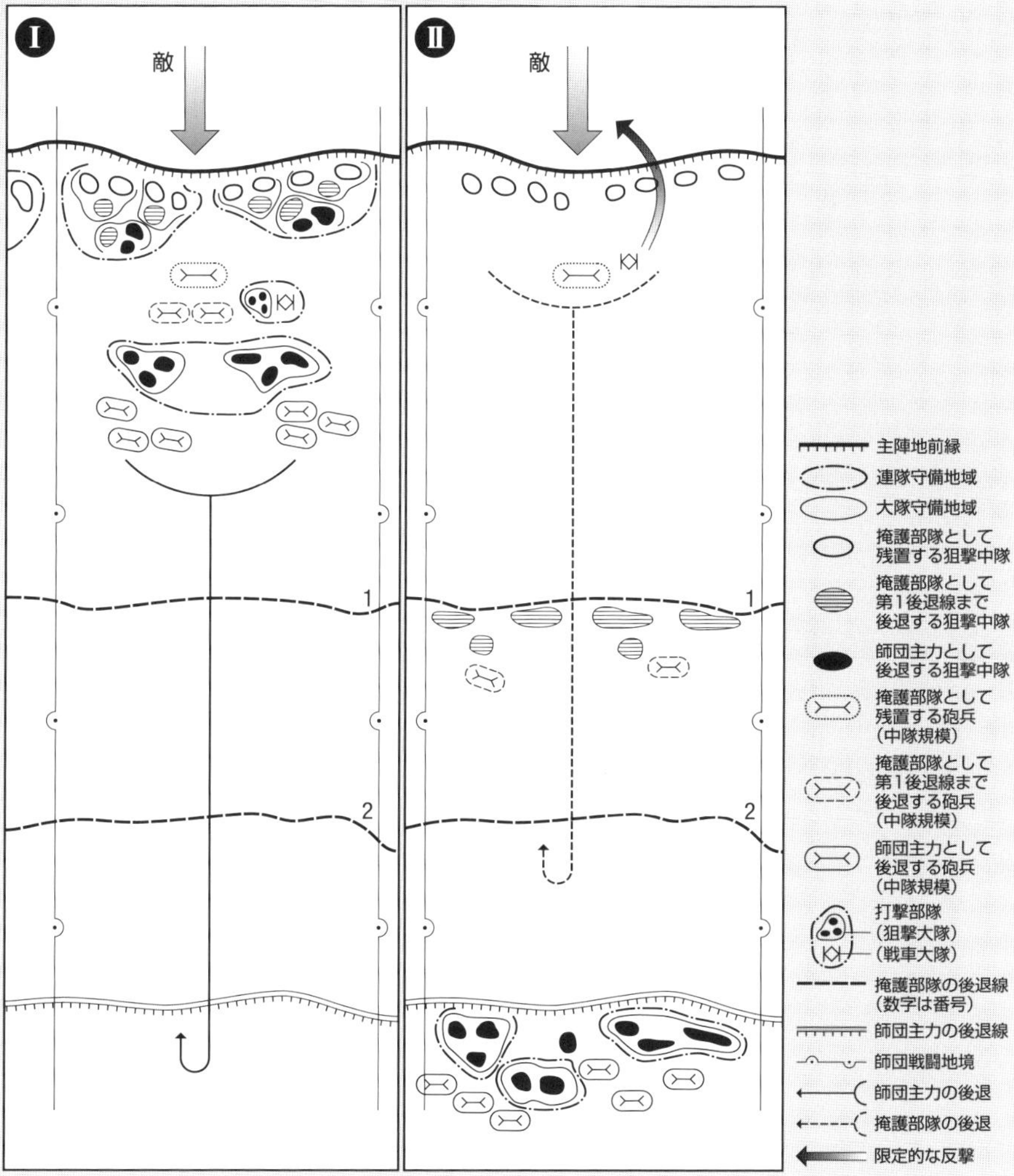

動防御」など、ソ連軍の用兵思想の意外な先進性を見ることができるのだ。

日本軍の防御

防御の位置づけ

最後に、日本軍の防御について見てみよう。

『作戦要務令』を見ると、第二部の第一篇「戦闘指揮」で防御を含む戦闘指揮の原則等を述べた上で、第二篇「攻撃」で遭遇戦や陣地攻撃等について、第三篇「防御」で陣地防御について、それぞれ規定している。

また、通常の攻撃や防御とは別に、第五篇「持久戦」で持久戦について、第七篇「陣地戦及対陣」で堅固な数帯陣地での陣地戦や対陣（戦闘の勝敗の決着が付かずに敵味方が対峙する）状態について、それぞれ記述している。

そこで、まず第二部の第一篇「戦闘指揮」の第一章「戦闘指揮の要則」の最初の条項を再確認すると、以下のように定められている。

第一　戦闘に方《あた》り攻防何《いず》れに出《い》づべきやは、主として任務に基づき決すべきものなりと雖《いえど》も、攻撃は敵の戦闘力を破摧し之を圧倒殲滅《せんめつ》する為（の）唯一の手段なるを以て、状況真に止むを得ざる場合の外《ほか》、常に攻撃を決行すべし。敵の兵力（が）著《いちじる》しく優勢なるか、若《も》しくは敵の為一時機先を制せられたる場合に於ても、尚手段を尽くして攻撃を断行し、戦勢を有利ならしむるを要す。

状況（が）真に止むを得ず、防御を為しあるときと雖も、機を見て攻撃を敢行し敵に決定的打撃を与うるを要す。

このように日本軍では、やむを得ない場合以外は、常に攻撃を決行すべし、と定められていた。たとえ敵が著しく優勢であっても、手段を尽くして攻撃を断行することになっていたのだ。

次に第三篇「防御」を見ると、冒頭の「通則」の最後の条項で次のように注記している。

第百六十二　本篇に於ては著しく優勢なる敵に対し防御する場合を主として記述し、又、攻勢を企図する場合の防御に関しては特異の事項を附記す。

これらの条項を見ると、日本軍における「防御」とは、著しく優勢な敵に対して防御せざるを得ない場合が基本とされていたことがわかる。

一方、第五篇「持久戦」の最初の条項を見ると、以下のように規定されている。

第二百三十五　時間の余裕を得んとする場合、敵を牽制抑留せんとする場合等に於ては、通常（は）決戦を避け、持久戦を行う。

持久戦に在《あ》りては、守勢に立つこと多しと雖も、攻勢を取るにあらざれば目的を達成し得ざる場合、亦少なからず。

日本軍では、通常の攻撃や防御は「決戦」に含まれており、「決戦」を避ける場合は「持久戦」として区別されていたことがわかる。

一般に「決戦」とは、戦いの帰趨に決着をつける戦闘を意味しており、決戦における「防御」とは、死力を尽くして防御陣地を保持することを意味している。これに対して「持久戦」では、このような決戦的な「防御」を避けて、単なる時間稼ぎや牽制のために「守勢」をとる。

ただし、日本軍では、持久戦においても「攻勢」にでなければならないことも少なくない、とされていたのだ。とはいっても、これは戦いに決着をつけるための決戦的な「攻勢」ではない。あくまでも時間稼ぎや牽制のための「攻勢」なのだ。

次に第七篇「陣地戦及対陣」を見ると、第一章「陣地戦」の冒頭で次のように定義されている。

第二百七十五　数帯に設備せられたる堅固なる陣地の攻防此の種（の）戦闘を陣地戦と称すに在りては、各種且多量の戦闘資材を要し、戦闘の状態も自ら複雑なるものとす。（小書きは原文ママ。以下同じ）

日本軍では、堅固な数帯陣地での攻防を「陣地戦」と称しており、通常の攻撃の中に含まれる「陣地攻撃」や一般的な「防御」とは明確に区別されていたのだ。

以上をまとめると、日本軍では、通常の攻撃や防御（「決戦」的な攻撃や防御と言い換えてもよい）は、「持久戦」における攻勢や守勢と区別されており、さらに「陣地戦」における攻撃や防御は、通常の攻撃や防御と区別されていた、となる。

このように、戦闘一般を「決戦」と「持久戦」の二つに区分する考え方は、「持久抵抗」の概念が出てくる前のドイツ軍に近く、その意味では古典的な概念構造といえる。

また、「陣地戦」や「対陣」状態を通常の戦闘（野戦）と区別するのは、歩兵の機動力を重視する「運動戦」と速戦即決の「短期決戦」を志向する日本軍にとって、陣地に腰を落ち着けて戦う「陣地戦」や、明確な決着がつかないまま対峙し続ける「対陣」状態は、例外的な状況と考えられていたからであろう。

防御の基本的な考え方

では、いよいよ日本軍の戦術教範で防御についてどのように定められていたのかを見ていこう。

第三篇「防御」冒頭の「通則」では、最初の条項で次のように定めている。

第百五十八　防御の主眼は、地形の利用、工事の施設、戦闘準備の周到等、物質的利益に依り兵力の劣勢を補い、且火力及逆襲を併用して敵の攻撃を破摧するに在り。

日本軍では、防御の最終的な目的として、敵の攻撃の破摧をあげている。敵の攻撃を粉砕して退却させれば勝ち、逆に防御陣地を保持できずに退却すれば負けという、先に述べたような「決戦」的な防御の考え方だ。

防御の手段としては、地形の利用や陣地工事などの「物質的利益」によって兵力を補うことや「火力」と逆襲の併用を挙げている。

一般に日本軍といえば、決まり文句のように「火力の軽視」や「精神力の過度の重視」が批判される。しかし、この条項を見ると、少なくとも防御に関しては、「火力」や「物質的利益」が重視されていたことがわかる。

それと同時に、日本陸軍の第一の仮想敵であったソ連軍に比べると用兵思想の遅れも感じられる。それというのも、『赤軍野外教令』では、防御の目的として、決勝方面（戦いの帰趨を決定づける方面）に兵力を集中するため、それ以外の方面で兵力を節約すること、を第一に挙げているからだ（第二百二十四）。

言い方を変えると、日本軍は目の前の防御陣地だけを見て、そこで勝つことを考えていたのに対して、ソ連軍は複数の方面からなる広大な戦域全体を視野に入れて、ある方面での「防御」と決勝方面での「攻撃」を連動させることを考えていたのだ。

もっとも、すでに述べたように同時代のドイツ軍やフランス軍も防御時の視点は目の前の防御陣地での行動に限られており、日本軍の考え方だけが遅れていたわけではない。この時期にソ連軍だけが突出して広い視野を持っていたのである。

主陣地帯の選定

次に、日本軍の防御陣地について見ていこう。

第三篇「防御」の「通則」では、二番目の条項で次のように定めている。

第百五十九　防御に在りては、一箇の陣地帯主陣地帯と称すを最も堅固ならしめ、該地帯の前方に於て敵の攻撃を破摧するを本旨とす。

防御では、一本の「主陣地帯」を中心として、その前方で敵を撃破することが基本とされている。

第百六十五　主陣地帯は、歩兵の抵抗地帯、主力砲兵の陣地及其の他の諸設備より成るものにして、良く地形に適合し、歩兵の抵抗地帯と砲兵陣地との関係を良好ならしめ、我が歩砲兵の火力を、該地帯の前方に最も有効に協調発揮し得ること緊要なり。（以下後述）

主陣地帯は、歩兵の「抵抗地帯」と、主力砲兵の陣地、その他からなる。その陣地帯は、地形に良く適合し、歩兵と砲兵の陣地の関係を良くし、火力を有効に協調発揮できるようにすることが重要、とされている。

而して、敵の火力発揚を困難ならしめ、特に陣地の主要なる部分を成るべく敵の地上観測及戦車の攻撃より免れ得る地域に選定するを得ば、有利なり。（以下後述）

同時に、敵の火力の発揮がむずかしくなるように、味方陣地の主要部を敵の砲兵観測や戦車の攻撃がしにくい地域に選ぶことになっている。これはソ連軍の強力な砲兵部隊や優勢な戦車部隊を考慮したものであろう。

而して、敵の戦車に対する顧慮（が）大なるときは、勉めて天然の障碍物を利用する如く抵抗地帯の位置を選定すると共に、敵歩戦砲の協同戦闘を困難ならしむる地形の利用に著意《ちゃくい》するを要す。

さらに、敵戦車の脅威が大きい時には、敵の歩兵、戦車、砲兵の協同がむずかしくなるような地形の利用を考えることが求められている。これもソ連軍の戦車部隊を考慮したものといえる。

さて、この第百六十五条を改めて冒頭から読むと、主陣地帯は、地形に良く適合し、歩兵と砲兵の陣地の関係を良くし、火力を有効に発揮できるように、と必要な要件が並べられている。また、その後も「而して」「而して」と続き、「これも有利」「あれも必要」と望ましい要件が列挙されている。

確かに、これらの要件をすべて満たすことができれば、理想的な陣地帯になるだろう。しかし、現実にはこれらの要件をすべて満たせるような陣地はそうそう存在せず、往々にして、あちらが立てばこちらが立たずで、その時々の状況の中でどの要素をどれだけ重視するかを勘案して、主陣地帯を選定することになるはずだ。

ところが、この条項には、どのような状況の時にどの要素をどれだけ重視すべきなのか、具体的な「判断の基準」は示されず、漠然とした一般論しか記されていない。

このような記述の仕方は、これ以降も続く。

第百六十六　陣地前の地形は、通常（は）開豁《かいかつ》にして、遠き射界を有するを利ありとす。然れども、状況に依りては其の一部に於て、特に短小なる歩兵の射界を以て満足せざるべからざることあり（以下後述）

陣地前方の地形は、火力発揮に有利な開豁地を選ぶことになっているが、状況によっては一部で短射程の歩兵火器の射界で満足しなければならないこともある、とされている。しかし、その状況とは一体どのようなものなのか、具体的な記述は無い。

主陣地帯の地形は、戦闘の支撐《しとう》たるに適する地域を含み、部隊の縦深配備に適し、良好なる監視及観測所を有し、対戦車防御に便にして、瓦斯《ガス》滞留の虞《おそれ》少なく、其の内部及背後の交通自在にして、敵眼に遮蔽しあるを可とす。（中略の上、以下後述）

主陣地帯の地形は、拠点になるような場所があり、部隊を縦方向に深く配備でき、観測所や監視所を置くのに良い場所があり、対戦車戦闘にも便利で、毒ガスがたまるようなこともなく、陣内や陣地後方との移動も自由で、敵から観測できない場所が良い、とされている。

この条文も望ましい要件を列挙しているだけだ。

陣地の各部は、悉《ことごと》く所望の価値を有すること稀《まれ》なり。故に兵力の部署、工事等に依り之を補わざるべからず。

そして最後に、望ましい要件をすべて満たすことは稀だから、兵力配置や陣地工事で補え、としている。

確かに、この条項に書いてあることが間違っているわけではない。しかし、ある部隊の指揮官が実際に主陣地帯を選定する際、状況ごとの「判断の基準」も曖昧なまま、望ましい要件をあれもこれもと列挙し「足りなければ兵力部署や工事で補え」と書いてあるだけの条文を基準として、果たして主陣地を的確に選定できるのか、疑問に思うのは筆者だけではあるまい。

防御陣地の構成

では、次に防御陣地の具体的な構成を見ていこう。

第百六十七　歩兵の火力配置の要領は、其の抵抗地帯の前方に於て、各種歩兵火器を以て濃密なる火網を構成し、且火網外の要点及陣地帯内部をも所要に応じ有効に火制し得る如く設備するに在り。（以下後述）

歩兵の火力は、「抵抗地帯」の前方に濃密な火網を構成するよう配置する。同時に、その火網外の要点や陣地帯内部も、必要に応じて火力で制圧できるようする。

敵歩兵に対する砲兵の火力配置の要領は、警戒陣地の前方より主陣地帯の直前に亙《わた》る地域に、其の火力の大部を指向し、特に主陣地帯（の）歩兵火網の直前及同火網内部に於て濃密ならしめ、且主陣地帯内部に対しても所要に応じ火力を指向し得る如くするものとす。（以下後述）

砲兵の対歩兵火力の大部分は、主陣地帯より前に置かれる「警戒陣地」（「警戒部隊」として後述）の前方から「主陣地帯」の直前まで、とくに主陣地帯の歩兵火網の直前や火網内部に重なるように向けられる。同時に、主陣地帯の内部にも必要に応じて火力を指向できるようにする。

而して、予期する敵の主攻撃方面及我が逆襲を予想する地域に於て、其の火力を濃密ならしむる要す。又、隣接兵団の作戦地域内、特に之との接続部附近にも所要の火力を指向し得る如くすること必要なり。

加えて、予想される敵の主攻方面や味方の逆襲地域も火力を濃密にし、さらに隣接する味方兵団の作戦地域のとくに継ぎ目附近にも必要な火力を指向できるよう求めている。例によって、あれもこれも、と列挙する書き方だ。

第百六十八　陣地は、防御の方針に基《もとづ》き、地形と指揮の便《べん》否《ひ》とを考慮して之を若干の地区に分《わか》ち、各地区には歩兵を主とする適応の部隊を配置するものとす。（中略）

状況に依り、各地区（の）占領部隊をして、自ら陣地前を側防し、又は敵の戦車を射撃せしむる等の目的を以て、之に若干の砲兵を、又所要に応じ一部の工兵を配属す（以下略）

防御陣地は、地形と指揮のとりやすさを考慮していくつかの「地区」に分割し、各地区に歩兵を主力とする部隊を置く。また、状況によっては、若干の砲兵や一部の工兵を配属することもある。

第百六十九　警戒部隊は各地区毎《ごと》に出し、敵情を捜索し且主陣地帯を掩護するものとす。時宜に依り其の全部、若《もし》くは一部を以て敵の攻撃を遅滞せしむる等、前進陣地（の）占領部隊に準ずる任務を附課《ママ》することあり。（中略）

警戒部隊の兵力は状況、特に任務、地形に依り異なるも勉めて之を小《しょう》ならしむるを可とす。（以下略）

防御陣地の各「地区」の守備隊から派出される警戒部隊は、敵情の捜索任務や味方主陣地帯の掩護任務を担当する。また、時には敵の攻撃を遅らせたりするなど、前進陣地（後述）の部隊に準じる任務を担当することもある。

第百七十九　前地に於ける要点の過早に敵手に帰するを妨げ、或は敵をして其の展開方向を誤らしめ、或は敵の近接を困難ならしむる等の目的を以て陣地前方に一時（的に）前進陣地を占領することあり。其の兵力、編組は目的、地形等に依り差異あるも必要の最小限に止め、指揮官の選定には慎重なる考慮を払い、特に明確なる任務を附与するを要す。（以下略）

前地（主陣地帯前方の地域）にある要点を、敵に過早に奪取されることを防ぎ、敵の展開方向を誤らせ、敵の接近を難しくするなどの目的で、主陣地帯前方に「前進陣地」を確保することがある。

前述の警戒部隊や、この前進陣地の役割は、他国軍と比べてとくに変わったものではない。強いていえば、配置兵力を最小限に抑えることが基本、とされているのが目立つ程度だ。

各部隊の配置と役割

続いて、各部隊の配置や役割を見ていこう。まずは歩兵部隊からだ。

第百八十一（中略）地区占領部隊は、其の歩兵を通常（は）警戒部隊、第一線部隊及予備隊に区分す。而して第一線部隊は、歩兵の抵抗地帯に於ける防御の主体を為すものとす。（以下後述）

各「地区」の守備隊の歩兵は、前方に派出される「警戒部隊」、抵抗地帯の主力である「第一線部隊」、おもに逆襲に投入される「予備隊」の三つに区分される。

抵抗地帯は、通常（は）第一線（の）歩兵大隊（が）之を占領す。而して、（各）大隊陣地は独立して之を保持し得る如く設備し、濃密なる火網を編成し、陣地前の要点には通常（は）火力を急襲的に集中し得るが如く準備するものとす。（以下略）

抵抗地帯には、通常は歩兵一個大隊が独立して陣地を保持できるよう準備しておくことになっている（既述のよう

演習中に十一年式軽機関銃を使用する歩兵。軽機関銃は各分隊に1挺の割合で配備され、分隊の支援火器として重宝された

に『赤軍野外教令』にも同様の規定が存在した)。第二次大戦中に日本軍の歩兵大隊が、しばしば孤立して大損害を出しながらも粘り強く防御陣地を保持し続けた背景には、こうした規定が存在していたのである。

第百七十　戦車は、通常(は)之を逆襲に使用す。之が為、当初(は)師団長の直轄として控置し、使用方面(が)決定せば成るべく速《すみや》かに該方面の第一線部隊に配属するを通常とす。(中略)

状況により、敵の攻撃準備間、戦車を以て之を急襲、擾乱《じょうらん》せしるむることあり。

戦車部隊は、防御時においては、基本的には逆襲に投入される。その逆襲方面が決まるまでは師団長の手元に置かれるが、逆襲方面が決まったら、その方面の第一線部隊(通常は歩兵部隊)に配属する。

ちなみに、ドイツ軍の『軍隊指揮』では、防御時における戦車部隊は「決勝をもたらす予備隊」に位置づけられており、反撃時の「切り札」とされている(第四百六十七)。これに対して日本軍の戦車部隊は、逆襲時には歩兵部隊に配属されてこれを支援し、状況によっては敵の攻撃準備中に急襲して混乱させるなど、とても「切り札」とはいえないような運用が記されている。

どうやら日本軍は、自軍の戦車部隊の攻撃力にドイツ軍ほど大きな期待をかけていなかったようだ。

次に砲兵部隊を見てみよう。

第百七十一　砲兵は、所望の如く火力を運用し得るを主とし、成るべく之を縦深に配置し、其の任務に応じ、敵を遠距離に支え、又は最後の時期に至る迄、其の位置を変ずることなく歩兵に協同し得《え》、併せて敵砲火の損害を避け、緊要の時期に於《お》いて十分なる威力を発揚するに遺憾なからしむるを要す(以下後述)

砲兵部隊は、防御時には、遠距離から敵を砲撃し、また最後まで陣地変換を行わずに味方の歩兵部隊を支援できるように、なるべく縦深に配置する(ちなみに攻撃時には、可能な限り敵に近づけて配備することになっている。第百十五)。

これはおそらく、ソ連軍が連続的な「梯団攻撃」をかけてくる中で、砲兵の陣地変換を行っている余裕は無い、との判断に基づくものと思われる(ソ連軍の梯団攻撃については本書第四章のソ連軍の項を参照)。

敵の近接運動及攻撃準備を妨害する目的を以て、当初(から)主陣地帯の前方に一部の砲兵を配置することあり。状況に依り、砲兵を歩兵の抵抗地帯内に配置せざるべから

ざるときは、特に抵抗地帯直前及内部の戦闘並《ならび》に逆襲に方《あた》り、動作の自由を失わざる如く注意するを要す。（以下略）

砲兵部隊の一部を、敵部隊の接近や攻撃準備を妨害する目的で、主陣地帯の前方に配置することもある。また、砲兵部隊を（後方の砲兵陣地ではなく）歩兵の抵抗地帯内に配備せざるを得ない場合には、抵抗地帯のすぐ前方や抵抗地帯内での戦闘時、あるいは逆襲時にも砲撃等を確実に行えるように注意する。

ただし、例えばソ連軍のように「八百米の直接射界を有せざるべからず」といった具体的な規定はない。

第百七十三　工兵は、陣地要部の設備、障碍の施設、陣地内及後方の交通設備、陣地前交通網の破壊若くは阻絶、築城材料の整備等の中、主として技術的能力を必要とする作業を担任するものとす。

工兵部隊は、歩兵部隊等にはできない専門的な技術力が必要な作業をおもに担当する。逆にいうと、単純な個人掩体（いわゆる「たこつぼ」）の構築などは、歩兵が自分でやるわけだ。

第百七十五　予備隊の位置は、我が企図、兵力、敵情、地形等を考慮し、予期する戦況に応じて防御の目的を達成するに便なる如く之を定め、適宜疎開し、所要の工事を施すものとす。

予備隊の位置に関しても、考慮すべき事柄は列挙されているが、どのような状況の時にどの要素をどれだけ重視すべきなのか、といった具体的な判断基準は示されておらず、漠然とした一般論しか記されていない。

防御戦闘の実施

それでは、具体的な防御戦闘のやり方を見ていこう。

第二章「防御戦闘」の最初の条項では、以下のように定められている。

第百九十二　飛行機、騎兵、陣地前に派遣せられたる各部隊、第一線部隊等は、当面の状況、就中《なかんずく》敵の兵力区分、到達地点、後続部隊の有無及状態、攻撃準備の程度等を適時報告し、上級指揮官の戦闘指導に資すること緊要なり。而して、其の捜索は、昼夜を問わず之を継続すべきものとす。
（以下略）

飛行機や騎兵、陣地前方に派遣された部隊や第一線部隊等は、昼夜を問わず敵を捜索して、当面の状況、その中でもとくに重要な敵の兵力区分や位置、後続部隊の有無やその状態、攻撃準備の状況などを適時報告することになっている。
第百九十三　機宜《きぎ》に適する砲兵の射撃開始は、防御戦闘に於て特に緊要にして、師団長は之に関し命令すべきものとす。（中略）
敵の接近に方りては、砲兵、就中長射程砲は、交通路上の要点に対し適時射撃を行い、其の他所要の砲兵を以て、敵の行動を妨害する為、射撃を行うものとす。（中略）
敵の攻撃準備に方り、一般の状況、特に防御の目的に鑑《かんが》み沈黙の要なき場合に於て、砲兵は有利なる目標等に対し適時射撃を行うものとす。（以下略）

砲兵部隊の射撃は、師団長の命令によって開始される。敵の接近時には、長射程火砲で交通路上の要点を適時に砲撃し、その他の火砲で敵の行動を妨害することになっている。また、敵の攻撃準備中も、とくに味方の砲兵部隊の存在を敵に隠しておきたい時などを除いて「有利なる目標等」を適時に砲撃することになっている。

では、その「有利なる目標等」とは具体的には何なのか。敵の観測所なのか、移動中の歩兵部隊なのか、それとも砲兵部隊なのか、具体的な記述はない。

第百九十四　敵兵我に接近するや、警戒部隊は、成るべく長く要点を保持して、敵の捜索を妨害し、極力敵情を捜索し、其の攻撃に関する企図を偵知するに勉むべし。之が為、敵の小部隊、斥候等に対しては勉めて積極的に行動するを要す。
而して、敵の真面目《しんめんもく》なる攻撃に対し、如何なる程度に抵抗を持続すべきやは、受けたる任務に依るものとす（以下略）

主陣地帯前方に配置される警戒部隊は、敵の小部隊や斥候に対しては積極的に行動し、陣地前方の要点を可能な限り保持して、敵の捜索を妨害するとともに、敵情をできるかぎり捜索する。

もし、敵が本気で攻撃をしかけてきた場合、どのくらい頑強に抵抗するかは、上級指揮官から与えられた任務によるる。逆に言うと、どんな場合でも要点を頑強に確保するというわけではない。

第百九十六　敵歩兵（が）攻撃前進を起《おこ》すや、砲兵は適時火力を之に集中し、其の前進を阻止すべし。而して、此の間（も）所要に応じ、一部の砲兵を以て敵砲兵を射撃し、且要すれば敵後方に対する射撃に任じるものとす。

砲兵部隊は、敵の主力である歩兵部隊が攻撃前進を開始したら、火力を集中して前進を阻止する。ただし、一部の砲兵部隊は、この間も所要に応じて、敵の砲兵部隊を砲撃したり、敵の後方を砲撃したりする。

ここでは、どのような場合にどれくらいの砲兵部隊を割いて対砲兵戦を行うべきなのか、どのような場合に敵後方のどのような目標を砲撃すべきなのか、などは記されていない。ただ「所要に応じ」とか「要すれば」とか、漠然とした文言が記されているだけだ。

敵兵（が）近接するや、砲兵の射撃と相俟ちて、歩兵も亦《また》所要に応じ重火器を以て、有利なる目標、若くは予め準備せる要点に火力を集中し、次《つい》で敵兵（が）我が歩兵火網内に侵入するや、益々《ますます》歩、砲兵の協調を緊密にし各種火器の特性を発揮して敵を圧倒し、敵兵（が）漸次《ぜんじ》近接するに従い、歩兵は益々沈著《ちんちゃく》して火力を最高度に発揚し、特に側防火器の威力を発揮し、又砲兵は之に対し其の主力を以て猛火を集中し、我が陣地前に於て敵を破摧すべし。（以下略）

敵兵が接近してきたら、砲兵部隊に加えて、歩兵部隊も歩兵砲などの重火器で、有利な目標やあらかじめ選定した要点に火力を集中する。

次いで、敵兵が味方歩兵の小火器の火網内まで侵入してきたら、砲兵と歩兵の協調を緊密にして、各種火器の特性を活かして敵を圧倒する。味方歩兵は、敵兵が接近すればするほど落ち着いて火力を最大に発揮し、とくに敵の側面にあたる位置に配備された側防火器の威力を発揮。また、砲兵は主力で火力を集中して、味方陣地の前方で敵を破摧する。

この条項では、最初の部分では歩兵の重火器であらかじめ選定した要点に火力を集中するといった具体的なやり方についても言及しているが、それ以降の部分では「協調を緊密にし」とか「火器の特性を発揮し」とか、抽象的な文言が記されているだけで、そのために何をどうすべきなのか、具体的な方法（ハウツー）についての言及はない。

九二式歩兵砲を運用する歩兵。口径70㎜の九二式歩兵砲は歩兵大隊を支援する砲であり、1個大隊につき2門を持つ歩兵砲小隊が付属したため大隊砲と呼ばれた。歩兵の持つ重火器の代表的存在であり、防御時は砲兵の砲と共に接近してきた敵部隊を攻撃することになっていた

◆日本軍師団の防御の一例

図は、15cm榴弾砲2個中隊、10cmカノン砲1個中隊および戦車連隊を配属された師団の防御である。

この状況での基本方針は、逆襲により敵を川岸に追い詰め包囲殲滅すること。このため右地区隊の前進陣地を強化（2個中隊、1個速射砲中隊、師団砲兵の10.5cm榴弾砲中隊の支援）し、敵を左地区隊の正面に誘致して、その側面を戦車を含む逆襲部隊により衝こうという構想である。このため「当初（は）師団長の直轄として控置し、使用方面（が）決定せば成るべく速やかに該方面の第一線部隊に配属するを通常とす（第百七十）」とされた戦車を前方に出しているが、これは地形の関係上、この方面からの逆襲がもっとも有利と判断したからであり、その意味で「使用方面（が）決定」されている状況だからである。

なお逆襲発起の際は、前進陣地支援のための10.5cm榴弾砲が、逆襲部隊の支援に当たれるように準備している。

また射程の長い10cmカノン砲中隊は、敵の攻撃準備が始まったら、敵後方の丁字路という交通の要点を砲撃する。

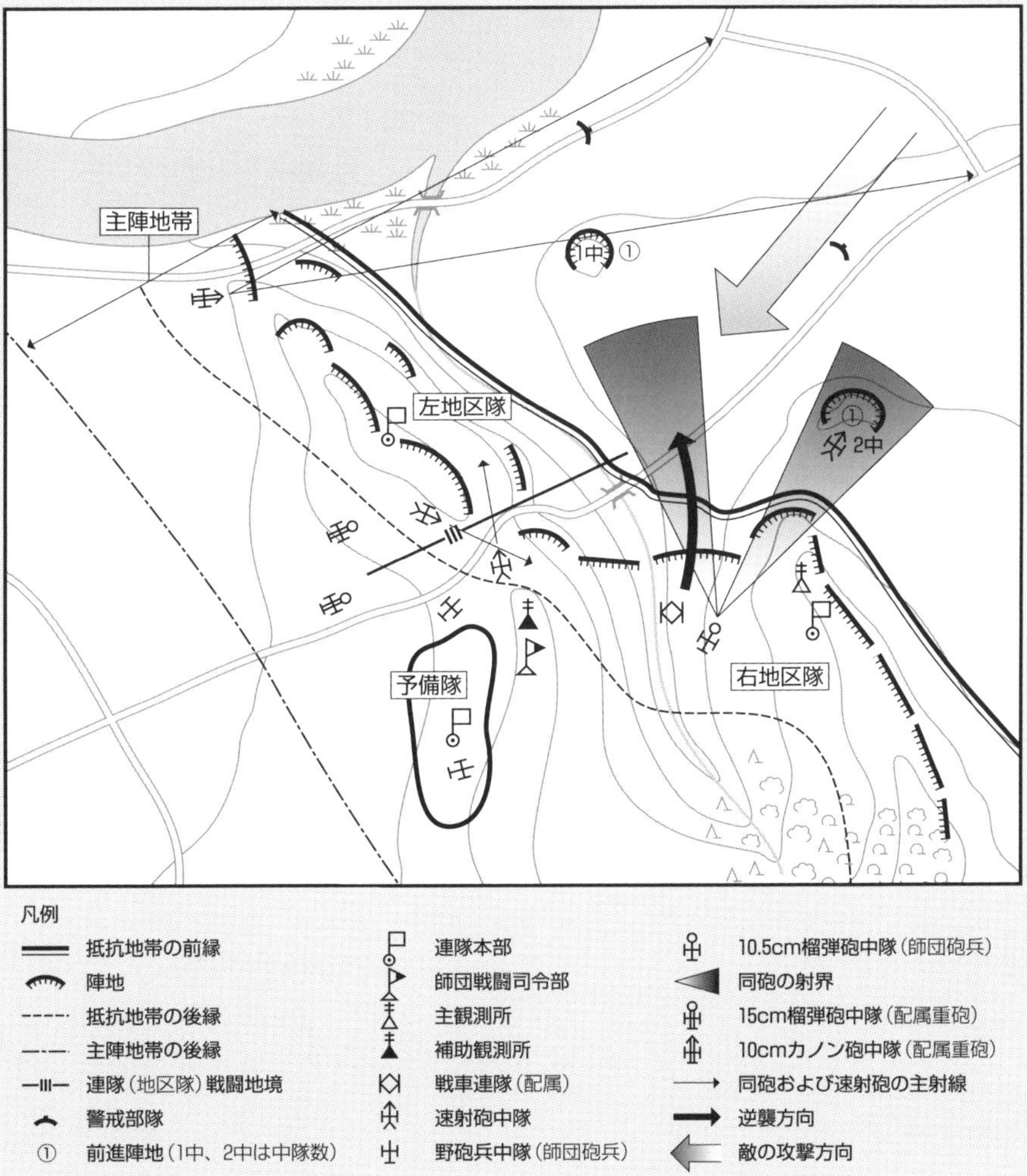

陣前逆襲と攻勢転移の時機

続いて、敵の攻撃を頓挫させたあとの逆襲と攻勢転移についての規定を見てみよう。

第二百　敵の攻撃（が）我が陣地前に於て頓挫したるときは、該《がい》地区の指揮官は彼我全般の状況を判断し、師団長の爾後《じご》の戦闘指導を考慮し、逆襲を行い敵を撃滅すべし。（中略）砲兵は、機を失せず、歩兵の逆襲に協力すべきものとす。

　敵の攻撃を陣地前で頓挫させたら、防御陣地のその地区の指揮官（通常は歩兵部隊の指揮官）は、全般的な状況を判断するとともに、師団長のその後の戦闘指導を考慮し、逆襲を行って敵を撃滅する。砲兵部隊も、歩兵部隊の逆襲に協力する。

　この条項も、全般的な状況の何をどう判断するのか、その判断の基準などは示されておらず、師団長のその後の戦闘指導のどのような点をどう考慮すべきなのか、やはり具体的な言及はない。

第二百二　敵兵（が）若し我が陣地内に侵入せば、該地区の指揮官は、直ちに其の有《あら》ゆる火力を集中して之を混乱に陥れ、機を失せず予備隊等を使用し果敢なる逆襲を行い、砲兵は、敵の第一線と後方部隊とを遮断し、以て敵を撃滅すべし。（以下略）

　もし、敵兵に味方陣内への侵入を許した場合、その地区の指揮官は、火力を集中して敵を混乱させた上で、予備隊等を投入して逆襲を実施する。砲兵部隊は、敵の第一線部隊と後方部隊の間（ソ連軍であれば第一梯団と第二梯団の間）に阻止弾幕を展開して敵の第一線部隊を孤立させ、これを撃滅する。

　この条項には、敵を撃滅するための方法が具体的に記されている。逆にいうと、他の条項では具体的な記述が欠けていることがよく分かる。

第二百三　師団長は、縦《たと》い攻勢を企図しあらざる場合に於ても、常に当面の状況を精細に観察し、敵の攻撃（が）頓挫したるとき、或は敵（が）過失を犯したるとき、或は我が第一線部隊の逆襲成果を有利に拡張し得るとき等、好機を発見せば、主力を挙げて攻撃を決行すべし（以下略）

　上級指揮官である師団長は、攻勢への転移を考えていない場合であっても、敵の攻撃が頓挫した時や敵がミスを犯した時、味方第一線部隊の逆襲の成果をうまく拡張できそうな時など、チャンスがあれば主力による攻撃を決行することになっている。

第二百四　攻勢を企図する防御に在りては、適時攻勢転移を行うものとす。（以下略）

また、最初から攻勢への転移を考えている場合には、適時攻勢に転移することになっている。

第二百六　攻勢転移は、諸準備を整え好機を作為して、一挙急襲的に敵行するを有利とする。然れども、準備の完成に腐心し、或は既定の計画に拘泥《こうでい》し、戦機を逸するが如きことなきを要す。

攻勢転移の時機《（ママ）》は、通常（は）予《あらかじ》め計画すべきものなりと雖も、戦闘の経過中（に）敵の攻撃（が）頓挫したるとき、或は敵の過失を発見したるとき等に於ては、巧《たくみ》に之に乗ずること緊要なり。

攻勢転移は、あらかじめ計画しておいて一挙に敵行するのが有利だが、チャンスがあればこれに乗じることが重要、としている。

第二百七　攻勢転移は、敵の主力を我が陣地の正面に拘束し、有力なる部隊を以て其の側背《そくはい》若くは翼側に向い、包囲を行うを最も有利とす。然れども状況、特に地形、側方依《い》の関係等に依り、陣地前に於て敵に損害を与えたる時機を利用し、正面より攻勢に転ずるを利とすること亦少《すくな》からず。（以下略）

その攻勢転移時には、味方陣地正面の敵の主力を拘束した上で、有力な部隊を敵の側面や背後に回り込ませて包囲するのがもっとも有利だが、状況によっては正面から攻勢に出るのも有利なことが少なくない、としている。

このように「あれもあるが、これもある」という記述になんとも煮え切らないものを感じるのは、筆者だけであろうか。

退却の基本的な考え方

次に、退却について見てみよう。

『作戦要務令』第二部の第四篇「追撃及退却」の第二章「退却」では、最初の条項で次のように規定している。

第二百二十一　退却戦闘の主眼は、速かに敵と離隔するに在り。之が為、師団長（は）退却に決せば、速かに後方の整理を完了し、成るべく数縦隊となりて併進すべき部署を定め、明確に各縦隊の行進目標、退却地域、若くは道路、退却開始時機、退却順序、収容隊、収容陣地、退路警戒の処置等を示して、退却に就《つ》かしめ、以て先ず敵との離脱を図り、退却の実行を確認したる後、適当なる地点に先行して退却し来る部隊を掌握し、更に爾後の処置を為すものと

す。（以下略）

このように日本軍では、敵から離脱して距離をとることが、退却のおもな目的とされていたのだ。

また、同じ第二部の第一篇「戦闘指揮」では、第一章「戦闘指揮の要則」の中で次のように定めている。

第十五　戦闘の経過（が）遂に不利なるに方り、退却を実行するは、上級指揮官の命令に依るを本則とす。

ここに記されているように、日本軍では、たとえ状況がどんなに不利になっても、現場指揮官の独断による撤退は基本的に認められていなかった。「ノモンハン事件」でのノロ高地やフイ高地からの独断撤退とその後の指揮官の自決の背景には、この条項が存在していたのである。

これとは対照的に、日本軍の第一の仮想敵だったソ連軍は、各兵団の指揮官が、与えられた任務の範囲内でより有利な態勢を作るために、独断で兵団の一部を後退させることを認めていた（『赤軍野外教令』第二百五十七）。硬直した指揮統制のイメージが強いソ連軍も、この点に関しては日本軍よりも柔軟だったのである。

逆に、フランス軍は「退却意思なき防勢」の中で「各防者は最後迄《まで》抵抗し、退却するよりも寧《むし》ろ現地に死するを要す」と文字通りの「死守」を明記していた（『大単位部隊戦術的用法教令』第二百四十八）。

日本軍は独断での撤退を認めていなかったが、少なくともフランス軍のように死守を教範に明記するようなことはしていないのだ。

持久戦の基本的な考え方

次に、持久戦についても見ておこう。

第五編「持久戦」の最初の条項には、以下のように記されている。

第二百三十五　時間の余裕を得んとする場合、敵を牽制抑留せんとする場合等に於いては、通常（は）決戦を避け、持久戦を行う。

持久戦に在りては、守勢に立つこと多しと雖も、攻勢を取るにあらざれば目的を達成し得ざる場合、亦少なからず。

すでに述べたが、日本軍は、戦いを「決戦」と「持久戦」の二つに分ける考え方を持っていたが、「持久戦」を行う場合でも「決戦」に至らない「攻勢」に出ることも少なくない、とされていた。

そして、次の条項には以下のように記されている。

第二百三十六（中略）軍隊（が）其の受けたる任務に基《もとづ》き、

攻勢を取る場合に於ては、常に断乎《ママ》たる決心を以て攻撃を実行し、守勢に立つ場合に於ては、全力を尽くして指示せられたる地域、若くは陣地を保持するを要す。

この条文を見ると、守勢の場合には、指示された地域や陣地を全力で保持することが求められており、敵の攻撃に対して適宜後退しつつ必要な時間を稼ぐ、すなわち「土地と時間を交換する」という戦術概念、すなわち近代的な「遅滞行動」の概念がなかったように感じられる。

だが、その一方で以下のような記述もある。

第二百三十八（中略）**数箇の陣地に於て逐次抵抗し、持久の目的を達成するを可とする場合に於ては、指揮官は爾後の企図の為に、特に有力なる部隊を控置し、後方を整理し、爾後**（に）**占領を企図する陣地及退路の偵察を為さしむる等の諸準備を為すを緊要とす。此の際、後方の陣地に予め所要の部隊を配置するを有利とすることあり。**（以下略）

このように、近代的な「遅滞行動」と同様に、複数の陣地を設定して逐次抵抗する方法も記されているのだ。ただし、第一線部隊を敵から離脱させて後方の陣地に配置するのではなく、あらかじめ所要の部隊を後方の陣地に配置する方法が記されている。

これを見ると日本軍の「持久戦」には、その手段において近代的な「遅滞行動」の概念に近いものはあったのだが、「土地と時間を交換する」という明確な概念はなかった、といえそうだ。

教範の位置づけの違い

最後に、日本軍における戦術教範の位置づけについて考えてみよう。

これまで見てきたように、『作戦要務令』には、どのような時にどの要素をどれだけ重視すべきなのか、といった具体的な「判断の基準」が示されておらず、漠然とした一般論しか記されていない条項が多々見受けられる。

このように明確な判断基準が記されていない原因は、何度も述べているように、おそらく日本軍では、そうした判断の基準を戦術教範に具体的な文言として明記するのではなく、陸軍大学校での教育や部隊での演習、具体例を挙げると参謀将校に関しては陸軍大学校や参謀本部での参謀旅行などで指導することにしていたことに原因があると思われる。

つまり、そうした判断の基準を具体的な文言のかたちで記している他国の戦術教範とは、その位置づけが根本的に異なっていたのだ。言い換えると、日本軍では、戦術教範に求められるものが他国の戦術教範とは大きく異なっており、それを無視して他国の戦術教範と同じ基準で評価することはできないのである。

最終章　各教範の評価

フランス軍の『大単位部隊戦術的用法教令』

最後に、これまで見てきた戦術教範の内容をざっと振り返ったうえで、全体的な評価を下してみようと思う。まずはフランス軍の『大単位部隊戦術的用法教令』からだ。

この教範は、第一次世界大戦での戦訓に基づいて一九二一年に制定された『大部隊戦術的用法教令草案』に、いくつかの点を補足したものにすぎない。その理由は、冒頭の「緒言」に続く「陸軍大臣宛報告」に記されている。

本教令編纂委員会は、爾来《じらい》戦闘及《および》輸送の両手段に関し実現せる進歩の絶大なるは勿論之《これ》を知悉《ちしつ》するも、此等《これら》技術上の進歩が戦術上の領域に於《おい》て先覚者の作れる根本原則を著しく変更しあらざるものと信ず。

フランス軍は、第一次大戦後の戦闘手段や輸送手段の技術的な進歩が、『大部隊戦術的用法教令草案』に記されている根本原則を大きく変えるものではない、と信じていたのだ。

次に、この教範に記されている特徴的な点を挙げると、まず攻勢に関しては、敵を迂回しようが側面に回り込もうが、敵は常に正面を形成して対抗するから、いずれは力で突破しなければならなくなる、と認識していることが挙げられる。そのうえで、攻撃正面が大きくなれば期待できる成果もますます大きくなる、としており、包囲攻撃や側面攻撃を狙うのではなく、攻撃正面の幅を広くすることを求めている。

一方、防勢に関しては、よく準備された火力組織は恐るべき阻止威力を発揮するので、敵が長い期間を費やして強大な兵力と多数の資材を集中しないかぎり、味方の陣地が突破されることは無い、と断定していることが目につく。

このような認識に立ったうえで、防勢全体を、たとえ敵がどんなに優勢でも陣地を保持する「退却意志なき防勢」、時間の余裕を得ることや敵の誘致を目的として、逐次抵抗しつつ自発的に退避する「退却機動」、敗北後に味方の後衛の掩護下で主力を敵の圧迫から逃れさせる「退却」の三つに分け、このうちの「退却意志なき防勢」を基本としている。

そして、この「退却意志なき防勢」では「各防者は最後迄抵抗し、退却するよりも寧ろ現地に死するを要す」と、文字通りの「死守」を明記しているのだ。

その一方で「退却機動」では、敵の攻撃に対して「適宜後退しつつ時間を稼ぐこと」、すなわち現代の軍隊における近代的な「遅滞行動」のように「土地と時間を交換すること」を、ある程度明確に意識していたことがうかがえる。

攻防の戦術以外では、「機動計画」「情報計画」「連絡計画」、それに各部の「使用計画」の作成を規定するなど、計画性を非常に重視していることが特徴として挙げられる。また、その裏返しで、不確定要素が大きい不統制な遭遇戦を避けることになっている。

これらの内容から、当時のフランス軍は、状況の変化が比較的小さい「陣地戦」をおもに想定しており、状況がしばしば大きく変化する「運動戦」をあまり考えていなかったことが感じられる。

次に、この教範そのものの性格を見ると、単なる戦術の「ハウツー本」ではなく、用兵に関する「理論書」的な色合いの強いことが特色として挙げられる。

具体例を挙げると、この教範では、軍隊の活動を「攻勢」と「防勢」、「火力」と「運動」など根源的なところから説き起こしている。そして、「攻勢」とは敵を陣地から駆逐して壊滅させること、「防勢」とは敵の攻撃を撃退して地歩を確保すること、と定義している。また、「戦闘の主要なる因子」は「火力」であり、その火力が前進すれば「攻撃」、停止していれば「防御」、と定義している。「前進運動」は「火力」を敵に近づけるための手段に過ぎないのだ。

具体例をもう一つ挙げると、この教範では、すべての「攻勢会戦」を時間的に「準備期」「実行期」「戦果拡張期」の三つに区分している。ただし、実際には必ずしもこの順番になるとは限らず、各期に関する規定も指揮官に対して単に指針を示しているだけ、と記している。つまり、各指揮官は、これらの指針に基づいて、理論上の区分とは別に、実際の状況や与えられた任務に適合するような手段や方法を自分で選ばなくてはならないのだ。

要するに、この『大単位部隊戦術的用法教令』は、「敵に勝つためのマニュアル」として「判断の基準」や「正解」を示すのではなく、指揮官が「自分で考えるための参考書」として「正解」を導き出すための理論的な基盤や指針を示したものといえるのだ。

ドイツ軍の『軍隊指揮』

次に、ドイツ軍の『軍隊指揮』を振り返ってみよう。

この教範の内容でもっとも特徴的な点は、創造性や柔軟性を非常に重視している点にある。例えば、最初の条項では「用兵は一の術にして、科学を基礎とする自由にして且創造的なる行為なり」と定義している。また、二番目の条項では、新たな交戦手段の出現によって戦争の様相は絶えず変化するのだから、その新たな交戦手段の出現を予見し、その影響を正しく評価して迅速に利用しなければならない、としている。ドイツ軍が、第一次大戦中に出現した戦車という新兵器を、第二次大戦初頭から驚くほど効果的に活用することができた理由の一端を、この条項に見ることができるのだ。

戦闘そのものに関しては、勝利の基礎は兵力の大きさではなく卓越した指揮と部隊の戦闘能力の高さにある、と認識しており、そのうえで各指揮官に対して非常に高い能力を求めている。一例を挙げると、地上の捜索部隊を指揮する者には、斥候の長に至るまで、任務をよく理解し、策略を巡らして敏捷に行動し、夜間でも地形を把握して各種の地形を決然と走破し、冷静迅速で独立的な行動を行えることを要求している。

また、兵力の劣勢は各部隊の戦闘能力の高さで補うことができる、としている。より具体的には、たとえ兵力は劣勢でも、すばやい行動や機動力の大きさ、敵の意表をつくことなどによって、決勝点（戦いの帰趨を決定づける地点）で優位に立つことができる、というのだ。

これを見ると、ドイツ軍は、機動力を中心とする「運動戦」を重視していたことがわかる。事実、この教範の本文の前にある布告には「本教令には運動戦に於ける諸兵連合兵種の指揮、陣中勤務及戦闘に関する原則を記す」とある。同時期のフランス軍は「陣地戦」を重視していたが、これとは対照的にドイツ軍は「運動戦」を大前提としていたのだ。

具体的な攻撃戦術に関しては、包囲攻撃は正面攻撃よりも効果が大きい、と断定しており、深く背後まで包囲できれば敵を殲滅できる、としている。いわゆる「包囲殲滅」志向である。対するフランス軍は、どう機動しようがいずれは正面攻撃になる、と考えていたのだから、この差は大きい。

また、この教範では、遭遇戦においては、敵に対して先手先手を打って、敵がその対応で手一杯になるように追い込むことが重要としている。一言でいうと「主導性の確保」である。そして、たとえ状況が不明でも迅速に行動し、即座に命令を与えることが欠かせない、としている。この点においても、「計画性」を重視して不統制な遭遇戦を避けることになっていたフランス軍とは対照的といえる。

一方、防勢的な戦術行動に関しては、ある地域を最後まで保持することで敵の攻撃を失敗させる、通常の（決戦的な、と言い換えてもよい）「防御」に加えて、敵の攻撃を避けたり地域を明け渡したりして、敵部隊に可能な限り大きな損害を与えつつ拒止する「持久抵抗」という戦術を規定していることが、大きな特徴となっている。

教範の具体的な構成を見ると、第六章「攻撃」と対置される第八章「防支」（Abwehr）の中で「防御」と「持久抵抗」について規定するとともに、第十章「持久戦」の中でも主要な戦闘法として「持久抵抗」を挙げている。言い方を変えると、「攻撃」に対置される「防支」の一部である「持久抵抗」と、本来は「決戦」に対置されるべき「持久戦」の中で主用される「持久抵抗」という、二種類の「持久抵抗」が規定されているのだ。

ここで一般論を言うと、戦い全体の帰趨を決定づける「決戦」や、それを避ける「持久戦」といったマクロな戦い方と、その手段である「攻撃」や「防御」あるいは「持久抵抗」といったミクロな戦闘法では、そもそも次元が異なる。にもかかわらず、この教範の構成を見ると、マクロな戦い方と、その手段であるミクロな戦闘法という、それぞれ次元の異なる事柄が入り組んだ構成になっているのだ。

要するに、当時のドイツ軍は、「決戦」と「持久戦」という（ある意味古典的な）概念規定から脱却できず、「持久抵抗」を含む防御行動の概念を明快に整理することができなかったのである。

その一方で、フランス軍の「退却機動」や、後述するソ連軍の「移動防御」は、近代的な「遅滞行動」と同様に「土地と時間を交換する」ことをある程度明確に意識しており、少なくとも防勢的な行動に関してはドイツ軍よりも理論的に先行していたことがわかる。

次に、この教範そのものの性格を見ると、指揮官に対して、戦術上の「決心」をする際に必要となる「判断の基準」を示している条項が目立つ。具体例を挙げると、隣で行軍している縦隊が戦闘を開始した時、その戦闘に加入したら、自らに与えられている任務や行進目標から外れてしまうこともありうる。その場合、当初の任務を達成することで得られる大きな成果を逃すことにならないかよく考えろ、と記している。

つまり、ドイツ軍は、各行軍縦隊の下級指揮官に対して独断的な「決心」を行えるだけの判断能力を求めており、それを判断する基準として、教範の条文で、独断専行で得られる成果と当初の任務を達成することで得られる成果を比較衡量することを指示しているのだ。

まとめると、この『軍隊指揮』は、自軍の指揮官に対して「創造性」や「柔軟性」といった優れた資質や能力を求めるとともに、戦場で求められる「決心」のための「判断の基準」を示しているのだ。

ソ連軍の『赤軍野外教令』

次に、ソ連軍の『赤軍野外教令』を振り返ってみよう。

この教範の第一の特徴として、さまざまな事柄について具体的な数値のかたちで規定している条文の多いことが挙げられる。「狙撃師団の守備する陣地帯は、正面八乃至十二粁、縦深四乃至六粁。狙撃連隊の守備地域は、正面三乃至五粁、縦深二粁半乃至三粁。狙撃大隊の守備地区は……」といった具合だ。

また、ドイツ軍であれば個々の指揮官の「決心」にまかせられるような事柄でも、ソ連軍では教範であらかじめ決められていることが少なくない。一例を挙げると、機械化兵団の捜索では「警戒部隊は、斥候（通常戦闘車輛二輛）を以て捜索を行う。斥候の、主力より離隔し得る距離は二粁《キロ》以内とし、斥候の後方には直接敵状視察に任ずべき戦車を続行せしむ」と、斥候の車両数や主力との距離まで事細かに定めている。

要するに、ソ連軍は、自軍の指揮官に対して状況に応じた柔軟な「決心」を行なう能力を基本的に求めておらず、教範の規定どおりに実行することを求めていたのである。この点に関しては、創造性や柔軟性を重視して、自軍の指揮官に高度な能力を求めていたドイツ軍とは対照的といえる。

続いて、この教範に記されている戦術の中身を見ると、ソ連軍では、行軍を行う「行軍部署」か、攻撃や防御を行う「戦闘部署」により行動することが定められている。このうち「戦闘部署」では、指揮下の部隊を「打撃部隊」と「拘束部隊」の二つに分けて二〜三線に配置する。加えて、戦況上の必要があれば、イレギュラーな事態に備えるための「予備」をとっておく。そして攻撃の際には、主攻正面と他の正面の二正面で攻撃を発起することが、教範の条文に明記されている。裏返すと、ソ連軍の指揮官には、これらの規定に反するような「決心」の自由が基本的に認められていなかったのである。

この教範に記されている攻撃戦術の最大の特徴は、よく知られているように、敵陣地帯後方の予備等も含む防御配備のすべてを同時に叩く「全縦深同時打撃」にある。この概念は、一九九一年のソ連崩壊まで受け継がれるほど先進的なものであった。

防御に関しては、決勝方面に兵力を集中するため、それ以外の方面で兵力を節約すること、を第一の目的に挙げているることに驚かされる。言い方を変えると、同時期の独仏両軍の視点が目の前の防御陣地での行動に限られていたのに対して、ソ連軍は複数の方面からなる広大な戦域全体を視野に入れており、決勝方面での攻撃とそれ以外の方面での防御を連動させることを考えていたのだ。

このように、ある方面での「作戦」と他の方面での「作戦」を協調《シンクロナイズ》させて、よりマクロな「戦略」レベルでの勝利を目指す考え方は、第二次大戦前にソ連軍が世界で初めて明確に言語化した「作戦術」の概念を反映したものといえる。

また、「防御」の項で規定されている「移動防御」という戦術は、地域を失うことと引き換えに兵力を温存しつつ時間の余裕を得る目的で行われる。これは、近代的な軍隊——例えば陸上自衛隊——における「遅滞行動」の概念とほとんど変わらない。同時期のドイツ軍と比較するとよくわかるが、当時としては先進的な概念であった。

次に、この教範そのものの性格を見ると、さまざまな事柄を簡潔な条文と数値で規定しており、まるでファーストフード店のアルバイト向けの作業マニュアルか何かのようにさえ感じられる。ソ連軍は、指揮官に対して戦術教範に示された理論や指針をもとに実際の状況に適合する方法を考えさせるフランス軍とも、戦術教範に記されている判断の基準に基づいて決心させるドイツ軍とも、根本的に異なる考え方を持っていたのだ。

おそらくソ連軍は、ドイツ軍のように下級指揮官の能力に多くを期待できない中で、自軍の下級指揮官の能力の限界を見切って、その中である程度の成果を挙げるための現実的な方策を採ったのであろう。

その一方で、この教範には「移動防御」や「作戦術」など先進的な戦術や用兵思想も反映されており、これを作成したソ連軍の教範作成者らの優秀さを垣間見ることができる。

まとめると、この『赤軍野外教令』は、未熟な将兵のためのマニュアルであり、これを作成したエリート軍人の優秀性、先進性との大きな落差を感じさせるものとなっている。

日本軍の『作戦要務令』

最後に日本軍の『作戦要務令』を振り返ってみよう。

この教範の特徴は、他の書籍等ですでに言い尽くされた感もあるが、「精神力」の重要性を強調していることが挙げられる。これもよく引用される条文だが「訓練精到《せいとう》にして必勝の信念堅く軍紀至厳《しげん》にして攻撃精神充溢《じゅういつ》せる軍隊は、能《よ》く物質的威力を凌駕して戦捷を完《まっと》うし得るものとす」とあり、必勝の信念に基づく攻撃精神によって物質的威力を凌駕して勝利を得られる、としているのだ。

戦術そのものに関しては、主導性の確保や敵の意表を突く奇襲性、それらによる速戦即決と包囲殲滅を重視しており、その根幹はドイツ軍の『軍隊指揮』に記されているものとよく似ている。

日本軍独自の点を挙げるとすれば、第一の仮想敵であったソ連軍の『赤軍野外教令』への対応を意識した部分であろう。一例を挙げると『赤軍野外教令』では、通常の「攻撃」においては主攻方面で敵に対して圧倒的優勢に立つことが重要としており、「遭遇戦」においては敵の機先を制して迅速な攻撃を行い、敵がこちらへの対応で手一杯になるように追い込むことが重要としている。これに対して『作戦要務令』は、たとえ敵の兵力が著しく優勢だったり敵に機先を制されたりしても手段を尽くして攻撃を断行することを求めており、『赤軍野外教令』の規定に見事に対応しているのだ。

さらに『作戦要務令』の個々の条文を見ると、ドイツ軍の『軍隊指揮』を中心として、他国軍の戦術教範のいいとこ取りをした上で、少しアレンジを加えたようなものが目立つ。実例を挙げると、『作戦要務令』の「行軍」の章の冒頭には「行軍は作戦行動の基礎を成すものにして、其の計画の適切、実施の確実なるは、諸般の企図に好果を得るの要素なり」とあるが、『軍隊指揮』の「行軍」の章にも冒頭に「軍隊戦闘行動の大部は行軍なり。行軍の実施の確実にして且行軍後に於ける軍隊の余裕綽綽《しゃくしゃく》たるは、諸般の企図に好果を得る要素なり」とある。これを見て『作戦要務令』とよく似ていると感じるのは、筆者だけではないだろう。

このように字面だけを見ると、とくに『軍隊指揮』と良く似ているのだが、よくよく読み込んでみると、教範そのものの性格は大きく異なっていることがわかってくる。『作戦要務令』には、どのような時にどのような要素をどれだけ重視すべきなのか、といった具体的な「判断の基準」が示されておらず、考慮すべき事柄を列挙しただけだったり、漠然とした一般論しか記されていなかったりする条項が多々見受けられるのだ。「防御」の項にある「予備隊の位置は、我が企図、兵力、敵情、地形等を考慮し、予期する戦況に応じて防御の目的を達成するに便なる如く之を定め、適宜疎開し、所要の工事を施すものとす」などは典型例といえる。

その理由としては、日本軍では、そうした「判断の基準」を教範に具体的な文言として明記するのではなく、陸軍大学校や参謀本部での参謀旅行、各部隊の演習などを通じて指導することにしていたことなどが考えられる。

つまり、日本軍の戦術教範は、他国の戦術教範とは、その位置付けが根本的に異なっており、それを無視して他国の戦術教範と同じ基準で評価することはできないのだ。

各国で異なる戦術教範の性格

各国の戦術教範をあらためて振り返ってみると、国ごとに、攻撃や防御における戦術はもちろんのこと、戦闘に関する認識や用兵思想上重視している点もそれぞれ異なっており、さらに教範そのものの性格も大きく異なっていることがわかる。

その中でもっとも先進的な用兵思想を持っていたのは、ソ連軍であろう。とくに、複数の方面からなる広大な戦域全体を視野に入れて、決勝方面での攻撃とそれ以外の方面での防御を連動させる「作戦術」的な発想を持っていたことは、特筆すべきことといえる。

にもかかわらず、第二次大戦中の独ソ戦におけるソ連軍の人的損害が非常に多かったのは、「精兵主義」を持つドイツ軍の一般将兵とソ連軍の一般将兵との質の差にあったといえよう。もっといえば、ソ連軍の戦術教範の作成者らは、その質の差をよく理解しており、おそらくそれを踏まえた上でマニュアルのような戦術教範を制定していたのである。

ところで、第二次大戦中の戦記に記されている各国軍の行動の背景にはその軍が拠って立つ用兵思想があり、各指揮官の決心の背後には各国の戦術教範による規定がある。

そして、その用兵思想や戦術教範の規定は、国ごとに大きく異なっていたのだ。そうした違いを考慮することなしに、その軍隊の行動や指揮官の決心を深く理解することはできないし、ましてやそれを正当に評価することなどできないはずだ。

わかりやすい例を挙げると、フランス軍のある部隊が、不統制な遭遇戦を避けるために大きく後退して綿密な計画を練り直した場合、ドイツ軍の用兵思想を基準にすれば到底高く評価することなどできないだろう。しかし、当時のフランス軍においては、戦術教範に規定されているとおりの戦術行動であり、その意味では正しい行動なのだ。

もし、そのフランス軍部隊の行動を批判するのであれば、そのような決心をした部隊の指揮官ではなく、そのように規定している戦術教範や、さらにその基礎となっている用兵思想を批判すべきであろう。

本書が、戦史上の軍隊の行動や指揮官の決心などに対する正当な評価を下すための一助になれば、筆者としてこれに勝る喜びはない。

あとがき

本書は、雑誌『歴史群像』（学研パブリッシング）の二〇〇八年六月号から二〇一四年二月号まで（途中に陸軍の戦術教範以外を取り上げた特別回を二回挟んで）三三回にわたって連載された「各国陸軍の教範を読む」に、大幅な加筆訂正を加えて再構成したものです。

連載中は一本の記事としての完結性もある程度要求されており、単に繋げただけでは重複部分が多くなるなどの問題があったため、かなりの修正を加えました。なお、連載中や連載終了後に筆者自身の考え方が変化した部分もあり、現時点での考え方と必ずしも合致しない部分があります。

さらに、再構成の過程で連載中のミスが数多く見つかり、『歴史群像』誌の読者諸兄にこの場を借りて深くお詫び申し上げます。

最後に、他社での単行本化を快く承諾してくださった『歴史群像』編集長の星川武様、連載中の担当編集者であり素晴らしい挿図や挿画を作成していただいた樋口隆晴様、他社の雑誌の連載記事の単行本化を引き受けていただいたイカロス出版様と担当編集者の浅井太輔様に深く感謝いたします。

田村尚也

ネットからのご注文は http://www.ikaros.jp/　定価はすべて税込（8%）

イカロス出版●ミリタリー関連刊行物のご案内

冬戦争（Historia Talvisota）　齋木伸生 著　A5判　定価2,571円
第二次大戦緒戦期にソ連とフィンランドが争った「冬戦争」の全貌を、公刊史料等をもとに紐解き、豊富な写真、地図とともに解説する。

湾岸戦争大戦車戦　上・下　河津幸英 著　各A5判　定価2,571円
湾岸戦争で繰り広げられた大戦車戦の全貌を膨大な数の文献等を紐解くことで明らかにする本格戦史。

Viva! 知られざるイタリア軍　吉川和篤 著　A5判　定価2,057円
イタリア陸海空軍と、休戦後も枢軸側に残った北イタリアのRSI軍の奮闘を徹底解説し、イタリア軍の知られざる激闘を紹介。

八九式中戦車写真集　吉川和篤 著　A4判　定価2,500円
各型の相違点や車体各部のディテールが克明に判る写真や、演習場や戦場でのダイナミックな姿などを余すところなく収録。

未完の計画機　命をかけて歴史をつくった影の航空機たち　浜田一穂 著　A5判　定価2,052円
月刊Jウイングで10年以上のロングラン連載を続ける人気連載の単行本。著者厳選の全16機種を収録。

未完の計画機2　VTOL機の墓標　浜田一穂 著　A5判　定価2,052円
VTOL機すなわち垂直離着陸機の実用化の影には、おびただしい数の、開発者と試作機との格闘の歴史があった。

末期の其他兵器集　こがしゅうと 著　B5判　定価2,000円
太平洋戦争末期に登場した兵器を愛するこが氏の異常な愛情を味わいつつ、マニアックな薀蓄を堪能できる作品集。

末期の水物兵器集　こがしゅうと 著　A5判　定価1,543円
輸送艦、水陸両用戦車、ロケット砲、機銃、特殊潜航艇、機雷など、他誌では見られないマニアックなアイテムが勢揃い。

まけた側の良兵器集　I・II　こがしゅうと 著　「I」A5判　定価1,749円／「II」B5判　定価1,851円
鬼才・こがしゅうと氏の兵器への愛情が、精緻な解説イラストやマンガを通じて表現される、メカミリオタ必携の作品集。

奮闘の航跡「この一艦」　A5判　定価1,851円
戦艦大和のように有名ではないものの、激動の生涯を駆け抜けた「この一艦」たちの航跡を、写真やCGを交えて紹介。

もしも☆WEAPON　イラスト：小貫健太郎　文：桜井英樹　A5判　定価1,749円
世界各国で計画、試作された兵器の数々が実戦で活躍する勇姿を、大迫力のバトルイラストや仮想戦記で再現し、徹底解説。

局地戦闘機「紫電改」完全ガイド　B5判　定価1,543円
太平洋戦争の名戦闘機「紫電改」。精密図面を駆使したメカニズム解説、精鋭部隊 三四三空に配備された戦歴などを収録。

陸海軍航空隊 蒼天録　大東亜を翔けた荒鷲たちの軌跡　野原 茂 著　B5ヨコ　定価1,646円
かつての日中戦争、太平洋戦争で日本陸海軍航空隊の実力を世界に示した撃墜王たちの伝説的な戦いの軌跡。

ゼロの残照〜大日本帝国陸海軍機の最期〜　ジェイムズ・P・ギャラガー著／東野良彦訳　B5判ヨコ　定価2,200円
進駐軍の一員として来日し、かつての仇敵である日本機の姿に魅せられた著者が、敗戦後の日本陸海軍機を撮影した写真集の邦訳版。

イカロス出版●ミリタリー定期誌

J Wings Jウイング 月刊Jウイング	J Ships ジェイ・シップス 隔月刊Jシップス	MILITARY CLASSICS 季刊ミリタリー・クラシックス	MC☆あくしず 季刊MC・あくしず
毎月21日発売	奇数月の11日発売	1、4、7、10月の21日発売	3、6、9、12月の21日発売
◎AB判 定価1,250円	◎A4変型　定価1,450円	◎AB判　定価1,730円	◎AB判　定価1,340円
迫力の写真とホットな話題で楽しく読める軍用機を中心としたミリタリー誌。	旧海軍艦艇から現用艦まで幅広く紹介。艦艇をおもしろくする海のバラエティーマガジン。	クラシックなミリタリーを新しい視点でとらえる、ミリタリーマガジン。	ミリタリーの面白さをなぜか美少女満載で紹介するミリタリーエンターテインメントマガジン。

2016年1月現在

ミリタリーを読み解く

ミリタリー選書

各A5判
※特記以外、各定価1,749円(8%税込)

大戦機から空母、ウエポン、戦車、最新戦闘機まで——。
古今東西、陸海空ミリタリーのツボをおさえた
選りすぐりラインナップでお届けする「ミリタリー選書」。

1940年、陸軍大国はなぜ敗れたのか
フランス軍入門
田村尚也 著 ※定価2,057円(税込)

第二次大戦時のフランス軍を、フランス軍の前史、陸海空軍の装備全般、編制と組織、数奇な戦歴、人物列伝、軍装、兵器の塗装など、多角的に解説する。第二次大戦の主要交戦国でありながら、ほとんど顧みられることのないフランス軍、その知られざる姿に迫る。

洋上に轟く巨砲——戦艦たちの時代
世界の海戦史
※定価1,890円(税込) 齋木伸生 著

戦史に名を残す軍人たち
20世紀の軍人列伝
※定価1,800円(税込) 有馬桓次郎、内田弘樹、佐藤俊之、日野景一、松田孝宏 共著

第二次大戦 知られざる"敗者たち"の奮闘
敗軍奮戦記
※定価1,851円(税込) 松田孝宏・内田弘樹 著

傑作航空映画 全76作品を一挙紹介!
航空映画百年史
※定価1,851円(税込) 郡 義武 著

戦局さえも左右した特殊作戦の全貌
第二次大戦の特殊作戦2
白石 光 著

第二次大戦・冷戦期の知られざる精鋭たち
世界の名脇役兵器列伝 エンハンスド

知られざる第二次大戦の精鋭たち
世界の名脇役兵器列伝

創設から現代までの軌跡
フランス外人部隊のすべて
※定価2,469円(税込) 古是三春、ビトウマモル 共著

突如襲い来る弾道ミサイルの脅威に対抗せよ
BMD(弾道ミサイル防衛)がわかる
金田秀昭 著

深海に潜む最後のシーパワー
潜水艦入門
小滝國雄、野木恵一、柿谷哲也、上船修二、菊池雅之 共著

戦場を支配する陸の王者
世界の傑作戦車
山野治夫 著

祖国を守り抜いた雪原の戦士たち
フィンランド軍入門
※定価2,880円(税込) 齋木伸生 著

最強兵器・ステルスのすべて
ステルス戦闘機と軍用UAV
坪田敦史 著

世界主要空軍の部隊と航空機を知る・見る・調べる!
世界の空軍
石川潤一 著

栄光の連合艦隊 太平洋上の死闘
大海戦
菊池征男 著

陸軍航空技術開発の戦い
日本陸軍の試作・計画機1943~1945
佐原 晃 著

第二次大戦を駆け抜けたローマ帝国の末裔たち
イタリア軍入門1939~1945
吉川和篤・山野治夫 共著

あらゆるミッションを生き抜く万能機
軍用ヘリのすべて
坪田敦史 著

海の王者、航空母艦のすべて
世界の空母
柿谷哲也 著

空のオールラウンダーたち
万能機列伝1939~1945
飯山幸伸 著

一世を風靡した美しき戦闘機たち
世界の傑作戦闘機50~70's
帆足孝治 著

最強防空システム搭載艦のすべて
イージス艦入門

歩み続ける戦の業物たち
兵器進化論
野木恵一 著

イカロス出版の本は全国の書店およびAmazon.co.jp、楽天ブックスなどのネット書店、弊社オンライン書店(通販)でお求めください。

イカロス出版販売部 TEL:03-3267-2766 FAX:03-3267-2772 E-mail:sales@ikaros.co.jp

http://www.ikaros.jp

2016年1月現在

[著者紹介]
田村尚也
(たむら なおや)
軍事ライター。『萌えよ!戦車学校』(イカロス出版)、雑誌『MC☆あくしず』『ミリタリー・クラシックス』(イカロス出版)、『歴史群像』(学研パブリッシング)、『軍事研究』(ジャパン・ミリタリー・レビュー)等に執筆。

ミリタリー選書 38
各国陸軍の教範を読む

2015年9月10日発行
2019年7月1日第3刷発行

著　者――田村尚也
編　集――浅井太輔
装丁/本文デザイン――村上千津子(イカロス出版制作室)
発行人――塩谷茂代
発行所――イカロス出版
〒162-8616 東京都新宿区市谷本村町2-3
[電話]販売部 03-3267-2766
編集部 03-3267-2868
[URL]https://www.ikaros.jp/
印　刷――図書印刷
Printed in Japan
禁無断転載・複製